Hubertus C. Tuczek (Hrsg.)

Landshut Leadership Band 1

Führung im Zeitalter der Digitalisierung

Bibliografische Information der Deutschen Nationalbibliothek
Die Deutsche Nationalbibliothek verzeichnet diese Publikation in der Deutschen Nationalbibliografie; detaillierte bibliografische Daten sind im Internet über http://dnb.d-nb.de abrufbar.

Printed in Germany.

ISBN 978-3-8440-4740-0
ISSN 2509-9825

Shaker Verlag GmbH • Postfach 101818 • 52018 Aachen
Telefon: 02407 / 95 96 - 0 • Telefax: 02407 / 95 96 - 9
Internet: www.shaker.de • E-Mail: info@shaker.de

Vorwort

Dieses Buch ist im Rahmen des Masterkurses „Entwicklung von Führungskompetenzen“ an der Fakultät für Elektrotechnik/Wirtschaftsingenieurwesen der Hochschule Landshut entstanden. Nachdem das Megathema Digitalisierung auch die Art der Führung in der Wirtschaftswelt verändert, sind es gerade die heutigen Studenten – die sogenannten „Digital Natives“, die einerseits von diesen Veränderungen betroffen sind und anderseits diese im Rahmen zukünftiger Führungsaufgaben gestalten müssen.

Vor diesem Hintergrund beschäftigt sich dieser Masterkurs mit den zukünftigen Führungsthemen, die aufgrund der neuen Möglichkeiten der digitalgestützten Kollaboration durch mehr Selbstverantwortung und Selbstorganisation geprägt sein werden. Damit wird der Anspruch an größere Agilität der Unternehmensstrukturen erfüllt und gleichzeitig einer neuen Generation von Mitarbeitern in den Unternehmen die Möglichkeit einer sinnerfüllten Arbeit gegeben.

Die Studenten des Sommersemesters 2016 haben die Initiative ergriffen, die jeweiligen Aspekte von Führung im digitalen Zeitalter zu recherchieren und in diesem Buch zusammenzutragen. Das Buch richtet sich an Leser aus Industrie und Wissenschaft, die sich mit dem aktuellen Stand der Erkenntnisse zu dieser Thematik auseinandersetzen und ggf. mit der referenzierten Literatur weiter vertiefen wollen. Ich möchte mich an dieser Stelle für die engagierten Beiträge der Studenten bedanken. Weiterhin gilt mein Dank Frau Dipl.-Ing. Diana Tuczek und Herrn Dr. Wolfgang Glitscher für die aufmerksame Durchsicht und die entsprechenden Anregungen. Ebenso danke ich Herrn Peter Schug, cand. M. Eng., der sich um die finale Formatierung verdient gemacht hat.

Hubertus C. Tuczek　　　　im September 2016

Inhaltsverzeichnis

Einführung

Durch die fortschreitende Digitalisierung in allen Bereichen verändern sich die Rahmenbedingungen für die Unternehmen. Daraus resultierende neue Geschäftsmodelle und disruptive Märkte erfordern ein Umdenken in der Führung. Dieses Buch befasst sich mit den Herausforderungen der Führung in diesem neuen Digitalen Zeitalter.

Die Struktur der Beiträge gliedert sich in 5 Hauptkapitel.

Im ersten Hauptkapitel wird die AUSGANGSSITUATION beschrieben, die durch den technologischen Wandel der Digitalisierung gekennzeichnet ist. Die Digitalisierung stellt kein neues Phänomen dar, sondern ist seit der Einführung des kommerziellen Internets vor 25 Jahren in immer neue Bereiche vorgestoßen. Nach dem Mooreschen Gesetz, dass sich die Rechenleistung von Computerchips alle 2 Jahre verdoppelt, ist mittlerweile ein Stand erreicht, dass die Verarbeitung von großen Datenmengen in einem breiten Anwendungsfeld im industriellen wie auch im privaten Umfeld ermöglicht. In Verbindung mit entsprechenden verfügbaren Speicherkapazitäten lassen sich so technische Lösungen umsetzen, die vor wenigen Jahren noch als ferne Zukunftsphantasien erschienen. Enterprise 2.0, Web 3.0 und Industrie 4.0 sind Klammerbegriffe, die diese Entwicklung beschreiben.

Aufgrund kürzerer technologischer Entwicklungszyklen und der zunehmenden Dynamik der Märkte wird von den Unternehmen, Institutionen und ihren Mitarbeitern zunehmend Agilität gefordert. Das Kapitel „Agile Führungsphilosophie" gibt einen Einblick in den Ursprung und die Philosophie der „Agilen Prinzipien" basierend auf dem „Agilen Manifest" aus dem Jahre 2001 und der weiteren Erkenntnisse. In der Software-Entwicklung werden diese Prinzipien schon seit vielen Jahren erfolgreich angewandt. Ein spannender Vergleich der Führungsphilosophien der beiden Giganten des digitalen Zeitalters Apple und Google schließt dieses erste Hauptkapitel ab. Eine wesentliche Botschaft, die sich heraus ableiten lässt, lautet: Es gibt nicht die EINE erfolgreiche Führungsphilosophie, sondern ganz unterschiedliche Ansätze können eine unternehmerische Vision zum Ziel führen.

Die Fragestellung wie die Führung im Digitalen Zeitalter aussieht, wird in den folgenden 4 Hauptkapiteln FÜHRUNG, KOMPETENZEN, ZUSAMMENARBEIT und KOMMUNIKATION diskutiert.

Im Hauptkapitel FÜHRUNG wird der Frage nachgegangen, welche Relevanz die klassischen Führungsaufgaben im Digitalen Zeitalter haben bzw. welche Veränderungen notwendig sind. In einer Welt, in der Werte zur gesellschaftlichen Orientierung stark gefragt sind, wird die Kraft von starken unternehmerischen Visionen anhand von konkreten Beispielen aufgezeigt. Im Kapitel Strategie geht es zum einen um den Weg zur Digitalstrategie. Zum anderen bildet die Umsetzung in eine von allen Mitarbeitern getragene Strategie die Basis für mehr Selbstverantwortung und Selbstorganisation. Abgeleitete Ziele können in diesem Kontext stärker von den Teams bottom up gestaltet werden, was die Flexibilität der Gesamtorganisation erhöht. Folglich sind auch Entscheidungen in der Hierarchie in zunehmendem Maße in die ausführenden Ebenen zu delegieren, was im Kapitel Entscheidungsfindung beleuchtet wird. Interessant ist dabei, inwieweit der Computer durch die Verarbeitung von BIG DATA zukünftig Entscheidungen übernehmen wird. Die Fragestellung der Nachhaltigkeit in der unternehmerischen Tätigkeit wird in dem letzten Kapitel dieses Hauptkapitels diskutiert. In Summe geht es darum eine Kultur des Commitment im Unternehmen zu erzeugen, das auch Phasen heftigen Gegenwindes überdauert.

Das Hauptkapitel KOMPETENZEN beschäftigt sich mit den Befähigern für die Führung im digitalen Zeitalter. Hierarchische Autorität aus einer zugewiesenen organisatorischen Rolle verliert in einem Kontext von Agilität und Selbstorganisation an Bedeutung. Stattdessen müssen persönliche Eigenschaften entwickelt werden, die auch eine erfolgreiche Steuerung von virtuellen Teams an global verteilten Standorten unterstützen. Da dies ohne ausgeprägten Werte-Bezug nicht gelingen kann, kommen Moral und Ethik eine entscheidende Bedeutung zu. Das Verantwortungsbewusstsein jedes Einzelnen bildet die Basis für eine tragfähige Unternehmenskultur. Dem Thema Umsetzungsstärke wurde ein eigenes Kapitel gewidmet, da diese Kompetenz die Grundlage alles unternehmerischen Tuns ist. Dem kommt insbesondere bei verteilten Verantwortungsstrukturen eine besondere Bedeutung zu.

Die Art und Weise der Kooperation und Kollaboration im Unternehmen als auch über die Unternehmensgrenzen hinweg gilt es den neuen Anforderungen anzupassen. Dies wird im Hauptkapitel ZUSAMMENARBEIT angesprochen. Klassische Formen der Organisation und zugehöriger Prozesse behindern Agilität eher anstatt sie zu fördern.

Hier gilt es den Spagat zwischen Effizienz und Auslastung einzelner Bereiche sowie der Gesamtleistung des Unternehmens im Sinne der Effektivität der Organisation insgesamt zu finden. Insbesondere für große Unternehmen eine anspruchsvolle Herausforderung. Drei wesentliche Managementdisziplinen bilden die Säulen für die operative Zusammenarbeit: Projektmanagement, Innovationsmanagement und Change Management. Die jeweils relevanten Auswirkungen sowie die anzustrebenden Ausprägungen werden in den entsprechenden Kapiteln diskutiert.

Ein wichtiger Schlüssel für erfolgreiche Zusammenarbeit besteht in guter KOMMUNIKATION. Diesem Thema widmet sich das letzte Hauptkapitel. Moderne Social Business Plattformen wie IBM Connections, Yammer und Jive ermöglichen eine ganz neue Form des Informationsaustausches als auch des work flows in Unternehmen, die Kollaborationen bereichsübergreifend in ganz neuen Dimensionen entstehen lassen. Agilität braucht auch eine neue Vereinbarungskultur bei Kooperationen zwischen Unternehmen, um nicht in langwierigen Vertragsverhandlungen stecken zu bleiben. Digital working und crowd working verändern die Form der Leistungserstellung. Konfliktmanagement und interkulturelle Zusammenarbeit in virtuellen Teams sind weitere Themen.

Insgesamt gibt dieses Buch damit einen Überblick über die anstehenden Themen zur Führung unter den veränderten Spielregeln der Digitalisierung. Die Literaturverweise ermöglichen ein gezieltes Vertiefen der jeweiligen Thematik.

Viel Erfolg bei Ihrer persönlichen digitalen Transformationsaufgabe!

Ihr

Hubertus C. Tuczek

1 Ausgangssituation

1.1 Digitalisierung – Technologischer Wandel zur Digital Company

Carl-Ferdinand Walch

Zusammenfassung

Derzeit findet ein enormer technologischer Wandel statt. Dieser bringt auch führende Unternehmen in große Schwierigkeiten, wenn sie die Digitalisierung verpassen und Trends nicht rechtzeitig antizipieren. Manager sehen sich durch die technologischen Veränderungen mit großen Herausforderungen konfrontiert. Sie müssen nicht nur in neue Technologien investieren und innerhalb des Unternehmens umstrukturieren, sondern auch ihre eigene Denkweise und Managementfähigkeiten an den Wandel anpassen, um eine zukunftsfähige „Digital Company“ zu erschaffen. Diese setzt sich aus drei wesentlichen Neuerungen zusammen: Der Industrie 4.0, der Enterprise 2.0 und dem Internet der Dinge.

Schlüsselbegriffe

Digitalisierung – Industrie 4.0 – Enterprise 2.0 – Internet der Dinge – Cyber Physical Systems – Flexibilität – Vernetzung – Managementherausforderung

„Für Daimler ist die Digitalisierung die größte Bereicherung seit der Erfindung des Automobils."

Dr. Dieter Zetsche

1.1.1 Digitalisierung – Kulturwandel im Unternehmen

Wie das obenstehende Zitat bereits erahnen lässt, ist die Digitalisierung der wichtigste Trend der letzten Jahre, den es nicht zu verpassen gilt. Um diesen Trend frühzeitig für das Unternehmen zu erkennen und zu dessen Vorteil ausnutzen zu können, gibt das folgende Kapitel einen Überblick dessen, was nötig ist, um die Transformation zu zukunftsfähigen „Digital Companies" zu schaffen.

Untersuchungen unterstützen die Erkenntnis, dass die Digitalisierung viele Unternehmen oder gar Branchen verändert. In einer weltweiten Accenture Studie gaben unter 1041 Managern 52 % an, dass die Digitalisierung die eigene Industrie komplett oder signifikant ändern wird. Viele Unternehmen sind bereits mitten im digitalen Wandlungsprozess und letztlich werden alle Branchen und Unternehmen mehr oder weniger von diesem Umbruch betroffen sein, der noch nicht seinen Höhepunkt erreicht hat. Von 200 befragten deutschen Unternehmen erwarten beispielsweise ca. 75 % starke Auswirkungen auf das eigene Unternehmen durch die Digitalisierung in Zukunft.[1]

Obwohl der Begriff „Digitalisierung" aktuell in aller Munde ist, ist es nötig, diesen genauer zu definieren, um ein gemeinsames Verständnis zu generieren.

Grundsätzlich kann er auf zwei Arten definiert werden:[2]

Technische Definition: Digitalisierung ist die Aufbereitung von Informationen zur Verarbeitung oder Speicherung in einem digital-technischen System.

Allgemeine Definition: Digitalisierung ist ein durch neue Technologien getriebener bzw. ermöglichter Transformationsprozess von Unternehmen und ganzen Branchen, der weitreichende organisatorische, strategische und soziokulturelle Veränderungen mit sich bringt.

---

[1] Vgl. Petry, T.: Digital Leadership – Unternehmens und Personalführung in der Digital Economy. In: Petry, T. (Hrsg.): Digital Leadership – Erfolgreiches Führen in Zeiten der Digital Economy. Freiburg, 1.Auflage, 2016, S. 21 f.

[2] Vgl. ebd., S. 22.

In diesem Kapitel wird der Begriff der Digitalisierung als Gesamtheit der Veränderungen im Unternehmen durch den technologischen Wandel verstanden, gemäß der Aussage: „Digital should be seen less as a thing than more a way of doing things.“[3]

Im Zuge des Themas Digitalisierung fallen immer wieder die Begriffe: Big Data, Internet der Dinge (IoT), Industrie 4.0, Cloud, Social Media usw. Dies sind wichtige Untertrends bzw. neue Technologien der Digitalisierung, welche die Art und Weise der Kommunikation beeinflussen und somit einen Wertewandel im Unternehmen unterstützen. Vor allem sind diese aber Enabler für neue oder weiterentwickelte Geschäftsmodelle und -prozesse.[4]

Somit sind Führungskräfte gefragt, den Wandel im eigenen Unternehmen voranzutreiben. Dabei treten oft Schwierigkeiten auf, alle bisherigen Geschäftsmodelle und -prozesse sowie die eigene Unternehmenskultur mit dem Hintergrund der Digitalisierung zu hinterfragen und Verbesserungspotenziale zu erkennen. Es reicht dabei nicht aus, in neueste Digitalisierungstechnik zu investieren und eine perfekte intelligente Fabrik nach den aktuellsten Neuerungen der Industrie 4.0 zu erstellen. Das gesamte Unternehmen ist auf den Wandel einzustellen: Von den Montagearbeitern bis zum Management ist es nötig die Unternehmenskultur zu ändern. Zetsche merkt zu diesem Thema treffend an: „Ein paar kreative Schnellboote ins Wasser zu lassen reicht nicht, wenn der Rest der Firma so agil wie ein Tanker bleibt.“[5]

Wie Zetsches Worte zeigen, ist für den erfolgreichen Wandel hin zu einem digitalisierten Unternehmen nicht nur ein technologischer Fortschritt im Unternehmen nötig, sondern es handelt sich bei dieser Transformation um eine grundlegende Veränderung der gesamten Wertschöpfung. Mögliche Verbesserungspotentiale der bisherigen Produktionsarbeit sind zu erkennen, um Mithilfe neuer Technologien ein Gesamtpaket der Firma 4.0 erschaffen zu können. Um dieses Ziel zu erreichen, ist es notwendig, mehrere Neuerungen der Digitalisierung zu vereinen und somit eine „Digital Company“ zu entwickeln, welche nach neusten Maßstäben der Digitalisierung agiert.

---

[3] Dörner, K.; Edelman, D.: What 'digital' really means. 2015, In: http://www.mckinsey.com/industries/high-tech/our-insights/what-digital-really-means (Aufrufdatum: 20.06.2016).

[4] Vgl. Petry, T.: Digital Leadership – Unternehmens und Personalführung in der Digital Economy. In: Petry T. (Hrsg.): Digital Leadership – Erfolgreiches Führen in Zeiten der Digital Economy. Freiburg, 1.Auflage, 2016, S. 25.

[5] Zetsche, D.: Bremst Erfolg den Erfolg? 2016, In: https://www.xing.com/news/klartext/bremst-erfolg-den-erfolg-713 (Aufrufdatum: 15.06.2016).

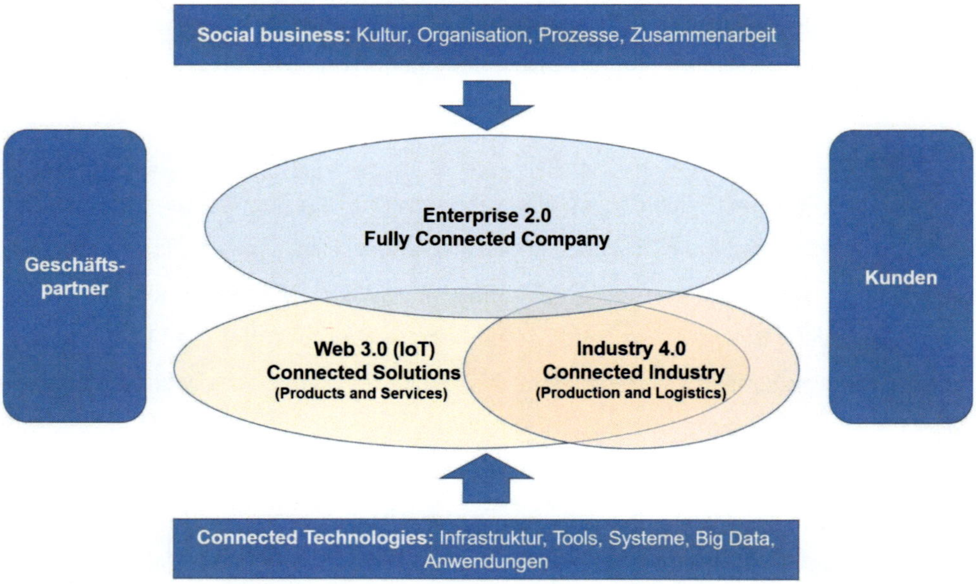

Abbildung 1: Digital Company[6]

Wie die obenstehende Grafik verdeutlicht, bildet ein Zusammenspiel von Enterprise 2.0, Industrie 4.0 und dem Internet der Dinge (Web 3.0) die „Digital Company". Erreicht ein Unternehmen das optimale Zusammenspiel dieser drei Bereiche, ist es möglich, den von Zetsche beschriebenen Tanker so agil wie ein Schnellboot werden zu lassen.

1.1.2 Enterprise 2.0 – Connected Company

Der Begriff Enterprise 2.0 bezeichnet eine Organisation, in der alle internen und externen Stakeholder auf Basis unternehmenseigener Social Software an der Erreichung der Unternehmensziele arbeiten. Der Einsatz von unternehmenseigener Software dient vor allem der Schaffung eines transparenten und dialogischen Unternehmensnetzwerks (intern sowie extern). Dies ermöglicht eine neue Organisations- und Führungskultur, welche bisher verborgene Effizienz-, Wissens- und Innovationsressourcen zur Steigerung der Unternehmensperformance nutzt.[7]

---

[6] Vgl. Schönbohm, R.: Enterprise 2.0 als Baustein der Digitalen Transformation – Aufgaben, Barrieren und Erfolgsfaktoren in großen Unternehmen. In: Petry, T. (Hrsg.): Digital Leadership – Erfolgreiches Führen in Zeiten der Digital Economy. Freiburg, 1.Auflage, 2016, S. 315.

[7] Vgl. Rossi, C.: Enterprise 2.0 Social Software in Unternehmen. Bundesverband Digitale Wirtschaft e.V. (Hrsg.), Düsseldorf 2013, S. 3.

Zum besseren Verständnis zeigt die untenstehende Grafik anhand privater Social-Communication-Tools, was eine Enterprise 2.0 Software kennzeichnet.

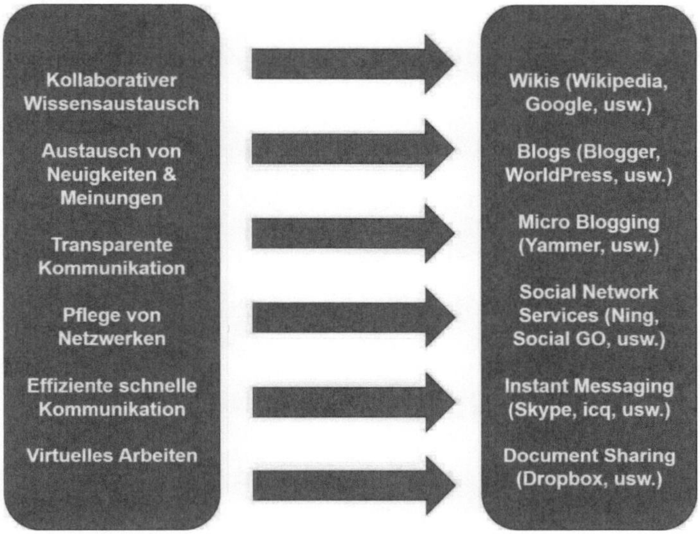

Abbildung 2: Bestandteile einer Enterprise 2.0-Software[8]

Durch diese Tools wird eine hierarchie- und abteilungsübergreifende Kommunikation erreicht, die einen offenen Informationszugang, eine schnellere Zusammenarbeit, weniger Abstimmungsschleifen, eine erhöhte Transparenz und schnellere Prozessanpassungen zum Ziel hat.[9]

Man darf nicht Gefahr laufen, Enterprise 2.0 rein als Social Software anzusehen, die die Kommunikation im Unternehmen nach ihrer Einführung sofort verbessert. Es handelt sich vielmehr um einen strategischen Transformationsprozess, bei dem sich Führung nicht mehr als hierarchisches, zentrales Steuern versteht, sondern als das Moderieren von sich selbst steuernden Teams – im Sinne einer „Smart Collaboration". Es ist wichtig, den Weg hin zur Enterprise 2.0 als strategische Entscheidung zu definieren und diese auch zu leben. Das interne und das externe Umfeld sind dabei mit einzubinden. Dies bedeutet, dass Mitarbeiter, Kunden, Partner usw. im frühen Entstehungsprozess der Enterprise 2.0 zu beteiligen[10]. Somit ist zu den neuen Social Tools ein organisatorischer und kultureller Wandel im Unternehmen voranzutreiben.

---

[8] Vgl. Schreckenbach, F.: Enterprise 2.0 – Interne Kommunikation und Zusammenarbeit im Wandel. Köln, 2014, S.11 In: http://de.slideshare.net/embrander/enterprise-20-interne-kommunikation-und-zusammenarbeit-im-wandel (Aufrufdatum: 18.06.2016).
[9] Vgl. ebd.
[10] Vgl. Arlt, A.: Enterprise 2.0 Social Software in Unternehmen. Bundesverband Digitale Wirtschaft e.V. (Hrsg.), Düsseldorf 2013, S. 6.

Dieser Wandel wird in der nächsten Abbildung dargestellt. Hierbei wird die bisherige Enterprise 1.0 verglichen mit der Enterprise 2.0. Bei dem Wandel zu Enterprise 2.0 entstehen durch die radikalen Änderungen in der Unternehmenskultur große Spannungen in der Organisation, welche zur Hauptaufgabe des Strategiewechsels für die Manager werden und einen langen Atem dieser erfordern.

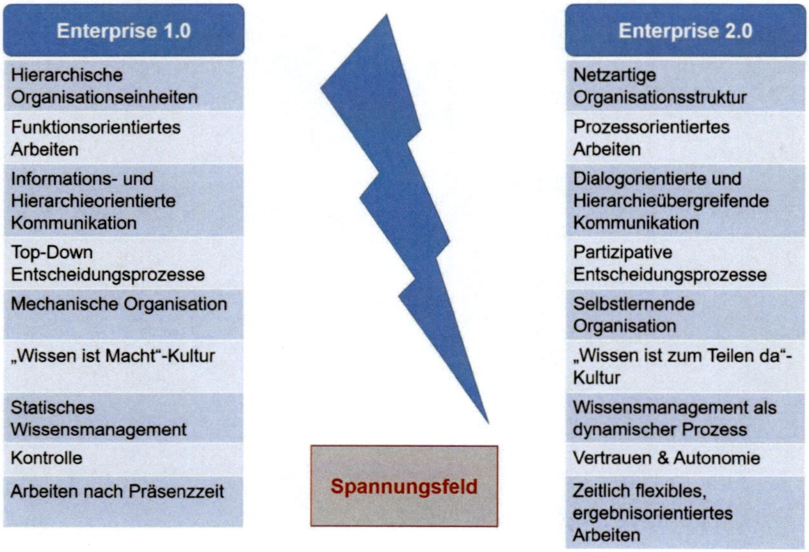

Abbildung 3: Vergleich Enterprise 1.0 mit Enterprise 2.0[11]

1.1.2.1 Ziele

Durch die steigende Komplexität im Unternehmen, sowie dem zuvor erwähnten Wandel hin zu Wissensgesellschaft, sind mehr Absprachen notwendig, was zu einem erhöhten Kooperationsaufwand führt. Um dem gerecht zu werden und die Zukunft des Unternehmens nachhaltig zu sichern, hilft eine Einführung von Enterprise 2.0. Dadurch kann auf dynamische und komplexe Situationen mittels interaktiver Kommunikation schneller und besser reagiert werden. Durch den Einsatz von Enterprise 2.0-Software, werden das interne Wissensmanagement, sowie ein schneller Informationsfluss, aktiv gefördert.[12]

---

[11] Vgl. Schreckenbach, F.: Enterprise 2.0 – Interne Kommunikation und Zusammenarbeit im Wandel. Köln, 2014, S.19. In: http://de.slideshare.net/embrander/enterprise-20-interne-kommunikation-und-zusammenarbeit-im-wandel (Aufrufdatum: 18.06.2016).

[12] Vgl. Arlt, A.: Enterprise 2.0 Social Software in Unternehmen. Bundesverband Digitale Wirtschaft e.V. (Hrsg.), Düsseldorf 2013, S. 5.

Das zentrale Ziel von Enterprise 2.0-Initiativen ist, die Verbesserung der internen Zusammenarbeit und Kommunikation sowie die Optimierung des Wissensmanagements. Der Unterschied zum klassischen Wissensmanagement ist, dass hierbei das Wissen nicht nur gespeichert wird, sondern dass das implizite Wissen und ungenutzten Potentiale der Mitarbeiter zugänglich zu machen und dadurch die Innovationsfähigkeit des Unternehmens im Allgemeinen zu verbessern.[13]

Folgen der Enterprise 2.0 Kultur:[14]

- Transparenz im Unternehmen
- Wissen wird geteilt/ verbreitet
- Persönlicher Umgang über alle Hierarchieebenen
- Stärkere Identifikation mit dem Unternehmen
- Kollaboration
- Bedeutung der zweiten Führungsebene steigt
- Verbesserte Kommunikation
- Einzelkämpfer werden von Kommunikationsstarken verdrängt

1.1.2.2 Herausforderungen für das Management

Bei der Enterprise 2.0 geht es hauptsächlich um die organisatorische und menschliche Seite der Vernetzung.[15] Es ist als Teilelement einer Digitalisierungsstrategie anzusehen und einzuführen, um die Vorteile der Enterprise 2.0 voll auszuschöpfen. Hierbei ist allerdings zu beachten, dass die erwarteten kulturellen, sowie die organisatorischen Konsequenzen nicht immer erfüllt werden. Gerade bei der abteilungsübergreifenden oder bereichsübergreifenden Zusammenarbeit stellen sich nicht immer sofort die erwarteten Ergebnisse ein. Somit ist ein langer Atem von den Führungspersonen gefordert, da das Unterfangen Enterprise 2.0 nicht einfach ein

[13] Vgl. Petry, T.; Schreckenbach, F.: Enterprise 2.0 als Baustein der Digitalen Transformation – Status Quo der Social Media Nutzung in deutschsprachigen Unternehmen. In: Petry, T. (Hrsg.): Digital Leadership – Erfolgreiches Führen in Zeiten der Digital Economy. Freiburg, 1.Auflage, 2016, S. 283.

[14] Vgl. Schreckenbach, F.: Enterprise 2.0 – Interne Kommunikation und Zusammenarbeit im Wandel. Köln, 2014, S. 19. In: http://de.slideshare.net/embrander/enterprise-20-interne-kommunikation-und-zusammenarbeit-im-wandel (Aufrufdatum: 18.06.2016).

[15] Vgl. Schönbohm, R.: Enterprise 2.0 als Baustein der Digitalen Transformation – Aufgaben, Barrieren und Erfolgsfaktoren in großen Unternehmen. In: Petry, T. (Hrsg.): Digital Leadership – Erfolgreiches Führen in Zeiten der Digital Economy. Freiburg, 1.Auflage, 2016, S. 313.

normales IT Projekt darstellt, sondern die Unternehmens- und Führungskultur von Grund auf verändert wird.[16]

Hier gilt es für den Verantwortlichen, dies stets zu Fördern und selbst mit gutem Beispiel voranzugehen. Wie zuvor bereits erwähnt, muss die Kommunikation über die Collaboration Plattformen (vor)gelebt werden, da die alleinige Einführung der Software noch keinen ausreichenden Mehrwert für das Unternehmen bringt.

Transformationsprozess:

Eine wesentliche Frage für Entscheider im Unternehmen ist: Wie ist die Enterprise 2.0-Initiative zu implementieren? Grundsätzlich ist hier zwischen zwei Ansätzen zu unterscheiden: Entweder Top-down (von der Unternehmensführung initiiert) oder Bottom-up (Mitarbeiter treiben den Wandel voran). Fallstudien zeigen, dass der Erfolg / Misserfolg der Implementierung nicht von der gewählten Stoßrichtung abhängt. Es ist allerdings zu erkennen, dass die Einführung nur über Top-down oder rein über Bottom-up ab einem gewissen Punkt ins Stocken gerät. Der Wandel muss also bei Top-down auch von den Mitarbeitern akzeptiert und unterstützt werden. Bei den Bottom-up getriebenen Initiativen ist es demgegenüber notwendig, dass das Topmanagement die Bewegung unterstützt. In der Literatur nennt man diese Art „Gegenstromverfahren".[17]

Initialisierung	Konzipierung	Mobilisierung	Umsetzung	Verstetigung
• E2.0-Bedarf/Potential feststellen • Wandlungsträger/ E2.0-Evangelisten aktivieren (Topmanagement)	• E 2.0-Ziele und Strategie festlegen • E 2.0-Maßnahmenprogramme entwickeln • Betriebsrat einbinden	• E 2.0-Konzept kommunizieren • Wandlungsbereitschaft und -fähigkeiten schaffen (Kommunikation, Trainings etc.) • Offene Kultur durch Unternehmensführung vorleben	• Prioritäre Vorhaben durchführen (Pilotprojekte und Quick Wins) • Folgeprojekte durchführen (Social Media Tools, Organisationsveränderungen, Kulturenentwicklung)	• Nutzung implementierter Tools sicherstellen • E 2.0 in Wertschöpfungs-/Geschäftsprozessen nutzen • Offenheit verankern • Kontinuierlich Effektivität und Effizienz kontrollieren

Abbildung 4: Top-down initiierter Enterprise 2.0 Transformationsprozess[18]

[16] Vgl. Petry, T.; Schreckenbach, F.: Enterprise 2.0 als Baustein der Digitalen Transformation – Status Quo der Social Media Nutzung in deutschsprachigen Unternehmen. In: Petry T. (Hrsg.): Digital Leadership – Erfolgreiches Führen in Zeiten der Digital Economy. Freiburg, 1.Auflage, 2016, S. 285.

[17] Vgl. Petry, T.; Schreckenbach, F.: Enterprise 2.0 als Baustein der Digitalen Transformation – Status Quo der Social Media Nutzung in deutschsprachigen Unternehmen. In: Petry T. (Hrsg.): Digital Leadership – Erfolgreiches Führen in Zeiten der Digital Economy. Freiburg, 1.Auflage, 2016, S. 288f.

[18] Vgl. ebd., S. 290.

Die obige Abbildung zeigt einen solchen Top-down initiierten Transformationsprozess auf. Dieser ist in fünf Phasen aufgeteilt, in denen typische Aufgaben zu erfüllen sind, die für jede erfolgreiche Enterprise 2.0-Transformation gelten. Besonders bedeutsame Aufgaben sind das Erkennen von Bedarf und Potential, die Festlegung von Zielen, sowie das Vorleben einer offenen Kultur durch die Unternehmensführung.[19]

Training:

Der erste Schritt das neue Enterprise Konzept intern zu kommunizieren sind Trainings für die Mitarbeiter. Befragungen von Unternehmen, die das Konzept einführten, ließen erkennen, dass es einen klaren Zusammenhang zwischen Training und Erfolg gibt. Im ersten Schritt ist es wichtig, die Mitarbeiter in die neuen Möglichkeiten der Collaboration Tools einzuführen, um sie mit diesen vertraut zu machen und technische Neuerungen, vor allem auch älteren Personen im Unternehmen, näher zu bringen. Zusätzlich ist zu erläutern und zu üben, wie und wofür sich die Tools effizient nutzen lassen, um den Fortschritt zu gewährleisten, oder unnötiger Zeitverschwendung vorzubeugen. Natürlich sind zusätzliche dauerhafte Begleittrainings zur kulturellen Veränderung des Unternehmens zu entwickeln und durchzuführen. Mit diesen drei Stellhebeln der Personalentwicklung können die nötigen Grundsteine für einen erfolgreichen kulturellen Wandel im Unternehmen gelegt werden.[20]

1.1.3 Industrie 4.0 – Connected Industry

Industrie 4.0 ist ein Teil der digitalen Transformation und bezieht sich auf die Produktion, sowie die betroffenen Schnittstellen. Hierbei wird die gesamte industrielle Wertschöpfungskette integriert und digitalisiert.[21] Die Anwendungsbereiche der Industrie 4.0 liegen, wie der Name schon sagt, hauptsächlich in der Produktion und Logistik. Kernelement bildet die sogenannte Smart Factory, welche die Funktionsbereiche Smart Grids, Smart Product, Smart Mobility, Smart Buildings, Smart Logistics miteinander verknüpft und somit Schnittstellen zum Kunden und den Lieferanten bildet.

---

[19] Vgl. Petry, T.; Schreckenbach, F.: Enterprise 2.0 als Baustein der Digitalen Transformation – Status Quo der Social Media Nutzung in deutschsprachigen Unternehmen. In: Petry T. (Hrsg.): Digital Leadership – Erfolgreiches Führen in Zeiten der Digital Economy. Freiburg, 1.Auflage, 2016, S. 289.

[20] Vgl. Petry, T.; Schreckenbach, F.: Enterprise 2.0 als Baustein der Digitalen Transformation – Status Quo der Social Media Nutzung in deutschsprachigen Unternehmen. In: Petry T. (Hrsg.): Digital Leadership – Erfolgreiches Führen in Zeiten der Digital Economy. Freiburg, 1.Auflage, 2016, S 287f.

[21] Vgl. Roland Berger Strategy Consultants GmbH: Analysen zur Studie - Die digitale Transformation der Industrie. Roland Berger, München, 2015, S. 28.

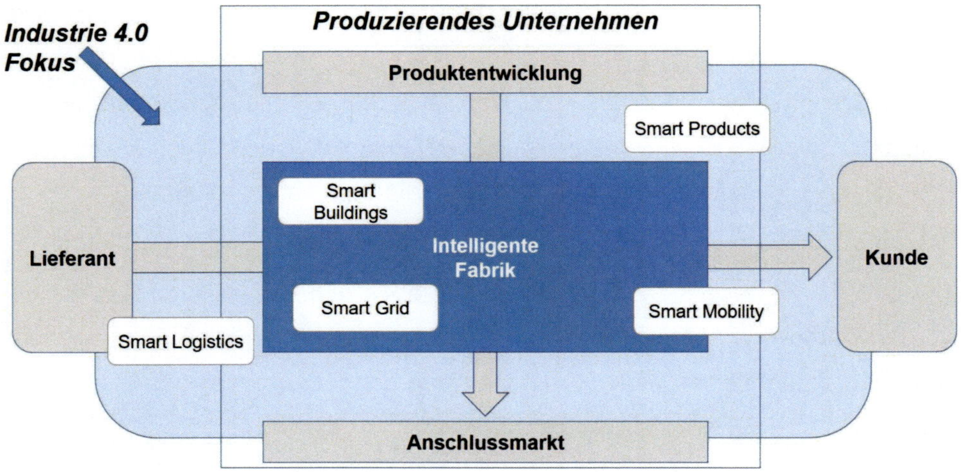

Abbildung 5: Fokus von Industrie 4.0[22]

Industrie 4.0 ist vor allem ein Marketingbegriff und steht, laut der deutschen Bundesregierung, für ein Zukunftsprojekt sowie für die vierte industrielle Revolution. Diese zeichnet sich durch Individualisierung und Hybridisierung der Produkte aus. Außerdem werden die Kunden und Geschäftspartner mehr in die Wertschöpfungsprozesse integriert. Wesentliche Bestandteile sind eingebettete Systeme, sogenannte „Cyber Physical Systems" (CPS) und (teil-)autonome Maschinen, die sich eigenständig durch Umgebungen bewegen und Entscheidungen selbstständig treffen.[23]

1.1.3.1 Industrie 4.0 – Evolution statt Revolution

Der technologische Wandel ist aktuell in vollem Gange und es befinden sich viele Elemente der Industrie 4.0 bereits in aktuellen Produktionsanlagen. Es ist hierbei nicht die Frage, wann der technologische Wandel startet, sondern wie man als einzelnes Unternehmen darauf reagiert. Viele Bausteine sind schon länger vorhanden, wie beispielsweise intelligente Sensoren, das Internet oder die Automatisierungstechnik. Die Neuerungen für die betroffenen Unternehmen bestehen in der Vernetzung dieser Bausteine und den damit verbundenen hohen Datenmengen, die zu enormen

---

[22] Vgl. Roland Berger Strategy Consultants GmbH: Analysen zur Studie - Die digitale Transformation der Industrie. Roland Berger, München, 2015, S. 28.

[23] Vgl. Gabler Wirtschaftslexikon, Industrie 4.0, In: http://wirtschaftslexikon.gabler.de/Definition/industrie-4-0.html (Aufrufdatum: 17.05.2016).

Komplexitätssteigerungen führen.[24] Voraussetzung hierfür ist allerdings zunächst eine technologische Harmonisierung, ohne die die Vernetzung eine Utopie bleibt.

Streng genommen ist diese vierte industrielle Revolution nicht als Revolution zu bezeichnen. Evolution wäre der passendere Begriff, da diese bereits seit mindestens vier Jahren in aller Munde ist und erste Forschungsprojekte gestartet wurden. Im Vergleich dazu begann die erste industrielle Revolution sofort mit der ersten Dampfmaschine. Zudem waren Kernbestandteile der bisherigen Revolutionen immer technische Weltneuheiten, wie die Automatisierungstechnik. Bei der aktuellen „Revolution“ ist dem nicht so. Die Neuerung besteht darin, dass altbewährte Technologien, wie die Automatisierungstechnik, verbessert mit anderen Enabler Technologien, wie beispielsweise dem Internet, verknüpft werden und somit neuartige Systeme entstehen.

Laut dem Bundesamt für Wirtschaft und Energie lassen sich die technologischen Treiber der Industrie 4.0 in vier Kategorien einteilen:[25]

Cyber-Physische (Produktions-)Systeme

„Cyber Physical Systems“ (CPS) sind moderne Steuerungssysteme, die die reale und virtuelle Welt verbinden können. Sie bestehen aus über das Internet verknüpften Systemkomponenten, sowie vielen intelligenten Sensoren und Aktoren, die automatisch ihre physische Umgebung erkennen. Diese Informationen werden verarbeitet und kontrolliert beeinflusst. Das bedeutet, dass CPS aus einer Vielzahl von vernetzten, sich selbstständig untereinander koordinierenden Systemkomponenten, besteht. Diese stellen untereinander eine intelligente Systemdarstellung dar.[26]

Durch die Vernetzung ist es möglich, Planung und Steuerung von Fertigungs- und Logistikprozessen zu automatisieren und zu autonomisieren. Das Ergebnis nennt man Cyber-Physische Produktions-Systeme (CPPS), in denen das Produkt als intelligentes Werkstück (Smart Product) zum aktiven Element des Produktionsprozesses wird.[27]

Durch diese Wandlung hin zu den CPPS ändert sich die bisher starre, hierarchische Struktur der Automatisierungspyramide hin zu einer Vernetzung aus einzelnen Knotenpunkten, da nun die Möglichkeit besteht Daten und Informationen dezentral

---

[24] Vgl. Spath, D.; Ganschar, O.; Gerlach, S.; Hämmerle, M.; Krause, T.; Schlund, S.: Produktionsarbeit der Zukunft – Industrie 4.0. Fraunhofer IAO; Spath, D. (Hrsg.), Stuttgart, 2013, S. 119.

[25] Bundesministerium für Wirtschaft und Energie Öffentlichkeitsarbeit (Hrsg.): Industrie 4.0 und Digitale Wirtschaft - Impulse für Wachstum, Beschäftigung und Innovation. Berlin, 2015, S. 8.

[26] Vgl. Wolf, I.; Schulze, S.: Industrie 4.0 - Cyber Physical Systems in der Produktion. In: Clustermanagement IKT. NRW; Bergische Universität Wuppertal, Wuppertal, 2013, S. 5.

[27] Vgl. Bundesministerium für Wirtschaft und Energie Öffentlichkeitsarbeit (Hrsg.): Industrie 4.0 und Digitale Wirtschaft - Impulse für Wachstum, Beschäftigung und Innovation. Berlin, 2015, S. 8.

abzurufen. Lediglich echtzeitkritische Steuerungen und Regelungen werden noch prozessnah in der Feldebene verbleiben. Zukünftig wird es aber auch möglich sein, echtzeitrelevante Anforderungen durch neue Architekturen im CPPS zu verteilen. Durch die Nutzung dezentraler Dienste kommt der Mensch- Maschine- Schnittstelle eine zentrale Bedeutung zu. Um die neuen Möglichkeiten zu nutzen, ist sicherzustellen, dass der Bediener die relevanten Informationen in geeigneter Form erhält.[28]

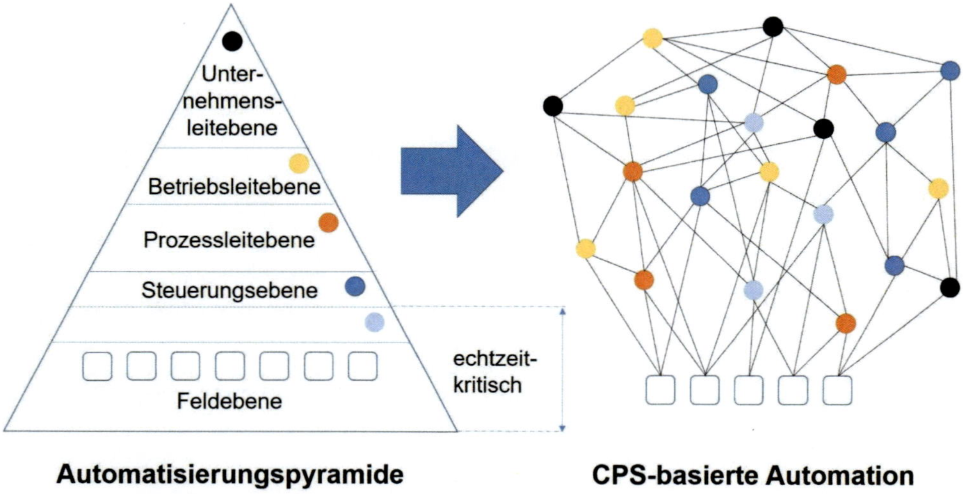

Abbildung 6: Auflösung der hierarchischen Automatisierungspyramide durch CPS mit verteilten Diensten[29]

Durch die Verknüpfung der CPS, der IT und dem Internet werden selbst große, sonst träge Unternehmen, in Zukunft flexibler, agiler, effizienter und können zudem deutlich kostengünstiger produzieren. Die Vernetzung von Produktion, Lieferanten, Kunden und Produkten eröffnet auch zahlreiche Chancen für neue Geschäftsmodelle. Somit können neue Kundengruppen, neue Marktanteile und neue Umsätze erschlossen werden.[30]

Hieraus ergibt sich die zukünftige Herausforderung für die Unternehmen, die heterogenen, teils autonomen komplexen Systeme durch einheitliche Standards und Schnittstellen zu verknüpfen.

---

[28] Vgl. VDI/VDE- Gesellschaft Mess-und Automatisierungstechnik: Thesen und Handlungsfelder - Cyber-Physical Systems: Chancen und Nutzen aus Sicht der Automation. Düsseldorf, 2013, S. 4.
[29] Vgl. ebd., S. 4.
[30] Vgl. Rohleder, B.: Digitale Gewinner brauchen revolutionäre Ideen. 2016. In: https://www.de.capgemini-consulting.com/blog/digital-transformation-blog/2016/04/bitkom-industrie40 (Aufrufdatum: 20.05.2016).

Integrierte Daten, Datenströme und Big Data

Diese Daten entstehen in einem enormen Ausmaß, beispielsweise durch die Vernetzung von Maschinen und Objekten während der Produktion, oder der Nutzung eines Produkts und durch die große Anzahl an Transaktionen, die permanent über das Internet laufen. Zum Erfolgsfaktor wird künftig, dass im Sinne einer horizontalen und vertikalen Integration alle verfügbaren Daten, über verschiedene Stufen der Wertschöpfungskette (horizontal) hinweg und zwischen den Akteuren der Zulieferkette (vertikal) miteinander verknüpft werden. Die Kombination und die Auswertung dieser Daten durch verschiedenste Analysetools sind die Grundlage für ein optimales und ganzheitliches Management des Produktlebenszyklus von der Entwicklung und Produktion, über den Betrieb, bis hin zur Demontage und dem Recycling. Für die smarte Produktion ist „Smart Logistik" ein untrennbarer Bestandteil.[31]

Cloud-Technologien

Cloud-Technologien machen es möglich, von jedem Ort mit Internetverbindung auf zentral gespeicherte Daten eines Prozesses zurückzugreifen und diese Daten auch mittels bereitgestellter Verarbeitungs- und Analysesoftware zu bearbeiten. Diese Technologien ermöglichen es, die Menge an Daten, die von Cyber-Physischen Systemen permanent produziert werden, optimal zu bewältigen und produktiv zu nutzen.[32]

Additive Fertigungsverfahren

Durch additive Fertigungsverfahren, wie dem 3D-Druckverfahren, können Bauteile Schicht für Schicht aus Materialien wie Metallen, Kunststoffen und Verbundwerkstoffen gedruckt werden. Dadurch wird es in vielen Fällen möglich, aus druckbarem Material, Bauteile mit variablen Formen schnell und individuell zu fertigen. Der Kunde mit seinen individuellen Wünschen rückt in den Mittelpunkt und es wird möglich, die Produkte nach seinen Plänen maßzuschneidern. Zudem sind bei manchen 3D Druckverfahren neuartige Formen möglich, die bei bisher herkömmlichen Produktionsverfahren zu enormen Materialverbrauch führten.[33]

---

[31] Vgl. Bundesministerium für Wirtschaft und Energie Öffentlichkeitsarbeit (Hrsg.): Industrie 4.0 und Digitale Wirtschaft - Impulse für Wachstum, Beschäftigung und Innovation. Berlin, 2015, S. 8.
[32] Vgl. ebd., S. 8 f.
[33] Vgl. ebd., S. 9.

1.1.3.2 Herausforderungen für das Management

Die Herausforderung für das Management eines Unternehmens ist es, zu Beginn alle aktuellen Geschäftsmodelle der Firma vor dem Hintergrund der Digitalisierung zu prüfen, ohne Tabus und ergebnisoffen. Hierbei muss man sich immer die Fragen stellen: Wie kann das Geschäftsmodell mit neuen Technologien (Apps, Sensoren, 3D-Druck, Augmented Reality, usw.) verbessert werden? Ist es nach digitalen Standards komplett zu verändern? Liefert mir die Digitalisierung neue Möglichkeiten Produkt- und Produktionsdaten auszuwerten? Nur so ist das Potenzial für eine Industrie 4.0 voll auszuschöpfen und neue Märkte erschließbar.[34]

Aktuell wird dies in einigen deutschen Autoherstellern umgesetzt, indem sie neue Geschäftsmodelle entwickeln. Ein Beispiel hierfür ist die Volkswagen AG, die sich für 300 Millionen Dollar bei der Taxi-App Gett beteiligt, um den Markt der Mobilitätsdienstleistungen zu bedienen.

Bei den meisten Industrieunternehmen in Deutschland werden allerdings neue Geschäftsmodelle, die durch die Digitalisierung begünstigt werden, noch nicht ausreichend erkannt bzw. unterschätzt. Wie eine Bitkom Studie zeigt, wird in Deutschland nach wie vor nur die Möglichkeit, Bestehendes zu optimieren, erkannt. Dies ist ein allgemeines Problem deutscher Unternehmen, welches es vor allem durch das Management zu verändern ist. Weit verbreitet ist, dass Optimierung vor Disruption geht. Kommt dann eine geringe Investitionsbereitschaft hinzu, besteht die Gefahr, die Digitalisierung zu verschlafen bzw. die Vorteile dieser nicht ausreichend zu nutzen. Wie Eingangs bereits erwähnt, muss sich die Denkweise der gesamten Unternehmung ändern, da Industrie 4.0 zwar revolutionäre Anwendungen hervorbringt, aber auch eine revolutionäre Denk- und Handlungsweise der einzelnen Akteure voraussetzt. Hierbei sind Mut und Konsequenz aufzubringen, die eigenen Geschäftsmodelle zu hinterfragen und anzugreifen, auch wenn diese bisher erfolgreich sind. Um dies durchzusetzen kann es hilfreich sein, Hilfe externer Berater mit entsprechenden Fachkenntnissen hinzuzuziehen. Meist wird eine Strategie zu Industrie 4.0 von internen Mitarbeitern erstellt. Es ist selbstverständlich richtig, langjährige Produktionsleiter bei der Strategiefindung mit einzubinden. Hierbei kann es hilfreich sein, unternehmensfremde, und je nach Gegebenheit, auch branchenfremde

---

[34] Vgl. Rohleder, B.: Digitale Gewinner brauchen revolutionäre Ideen. 2016, In: https://www.de.capgemini-consulting.com/blog/digital-transformation-blog/2016/04/bitkom-industrie40 (Aufrufdatum: 20.05.2016).

Personen einzubinden, da diese Personen es möglich machen, aus gewohnten Denkmustern auszubrechen. Diese liefern eher die entscheidende revolutionäre Idee, welche das Unternehmen zum Gewinner des digitalen Wandels führt.[35] Zusammengefasst sind folgende Punkte zu beachten, um die Wettbewerbsfähigkeit zu sichern:[36]

- Produkte individualisieren (Losgröße eins)
- Flexibilität steigern
- Ressourcen schonen
- Sicherheit erhöhen
- Effizienz steigern
- Ausfallzeiten minimieren
- Entwicklungszeiten verkürzen
- Bedienbarkeit verbessern
- Arbeitsabläufe bereichern

1.1.4 Internet der Dinge – Connected Solutions

In den letzten Jahren hat sich das Internet zum Mitmachmedium entwickelt. Durch Social Media Plattformen haben sich verschiedenste Nutzer im Internet vernetzt. Dieser Trend wurde allgemein als Web 2.0 bezeichnet. Aktuell entsteht wieder ein solcher Trend, das „Internet der Dinge" (IoT), oder weniger verbreitet, das Web 3.0. Hierbei handelt es sich um die Vernetzung von Gegenständen. Ziel ist es, dass Dinge Informationen über ihren jeweiligen Zustand im Netzwerk zur Verfügung stellen und gegebenenfalls selbstständig darauf reagieren. Das klassische Beispiel hierfür ist der Kühlschrank, der erkennt, wenn eine bestimmte Mindestfüllmenge unterschritten ist und daraufhin selbstständig Essen nachbestellt. Wie zuvor erwähnt und auch in der einführenden Grafik ersichtlich, ist das „Internet der Dinge" Basis der Industrie 4.0. Die Vernetzung verschiedenster, industrieller Anwendungen bildet das Kernelement, die Smart Factory.[37]

---

[35] Vgl. Rohleder, B.: Digitale Gewinner brauchen revolutionäre Ideen. 2016, In: https://www.de.capgemini-consulting.com/blog/digital-transformation-blog/2016/04/bitkom-industrie40 (Aufrufdatum: 20.05.2016).
[36] Vgl. Köhler, P.; Six, B.; Michels, J.: Industrie 4.0: Ein Überblick. In: Köhler-Schulte, C.(Hrsg.): Industrie 4.0: Ein praxisorientierter Ansatz. Berlin, 2015, S. 25.
[37] Vgl. Petry, T.: Digital Leadership – Unternehmens- und Personalführung in der Digital Economy. In: Petry T. (Hrsg.): Digital Leadership – Erfolgreiches Führen in Zeiten der Digital Economy. Freiburg, 1.Auflage, 2016, S. 27 f.

1.1.4.1 Status und Ausblick

Abgesehen von den großen industriellen Anwendungsmöglichkeiten, bietet das IoT verschiedenste neuartige Geschäftsmodelle. Es ermöglicht die Entwicklung digitaler Services mit intelligenten, miteinander vernetzten Endgeräten und Maschinen. Dieses Zusammenspiel kann der Schlüssel für erhebliches Wachstum in den neu entwickelten Märkten sein. Allein in den USA werden die Investitionen in das Internet der Dinge und die daraus resultierenden Produktionssteigerungen bis 2030 voraussichtlich 6,1 Billionen US-Dollar zum kumulativen Bruttoinlandsprodukt (BIP) beitragen, prognostiziert Accenture. Allerdings sind diese Prognosen keineswegs sicher, wie eine Befragung von 1400 Führungskräften globaler Unternehmen zeigt. Es stellte sich heraus, dass 73 % der Befragten keine konkreten Pläne für das Internet der Dinge haben. Die fehlende Überzeugung ist maßgeblich darauf zurückzuführen, dass ein Unternehmen mit der Einführung des Internets der Dinge neue Strukturen und Ertragsströme generieren muss.[38]

1.1.4.2 Herausforderungen für das Management

Durch den zuvor aufgezeigten Rückstand vieler Unternehmen zum Thema Internet der Dinge, besteht die Aufgabe darin, sich zu Beginn darüber klar zu werden, welchen Nutzen durch diese Neuerung für das Unternehmen generiert werden kann. Es ist notwendig zu prüfen, ob es durch das IoT möglich ist, die Produktivität zu steigern und Kosten zu reduzieren. Ist man mit dem Thema vertraut, sollte in Erfahrung gebracht werden, ob man zusätzlich zu bisherigen Leistungen des Unternehmens neuartige Serviceleistungen generiert. Dadurch werden neue Geschäftsfelder und Dienstleistungen geschaffen, die physische und digitale Komponenten miteinander kombinieren. Wird das Internet der Dinge über eine reine Effizienzsteigerung hinaus eingesetzt, besteht ein sehr großes Wachstumspotential für das Unternehmen. Dies gilt es als Ziel für das Management festzuhalten und das Internet der Dinge als Teil einer Digitalisierungsstrategie zu verankern.

---

[38] Vgl. Becker, T.; Reynolds, R.; Knop, K.: Upload: Wo steht Deutschland beim Thema Digitalisierung? In: Becker, T.; Knop, C. (Hrsg.): Digitales Neuland – Warum Deutschlands Manager jetzt Revolutionäre werden. Wiesbaden, 1. Auflage, 2015, S. 5.

1.1.5 Der Digital Transformation Game Changer

Auf Grund der Digitalisierung müssen sich nicht nur die Strukturen und Geschäftsmodelle im Unternehmen ändern, sondern auch die Führungspersönlichkeiten benötigen ein Neues Denken und Handeln.

Die aktuelle Managementgeneration ist eine Art „Half Digital Natives“; sie waren bei der Geburtsstunde des Internets dabei. Die volle Dynamik und Bedeutung dieser Technologie war allerdings erst in den letzten 15 Jahren zu erkennen. Bis die „Digital Natives“ das Management übernehmen, wird noch einige Zeit dauern und Führungspersönlichkeiten mit ausgeprägter Digitalkompetenz sind bis jetzt auch rar. Deshalb ist es umso wichtiger sich als Manager selbst (auch mit externer Unterstützung), mit dem Hintergrund der Digitalisierung, weiterzuentwickeln, um das gesamte Unternehmen sicher mit Digitalkompetenz in die richtige Richtung leiten zu können.[39]

Der bei Russell Reynolds Associates für die Leadership Assessment Practice verantwortliche Partner, Dr. Joachim Bohner, definiert den Digital Manager folgendermaßen: „Ein Digital Transformation Game Changer vereint in sich Persönlichkeitsmerkmale und Managementfähigkeiten, die sich eindeutig von denen eines klassischen General Managers abheben. Er muss förmlich in einer anderen Liga spielen können, da er scheinbar gegensätzliche Führungsansätze in sich vereinen und flexibel nutzen muss, um wirklich die Transformation anführen zu können. Höchste Ausprägungen bezüglich Intellekt, Durchsetzungsstärke, Mut, Unabhängigkeit, Führung, Aggressivität und Empathie, muss er in einer Art Kürübung miteinander verknüpfen, die üblicherweise nur in Einzelaspekten von Führungskräften gezeigt werden, oder die in anderen Führungsaufgaben nur in Teilen mehr oder weniger erforderlich sind. Er ist damit ein richtungsweisender Hybrid aus sich zum Teil widersprechenden Merkmalen, die in der Synthese ein Rollenmodell für alle anderen Manager, aber auch insbesondere andere Industrien darstellt, die sich den disruptiven Veränderungen stellen müssen.“[40]

---

[39] Vgl. Becker, T.; Reynolds, R.; Knop, K.: Upload: Wo steht Deutschland beim Thema Digitalisierung? In: Becker, T.; Knop, C. (Hrsg.): Digitales Neuland – Warum Deutschlands Manager jetzt Revolutionäre werden. Wiesbaden, 1. Auflage, 2015, S. 11.

[40] Vgl. ebd., S. 11f.

Somit lauten die Erfolgsfaktoren für einen Digital Transformation Game Changer:[41]

- Innovation (radikal „Outside the Box“ denken)
- Disruption (den eigenen Weg konsequent gehen, andere kritisch hinterfragen)
- Socialization (Gesellschaftsfähigkeit, Selbstbewusstsein)
- Leadership (sichere Führung des Teams unter dynamischen und unsicheren Rahmenbedingungen)
- Determination (sehr hohe Leistungsorientierung, hohes Maß an Optimismus gegenüber den Herausforderungen der Zukunft)

1.1.6 Fazit

Der Wandel der Zeit hin zur Digitalisierung hat bereits begonnen. Es liegt vor allem an der Führungsetage in den einzelnen Unternehmen, ob sie sich diesem Wandel öffnen und bereit sind, alte Strukturen und Geschäftsmodelle zu hinterfragen, um sich früh genug mit den Neuerungen vertraut zu machen. Die Manager sind auch selbst gefragt sich zu ändern und mit der Zeit zu gehen. Ziel dabei ist, einen gewissen Weitblick für Trends und Technologien zu entwickeln, um weiterhin am Markt erfolgreich zu sein, denn die Digitalisierung treibt die Unternehmen zu mehr Beweglichkeit, Agilität und Voraussicht. Eine enge Zusammenarbeit über alle Hierarchieebenen wird dabei immer wichtiger. Die digitale Transformation verändert ganze Branchen und bringt neue Gewinner und Verlierer hervor. Um als Gewinner vom Platz zu gehen, ist es notwendig, sich in diesen Zeiten der Digitalisierung nicht zu verschließen, sondern die eigenen altbewährten Methoden zu hinterfragen. Gerade die neuen technologischen Möglichkeiten der Industrie 4.0 sind greifbar und können mit etwas Ausdauer und ständiger Optimierung zum Unternehmensnutzen eingesetzt werden. Alleine die Optimierung des Produktionsumfelds und der Wertschöpfungskette sind nicht ausreichend, um einen großen Nutzen aus der Digitalisierung zu ziehen. Dafür ist es notwendig, die Unternehmenskultur hin zu einer dezentralen schnellen Kommunikation zu ändern. Die Organisation ist flexibler und anpassungsfähiger zu gestalten, um gesamtheitlich auf neue Kundenwünsche zu reagieren. All diese Fähigkeiten in einer Digitalisierungsstrategie zu vereinen und diese umzusetzen, kann einen bisher schwerfälligen Tanker so agil wie ein Schnellboot werden lassen.

[41] Vgl. Becker, T.; Reynolds, R.; Knop, K.: Upload: Wo steht Deutschland beim Thema Digitalisierung? In: Becker, T.; Knop, C. (Hrsg.): Digitales Neuland – Warum Deutschlands Manager jetzt Revolutionäre werden. Wiesbaden, 1. Auflage, 2015, S. 12.

1.2 Agile Führungsphilosophie

Artur Maleta

Zusammenfassung

Agilität durchdringt immer mehr Unternehmen. Das dynamische Projektumfeld fördert ihren triumphierenden Siegeszug gegen das klassische Projektmanagement. Es ist an der Zeit sich mit diesem Thema im Kontext der Führungsphilosophie auseinander zu setzen, um sie einer Retrospektive zu unterziehen. Dabei ist es wichtig, die Ursprünge agiler Methoden, ihre Treiber, die Ebenen der Veränderung sowie ihre Ausprägungen zu kennen. Die Gestaltung der Führung und der Führungsphilosophie ist Teil der Transformation, denn neue Herausforderungen entstehen zugleich in der Unternehmensführung.

Schlüsselbegriffe

Entscheidungen - Agilität - Transformation - Selbstorganisation - Hierarchien - Transformationale Führung

„Ein Beispiel zu geben ist nicht die wichtigste Art, wie man andere beeinflusst. Es ist die einzige.“

Albert Schweitzer, Nobelpreisträger

1.2.1 Die agile Bewegung

Entscheidungen sind einlenkende Knotenpunkte, sofern eine getroffen wurde. Von besonderem Interesse hierbei ist, durch wen und in welchem Kontext ihre Existenz für Einzelpersonen sowie Organisationen und fortgeführt auch für Unternehmen wegweisend und tragend werden. Entscheidungsträger bedienen sich verschiedener Verfahren der Entscheidungsfindung und tragen dabei die mit der Verantwortung eingehenden Konsequenzen. In der Entscheidungskette ist ein stabiler Pfad gewünscht, der den zentralen Punkt der Orientierung für weiteres Vorgehen bildet. Erfolg ist die Folge richtiger Entscheidungen. Gegenwärtig ist Agile Führungsphilosophie ein großes Thema. Es wird nicht nur als Alternative für Unternehmen mit dem Drang nach Veränderungen ihrer Prozessstruktur relevant, sondern es scheint darüber hinaus erfolgsbringend, organisierten Strukturen eine Verbesserung ihrer Effizienz zu ermöglichen. Es entsteht der Eindruck, agil stehe für die Vitalität eines Unternehmens, welches mit gesund assoziiert werden kann. Traditionell aufgebaute Unternehmen mit einer hohen Wertschöpfung können in der Folge jedoch nicht als krank oder gebrechlich betrachtet werden. Das Verständnis dieses Themas soll zunächst mit der Definition dieser Ausdrücke sensibilisiert werden. **Führungsphilosophie** ist ein „[...] normativer Bereich der Führungswissenschaft, der die Gesamtheit von Grundeinstellungen und Normen umfasst, die als Grundlage für die Ableitung und Ausgestaltung von Führungsentscheidungen in einer Unternehmung dienen. Die Aufgabe der Führungsphilosophie liegt in der an Werturteilen orientierten Analyse von Führungsprozessen, Führungstechniken und Führungssystemen.[...]“[42]. **Agil** wird im wirtschaftlichen und unternehmerischen Kontext als „[...] die Fähigkeit

---

[42] Wirtschaftslexikon24: Führungsphilosophie. In: http://www.wirtschaftslexikon24.com/d/führungsphilosophie/führungsphilosophie.htm (Aufrufdatum: 28.04.2016).

einer Organisation, flexibel, aktiv, anpassungsfähig und mit Initiative in Zeiten des Wandels und Unsicherheit zu agieren[...]"[43] verstanden.

Folgt man diesen Definitionen, entsteht ein abstrakter Umriss eines auf veränderte Gegebenheiten hoch reaktiven Unternehmens, das nicht nur schnelle Entscheidungen trifft, sondern sich auch strukturellen Wandlungen unterziehen kann und diesen entsprechende Werte und Normen zugrunde gelegt wurden. Die klassische Vorgehensweise der sequentiellen Zielverfolgung scheint diesen Anforderungen nicht mehr zu genügen. Immer häufiger wird aus diesem Grund auf agile Vorgehensmodelle und Methoden zurückgegriffen.

1.2.1.1 Ursprung agiler Methoden

In der Produktion erwiesen sich funktionsübergreifende Teams mit parallelen Entwicklungsansätzen als innovativ. So fand das heute unter SCRUM bekannte Vorgehensmodell bereits 1986 in der Veröffentlichung der Harvard Business Review „The New New Product Developement Game" seinen Ursprung. Jeff Sutherland adaptierte 1993 den SCRUM-Prozess für die Softwareentwicklung und lies Erfahrungen aus der objektorientierten Programmierung sowie iterativer und inkrementeller Entwicklung einfließen. Zusammen mit Ken Schwaber wurde das agile Vorgehensmodell veröffentlicht und wird unter dem Namen „The Scrum Guide" gepflegt.[44] Das Vorgehensmodell verbreitete sich in der Softwareentwicklung als ein „leichtgewichtiges" Entwicklungskonzept. Das Ziel, funktionale Softwareteile möglichst schnell zu realisieren und auf Anforderungsänderungen zu jeder Zeit im Projektverlauf reagieren zu können, war nun besser umsetzbar. Ein Gremium erfahrener Softwareentwickler erarbeitete 2001 ein Manifest über die Vorgehensweise in der Softwareentwicklung und ersetzten den Begriff leichtgewichtig durch agil. Es wurde unter dem Namen „The Agile Manifesto" veröffentlicht und bedient sich wenigen, jedoch wichtigen Feststellungen und deren Notwendigkeit für die agile Entwicklung.

Dabei wird die Notwendigkeit zeitnaher Reaktionen auf veränderte Anforderungen und die Kundenorientierung hervorgehoben. Weiter wurden 12 konkrete Handlungsgrundsätze abgeleitet. Diese werden hier nicht näher betrachtet und können unter [45]

---

43 Onpulson: Agilität. In: http://www.onpulson.de/lexikon/agilitaet/ (Aufrufdatum: 28.04.2016).

44 Vgl. Scrumakademie: Die Ursprünge von Scrum. In: http://scrumakademie.org/?q=grundlagen/die-urspruenge-von-scrum (Aufrufdatum 2.05.2016).

eingesehen werden. Das Manifest verbreitete sich im Bereich der Softwareentwicklung als Leitbild und erfuhr steigende Aufmerksamkeit.

Der folgende Auszug der Übersetzung legt das Manifest dar.

> **„Manifest für Agile Softwareentwicklung**
> Wir erschließen bessere Wege, Software zu entwickeln,
> indem wir es selbst tun und anderen dabei helfen.
> Durch diese Tätigkeit haben wir diese Werte zu schätzen gelernt:
> **Individuen und Interaktionen** mehr als Prozesse und Werkzeuge
> **Funktionierende Software** mehr als umfassende Dokumentation
> **Zusammenarbeit mit dem Kunden** mehr als Vertragsverhandlung
> **Reagieren auf Veränderung** mehr als das Befolgen eines Plans.
> Das heißt, obwohl wir die Werte auf der rechten Seite wichtig finden,
> schätzen wir die Werte auf der linken Seite höher ein.“[45]

1.2.1.2 Agil – Von der Softwareentwicklung bis zur Führung

Die Ausbreitung der agilen Entwicklung fand in das klassische Projektmanagement Einzug. Dabei werden die starren sequentiellen Abläufe wie im klassischen Wasserfallmodell – Planung, Anforderung und Analyse, Entwurf, Implementierung, Test und Einführung – erweitert und domänenspezifisch sogar komplett ersetzt. Das Projektmanagement passt sich seinem immer dynamischer werdenden Umfeld des digitalen Zeitalters an und wird agil. Die wichtigsten Unterschiede zwischen dem klassischen und dem agilen Projektmanagement werden in Abbildung 7 dargestellt.

---

[45] Manifest für Agile Softwareentwicklung. In: http://agilemanifesto.org/iso/de/ (Aufrufdatum: 4.05.2016).

Klassische Projekte	Agile Projekte
Anforderungen zu Beginn bekannt	Anforderungen zu Beginn unscharf
Anforderungen aus technischer Sicht	Anforderungen aus **Kundensicht**
Sequentieller Entwicklungsprozess	**Iterativer Entwicklungsprozess**
Starrer Projektmanagementprozess	Fortlaufende **Prozessverbesserung**
Klare Hierarchie	**Selbstorganisierte** Teams
Aufgaben von oben zuteilen	Aufgaben **selbstständig** übernehmen

Abbildung 7: Vergleich klassisches und agiles Projektmanagement[46]

Die Unterschiede stellen neue Herausforderungen und Anforderungen an den Projektleiter und die Projektbeteiligten. Unerwartete Anforderungsänderungen sind einzuplanen, Kundenkontakt ist vordergründig, schrittweise Projektumsetzung bei sich selbst organisierenden Teams gilt es in Einklang zu bringen und darüber hinaus eine fortlaufende Prozessverbesserung zu ermöglichen. Diese Zielsetzung kann nun aus der Perspektive der Führungskraft betrachtet werden. Leitendes Management ist der strategischen Führung zu zuordnen, wogegen die Führungskraft einen direkten Einfluss auf das Verhalten der Mitarbeiter – durch Anweisungen, regeln von Rahmenbedingungen, Mitarbeitergesprächen und weiteren Interaktionen – nimmt. Dabei geht es um individuelle und leistungsorientierte Beziehungsgestaltung in gruppendynamischen Prozessen zwischen den Team-Mitgliedern, um die gemeinsamen Ziele zu erreichen.[47] Damit wird die Führung in direkten Zusammenhang mit agilen Vorgehensweisen gesetzt.

---

[46] Vgl. Preußig, J.: Agiles Projektmanagement: Scrum, Use Cases, Task Boards & Co. (Hrsg.): Haufe-Lexware. Stuttgart, 2015, S. 41.

[47] Vgl. Brechtel, C.: Führungsverantwortung – Psychologie und Unternehmenskultur. (Hrsg.): treditron. Hamburg, 2015, S. 56.

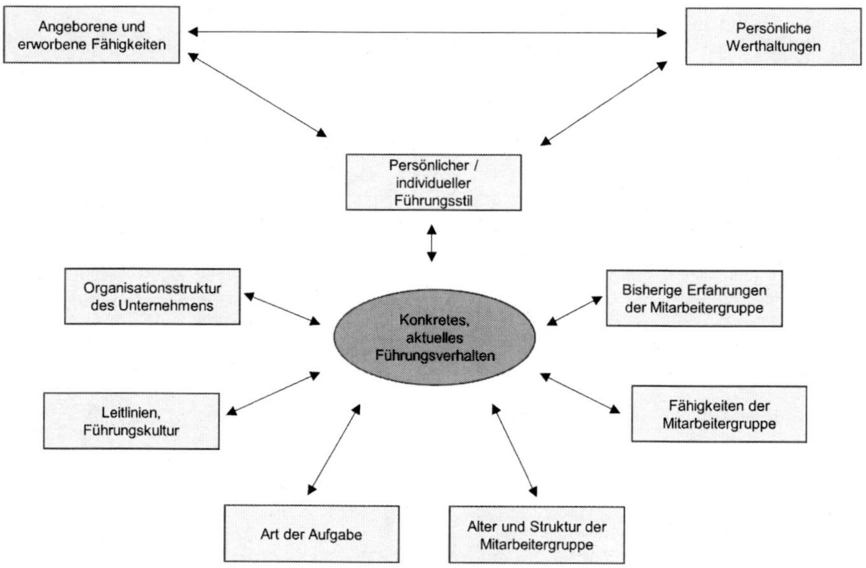

Abbildung 8: Führung: Einflussgrößen[48]

Die Betrachtung, wer Entscheidungen fällt, wird im agilen Kontext noch interessanter. Selbstorganisierende Teams besitzen Entscheidungsfreiraum. Der Projektleiter wird zum Projektbegleiter. Die Führungskraft steht im agilen Kontext neuen Einflussgrößen gegenüber. Auch die strategische Führung wird von der agilen Vorgehensweise tangiert. Der Weg zur agilen Führungsphilosophie wird geebnet.

1.2.2 Das Unternehmen im Kontext Agile

Die Interdependenz der Führungsphilosophie und die Arbeitsorganisation agiler Teams weist eine hohe Korrelation auf. Eine heroische Führung übt eine hemmende Wirkung auf die Faktoren agiler Teams aus, sie kann sogar Prozessverbesserungen unterdrücken. Mitarbeiter neigen zu konventionellen und etablierten Methoden als den Kenntnisbereich der Führung zu verlassen.[49] Bei der Transformation zu einem agilen Unternehmen sind bestehende Strukturen gleichermaßen von großer Bedeutung und schaffen Möglichkeiten der Diskrepanz im Veränderungsprozess. Besonders wichtig

[48] In Anlehnung an: Vgl. Brechtel, C.: Führungsverantwortung – Psychologie und Unternehmenskultur. (Hrsg.): treditron. Hamburg, 2015, S. 74.
[49] Mathis, C.: Agile Führung – Vom agilen Projekt zum agilen Unternehmen. In: Scherber, S.; Lang, M. (Hrsg.): Symposion Publishing. Düsseldorf, 1. Auflage 2015, S. 47.

ist es daher, das Ziel zu verstehen, eine konsistente Strategie zu entwickeln, die Beweggründe zur Agilität transparent darzustellen, um die individuell angepasste Führung gestalten zu können.

1.2.2.1 Treiber der agilen Führungsphilosophie

Ein Ruf nach agilen Vorgehensweisen wird laut, wenn es darum geht schneller, innovativer oder wandlungsfähiger zu werden. Damit sind Entwicklungszyklen, Produktgestaltung und die Reaktionsfähigkeit auf Veränderungen gemeint. Eine zentrale Frage gilt es dabei zu klären: Was treibt eine agile Führungsphilosophie an? Unternehmen sind vielen Einflussfaktoren auf dem Markt ausgesetzt. Die Makro- sowie die Mikro-Umwelt beeinflusst die Entwicklung eines Unternehmens erheblich. Diese Einflüsse stehen in wechselseitiger Abhängigkeit zueinander und wirken auf die Gestaltung der Führung und die angewendeten Arbeitsmethoden ein.

Der technologische Fortschritt ermöglicht eine Vernetzung, in der eine Kommunikation zwischen Mensch-Maschine, Objekt-Maschine und Maschine-Maschine unter kognitiver Informationsverarbeitung über das Internet als Medium realisierbar ist. Dieser Status Quo führt zu der vierten industriellen Revolution.[50]

Die deutsche Bundesregierung leistet durch die Agenda „Digitale Strategie 2025" einen wegweisenden Beitrag für den deutschen Markt. Durch das Programm „Zehn Schritte in die Zukunft" wird unter Punkt 7 „Mit Industrie 4.0 den Produktionsort Deutschland modernisieren" eine einschlägige Richtung der vernetzten Industrie vorgegeben.[51] Es werden Förderprogramme für den Mittelstand und ebenso für die Branchen der Mikroelektronik entwickelt. Das Bundesministerium für Wirtschaft und Energie strebt eine Sensibilisierung für die Industrie 4.0 und deren Standardisierung an.[52] Unternehmen rüsten auf, um in Zukunft wettbewerbsfähig zu bleiben und begeben sich in die Phase der digitalen Transformation. Die empirische Studie von neuland „Digital Transformation Report" untersucht Unternehmen, Behörden und Institutionen in der DACH-Region in einem Wettbewerb zum digital transformierten Unternehmen. Dabei werden acht Dimensionen zur Unternehmensanalyse herangezogen. Die Dimension „Leadership" untersucht ob ein Bewusstsein für die

---

[50] Vgl. Jasperneite, J.: Was hinter Begriffen wie Industrie 4.0 steckt. In: http://www.computer-automation.de/steuerungsebene/steuern-regeln/artikel/93559/0/ (Aufrufdatum: 7.06.2016).
[51] Vgl. Bundesministerium für Wirtschaft und Energie (BMWi): Digitale Strategie 2025. (Hrsg.): Hirschen Group GmbH, Berlin, 2016, S. 40.
[52] Vgl. ebd., S. 42.

Notwendigkeit der Veränderung vorhanden ist. „Eine unternehmensinterne Anpassung am externen Wandel wird von immer mehr Führungskräften verstanden. So findet ein Wandel in der Unternehmensorganisation statt, um mehr Agilität und Flexibilität, bessere Vernetzung der Mitarbeiter und effektives Fachwissen zu erreichen“[53]. Dieses Verständnis ist grundlegend um eine Unternehmensstrategie zu entwickeln und entspricht der Definition der Führungsphilosophie, die zugleich dem digitalen Zeitalter gerecht wird. Im weiteren Schritt wird der Wandel zur Agilität im Unternehmen kommuniziert, bis die Transformation vollzogen wurde. An dieser Stelle lässt sich feststellen, dass Technologien sowie politische Beschlüsse eine treibende Wirkung darstellen und eine Motivation schaffen, in der das Top-Down-Prinzip seine Ausprägung findet.

Weitere Faktoren aus der Makro-Umwelt veranlassen die Industrie, als auch die Unternehmen, an der industriellen Revolution teilzunehmen. Dabei sei das Wirtschaftswachstum als ökonomischer Einflussfaktor genannt. Das Fraunhofer Institut und Bitkom prognostizierten in der Studie Industrie 4.0 – Volkswirtschaftliches Potenzial (2013), Wachstumsraten der Bruttowertschöpfung von 23 % bis zum Jahr 2025 in ausgewählten Wirtschaftsbereichen.[54]

Im soziokulturellen Bereich sind Werte, Lebensstil sowie der demografische Wandel als wirkende Faktoren anzuerkennen. Die Generation der digital natives steht vor den Pforten der Unternehmen, mit der Fähigkeit, die Dynamik der sozialen Medien vorteilbringend zu nutzen. Unternehmensinterne Netzwerke sollten diese Fähigkeiten adaptieren und zielführend organisieren. Dadurch entsteht Informationstransparenz und ein Wissenswettbewerb unter den teilnehmenden Mitarbeitern.[55]

---

[53] Steimel, B.; Wichmann, K. S.; Azhari ,P.; Faraby, N.; Rossmann, A.: Digital Transformation Report 2014 (Hrsg.): neuland GmbH & Co.KG, Köln, 2014, S. 56.
[54] Bauer, W.; Schlund, S.; Marrenbach, D.; Ganschar, O.: Industrie 4.0 – Volkswirtschaftliches Potenzial (Hrsg.): BITKOM, Berlin, 2014, S. 36.
[55] Vgl. Gloger, B.; Rösner D.: Selbstorganisation braucht Führung. (Hrsg.): Carl Hanser Verlag. München, 2014, S. 11.

In der Makro-Umwelt eines Unternehmens lassen sich Treiber der agilen Führungsphilosophie identifizieren. Technologische, politische, soziokulturelle und ökonomische Faktoren wirken auf Unternehmungen ein. Hier steht die Industrie 4.0 gegenwärtig im Mittelpunkt und begünstigt den Wandel für eine zukünftige Unternehmensgestaltung.

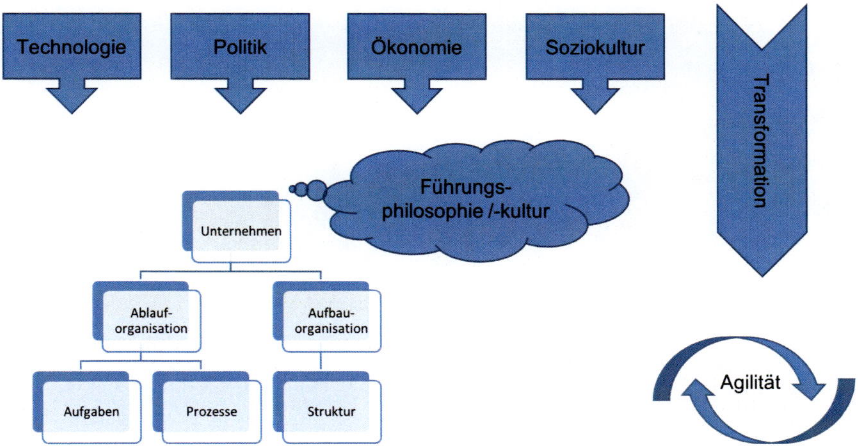

Abbildung 9: Transformation Top-Down

Neben den extrinsischen Einflussfaktoren werden auch intrinsische Treiber betrachtungsrelevant. Wir sahen den Ursprung agiler Methoden in der Wandlung der Softwareentwicklung. Anforderungsänderungen mussten während der Projektdurchführung zeitnah realisiert werden. Aufgabenplanung und Realisierung wurden immer schwerer trennbar. Heute bieten iterative Vorgehensmodelle die notwendige Flexibilität und Integration dies zu bewerkstelligen. Die Anwendung agiler Methoden – wie z.B. SCRUM, – finden ihren Nutzen häufig in der Softwareabteilung eines Unternehmens.[56] Anforderungsspezifisch werden die Methoden in Entwicklungsprojekten oder anderen Abteilungen eingesetzt. Während der Erprobung werden die Prozesse und Abläufe auf den Anwendungsbereich abgestimmt und optimiert. Bei erfolgreicher Umsetzung, etablieren sich die agilen Vorgenweisen und bilden bei den beteiligten Teams durch den Stilwechsel in der Kommunikation und der Interaktion eine eigene Kultur. Denn grundlegende Ansichten über Beziehungsgestaltung oder

[56] Vgl. Nagler, F. J.: Agile Führung – Vom agilen Projekt zum agilen Unternehmen. In: Scherber, Stefan; Lang, Michael. (Hrsg.): Symposion Publishing. Düsseldorf, 1. Auflage 2015, S. 13.

Denkkonzepte in Hinblick auf Leistungsorientierung sowie der Umgang mit Zeit, sind neben weiteren Symbolen Bestandteile einer Kultur.[57] Die Emergenz der Agilität entsteht neben den vorhandenen Strukturen und bildet einen Indikator, die Philosophie und Kultur der gelebten Führung zu hinterfragen. Erkennt die Führung die Notwendigkeit, Raum für die Bottom-Up-Entwicklung einzuräumen, so kann diese Entwicklung eine Transformation zum Agilen Unternehmen nach sich ziehen. Diese Divergenz zwischen agilen Projekten und der Unternehmenskultur ist ein Treiber der agilen Führungsphilosophie.

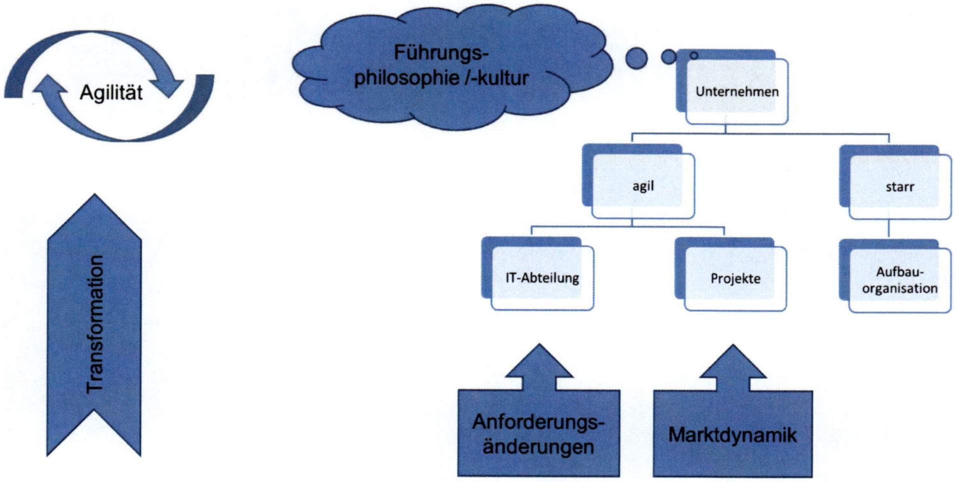

Abbildung 10: Transformation Bottom-Up

1.2.2.2 Ausprägung des Wandels – Drei Megatrends

Die Grundzüge des agilen Führungsmodells spiegeln sich auch in den Ergebnissen der Trendstudie „Die Zukunft der Führung“ vom Schweizer Institut für Betriebsökonomie aus dem Jahr 2014 wieder. Die folgenden drei Megatrends wurden darin identifiziert:

1. Individualisierung

Die Produktivitätssteigerung ist heute nicht mehr ausschließlich Führungsaufgabe des Managements. Vielmehr gilt es vor dem Hintergrund der allgemein zunehmenden

---

[57] Vgl. Peterson, B.: Cultural Intelligence. A Guide to Working with People from other Countries. (Hrsg.): Nicholas Brealey, Pub. London, 2004, S. 22.

Individualisierung, geeignete Strukturen zu schaffen, die die Potenziale der einzelnen Mitarbeiter und Wissensarbeiter fördern. Dazu werden vergleichsweise Anlehnungen an die heutigen Profifußballklubs herangezogen, um die Notwendigkeit und Effizienz der individuellen Beratung, des „Coaching", hervorzuheben.[58]

2. Flexibilisierung

Die Unternehmensstrukturen büßen immer mehr an Klarheit ein. Beispielsweise verlieren die Definitionen der Arbeitszeit und des Arbeitsortes an Trennschärfe. Da hierdurch das Außen- und Innenverhältnis von Unternehmen durchbrochen wird, können interne und externe Projektakteure (Vorgesetzte, Spezialisten, Stakeholder) ständig die Rollen wechseln. Die Realisierung liquider Systeme erfolgt dabei analog zu den der sozialen Netzwerken und bildet ein dynamisches System der Wissensarbeit hierarchiebrechend ab.[59]

3. Demographischer Wandel

Der demographische Wandel hat einen großen Einfluss auf die moderne Unternehmensführung. Unternehmen stehen heute vor der Aufgabe, die sogenannte Multigenerationalität für sich zu nutzen, um ihre gesamte Organisation flexibler und belastbarer gestalten und auf zukünftige Herausforderungen vorbereiten zu können.[60]

In der Führungsebene wird ein grundlegendes Umdenken essentiell. Denn wer Agilität fordert, muss selbst auch Agilität (vor)leben. Und dazu braucht es eine offene und anpassungsfähige Führungskultur.

1.2.2.3 Die Ebenen der Veränderung

Die Transformation zum agilen Unternehmen durchdringt verschiedene Bereiche der vorhandenen Aufbau- sowie Ablauforganisation. Dabei lassen sich drei Größen der Veränderung ausmachen.

Die normative Positionierung in der Unternehmenskultur – als Ableitung aus der Führungsphilosophie – erfordert eine neue Definition für das Verständnis zur Veränderung. Sie muss im Unternehmen durch Führungsverantwortliche kommuniziert und umgesetzt werden. Dazu bedarf es einer Anpassung der Führungs- sowie der Kommunikationsinstrumente. Denn „Investitionen nur in Vorgehensweisen

---

[58] Vgl. Gürtler, D.: Die Zukunft der Führung. Eine Trendstudie. (Hrsg.): SIB Schweizerisches Institut für Betriebsökonomie. Zürich, 2013, S. 11.
[59] Vgl. ebd., S. 15.
[60] Vgl. ebd., S. 19.

sind Verschwendung“[61]. Kernbestandteile agiler Führungskultur haben nach Hans-Peter Korn „[…]robust, belastbar, reaktionsfähig, flexibel, innovationsfähig und anpassungsfähig zu sein“[62].

Die Integration agiler Vorgehensmodelle wird von der bestehenden Struktur der Aufbauorganisation beeinflusst. Starre Hierarchien werden durch die Immanenz der Agilität nivelliert und die Reaktionsfähigkeit der Organisation erhöht. Hierarchische Strukturen weisen eine größere Trägheit in der fortlaufenden Anpassung von Steuerung- und Rückmeldemechanismen auf.[63]

Folglich sind in der Ablauforganisation Geschäftsprozesse durch die Veränderung unmittelbar betroffen. Aufgaben und Aktivitäten müssen an die neuen Vorgehensweisen und auf fortwährende Veränderungen angepasst werden. Eine permanente Konversation dieser transienten Systeme bildet die Grundlage dazu.[64]

In der Abbildung 11 wird aufgezeigt, dass neben der Ebene Struktur, die Ebenen Kultur und Prozess durch die Veränderung betroffen sind. Die Ebenen bedingen sich gegenseitig und erwarten einen ganzheitlichen Ansatz einer Veränderung.

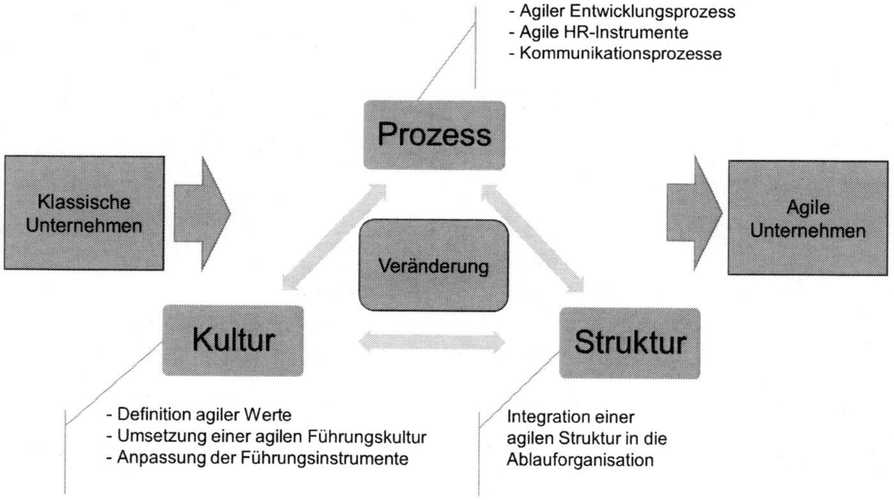

Abbildung 11: Ebenen der Veränderung[65]

[61] Korn, H.-P.: Agile Führung – Vom agilen Projekt zum agilen Unternehmen. In: Scherber, Stefan; Lang, Michael. (Hrsg.): Symposion Publishing. Düsseldorf, 1. Auflage 2015, S. 86.
[62] Ebd.
[63] Vgl. ebd., S. 78.
[64] Vgl. ebd., S. 84.
[65] Vgl. Wehner, F.: http://hr-pioneers.com/wp-content/uploads/2013/07/Change-Prozess_Abbildung.001.jpg (Aufrufdatum:13.06.16).

Der Veränderungsprozess bedarf der Mitwirkung aller Beteiligten, sowie der Unterstützung durch qualifizierte Organisations- und Personalentwicklungsberater, der Führungskräfte wie auch der Entscheidungsträger. Die Transformation bevorzugt ein adaptives und inkrementelles Vorgehen und verlangt ein beispielhaftes Vorleben der agilen Werte. Zu den erfolgsentscheidenden Faktoren gehört eine unternehmensweite transparente Information über die Veränderungsvorhaben.[66]

1.2.3 Die Bedeutung der Veränderung

Wenn es darum geht den Veränderungsprozess zu vollziehen, stößt man in der einschlägigen Literatur auf ähnliche Meinungen. Christoph Brechtel, Psychologe, Coach und Verhaltenstrainer, sieht für die Einführung des KVP (Kontinuierlichen Verbesserungs-Prozess) im Unternehmen, einen objektiven Vorteil in der Umsetzung durch einen außenstehenden Experten, als durch den Change Manager aus der unternehmensinternen Hierarchie. Er betont den Erfolg einer Veränderung durch die Akzeptanz bei allen Betroffenen und ambivalent die Routine in den Einstellungen sowie die Denkgewohnheiten der Führungspersonen als blockierende Merkmale.[67] Hans-Peter Korn benennt die Change Agents unternehmensintern. Es sei eine zentrale Aufgabe der Entscheidungsträger, beginnend beim Topmanagement über alle Manager und Führungskräfte, die Transformation unter Einbeziehung qualifizierter Organisations- und Personalentwicklungsberater mit permanenter Konversation und Kommunikation beispielhaft vorzuleben. Eine Veränderung nach dem Bottom-Up-Prinzip (vgl. Abbildung 10) ist nicht ohne das Infrage stellen hierarchischer Machtstrukturen möglich.[68] Beide Autoren erheben Anspruch auf das Umdenken in der Unternehmensführung; an die Führungsphilosophie.

1.2.3.1 Selbstorganisierende Teams

Agile Vorgehensweisen bedienen sich der selbstorganisierenden Teams. Sie geben einen Rahmen mit wenigen, jedoch klaren Regeln, für die Umsetzung vor. SCRUM versteht ein Teammitglied als Scrum Master der in der Verantwortung steht, dass

---

[66] Vgl. Korn, H.-P.: Agile Führung – Vom agilen Projekt zum agilen Unternehmen. In: Scherber, Stefan; Lang, Michael. (Hrsg.): Symposion Publishing. Düsseldorf, 1. Auflage 2015, S. 89.

[67] Vgl. Brechtel, C..: Führungsverantwortung – Psychologie und Unternehmenskultur. (Hrsg.): treditron. Hamburg, 2015, S. 138.

[68] Vgl. Korn, H.-P.: Agile Führung – Vom agilen Projekt zum agilen Unternehmen. In: Scherber, Stefan, Lang, Michael. (Hrsg.): Symposion Publishing. Düsseldorf, 1. Auflage 2015, S. 90.

SCRUM richtig verstanden und korrekt angewandt wird. PRINCE2 schlägt einen Teammanager vor, der als Repräsentant und Schnittstelle zwischen Entwicklerteam und Projektmanager fungiert.[69] In beiden Anwendungen besitzen alle Beteiligten die Zielerfüllungs- und Organisationsverantwortung der Teams. Sie haben Freiraum für Kreativität und Lösungsfindung, prüfen durch Retrospektiven ihren inkrementellen Projektfortschritt und adaptieren die dadurch gewonnen Erkenntnisse. Jurgen Appelo führt dazu die periodische Adaption, Exploration und Antizipation in beiden Ebenen – Iterationen und Retrospektiven – des Lernens auf. Es sei zudem wichtig, die Dauer und den Fokus auf Situationen individuell anzupassen.[70] Der Unternehmensführung fällt in dynamischen Kontexten und selbstorganisierenden Teams gleichermaßen ein Schrittweises Vorgehen in kurzen Interventionszyklen zu. Es entsteht eine Synergie zwischen Führung und Umsetzung. Interventionsorientierte Führung – Beobachtung, Reflexion, Entscheidung, Intervention, Beobachtung, ...[71] – kann der Anforderung, ein Zielbild durch Impulse konsistent zu vermitteln, gerecht werden. Unter diesen Aspekten dürfen und müssen in agilen Organisationen alle Verantwortung tragen.

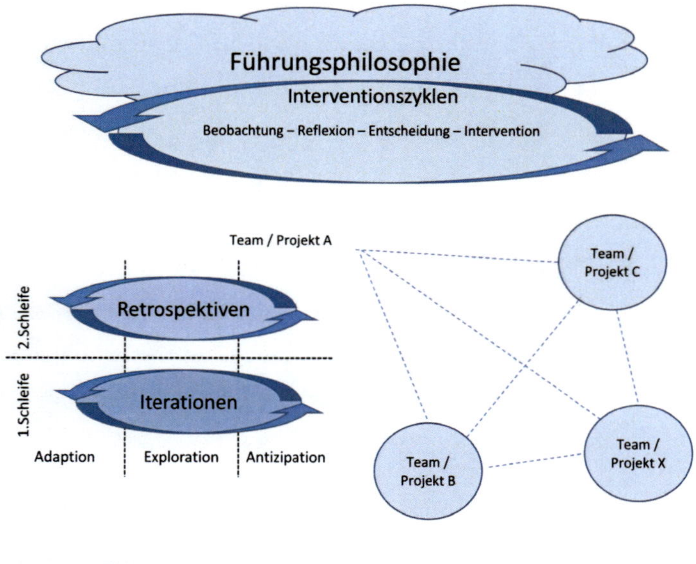

Abbildung 12: Selbstorganisierende Teams in agilen Unternehmen[72]

[69] Vgl. Korn,H.-P.: Umstellung auf agile SW-Entwicklung: Schaffen kultureller Voraussetzungen. In: IT-Servicemanagement – Praxishandbuch für Compliance und Wirtschaftlichkeit in der IT. (Hrsg.): von Bartsch, Oliver; Lindinger, Markus. TÜV Media. Rheinland, 2013 und 2014, S. 27.

[70] Vgl. Appelo, J.: Management 3.0 – Leading Agile Developers, Developing Agile Leaders. (Hrsg.): Addison-Wesley. München, 1. Auflage, 2010, S. 323.

[71] Vgl. Korn, H.-P.: Agile Führung – Vom agilen Projekt zum agilen Unternehmen. In: Scherber, Stefan.; Lang, Michael. (Hrsg.): Symposion Publishing. Düsseldorf, 1. Auflage 2015, S. 83.

[72] Vgl. Appelo, J..: Management 3.0 – Leading Agile Developers, Developing Agile Leaders. (Hrsg.): Addison-Wesley. München, 1. Auflage, 2010, S. 324.

1.2.3.2 Transformationale Führung in agilen Strukturen

Nach dem Konzept von Bass setzt sich transformationale Führung aus vier Komponenten zusammen: Der idealisierten Einflussnahme, der inspirierenden Motivierung, der intellektuellen Stimulierung und der individualisierten Berücksichtigung, welche das Eingehen der Führungskraft auf die Stärken und Bedürfnisse der einzelnen Mitarbeiter beschreibt. „Transformationale Führungskräfte motivieren ihre Mitarbeiter dadurch, dass sie attraktive Visionen vermitteln, überzeugend kommunizieren, wie Ziele gemeinsam erreicht werden können, selber als Vorbild wahrgenommen werden und die Entwicklung der Mitarbeiter unterstützen“[73]. Im weiteren Diskurs um dieses Konzept, wurde es um drei Aspekte erweitert: Die Fairness, die Innovation und die Ergebnisorientierung. Durch Fairness kann die Effektivität der Kommunikation nachhaltig gestärkt werden. Innovation versteht die unternehmerische Haltung zu vermitteln und die Ergebnisorientierung zeigt Umsetzungsstärke.[74]

Führungskompetenzen lassen sich aus diesem Konzept unmittelbar ableiten. Unter Hinzunahme der Bedeutung des Begriffs agil, werden im Sinne der Führung, fortlaufend Kompetenzen durch den kommunikativen Prozess und die Interaktion zu den Mitarbeitern gefestigt und neue erlangt. Das schafft Vertrauen bei den Angestellten und zugleich einen markanten Orientierungspunkt in abflachenden Hierarchien. Diese Vermittlung klarer Wertvorstellungen, klarer Ziele und klarer Erwartungen verschafft der agilen Führungskraft Respekt und lässt Raum für Kritik und neue Ideen.

Es wird ersichtlich, dass die Erlangung agiler Führungskompetenzen nicht durch Dialektik gewonnen werden kann. Viel mehr wird sie durch Erkenntnisse im Arbeitsumfeld und kontinuierlichen Reflexionen schrittweise gelernt. „Für Führungskräfte ergibt sich daraus ein Leitbild, das weniger am Macher, dem Feldherrn orientiert ist, sondern eher die Qualitäten eines Sozial-ingenieurs erfordert, der Anreizsysteme entwickelt, beobachtet, evaluiert und modifiziert“[75].

---

[73] Felfe, J.: Transformationale und charismatische Führung - Stand der Forschung und aktuelle Entwicklungen. In: Zeitschrift für Personalpsychologie, H. 5/2006, S. 163.
[74] Vgl. Korn, H.-P.: Agile Führung – Vom agilen Projekt zum agilen Unternehmen. In: Scherber, Stefan; Lang, Michael. (Hrsg.): Symposion Publishing. Düsseldorf, 1. Auflage 2015, S. 63.
[75] Gürtler, D.: Die Zukunft der Führung. Eine Trendstudie. (Hrsg.): SIB Schweizerisches Institut für Betriebsökonomie. Zürich, 2013, S. 27.

1.2.3.3 Eine Retrospektive

Die Evolution der Agilität nimmt ihren weiteren Verlauf. Sie entsprang der Softwareentwicklung, vereinnahmte weitere Projektstrukturen und Arbeitsabläufe, zwingt Unternehmen und Organisationen sich mit ihr auseinander zu setzten, durchdrang Führungskräfte bis zur Unternehmensspitze und erhebt sogar Anspruch an die Führungsphilosophie. Ob die Führungsphilosophie agiler Unternehmen der Bedeutung der „Agilen Führungsphilosophie“ gerecht wird, oder die agile Führungsphilosophie an sich agile Eigenschaften vorweisen kann, bedarf es einer klaren Definition. Betrachtet man, dass die Philosophie seit der Antike durch einen fortlaufenden Diskurs zu neuen Erkenntnissen, Werten und Normen gelang, ist eine gewisse Wandlungs- bzw. Erweiterungsfähigkeit unter Einbehaltung allgemein gültiger Axiome immanent. Aus führungswissenschaftlicher Betrachtung müssen in der Organisation die Gesamtheit von Grundeinstellungen und Normen revidiert werden und mit Blick auf die agile Transformation durch relevante Werte erneuert oder erweitert werden. Nur so kann die Führungsphilosophie Agilität vorweisen und den an Werturteilen orientierten Analysen von Führungsprozessen, Führungstechniken und Führungssystemen gerecht werden. Das gelingt durch die Integration der Eigenschaften agiler Führungskräfte. Zu diesen zählen Robustheit, Belastbarkeit, Reaktionsfähigkeit, Flexibilität, Innovationsfähigkeit und Anpassungsfähigkeit.[76] Sind diese agilen Eigenschaften Bestandteil der Führungsphilosophie, bildet sie eine Grundlage für die Ausgestaltung und Ableitung von Führungsentscheidungen in einem agilen Unternehmen. Darüber hinaus muss der agilen Führungsphilosophie an dieser Stelle eine permanente Anpassung durch Revisionen und inkrementeller Adaption sich veränderter Anforderungen des Marktes sowie der Vorgehensweisen im Unternehmen, unterstellt werden. Stehen die Führungsphilosophie und Unternehmenskultur im Einklang, bilden diese eine konsistente Substanz für das Unternehmen und ihre Führungskräfte agil zu sein. Eine agile Unternehmenskultur fügt sich in der Phase des Wandels, der Dynamik der freien Marktwirtschaft und verlangt in Zeiten der Unsicherheit einen anzuerkennenden Stellenwert.

[76] Vgl. Korn, H.-P.: Agile Führung – Vom agilen Projekt zum agilen Unternehmen. In: Scherber, Stefan; Lang, Michael. (Hrsg.): Symposion Publishing. Düsseldorf, 1. Auflage 2015, S. 64.

1.3 Zwei Giganten der digitalen Welt - Apple und Google

Ludwig Seidl

Zusammenfassung

Apple und Google zählen zu den erfolgreichsten und einflussreichsten Unternehmen in der digitalen Welt. Beide Konzerne haben sich aufgrund verschiedener Faktoren vom Garagen-Start-Up zu zwei der wertvollsten Marken weltweit entwickelt. Dazu zählen neben visionärem Leadership sowohl Agilität und Flexibilität, eine innovationsfördernde Unternehmenskultur, aber natürlich auch Kundenorientierung und schlussendlich die angebotenen Produkte und Dienstleistungen. Die Anforderungen, die an Unternehmen im digitalen Zeitalter Tag für Tag gestellt werden, sind durch eine hohe Dynamik gekennzeichnet. Auch der Ausblick in die Zukunft dieser beiden Global Player wird sehr spannend bleiben.

Schlüsselbegriffe

Visionär - Leadership - Innovation - Agilität - Unternehmenskultur - Kundenorientierung - Revolution - Digitale Welt

Du kannst sie zitieren, du kannst ihnen widersprechen, du kannst sie verherrlichen oder verteufeln, nur eines kannst du nicht tun: Sie ignorieren - denn sie verändern Dinge. Sie bringen die menschliche Rasse nach vorne. Diejenigen, die verrückt genug sind zu denken, sie könnten die Welt verändern, tun es auch.

Steve Jobs, Gründer Apple

1.3.1 Das Zeitalter der Digitalisierung

Das Vordringen der Digitalisierung in sämtliche Lebensbereiche ist unaufhaltsam. Sowohl die Industrie, der Dienstleistungssektor als auch die Privatleben werden aktuell von digitalen Geräten maßgeblich beeinflusst. Allerdings steht die Digitalisierung noch längst nicht am Ende ihrer Möglichkeiten. Wie das Mooresche Gesetz beschreibt, verdoppelt sich die Rechenleistung eines elektronischen Rechensystems alle 12 - 24 Monate bei gleichbleibenden Kosten.[77] Dies führt zu einem exponentiellen Anstieg der Leistungsfähigkeit von digitalen Rechensystemen. Daraus entwickeln sich bislang nie dagewesene Potenziale in der Softwareentwicklung, ausgelöst durch steigende Rechenleistung. Durch die simultane Hard- und Softwareentwicklung, die in einer enormen Geschwindigkeit voranschreitet, wird es einer immer breiteren Masse der Weltbevölkerung möglich, sich von der digitalen Welt mitreißen zu lassen und deren Vorteile zu genießen. Denn durch die hohe Innovationsfrequenz in der Branche und den daraus resultierenden kurzen Produktlebenszyklen sind die Preise für digitale Endgeräte im letzten Jahrzehnt massiv gesunken.

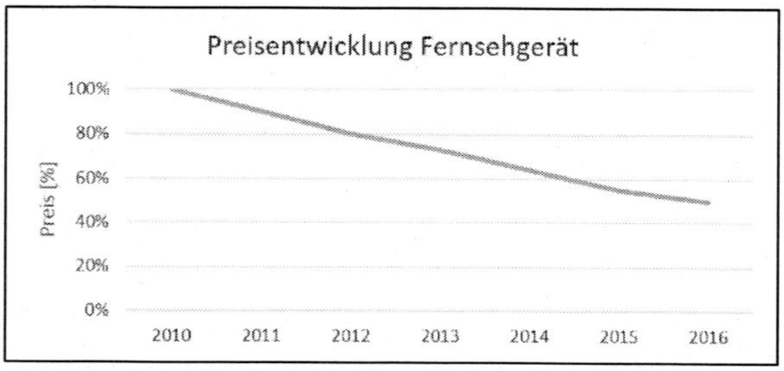

Abbildung 13: Preisentwicklung Fernsehgerät 2010 - 2016[78]

---

[77] Vgl. Koenzen, R.: Der Wandel der Informationstechnik macht digitale Souveränität unverzichtbar. In: Friedrichsen, M.; Bisa, P. -J. (Hrsg.): Digitale Souveränität – Vertrauen in der Netzwerkgesellschaft, Wiesbaden, 2016, S. 205.

[78] Vgl. Statistisches Bundesamt: Preismonitor, Wiesbaden, 2016. Zitiert nach: destatis https://www.destatis.de/DE/ZahlenFakten /Indikatoren/Konjunkturindikatoren/Preismonitor/Preismonitor.html (Aufrufdatum: 21.04.2016).

Abbildung 13 zeigt die Preisentwicklung von Fernsehgeräten zwischen den Jahren 2010 und 2016. Die Darstellung verdeutlicht, dass der Stückpreis pro Gerät in sechs Jahren um knapp 50 % gefallen ist. Gegenläufig zur Preisentwicklung ist die Leistungsfähigkeit der Endgeräte gestiegen. Von diesen Entwicklungen in der digitalen Welt haben viele Unternehmen profitiert. Zwei der ganz großen Gewinner sind die Firmen Apple und Google. Ihnen ist es gelungen, durch Unternehmergeist und visionäres Denken den Aufstieg vom Garagen-Start-Up zum Global Player zu vollziehen. Die entscheidenden Faktoren für diesen Siegeszug werden in diesem Kapitel beschrieben.

1.3.2 Die Anfänge und ihre visionären Gründer

Der Erfolg beider Unternehmen wurde nur durch deren visionäre und querdenkende Gründer möglich. So war es Steve Jobs, der zusammen mit Stephen Wozniak im Jahr 1976 das Start-Up-Unternehmen Apple erschuf.[79] Apple war federführend bei der Entwicklung des Personal Computers (PC) und somit der Einführung des Computers in den Massenkonsummarkt. Dies wurde vor allem durch die Entwicklung einer grafischen Benutzeroberfläche und die Verwendung einer Maus als Navigator auf dem Monitor ermöglicht.[80] Denn eines der großen Ziele Apples – das bis heute gültig ist - ist die Benutzerfreundlichkeit der angebotenen Endgeräte. Während sich andere Unternehmen in der Computerbranche in den 1980er Jahren mit der Herstellung von Rechnern für professionelle Anwendungen auseinandersetzten, sah Steve Jobs eine große Chance darin, den Computer massenfähig und für den Privatkunden nutzbar zu machen. Ein weiterer erfolgsentscheidender Faktor, den Steve Jobs als essentiell betrachtete, war von Anfang an die Ästhetik der Produkte. Steve Jobs war ein Perfektionist, der keine Kompromisse einging; wenn ein Produkt in den Markt eingeführt wurde, musste es tadellos sein. Dies betraf sowohl Soft- und Hardware, jedoch auch Verarbeitung, Design und sogar die Verpackung der Produkte.[81]

Bei Google waren es Larry Page und sein Kollege Sergey Brin, die 1996 mit der Suchmaschine „BackRub“ eine Revolution in der Nutzung des Internets in Gang setzten.[82] Im Rahmen seiner Dissertation beschäftigte sich Larry Page mit der

---

[79] Vgl. Lashinsky, Adam: Inside Apple, Weinheim, 2012, S. 21.
[80] Vgl. ebd., S. 22.
[81] Vgl. ebd., S. 29.
[82] Vgl. Levy, Steven: Google Inside – Wie Google denkt, arbeitet und unser Leben verändert, Hemsbach, 2012, S. 25.

Entwicklung eines Systems, welches dem Internetnutzer ermöglichte, Kommentare zu Websites zu erzeugen. Um ein Ranking der Kommentare nach deren Nutzen und Relevanz zu ermöglichen, war ein Bewertungssystem für die Kommentare zu entwickeln. Ein Algorithmus errechnet, welche Kommentare besonders nützlich und interessant sind. Es mussten die richtigen Daten ausfindig gemacht werden. Das System sollte hierzu Weblinks nutzen. Mit Hilfe dieser Erkenntnis wurde es dann möglich, das gesamte Netz zu durchsuchen und Websites gemäß der Anzahl deren Verlinkung auf anderen Seiten zu bewerten. Dann wurde ersichtlich, welche Websites besonders häufig frequentiert wurden. Dieses System nannte Larry Page dann „PageRank".[83] Auch Page war bereits zur Zeit seiner Dissertation ein innovativer Unternehmer, der es verstand, weiter zu denken als andere. Seine Ziele waren derartig hoch, dass er damals von vielen Kollegen aus der Branche belächelt wurde. Spätestens als jedoch seine mit „BackRub" und „PageRank" arbeitende Suchmaschine 1997 unter dem Namen „Google" online ging und innerhalb weniger Monate ein enormes Wachstum der Nutzerzahl verzeichnete, war zu vermuten, dass aus diesem Start-Up etwas Großes werden kann.[84] Infolge dessen erkannten viele namhafte Experten dieser Zeit Googles Potenzial und schlossen sich dem Vorhaben an. Dadurch wurde es möglich, die Suchmaschine kontinuierlich weiterzuentwickeln und damit den Siegeszug des Unternehmens einzuleiten.

1.3.3 Erfolgsentscheidende Technologien und Produkte

Der Erfolg von Apple sowie Google basiert natürlich auf Produkten und Anwendungen, die in ihrem Erscheinungszeitraum als hochinnovativ eingestuft wurden. Durch die auf den Markt gebrachten Produkte und Dienstleistungen erreichten beide Unternehmen, in zahlreiche Lebensbereiche großer Nutzergruppen einzudringen und diese maßgeblich zu verändern. Deshalb werden im Folgenden einige wegweisende Innovationen dargestellt und deren Erfolg am Markt begründet.

„Kunden wissen nicht, was sie kaufen sollen. Wir müssen ihnen sagen, was sie zu kaufen haben."[85], erklärte ein Apple Vizepräsident vor einigen Jahren. Diese Aussage ist perfekt zutreffend für den Beginn von Apples Erfolgsstory, die sich mit der

---

[83] Vgl. Levy, Steven: Google Inside – Wie Google denkt, arbeitet und unser Leben verändert, Hemsbach, 2012, S. 24–26.
[84] Vgl. ebd., S. 42–43.
[85] Gesellschaft für neue Ideen mbH: Das Erfolgsgeheimnis innovativer Produkte. In: Die Ideeologen http://innovationsmanagement.ideeologen.de/innovationsmanagement/innovative-produkte (Aufrufdatum: 02.05.2016)

Entwicklung eines Personal Computers für den privaten Bereich beschäftigte. Im Jahre 1943 proklamierte Thomas Watson, dass es weltweit vielleicht einen Markt für fünf Computer geben wird.[86] Diese Vorhersage hat sich zwar bis zum Jahr 1976, in dem Apple gegründet wurde, als falsch erwiesen, allerdings war die breite Masse der Menschen noch nicht der Meinung, weder das ein Computer Nutzen für einen Privathaushalt hervorbringen könnte, noch dass er für sie jemals finanziell erschwinglich würde. Genau an dieser Stelle setzte Apple an. Der erste Personal Computer erschien noch im Jahr der Gründung und das im Folgejahr 1977 auf den Markt gebrachte Nachfolgermodell Apple II wurde zum Verkaufsschlager.[87] Die Benutzerfreundlichkeit des Computers durchlief eine Revolution. Die entwickelte grafische Benutzeroberfläche mit anklickbaren Icons und sich öffnenden Fenstern ist bis heute als das grundlegende Prinzip für die Nutzung eines PCs erhalten geblieben. Auch die Entwicklung einer Maus als Navigator auf dieser Nutzeroberfläche war - wie bereits erwähnt - eines dieser Ziele, die sich Apple setzte und realisierte. Nach einer durchlebten Krise zwischen 1985 und 1996, die zu einem großen Anteil auf die Lizensierung der Betriebssysteme an Wettbewerber (unter anderem Microsoft) zurückzuführen ist, nahm Steve Jobs, der in diesem Zeitraum nicht bei Apple tätig war, das Ruder wieder in die Hand.[88] Er reduzierte die Lizensierung von Apples Software und straffte das Angebotsportfolio des Unternehmens auf vier Produkte, nämlich iMac, iBook, PowerMac und PowerBook. Jeweils zwei mobile und zwei stationäre Rechner, sowohl für private als auch für professionelle Anwendungen.[89] Ein großer Durchbruch gelang dem Unternehmen dann mit der Erfindung des revolutionären, portablen Musik-Players iPod. Der erste Werbeslogan impliziert die Innovation, welche das Produkt derart erfolgreich machte. „1000 songs in your pocket."[90] Wer hätte sich das jemals vorstellen können? Damit hatte Apple seinen Kunden erneut ein Bedürfnis aufgedeckt, welches diesen vorher noch gänzlich unbekannt war. Man bezeichnet eine derartige Innovation auch als „Technology Push", was bedeutet, dass eine Innovation eben nicht aus einem Bedürfnis der Verbraucher heraus entsteht, sondern die neue Technologie entsprechende Bedürfnisse bei den Kunden weckt.

---

[86] Discherl, H.-C.; Fogarty, K.: Die spektakulärsten Fehlprognosen der IT-Geschichte. In: PC-Welt http://www.pcwelt.de/ratgeber/Die_spektakulaersten_Fehlprognosen_der_IT-Geschichte-6948150.html (Aufrufdatum: 02.05.2016).
[87] Melamedia: Der Durchbruch mit dem Apple II. In: MacPrime https://www.macprime.ch/applehistory/geschichte/der-durchbruch-mit-dem-apple-ii (Aufrufdatum: 03.05.2016).
[88] Mauerer, J.: Die turbulente Apple-Story. In: Computerwoche http://www.computerwoche.de/a/die-turbulente-apple-story,2513314,2 (Aufrufdatum: 27.04.2016).
[89] Vgl. Lashinsky, A.: Inside Apple, Weinheim, 2012, S. 71.
[90] Apple: Say hello to iPod, 2001. Zitiert nach: giga.de http://www.giga.de/macnews/media/pools/1/news_0710/ipod_1G.jpg (Aufrufdatum: 23.05.2016).

Die nächsten wegweisenden Neuentwicklungen waren iPhone und iPad. Das iPhone stellt eine Verbindung von iPod, Computer sowie Telefon dar und ist als eine disruptive Technologie für viele andere Branchen zu betrachten. Das iPhone ist Musik-Player, Telefon, Navigationsgerät, Terminkalender, Taschenrechner, Spielekonsole und besticht durch unzählige weitere Funktionen. Das iPad übernimmt bis auf die des Telefons ähnliche Aufgaben, kann aber zudem aufgrund des größeren Displays auch Fernseher und konventionellen Computer (bzw. Laptop) teilweise ersetzen. Im Großen und Ganzen betrachtet sind diese wenigen, aber revolutionären Innovationen verantwortlich für das Wachstum eines Start-Ups zu einem der wertvollsten Unternehmen weltweit.

Bei Google hingegen steht ebenfalls eine Innovation im Vordergrund, die Entwicklung einer Suchmaschine. Durch diese wurde die Nutzung des Internets revolutioniert. Man musste sich nun nicht mehr über Hyperlinks durch das Netz „klicken", sondern konnte gezielt gewünschte Informationen abrufen. Um dem Nutzer wirklich die Information anzubieten, nach der er suchte, war ein komplexer Such-Algorithmus zu entwickeln, dessen Optimierung bis heute nicht abgeschlossen ist. Denn entscheidend für eine komfortable Nutzung der Suchmaschine ist die Rückmeldungsgeschwindigkeit der passenden Ergebnisse. Eine vier Sekunden längere Antwortzeit (Wartezeit für den Nutzer) würde nach Googles Berechnungen bei einer Anzahl von 100 Millionen Suchanfragen am Tag – bezogen auf eine durchschnittliche menschliche Lebenserwartung von 70 Jahren – bedeutet im übertragenen Sinne mehr als 100 Todesfälle pro Jahr.[91] Aus dieser Annahme schöpfte Google die Motivation, die Antwortzeit schnellstmöglich zu gestalten. Milliarden-Investitionen in Server-Datenzentren waren die Folge. Doch da Google die Nutzung der Suchmaschine für die Kunden von Anfang an kostenfrei anbieten wollte, war damit noch kein ausreichender Umsatz erzielbar. Deshalb entwickelte Google ein innovatives System namens AdWords, bei dem Unternehmen weltweit in Auktionen auf Werbeanzeigen bei bestimmten Suchanfragen bieten können.[92] Je weiter oben man als Unternehmen in der Rangfolge der Anzeigen für bestimmte Schlüsselwörter steht, desto wahrscheinlicher ist es, dass die eigene Website vom Nutzer besucht wird. Dies eröffnete ein enormes Geschäftsfeld und machte es möglich, Kapital in die Weiterentwicklung der Suchmaschine, aber auch in die Forschung und Entwicklung

[91] Vgl. Levy, Steven: Google Inside – Wie Google denkt, arbeitet und unser Leben verändert, Hemsbach, 2012, S. 241.
[92] Vgl. ebd., S.108–113.

für neue Projekte zu investieren. Beispielsweise wurde ein schlanker Browser namens Google Chrome entwickelt, der mit Firefox und dem Internet Explorer konkurriert. Außerdem bietet Google einige Webdienste wie Google Mail oder Google Doc zum kostenlosen Verfassen von Dokumenten an. Mit dem Betriebssystem für mobile Endgeräte „Android" erschloss sich Google im Jahr 2005 ein Geschäftsfeld, das sich durch enormes Wachstum auszeichnet.93 Den aktuellen Marktanteil und die Prognose bis zum Jahr 2020 zeigt nachstehende Abbildung 14.

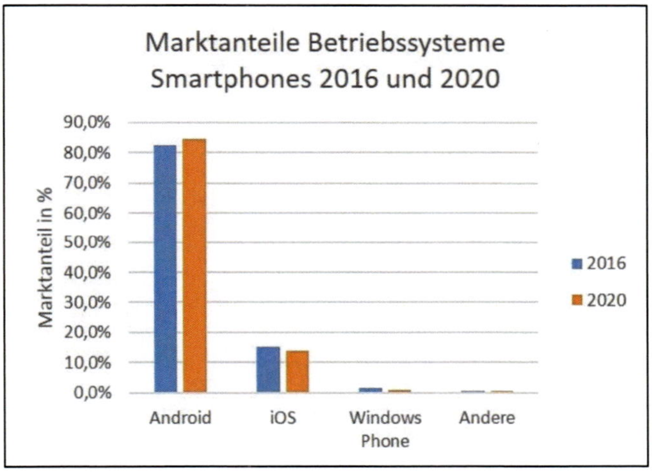

Abbildung 14: Marktanteil der Betriebssysteme am Absatz von Smartphones weltweit in den Jahren 2016 und 2020[94]

Mit aktuellen 82,6 % Marktanteil ist die Dominanz des Betriebssystems bereits heute enorm. Doch auch bis zum Jahr 2020 wird weiteres Wachstum prognostiziert. Dadurch, dass mit Android auch andere Produkte und Dienstleistungen von Google (Suchmaschine, Google Playstore für Apps, Google Mail, Google Maps, Youtube, usw.) genutzt werden, hat die Dominanz in diesem Marktsegment potenzierende Effekte für das Unternehmen. Dies geht soweit, dass derzeit ein EU-Kartellverfahren gegen Google läuft. In diesem wird geprüft, ob das Unternehmen seine Wettbewerbsmacht ausnutzt, um Konkurrenten aus dem Markt zu schlagen und ihnen den Marktzutritt aktiv zu verwehren. Durch die Vorinstallation der Google-Anwendungen auf den Android-Geräten, wird der Nutzer nämlich nach der Meinung von Wettbewerbern bereits zu einer Verwendung dieser Anwendungen gedrängt.[95]

---

[93] Vgl. Levy, Steven: Google Inside – Wie Google denkt, arbeitet und unser Leben verändert, Hemsbach, 2012, S. 278.
[94] Vgl. IDC: Prognose zu den Marktanteilen der Betriebssysteme am Absatz von Smartphones, 2016. Zitiert nach: Statista http://de.statista.com/statistik/daten/studie/182363/umfrage/prognostizierte-marktanteile-bei-smartphone-betriebssystemen/ (Aufrufdatum: 28.04.2016).
[95] Vgl. Mühlbauer, A.: Gar nicht smart. In: Süddeutsche Zeitung, Nr. 92/2016, S. 17.

Jedenfalls ermöglicht diese fast monopolistische Marktstellung dem Unternehmen große finanzielle Spielräume, um auch in andere Branchen vorzudringen. Durch die Entwicklung eines autonom fahrenden Automobils versucht Google weiterhin, in den Automotive-Bereich zu drängen. Außerdem forscht der Konzern an der Weiterentwicklung von künstlicher Intelligenz (KI) in Form von Robotern und beschäftigt sich zudem mit der Vernetzung privater Haushalte (smart home).[96] Im Rahmen dieses Kapitels ist es nicht möglich auf alle Innovationen des Unternehmens einzugehen, dennoch wird aus den dargestellten wesentlichen Beispielen ersichtlich, dass sich Google durch ein effektives Technologie- und Innovationsmanagement auszeichnet und permanent auf der Suche nach neuen Geschäftsfeldern ist, um das Unternehmen weiterhin auf Erfolgskurs zu halten, sowie seine mächtige Position in der digitalen Welt auszubauen.

1.3.4 Erfolg durch Agilität

Als Folge zunehmender Globalisierung verhärtet sich der Wettbewerb in weltweit wachsenden Märkten. Dies erzeugt Innovationsdruck für Unternehmen. Die Produktlebenszyklen werden kürzer, Entwicklungszeiten intensivieren sich. Um diesen Anforderungen gerecht zu werden, reicht ein serieller Entwicklungsprozess nicht mehr aus. Unternehmen müssen flexibler und damit agiler werden, um sich kurzfristig den Gegebenheiten am Markt anzupassen. „Die Entwicklung von innovativen Produkten ist kein linearer Vorgang mehr, sondern das gemeinsame Durchlaufen von Iterationen, bis ein wirklich neues Ergebnis erzielt wird."[97] Neben der effizienteren Entwicklung von optimalen Produkten und Dienstleistungen hat Agilität auch Einfluss auf das Arbeitsleben. Anstelle des Prozesses rückt der Mensch mit seiner Individualität und Flexibilität in den Mittelpunkt. Eine Reduzierung der operativen „Prozess-Fütterung" durch die Mitarbeiter mit einer verbundenen Erschaffung größerer Gestaltungsspielräume fördert die Motivation der Belegschaft und regt zu Höchstleistungen an.[98]

Um diesen neuen dynamischen Anforderungen gerecht zu werden, nutzt Apple eine agile Entwicklung. Dabei ist das Ziel, sich nicht durch Bürokratie ausbremsen zu

---

[96] Vgl. Herget, S.: Das alles treibt Google. In: areamobile http://www.areamobile.de/news/33761-google-abc-das-alles-treibt-google (Aufrufdatum: 02.05.2016)
[97] Beckmann, D.: Was würde Apple tun? – Wie man von Apple lernen kann, in der digitalen Welt Geld zu verdienen, Berlin, 2011, S. 45.
[98] Computerwoche: Agilität als Unternehmenskultur – Schock oder Chance? In: http://www.computerwoche.de/a/agilitaet-als-unternehmenskultur-schock-oder-chance,3099413 (Aufrufdatum: 04.05.2016).

lassen, sondern durch schnelle Entscheidungen und Zusammenarbeit in cross-funktionalen Teams bessere Ergebnisse zu erzielen. „Du kannst nicht einfach deine Kunden fragen, was sie wollen und dann versuchen, ihre Wünsche zu befriedigen. Wenn du das Gewünschte hergestellt hast, wollen sie bereits etwas anderes.“[99], sagte Steve Jobs einst. Deshalb ist Apple mit stringentem Fokus darum bemüht, nicht in Retrospektive des Kundenwunsches Produkte zu erschaffen, sondern proaktiv Produkte in den Markt zu „drücken“. Apple lässt deshalb beispielsweise zur Generierung von neuen Ideen Designer zusammenkommen, um (ohne die Realisierungschancen zu berücksichtigen) mögliche Innovationen zu diskutieren. Es folgen Rücksprachen mit anderen Abteilungen, um den Realisationsgrad der „verrückten Ideen“ zu ermitteln und marktfähige Lösungen herauszufiltern.[100] Diese Inventionen werden dann mit klar definierter Zielvorgabe entwickelt und schließlich als Innovation vermarktet. Die hohen Preise der Apple-Produkte resultieren deshalb zum Teil auch aus diesem kostenintensiven Entwicklungsprozess, der aufgrund der aktiven Suche nach optimalen Lösungen einen hohen Ressourceneinsatz erfordert.

Auch Google ist seit seiner Gründung darum bemüht, die Agilität des Unternehmens aufrechtzuerhalten bzw. zu verbessern. Dies bedeutet von der anderen Seite aus betrachtet, den Fokus darauf zu legen, unnötige Bürokratie und straffe Arbeitsregeln zu vermeiden. Eine innovative Start-Up Atmosphäre soll mit dem Ziel eines kreativen, jedoch systematischen Chaos aufrechterhalten werden. Dabei ist die Organisationsstruktur Googles maßgeblich für die Agilität des Unternehmens verantwortlich. Freiräume für Mitarbeiter ermöglichen unkomplizierte Kommunikation und schnelle Entscheidungen. Strenge hierarchische Strukturen hingegen verursachen eine symptomatische Trägheit der Geschäftsprozesse und lange Entscheidungswege. Die nachfolgend noch im Detail betrachtete Unternehmenskultur von Google bindet den Mitarbeiter intensiv an das Unternehmen, allerdings ohne ihn einzuengen. Der Mitarbeiter steht jederzeit zur Verfügung, ohne sich ausgenutzt zu fühlen. Dies steigert die Motivation und die Produktivität im Arbeitsalltag. Durch die fast „freizeitähnliche“ Arbeitsatmosphäre können schnell und unkompliziert Innovationen generiert werden, wie es eben ein Start-Up-Unternehmen verkörpert. Weiterhin wird die Agilität dadurch gesteigert, dass Google versucht, möglichst viele Geschäftsfelder zu bearbeiten, die

---

[99] Firstbrain: Die 25 klügsten Dinge, die Steve Jobs je gesagt hat. In: Trading econimics https://tradingeconomics.net/10/artikel/die-25-klugsten-dinge-die-steve-jobs-je-gesagt-hat/ (Aufrufdatum: 01.05.2016).
[100] Vgl. Beckmann, D.: Was würde Apple tun? – Wie man von Apple lernen kann, in der digitalen Welt Geld zu verdienen, Berlin, 2011, S. 48.

zum Teil auch hohe Risiken enthalten. Durch die wachsende Vielfalt der Produkte und Dienstleistungen, die Google seinen Kunden weltweit anbietet, wird das Innovationspotenzial des Unternehmens auf bereits sehr hohem Niveau kontinuierlich gesteigert. Googles Vorgehensweise bei der Innovationsfindung kann verglichen werden mit dem Schuss aus einem Schrotgewehr. Es wird einfach darauf losgeschossen und danach mit geeigneten Mitteln untersucht, was man getroffen hat.[101] So kann schnell auf Bedürfnisse im Markt reagiert werden und die Angebote dementsprechend angepasst werden. Dadurch, dass Google für seine Sparten unter dem Mutterkonzern Alphabet eine gewisse Autonomie hergestellt hat, können auch sehr riskante Geschäftsmodelle erprobt werden, ohne dass Misserfolge sofort auf das Kerngeschäft „Suchmaschine und Android" zurückfallen. Außerdem ist es selbsterklärend, dass Google durch die Sammlung von unvorstellbar großen Datenmengen (Big Data) hervorragende Möglichkeiten erhält, das Nutzerverhalten und somit den gesamten Markt zu erforschen, um Kundenbedürfnisse frühzeitig aufzudecken. Dies stellt gegenüber anderen Unternehmen aus den entsprechenden Branchen einen enormen Wettbewerbsvorteil dar und fördert dementsprechend die Agilität des Konzerns maßgeblich.

Ganz allgemein gilt jedoch: „In jedem Fall wird ein gutes Team gebraucht, ausgestattet mit ausreichenden Mitteln, um in einer digitalen Welt voller Möglichkeiten etwas Besonderes zu schaffen. Denn wer an der Entwicklung spart, erspart sich damit möglicherweise eine digitale Zukunft."[102] Dies betrifft sämtliche Unternehmen, die in der digitalen Branche unterwegs sind.

1.3.5 Zwei Unternehmenskulturen der Gegensätze

Die soeben beschriebene Agilität kann nicht ohne weiteres in Unternehmen integriert werden. Dafür bedarf es einer Unternehmenskultur, die Freiheiten und Individualität fördert. Kann dieses Modell auch funktionieren, wenn Hierarchie und Autorität den Arbeitsalltag bestimmen? Wie folgende Abbildung 15 verdeutlicht, ist die Unternehmenskultur neben einem darunterliegenden Wertesystem ein entscheidender Faktor, der die Motivation und schlussendlich die Produktivität der Mitarbeiter sowie die Qualität der Produkte und Dienstleitungen beeinflusst.

---

[101] Levy, S.: Google Inside – Wie Google denkt, arbeitet und unser Leben verändert, Hemsbach, 2012, S. 157.
[102] Beckmann, D.: Was würde Apple tun? – Wie man von Apple lernen kann, in der digitalen Welt Geld zu verdienen, Berlin, 2011, S. 49.

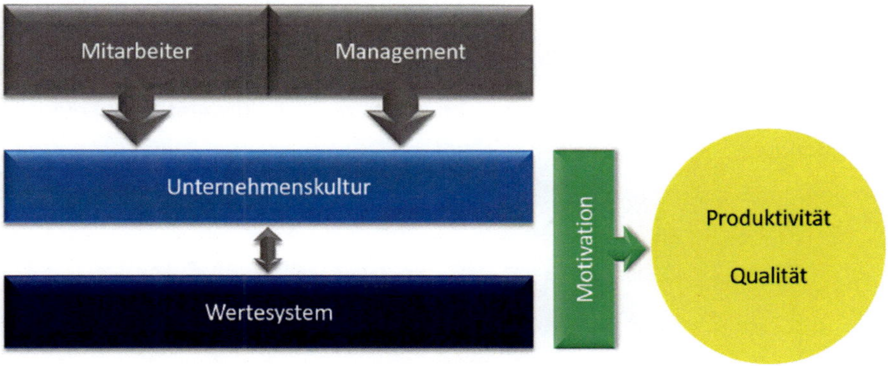

Abbildung 15: Einflussfaktoren der Unternehmenskultur[103]

Eine Unternehmenskultur entwickelt sich im Laufe der Zeit aus einem gemeinsamen Wertesystem. Es muss von den Führungskräften verkörpert und vorgelebt werden. Sowohl bei Apple als auch bei Google ist dies der Fall. Die internen Kulturen beider Unternehmen zeichnen sich durch Besonderheiten aus, die im Folgenden dargestellt sind. Im Voraus ist anzumerken, dass beide Unternehmenskulturen maßgeblich für den nachhaltigen Erfolg verantwortlich waren bzw. sind.

An oberster Stelle der Unternehmenskultur von Apple steht das Thema Geheimhaltung. Nichts ist wichtiger, als Entwicklungsprojekte vor der Öffentlichkeit zu verbergen. Aber nicht nur nach außen, auch die interne Kommunikation ist von extremer Geheimhaltung geprägt. Mitarbeitern, die sich nicht im Top-Management des Unternehmens befinden, wird es teilweise nicht einmal möglich, die Position seiner Kollegen im Unternehmen zu erkennen.[104] Dadurch entsteht eine große Distanz unter den Mitarbeitern, da nicht über die eigenen Tätigkeiten im Unternehmen gesprochen wird. Sucht man im Internet oder in der Literatur nach Apples Organigramm wird man nicht fündig werden. Steve Jobs war vermutlich der Meinung, dass man sich nachhaltig nur von Wettbewerbern differenzieren kann, wenn man dafür sorgt, dass keine Information dorthin gelangt, wo sie nicht unmittelbar von Nutzen ist. Weiterhin ist es ein wesentlicher Aspekt der Apple-Kultur, die differenzierte Wertschätzung der Funktionsbereiche zu erhalten. An erster Stelle stehen Entwickler und Ingenieure, die das Herz des Unternehmens darstellen. Funktionsbereiche wie etwa der Vertrieb oder Human Resources sind in diesem Kontext Nebenschauplätze. Dies zeigt eindeutig die

---

[103] Vgl. Computerwoche: Ab morgen bitte Scrum: Agilität als Unternehmenskultur - Schock oder Chance? In: http://www.computerwoche.de/i/detail/artikel/3099413/1/2579814/EL_14321215411855770073665/ (Aufrufdatum: 06.05.2016).
[104] Vgl. Lashinsky, A.: Inside Apple, Weinheim, 2012, S. 41–44.

Innovationsorientierung von Apple. Ziel ist es, wenig Aufwand für Verwaltung und bürokratische Prozesse zu verwenden, sondern sich durch Produktorientierung mit der Perfektionierung seiner (in der Entwicklung) komplexen Produkte zu beschäftigen.[105] Natürlich kennen auch die Mitarbeiter die funktionsabhängige Wertschätzung im Unternehmen und wissen deshalb, dass der Fokus des Unternehmens einzig auf der Entwicklung optimaler Lösungen liegt. Um die im vorherigen Kapitel beschriebene Agilität des Unternehmens hervorzurufen, ist eine Unternehmenskultur der Innovation, aber auch der Perfektion entscheidend. Denn nur durch vollste Hingabe, effiziente Kommunikation und Teamarbeit in geheimen Projekten wird das Ziel eines optimalen Produktes überhaupt erreichbar. All diese Werte und Ansichten wurden den Mitarbeitern von ihrem „Anführer" Steve Jobs geradezu aufgedrängt. Im Endeffekt dreht sich alles darum, Steve Jobs glücklich zu machen. Alle wichtigen Entscheidungen wurden von ihm getroffen, wodurch er Einfluss auf sämtliche Unternehmensbereiche nahm.[106] Nach seinem Tod verliert das Unternehmen natürlich seine Leitfigur, allerdings könnte dies auch eine Chance für eine Weiterentwicklung der Unternehmenskultur sein. Denn es erscheint geradezu paradox, dass eine derart aufgezwungene, verschlossene Unternehmenskultur Mitarbeiter dauerhaft optimal motivieren und sie auch in Zukunft zu Höchstleistungen bringen kann.

Googles Unternehmenskultur hat zwar Gemeinsamkeiten mit der Kultur von Apple, unterscheidet sich jedoch in den meisten Aspekten geradezu grundlegend. Die Google-Kultur wird als „Wahnsinn mit Methode" bezeichnet, „die keine Zwangsjacke erfordert(e)."[107] „Wahnsinn mit Methode" spielt auf die unkonventionelle Arbeitsumgebung an. Betritt man ein Google-Büro, findet man so ziemlich alles, außer das, was man sich eben in einem Großraumbüro eines Weltkonzerns vorstellen würde. Dort finden sich keine tristen grauen Trennwände und hunderte identische Arbeitsplätze, die von Menschen in ebenso identischen schwarzen Anzügen besetzt sind. Googles Bürolandschaft zeichnet sich durch Offenheit und Vielfalt aus. Kein Arbeitsplatz sieht aus wie der andere. Die Mitarbeiter gestalten ihn nach ihrem Geschmack, wie sie es eben wollen. Dadurch bekommt jeder Schreibtisch ein Gesicht und die Person dahinter zeigt sich offen den Kollegen, ohne vom Rest des Büros

---

105 Vgl. Hofmann, N.: Mehr Krupp als Silicon Valley. In: Süddeutsche Zeitung http://www.sueddeutsche.de/digital/apple-firmenkultur-mehr-krupp-als-silicon-valley-1.1273446 (Aufrufdatum: 03.05.2016)
106 Vgl. Giga: Der Alltag bei Apple: Fortune bietet Einblick in Apples Unternehmenskultur. In: http://www.giga.de/unternehmen/apple/news/der-alltag-bei-apple-fortune-bietet-einblick-in-apples-unternehmenskultur/ (Aufrufdatum: 28.04.2016).
107 Levy, S.: Google Inside – Wie Google denkt, arbeitet und unser Leben verändert, Hemsbach, 2012, S. 157.

abgeschottet zu werden. Es entsteht ein Teamgefühl, verbunden mit Wertschätzung der eigenen Individualität. Google ist der Meinung, dass Menschen nur Höchstleistung erbringen können, wenn sie sich in ihrer Umgebung wohl fühlen und sich frei entfalten können. Die Freude an der Arbeit steht im Vordergrund. Dies bedeutet jedoch keinesfalls, dass Google-Mitarbeiter keine Leistung bringen müssen. Beispielsweise sollen 20 % der Arbeitszeit als eigene Projektzeit genutzt werden. Der Mitarbeiter kann sich mit einem Projekt seiner Wahl beschäftigen, ohne dabei von Unternehmensstrukturen beeinflusst zu werden. Diese Projekte werden von den Mitarbeitern allerdings häufig als 120 % Projekte bezeichnet, da sie oft zusätzlich zur eigentlichen Arbeitszeit bearbeitet werden.[108] Ein weiterer Indiz, der die positive Einstellung zur Arbeit bei Google untermauert, ist ein internes Motto, das die Unternehmenskultur in nur drei Worten beschreibt: „Sei nicht böse!“[109] Diese kurze Phrase ist für so ziemlich jede Situation geeignet, sowohl für kleine individuelle Situationen im Umgang zweier Mitarbeiter miteinander, als auch zur Konzernkommunikation des gesamten Unternehmens mit Share- und Stakeholdern. Was Googles Unternehmenskultur mit der von Apple verbindet, ist die funktionsbezogene Wertschätzung der Mitarbeiter. Auch in Googles Rangordnung der Funktionsbereiche stehen die Entwickler an erster Stelle. Produktmanagement oder beispielsweise Verwaltungstätigkeiten spielen eine untergeordnete Rolle. Allerdings muss in den Augen Larry Page´s mehr oder weniger jeder „Googler“ in gewisser Art und Weise Entwickler sein.[110] Um Nähe und flache Hierarchien zu demonstrieren, finden wöchentliche sogenannte TGIF-Meetings („Thank God Its Friday“) statt. In diesen Treffen kann jeder Mitarbeiter Fragen an die Unternehmensleitung stellen und bekommt eine persönliche Antwort vom Top-Management.[111] Google hält es nämlich für erfolgsentscheidend, im ständigen Kontakt mit seinen Mitarbeitern zu stehen, da hierdurch die immer wichtiger werdende Kommunikation und Interaktion gefördert wird. Aus diesem Grund wurde auch eine sogenannte Project-Database eingeführt, in der jeder Angestellte Zugriff auf Informationen zu allen aktiven Projekten des Unternehmens hat. Hierdurch werden Kommunikation und Informationsaustausch beschleunigt, da alle Verantwortlichkeiten und Tätigkeiten in einem offen zugänglichen System dokumentiert sind.[112] Dies stellt wiederum einen fundamentalen Unterschied

[108] Vgl. Levy, S.: Google Inside – Wie Google denkt, arbeitet und unser Leben verändert, Hemsbach, 2012, S. 161.
[109] Ebd., S.186
[110] Vgl. ebd., S. 207
[111] Vgl. Google: Unsere Kultur. In: https://www.google.com/intl/de_de/about/company/facts/culture/ (Aufrufdatum: 09.05.2016)
[112] Vgl. Levy, S.: Google Inside – Wie Google denkt, arbeitet und unser Leben verändert, Hemsbach, 2012, S. 212.

der internen Kommunikation zwischen Google und Apple dar, wo Mitarbeiter die Aktivitäten ihrer Bürokollegen nicht kennen.

Zusammenfassend kann Apples durch Steve Jobs aufgezwungene Unternehmenskultur mit dem Ansatz der Geheimhaltung - vor allem in der internen Kommunikation - eigentlich als gegenläufig zu der allgegenwärtigen Diskussion über neue Strukturen mit flachen Hierarchien und offener, schneller Kommunikation gesehen werden. Googles Unternehmenskultur hingegen wird in der Öffentlichkeit als die „Vorbild-Kultur" für ein modernes, innovatives Unternehmen in der digitalen Welt angesehen und dies auch völlig zu Recht. Allerdings wird dennoch ersichtlich, dass Erfolg in dieser Branche nicht nur durch eine Google-Kultur möglich ist, denn Apples Entwicklung ist ebenso phänomenal.

1.3.6 Nachhaltiges Leadership in einer digitalen Welt

Leadership in der digitalen Branche ist mit einer wachsenden Verantwortung verbunden. Neben den wirtschaftlichen Aspekten, die ein Unternehmen grundlegend verfolgt, spielen im Rahmen der Digitalisierung aller Lebensbereiche viele weiche Faktoren eine zunehmend bedeutende Rolle. Es sind Themen wie die Veränderung der Arbeitswelt durch künstliche Intelligenz, die Führungskräften Verantwortung zuweisen. Damit bekommt Leadership im digitalen Zeitalter einen gesamtgesellschaftlichen Charakter. Neben der Veränderung der Arbeitswelt, ist auch das Privatleben aller Nutzer betroffen. Betrachtet man beispielsweise die gegenwärtigen Diskussionen über den „gläsernen" Menschen, der vom allwissenden Internet beobachtet und verfolgt wird, kann man sich vorstellen, welche Ausmaße noch zu erwarten sind, wenn man davon ausgeht, dass die Digitalisierung noch am Anfang steht. Durch die wachsende Verantwortung im Leadership sollte man sich deshalb die Frage stellen, ob ein Mensch allein, beispielsweise in Form eines klassischen CEO, dieser Aufgabe überhaupt noch gewachsen ist. Wie gehen die Unternehmen Apple und Google mit dem Thema Leadership um und was macht die Führung durch Steve Jobs und Larry Page so besonders? Was war und ist entscheidend, um ein Unternehmen dieser Größe in der digitalen Branche erfolgreich zu führen? Der Faktor, der Führung in der digitalen Welt maßgeblich beeinflusst, ist die Dynamik der Branche und die damit einhergehende notwendige Innovationskraft. Wer wegweisende Neuerungen „verschläft", ist raus! Deshalb ist es für eine Führungskraft unerlässlich, eine innovationshungrige Unternehmenskultur zu schaffen und zu erhalten. Ohne diese wäre es langfristig nicht möglich, den Unternehmenserfolg zu sichern. Die Innovationstätigkeit ist deshalb vom Management in der Unternehmensstrategie zu verankern. Aber dies allein ist nicht ausreichend. Die Führungskraft muss seinen Mitarbeitern diese Kultur vorleben (vgl. Abbildung 15), sie sollte die verkörperte Innovationskraft sein.

Das beste Beispiel hierfür ist Steve Jobs, der mehr „Anführer" als klassische Führungskraft darstellt. Er hat eine Kultur erschaffen, die darauf abzielte, Dinge zu entwickeln, die ihn persönlich und schließlich auch Apple´s Kunden begeistern sollen. Aus Apple-Kreisen hört man, dass in kritischen Situationen häufig die Frage gestellt wurde: „Was würde Steve tun?"[113] Gerade deshalb steht Jobs Führungsstil jedoch auch häufig in der Kritik. Er hat zwar eine innovierende Kultur geschaffen, welche jedoch von Zwang geprägt war. Steve Jobs verlangte von seinen Mitarbeitern vollste Hingabe und duldete nur perfekte Arbeit. Seine Führung konzentrierte sich einzig auf die zu erledigenden Aufgaben, ohne sich auch nur einen Moment auf einer emotionalen Ebene mit seinen Mitarbeitern auseinanderzusetzen. Erfolgsdruck und längere Arbeitszeiten für die Angestellten waren seine Ziele, nicht etwa angemessene Sozialleistungen und eine angenehme Arbeitsatmosphäre.[114] Jobs stellte deshalb den Idealtypus eines Autokraten dar. Man kann nun also die Frage in den Raum werfen, ob der wirtschaftliche Erfolg eines Unternehmens völlig über den Anliegen der Mitarbeiter stehen sollte und ob dies auch zukünftig noch zielführend sein wird? Da Apple im Markt jedoch als derart innovativ und „cool" wirkt und es für einen Ingenieur in der digitalen Branche geradezu einem Ritterschlag gleicht, von Apple eingestellt zu werden, konnte man sich den rauen Umgang mit seinen Mitarbeitern erlauben. Die Warteliste der Bewerber ist stets lang und auch die monetäre Vergütung war und ist hoch.[115] Deshalb war es Steve Jobs möglich, sein Unternehmen durch in höchstem Maße autoritäres und egozentrisches Leadership zum Erfolg zu führen.

Ein direktes Gegenbeispiel ist Larry Page mit seinem Unternehmen Google. Er hat eine Unternehmenskultur erschaffen, die Innovation durch extreme Freiräume für Mitarbeiter generiert. Nicht Zwang, sondern Freiheit schafft Innovation. Larry Page gibt Verantwortung an Mitarbeiter ab und lässt Teams entscheiden, was bei Apple niemals

---

[113] Vgl. Lashinsky, Adam: Inside Apple, Weinheim, 2012, S. 214.
[114] Vgl. ebd., S. 56.
[115] Vgl. MacLife: So viel Gehalt zahlt Apple seinen Mitarbeitern. In: http://www.maclife.de/panorama/wirtschaft/so-viel-gehalt-zahlt-apple-seinen-mitarbeitern (Aufrufdatum: 25.04.2016).

möglich war (zumindest nicht unter Steve Jobs). Ein Aspekt im Leadership bei Google ist zudem eine intensive Kundenorientierung. „Unser Ziel ist die Maximierung der Nutzererfahrung und nicht die Maximierung der Umsätze je Suchvorgang.“[116], sagte Larry Page einst. Diese Managementphilosophie ist bis heute beständig. Es findet sich keine einzige konventionelle Werbeanzeige auf „google.com“, welche die Nutzererfahrung negativ beeinflussen würde. Um diese sehr hoch gesteckten Ziele im Zuge der Digitalisierung zu bewältigen, haben sich die Google-Gründer Page und Brin im Jahr 2001 in Absprache mit Risikokapitalgebern dazu entschlossen, das Unternehmen in einem Triumvirat zusammen mit einem führungserfahrenen Ingenieur namens Eric Schmidt zu lenken. Vor allem die Kapitalgeber waren der Meinung, dass eine Unterstützung der damals frisch gebackenen Führungskräfte durch einen erfahrenen Manager zwingend notwendig war, um die positive Entwicklung des Unternehmens weiterhin gewährleisten zu können.[117] Des Weiteren war Page - wie bereits beschrieben - davon überzeugt, dass die Unternehmenskultur der entscheidende Erfolgsgarant sei. Deshalb entschloss sich das Management, einen Chief Culture Manager einzustellen, dessen einzige Aufgabe es war, die innovative Start-Up Atmosphäre im Unternehmen dauerhaft aufrechtzuerhalten.[118]

Die dargestellten, immer wichtiger werdenden dynamischen und weichen Faktoren im Umgang mit den Mitarbeitern, zeigen auch, dass es falsch wäre zu sagen, dass der Mensch in einem von künstlicher Intelligenz geprägten System langfristig überflüssig sein wird. Die wachsende Dynamik erfordert wie bereits beschrieben ein extrem hohes Maß an Flexibilität. Und wenn Flexibilität und damit intuitives Handeln gefragt ist, ist der Mensch der künstlichen Intelligenz einen Schritt voraus. Deshalb sollte der Fokus im Leadership nicht darauf liegen, die Technologie mit dem Ziel voranzutreiben, den Menschen mit Hilfe von weiteren automatisierten Prozessen zu ersetzen, sondern, wie vor allem Google zeigt, eine Unternehmenskultur zu schaffen, die im dynamischen, digitalen Wandel zusammen mit immer effizienteren Technologien Innovationen hervorbringt. Dazu wird es notwendig sein, Mitarbeiter, wie Larry Page es tut, zur Selbstorganisation zu erziehen. Dieser Leadership-Ansatz aus einer Mischung zwischen Aufgaben- und Beziehungsmanagement, wird als transformationaler Führungsstil bezeichnet und ist im Rahmen der Digitalisierung die vielleicht

---

[116] Levy, S.: Google Inside – Wie Google denkt, arbeitet und unser Leben verändert, Hemsbach, 2012, S. 99.
[117] Vgl. ebd., S.104–106.
[118] Morroy, B.: Leadership & Culture at Google Inc.. In: http://benmorrow.info/blog/leadership-culture-at-google-inc (Aufrufdatum: 27.04.2016).

geeignetste Methode, ein Unternehmen in einer insgesamt volatilen Umgebung zum Erfolg zu führen. Ein transformationaler Führungsstil impliziert, dass Mitarbeiter über Wissensaufbau und eine Kultur der Reflexion lernen, den wesentlichen Nutzen zu erkennen. Aus dem erkannten Nutzen muss ein gemeinsames Wertesystem aufgebaut werden, welches es schließlich ermöglicht ein passives Leadership etablieren zu können. Denn ein gemeinsames Wertesystem, verbunden mit einer von allen Beteiligten gelebten Vision ermöglicht es, Entscheidungsvermögen des Managements an die Mitarbeiter abzugeben.[119]

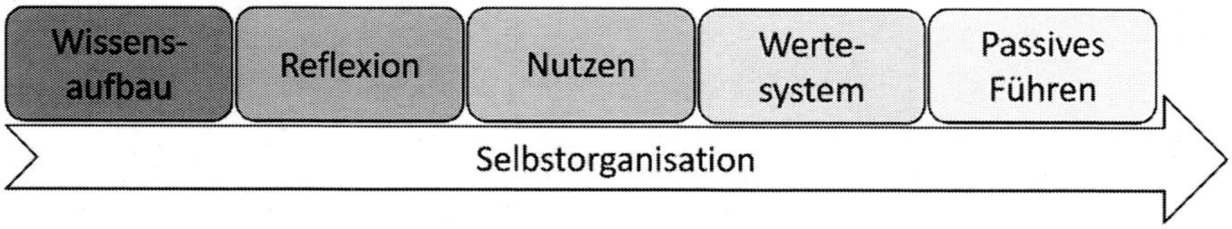

Abbildung 16: Schritte zur Selbstorganisation

Diese Leadership-Attribute könnten auch für Apple mittelfristig wichtig werden. Denn das derzeit noch relativ homogene Geschäftsfeld des Smartphone- und PC-Markts könnte sich schon bald durch die Erschließung neuer Branchen (z.B. Automotive) zu einem heterogenen Angebots- und Kundenmix entwickeln. Spätestens dann wird es notwendig, seinen Mitarbeitern mehr Freiräume zu gewähren und Entscheidungen über ein gemeinsames Wertesystem zu treffen. Dann können die Manager in der digitalen Welt die Entwicklung von Visionen und Strategien in den Fokus rücken und müssen sich weniger intensiv mit aktiver Personalführung auseinandersetzen.

1.3.7 Die Faktoren einer digitalen Zukunft

Um Unternehmen hinsichtlich ihres zukünftigen Erfolgs einzuordnen, ist es notwendig, sowohl die externe Veränderungsdynamik der Branche, als auch das interne Veränderungsvermögen (Willingness to Change) zu betrachten. Denn beispielsweise werden Unternehmen, die in einer Umgebung der radikalen Veränderung agieren und selbst aber nur bedingt bereit sind, intern Anpassungen an die äußeren Einflüsse vorzunehmen, sich bald in einem gnadenlosen Überlebenskampf sehen. Unternehmen müssen lernen, die wegweisenden Entwicklungen frühzeitig zu

[119] Vgl. Computerwoche: Ab morgen bitte Scrum: Agilität der Unternehmenskultur - Schock oder Chance? In: http://www.computerwoche.de/a/agilitaet-als-unternehmenskultur-schock-oder-chance,3099413 (Aufrufdatum: 06.05.2016).

erkennen, um durch eine flexible Ausrichtung schnelle Reaktionen hervorzurufen. Zweifelsohne ist ein Ausblick in die weite Zukunft dennoch von vielen Unsicherheiten geprägt, da in einer von Volatilität gezeichneten Umwelt unzählige Einflussfaktoren vorhanden sind, die das System jederzeit in eine neue Richtung zu verschieben im Stande sind. Aber nichtsdestotrotz ist die Frage zu stellen, wie denn eine Zukunft für Apple und Google aussehen kann.

Das umfassende Angebot an Hard- und Software, welches sich in einem dauerhaften Zustand der evolutionären Innovation befindet, bildet die Grundlage für zukünftigen Erfolg von Apple. Die angesprochene Bedienerfreundlichkeit der Geräte, in Verbindung mit intuitiver Software, wird dazu führen, dass der Kundenstamm des Unternehmens weiterhin wachsen wird. Dabei sorgt die hohe Innovationsfrequenz dafür, keine entscheidenden Schritte im Zuge der Digitalisierung zu „verschlafen", wie einst Nokia beim Wandel vom Mobiltelefon zum Smartphone. Die Veränderungsdynamik in der Branche der digitalen Endgeräte und Software ist zwar als schnell, jedoch nicht als radikal zu betrachten. Apples Management muss sich daher mittelfristig keine Sorgen machen, sein Geschäftsmodell grundlegend überdenken und sich radikal neu auszurichten zu müssen. Verbunden mit der internen Innovationsfreude, auch in neuen Geschäftsfeldern, wie der Konnektivität in der Automobilbranche, steht weiterem Wachstum wenig im Weg. Zusätzlich sorgt das Apple-Image der modernen Lifestyle-Marke für Potenzial am Markt. Was jedoch zum Problem werden könnte, ist die langfristige Entwicklung der Unternehmenskultur nach dem Ableben von Steve Jobs. Mit ihm hat Apple seinen kreativen Kopf und Motivator verloren, der, wie erwähnt, maßgeblichen Einfluss auf die tägliche Arbeitsweise aller Mitarbeiter und somit auch auf alle vermarkteten Produkte, hatte. Die Unternehmenskultur, die sich durch eine starke personale Fixierung auf Jobs auszeichnete, muss nun einer Neuorientierung unterzogen werden, um die Innovationskraft und Kundenorientierung aufrechtzuerhalten. Dabei könnte Googles Kultur jedenfalls in gewisser Weise als Best Practice fungieren.

Grundlage für Googles positive Zukunftsaussichten stellt weiterhin die durch ihre einzigartige Funktion bestechende Suchmaschine dar. Diese kann trotz einigen Wettbewerbern als Monopol in diesem Segment betrachtet werden, was die folgende Abbildung 17 nochmals eindrucksvoll verdeutlicht.

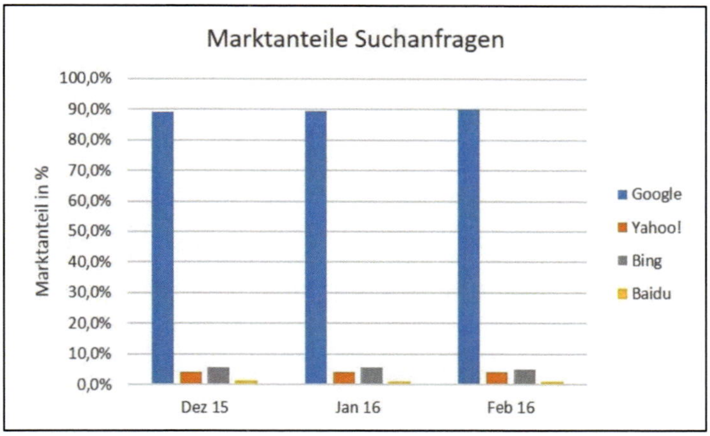

Abbildung 17: Marktanteile Suchanfragen zwischen Dezember 2015 und Februar 2016[120]

Diese Wettbewerbsposition ermöglicht es, buchstäblich den gesamten digitalen Werbemarkt zu beherrschen. Zudem wird auch der Markt der Smartphones weiteres Wachstum hervorbringen, wodurch Google ein zusätzliches, weiterhin attraktives Geschäftsfeld, innehält. Die in diesen beiden Hauptgeschäftsbereichen erwirtschafteten Erlöse lassen experimentelles Vorgehen in verschiedensten Branchen zu, befreit von unbedingtem Zwang zum Erfolg. Dadurch erscheint das Unternehmen als im höchsten Maße flexibel und veränderungsbereit, ohne dabei das Kerngeschäft zu vernachlässigen. Die Veränderungsdynamik des Google-Umfeldes ist aufgrund der vielfältigen Aktivitäten des Konzerns schwierig einzuschätzen. Jedoch ist Google als Ganzes betrachtet, an so ziemlich allen Fronten der digitalen Transformation vertreten und kann diese somit sowohl aktiv mitgestalten, als auch im Gegenzug folglich von ihr profitieren. Die flexible und offene Ausrichtung der Unternehmenskultur wird auch in Zukunft maßgeblich für den Erfolg dieses großen Vorhabens „Google“ verantwortlich sein. Einziger Faktor, der das Wachstum des Unternehmens ausbremsen könnte, ist das steigende Verlangen der Nutzer nach Datenschutz und Privatsphäre. Es wird sich zeigen, wie weit sich Nutzer noch von einem weltweit agierenden Monopolisten durchleuchten und überwachen lassen, ohne von der öffentlichen Hand eine Regulierung zu fordern.

---

[120] Vgl. StatCounter: Marktanteile der meistgenutzten Suchmaschinen nach Page Views weltweit in ausgewählten Monaten von Januar 2013 bis Februar 2016. Zitiert nach: Statista In: http://de.statista.com/statistik/daten/studie/225953/umfrage/die-weltweit-meistgenutzten-suchmaschinen/ (Aufrufdatum: 14.05.2016).

Für beide Unternehmen wird eines der „Next Big Things“ in der digitalen Branche die künstliche Intelligenz sein. Der Computer - in welcher Form auch immer - wird zum persönlichen, selbstlernenden Assistenten in allen Lebensbereichen. Google ist für diesen Technologiesprung mit vielen Forschungsprojekten und bereits auf den Markt gebrachten Produkten, wie beispielsweise „google home“, einem vernetzten Lautsprecher für ein smartes Zuhause, bestens gerüstet. Apple zeigt Vorboten der künstlichen Intelligenz seit dem Jahr 2011 in Form von „Siri“, der lernenden Sprachsteuerung für mobile Endgeräte. Seither ist von Apple zu diesem Thema außer inkrementellen Updates für den sprechenden Assistenten keine bedeutende Innovation vorgestellt worden. Damit hinkt Apple in diesem zukünftigen Megatrend Google aktuell noch hinterher. Doch wer weiß schon, an was Apple hinter seinen verschlossenen Türen arbeitet? Man darf auf jeden Fall gespannt sein, welche technologischen Neuheiten Apple in seinen künftigen jährlichen „Worldwide Developers Conferences“ vorstellen wird.[121]

Abschließend ist anzumerken, dass sowohl Apple als auch Google, keinesfalls zu den Unternehmen gehören werden, die ihr Geschäftsmodell im Zuge der Digitalisierung maßgeblich umstrukturieren müssen. Natürlich wird es grundlegend notwendig sein, regelmäßige und nachhaltige Innovationen in einem immer schneller werdenden Zyklus zu generieren, eine radikale Neuorientierung wird jedoch mittelfristig nicht notwendig sein. Beide Unternehmen sind aufgrund ihres Einflusses auf die digitale Welt und dem damit verbundenen Wettbewerbsvorteil ein eher wesentlicher Grund dafür, dass Firmen in allen Branchen weltweit dazu gedrängt werden, ihre Strategien zu überdenken und traditionelle Werte durch neue, visionäre Denkweisen zu ersetzen.

[121] Vgl. Lashinsky, Adam: Inside Apple, Weinheim, 2012, S. 124.

2 Führung

2.1 Die Vision im Wandel der Zeit

Christoph König

Zusammenfassung

Wie wird sie aussehen, unsere Zukunft? Wie wird visionäres Leadership aussehen? Es ist der Wandel unserer Wirtschaftswelt, mit dem die Digitalisierung einhergeht und der entscheidet, wer erfolgreich bleibt und wer neuen Visionen Platz machen muss. Ob für den nachhaltigen Erfolg eines Unternehmens Visionen essentiell zum Überleben notwendig sind, wird in diesem Kapitel behandelt. Ein wichtiger Aspekt hierbei ist ein offener Geist und eine offene Haltung für das, was man nicht kennt, also das was kommt. Mit welchen Werten, mit welchen Visionen und mit welchem Leadership Unternehmen diesen Herausforderungen begegnen und wie erfolgreich sie dabei sind, soll hier aufgezeigt werden.

Schlüsselbegriffe

Vision – Wertesystem – Unternehmenskultur – Leadership – Radikalität – „Moonshot Thinking“ – Freiheit – Selbstverantwortung

The only thing we know about the future is that it will be different. Trying to predict the future is like trying to drive down a country road at night with no lights while looking out the back window. The best way to predict the future is to create it.

Peter F. Drucker

2.1.1 Unternehmen im Umbruch

Mehr denn je sind Unternehmen heute gezwungen, sich an die schnell ändernden Umgebungsbedingungen anzupassen und teilweise ihr gesamtes Geschäftsmodell zu überprüfen. Der Megatrend Digitalisierung macht vor fast keinem Unternehmen Halt und die erfolgreichsten Unternehmen sind heute meist digitalisierte Unternehmen.[122] Etwa 72 % aller Befragten sehen die Digitalisierung nach der steigenden Bedeutung von Wissen und Bildung als den wichtigsten Trend, auf den ein Unternehmen aufspringen muss, um langfristig erfolgreich zu bleiben.

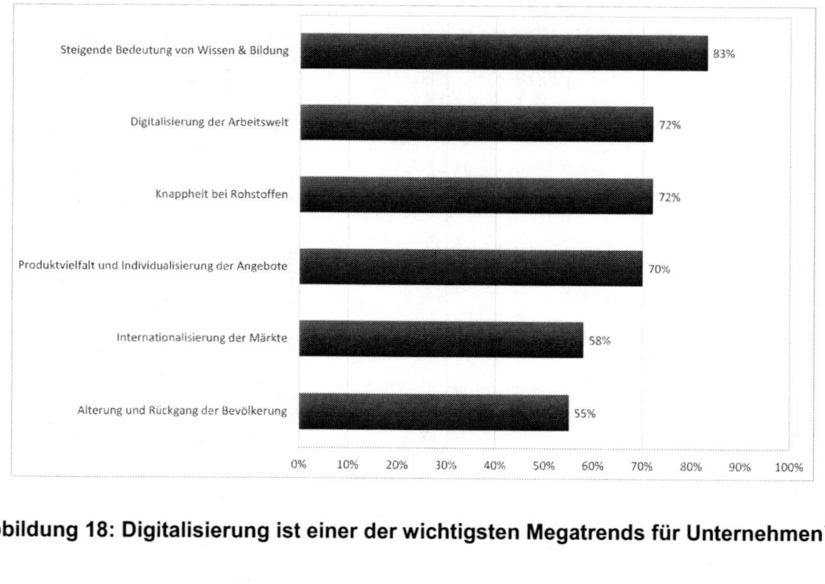

Abbildung 18: Digitalisierung ist einer der wichtigsten Megatrends für Unternehmen[123]

[122] Vgl. Abolhassan, F. (Hrsg.): Was treibt die Digitalisierung? Warum an der Cloud kein Weg vorbeiführt (SpringerLink : Bücher) Wiesbaden 2016, S. 5.

[123] Eigene Darstellung in Anlehnung an Statista: Welche generellen Megatrends sind für Ihr Unternehmen wichtig oder sehr wichtig? In: https://de.statista.com/statistik/daten/studie/7088/umfrage/fuer-unternehmen-wichtige-megatrends/, (Abrufdatum: 1.04.2016).

Von der Digitalisierung sind sowohl Menschen, als auch Maschinen und Produkte betroffen. Beispiele für Unternehmen, die den digitalen Wandel bereits erfolgreich vollzogen haben, gibt es einige. So zum Beispiel das deutsche Versandhandelsunternehmen Otto. „Das Traditionshaus hat es dank digitaler Transformation vom klassischen Katalogversand zum größten deutschen Online-Händler für Lifestyle-Produkte geschafft und verkauft im Netz zudem mehr Möbel als IKEA.“[124] Dieses Musterbeispiel zeigt, dass es bereits sehr erfolgreiche digitale Geschäftsmodelle gibt und Unternehmen gut daran tun, ihr Geschäftsmodell, wie eingangs beschrieben, auch komplett neu zu überdenken. Bei der Identifizierung neuer Geschäftsmodelle sollten also auch disruptive Technologien und Konzepte Anklang finden, da stets neue, schnelle Marktteilnehmer und innovative Traditionsunternehmen auf den Markt drängen und enormen Druck auf die bisherigen Platzhirsche ausüben. Oder wie sonst wurde Airbnb zum größten Anbieter für Zimmer und Appartements ohne eine einzige eigene Unterkunft zu besitzen - oder Uber zu einem der größten Personenbeförderer ohne ein einziges eigenes Taxi bzw. Auto? Unternehmen benötigen also, wie bei nahezu allen industriellen Revolutionen, von denen sie betroffen sind, mehr denn je innovative Denker und visionäre Konzepte, um weiterhin überlebensfähig zu bleiben und den neuen Wettbewerbern auf dem Markt mit disruptiven Geschäftsmodellen Paroli zu bieten. Oder?

2.1.2 Sind Visionen in einer so hoch entwickelten Welt noch zeitgerecht?

Jeder kennt exzellente Beispiele für Visionen von Unternehmen und deren ausgezeichnete Umsetzung. Wieso sind diese Unternehmen heute zum Großteil multinationale und milliardenschwere Konzerne? Sie schreiben die Geschichten von perfekten Visionen und Erfolgsgeschichten. Doch dies sind nur die Beispiele von erfolgreichen Projekten und bereits etablierten Unternehmen. „Wer Visionen hat, der sollte zum Arzt gehen.“ Dieses Zitat vom ehemaligen Bundeskanzler Helmut Schmidt dürfte in einer solch volatilen und schnelllebigen Zeit, die mehr denn je von Dynamik und Innovationen geprägt ist, äußerst kritisch hinterfragt werden. Doch ist diese Sicht der Dinge etwa nicht mehr zeitgemäß und mit modernem Management vereinbar,

[124] Abolhassan, F. (Hrsg.): Was treibt die Digitalisierung? Warum an der Cloud kein Weg vorbeiführt (SpringerLink : Bücher) Wiesbaden 2016, S. 5.

scheitern doch viele Visionen bereits an utopischen Vorstellungen, wahnwitzigen Ideen oder der fehlenden Unterstützung durch die breite Masse? Und bedenkt man doch, dass auf dieser Welt mehr als 7 Milliarden Menschen von Zeit zu Zeit mehrere, wenn nicht hunderte Ideen zur gleichen Zeit haben und diese auch entwickeln. Wie schaffen es also manche Ideen, sich gegen andere durchzusetzen und zu Visionen zu reifen, wohingegen doch andere genauso schnell verschwinden, wie sie entstanden sind? Und worin besteht vor allem der Unterschied?

2.1.2.1 Was ist eine Vision eigentlich?

Der Begriff „Vision“ an sich ist in Deutschland – auf den ersten Blick – wohl eher negativ behaftet, vergleicht man ihn mit Ländern wie beispielsweise den Vereinigten Staaten. Aber warum? Vielleicht liegt es an der Begriffsbedeutung, bei welcher der Duden Synonyme wie "Sinnestäuschung, Trugbild, Wahrnehmungstäuschung oder gar Utopie"[125] vorschlägt. Diese Begriffe zielen wahrlich nicht auf den unternehmerischen Kontext einer Vision ab, doch weiterhin findet man dort den Begriff „Zukunftsbild“ – und genau das ist entscheidend. Unternehmerische Verantwortung korreliert immer auch mit der Verantwortung für die Zukunft. Und um diese schon heute zu realisieren bedarf es Zukunftsbildern – also Visionen.

Eine Vision beschreibt in der Wirtschaft prinzipiell das, „was ein Unternehmen in der Zukunft sein und erreichen will. Hier wird Vision oft gleichgesetzt mit einem strategischen Ziel.“[126] Eine Vision ist also „kein Unternehmenskonzept, Strategiekonzept, kein Vertrag und keine Werbebroschüre; sie ist eher ein Glaubensbekenntnis.“[127] Es hilft dem lebenden Organismus Unternehmen mit oftmals vielen Mitarbeitern zum einen, diese gefühlsmäßig an das Unternehmen zu binden und sich zum anderen von der Konkurrenz bzw. den Wettbewerbern abzuheben und zu distanzieren. Die Vision muss die Mitarbeiter für das gemeinsame Ziel gewinnen und einen Sinn vermitteln, für den es sich einzusetzen lohnt. „Wenn Du ein Schiff bauen willst, dann trommle nicht Männer zusammen, um Holz zu beschaffen, Aufgaben zu vergeben und die Arbeit einzuteilen, sondern lehre die Männer die Sehnsucht nach dem weiten, endlosen Meer.“[128] Die Menschen wollen nicht nur Aufgaben erhalten und ihre Arbeit machen, sondern einen tieferen Sinn sehen, in dem was sie für die Vision

[125] Duden: Vision In: duden.de, http://www.duden.de/rechtschreibung/Vision, (Abrufdatum: 29.04.2016).
[126] Onpulson: Definition Vision in: onpulson.de, http://www.onpulson.de/lexikon/vision/, (Abrufdatum: 1.04.2016).
[127] Mann, R.: Das visionäre Unternehmen. Der Weg zur Vision in 12 Stufen, Wiesbaden 1990, S. 26.
[128] Zugeschrieben: Saint-Exupéry, A. de; Nostitz, O. von: Die Stadt in der Wüste, Neue Ausgabe, Düsseldorf 2009.

– also das Unternehmen – tun. Eine Vision gibt den Mitarbeitern und allen Stakeholdern der Unternehmung Orientierung und Halt, schafft Begeisterung für die anstehenden Aufgaben und beantwortet die Frage „Was wollen wir erreichen?“ – so zumindest die Theorie.

2.1.2.2 Entwicklung einer Vision

Am Anfang einer jeden Vision steht normalerweise eine Idee. Hinter dieser Idee versteckt sich die Intention der Vision, als der eigentliche Kerngedanke, welcher die eben aufgeworfene Frage beantworten soll – nämlich was wir erreichen wollen. So verfolgt jeder Unternehmer oder jede Organisation in der Regel seine eigene Idee bzw. sein eigenes Ziel. Also beispielsweise ein bezahlbares und erschwingliches Auto für die breite Masse (Henry Ford), die Verfügbarkeit eines Computers für jeden Schreibtisch und für jeden Haushalt (Microsoft)[129] oder die Vision der Alzheimer Association: „Our vision – A world without Alzheimer's disease.“[130] Auch wenn letztere Vision noch nicht verwirklicht worden ist, so hat bzw. hatte jede dieser Visionen ihre Berechtigung und zeigen weiterhin, dass Visionen keine Hirngespinste oder Träumereien sind, „sondern in der Regel das Ergebnis phantasievollen Antizipierens und logischen Verknüpfens von in der Gegenwart wahrnehmbaren Entwicklungen."[131] Unternehmer oder Organisationen mit einer richtigen Vision verfolgen also im Idealfall mehr, als das reine Geld scheffeln, sondern wollen einen Mehrwert in sozialer oder ökologischer Form für die Menschen bieten, der über die eigenen Ziele hinausgeht.

Doch diese Idee ist meist wie ein einzelner Samen in der Erde und muss dementsprechend gepflegt und entwickelt werden. Das heißt, dass die ursprüngliche Idee meist nur im Kopf des Managers bzw. den Köpfen des Managements existiert und dann Top-Down über alle Hierarchieebenen des Unternehmens kommuniziert und verbreitet werden muss, um die emotionale Bindung der Mitarbeiter an die Vision bzw. das Unternehmen zu realisieren. Um die Grundlage für eine emotionale Bindung zu schaffen, bedarf es einer adäquaten Vision. Diese sollte weder eine philosophische Abhandlung sein, noch ein Zukunftsbild ohne entsprechend ernsten Hintergrund, sondern vielmehr ein Mittelweg aus einer gesunden Portion Pragmatismus und einer

---

[129] Vgl. Arnold, F.: Lernen von Bill Gates: Wie schaffe ich es ganz nach oben? in: spiegel.de, http://www.spiegel.de/wirtschaft/unternehmen/lernen-von-bill-gates-wie-schaffe-ich-es-ganz-nach-oben-a-701511.html, (Abrufdatum: 28.04.2016).

[130] Alzheimer Association: About Us in: alz.org, http://www.alz.org/about_us_about_us_.asp, (Abrufdatum: 28.04.2016).

[131] Gausemeier, J.; Plass, C.; Wenzelmann, C.: Zukunftsorientierte Unternehmensgestaltung. Strategien, Geschäftsprozesse und IT-Systeme für die Produktion von morgen, München/ Wien 2009, S. 26.

für die Mitarbeiter in angemessener Sprache formulierten Vorstellung. Es bedarf aber nicht nur einer korrekt formulierten Vision, sondern auch den entsprechenden Strategien. Dazu zählt, neben einer geeigneten Strategie zur Umsetzung, auch eine entsprechende Strategie mit einem strukturierten Nachdenkprozess zur Entwicklung der Vision, um aus einer einfachen Vision eine erfolgreiche zu kreieren.[132] Wie bereits beschrieben, scheitern viele Visionen an einer Unterstützung der breiten Massen. Daher dürfte es in Unternehmen generell einfacher als in der Gesellschaft sein, jemanden für Visionen zu gewinnen, da Manager, Innovatoren oder Meinungsführer in Unternehmen oft eine Koalition oder Interessensgemeinschaft bilden.

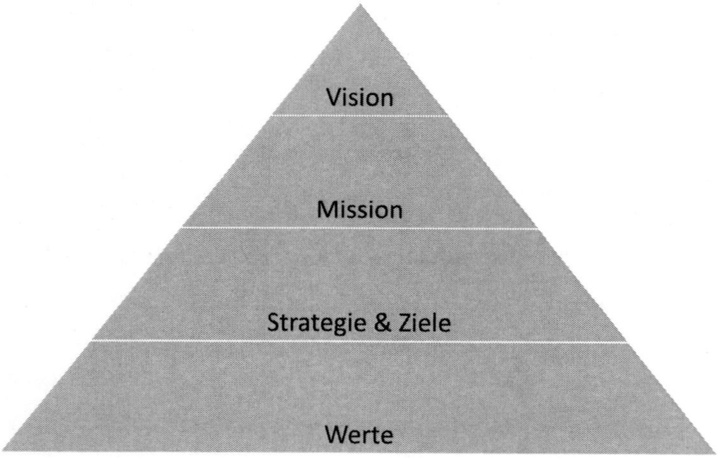

Abbildung 19: Ebenen der Strategieentwicklung[133]

Zur besseren Veranschaulichung der notwendigen Schritte und Strategien dient die Abbildung der Pyramide zur Strategieentwicklung. Sie beschreibt als obersten Baustein den beschriebenen Grundkonsens der gesamten Unternehmung. Die Mission charakterisiert den greifbaren Teil der Vision, also die Unternehmensgrundsätze oder –leitlinien, welche in erster Linie eine Kommunikationsfunktion besitzen.[134] Die Strategie und die Ziele sind die beschriebenen notwendigen Komponenten der Pyramide, um eine Vision überhaupt erst entwickeln zu können und

[132] Vgl. Rothauer, D.: Vision et Strategie. Strategisches Denken für kreative Köpfe, Basel 2014, S. 17.
[133] Eigene Darstellung in Anlehnung an Rothauer, D.: Vision et Strategie. Strategisches Denken für kreative Köpfe, Basel 2014., S. 18.
[134] Vgl. Manager Wiki: Normatives Management: Vision, Mission und strategische Ziele in: manager-wiki.com, http://www.manager-wiki.com/strategie-grundlagen/5-normatives-management-vision-mission-und-strategische-ziele, (Abrufdatum: 3.04.2016).

an denen sich der Erfolg des Unternehmens misst. Diese Ziele werden mit entsprechenden Maßnahmen und dem Wertesystem, welches das Unternehmen verfolgt, untermauert und versucht, zu erreichen.

Als Basis für Visionen sind die Stärken und die Kernkompetenzen des Unternehmens zu identifizieren. Also das, was es von den Wettbewerbern unterscheidet und/oder bei den Kunden beliebt macht. Weiterhin wird für eine Vision generell ein zeitlicher Rahmen abgesteckt. Dieser korreliert mit den ebenfalls kürzer werdenden Entwicklungs- und Produktlebenszyklen, da das wirtschaftliche Umfeld, wie eingangs beschrieben, mehr denn je von Dynamik, Innovation und Fortschritt geprägt ist. Aber wer treibt diesen Fortschritt eigentlich genau? Sicherlich auch Unternehmen mit erfolgreich umgesetzten Visionen, wie beispielsweise Google.

2.1.3 Google – ein Musterbeispiel einer Vision

Ist die These von Altkanzler Helmut Schmidt, dass man zum Arzt gehen solle, wenn man Visionen hat damit hinfällig, wenn man das Beispiel Google betrachtet? Die These an sich ist damit keinesfalls widerlegt, wurde sie doch weder wissenschaftlich, noch anderweitig verifiziert oder falsifiziert. Außerdem handelt es sich bei Google logischerweise um einen sehr erfolgreichen Fall einer realisierten Vision. Doch ungeachtet des heutigen riesigen Konzerns, der Google ist, wurde auch diese ursprüngliche Idee schrittweise in den „magischen Garagen“ entwickelt und realisiert. Doch was genau war die eigentliche Vision von Google und besaßen sie lediglich eine einzige Vision?

2.1.3.1 Googles „Vision-History“

Jeder kennt Google. Doch wer kennt das Unternehmen Google Inc.? Wie im Kapitel 1.3 (Zwei Giganten der digitalen Welt - Apple und Google) bereits ausführlich beschrieben, ist Google mehr als nur das reine Kernprodukt Suchmaschine mit dem bunten Logo, die fast weltweit wahrscheinlich bei allen Menschen mit Zugang zum Internet bekannt ist. Hinter dem großen Konzern stehen heute bereits wesentlich mehr Produkte und Services, die Google seinen Kunden anbietet. Doch bewegt sich Vision allein im Bereich von Produkten und Services, oder steckt hinter dem Begriff Vision eine erheblich weitere Bandbreite an Ideen und Zukunftsbildern?

Bei Google startete alles mit der Suchmaschine, welche 1996 unter dem damaligen Namen „BackRub“ von Larry Page und Sergey Brin ins Leben gerufen wurde. Mittlerweile ist Google die gängigste und sicherlich verbreitetste Suchmaschine der Welt. In einem Interview beschrieb Larry Page, welche Gedanken er sich über seine Zukunft machte. Er wollte entweder Professor werden oder eine Firma gründen, da ihm dies vermutlich die Autonomie gibt, die er suchte – „die Freiheit, von Grund auf neu zu denken, ausgehend von den Anforderungen der realen Welt, anstatt vorherrschende Weisheiten nachzubeten“.[135] Man kann also erkennen, dass die Basis für visionäres Denken, also die Freiheit des Denkens, beim Management bereits früh vorhanden war, da Visionen bei der Gründung von Unternehmen natürlich eine entscheidende Rolle spielen und oft das Ergebnis einer Vorstellungskraft einzelner Personen darstellen. Somit ist die persönliche Grundeinstellung und die Fähigkeit dieser Person, „outside the box“ zu denken, von essentieller Bedeutung für die Erschaffung einer erfolgreichen Vision.

Der Zweck eines Unternehmens wird neben der Vision auch in der Mission artikuliert, weshalb Google diese wie folgt versteht: „Wir haben die Mission, das Wissen der Menschheit zu organisieren und es überall zugänglich und nutzbar zu machen“.[136] Auf Basis dieser Aussage kann wohl mit Fug und Recht behauptet werden, dass die Mission des Unternehmens ein wahrlich visionäres Konzept und Vorhaben darstellt, welches ohne Zweifel eine Sisyphusarbeit ist.

Um die eingangs aufgeworfene Frage wieder aufzugreifen, ob sich hinter dem Begriff Vision mehr als die bloße Ausrichtung auf Produkte bzw. Services versteckt, wird hier kurz das Arbeitsumfeld für Mitarbeiter bei Google umrissen. Vision in der heutigen Zeit sollte ein deutlich weitläufigerer Begriff sein, weshalb das Arbeitsumfeld von Google ebenfalls als verwirklichte Vision anzusehen ist. Larry Page erläuterte weiterhin eigene Erfahrungen beim Thema Führung von Mitarbeitern bzw. Teams und dass es schwierig sei, ein Team zu Höchstleistungen zu motivieren. Dieses „Moonshot Thinking“, wie Google es nennt, also höchst innovatives und mutiges Denken, ist dem Menschen nicht angeboren bzw. wird er nicht dazu erzogen.[137] Diese Tatsache ist der Grund, warum Google zum einen versucht, unabhängige Denker und Visionäre an Bord zu holen und sich zum anderen auch bemüht, die Kreativität und die Freiheit des

[135] Schmidt, E.; Rosenberg, J.: Wie Google tickt, S. 13.
[136] Grant, R. M.: Moderne strategische Unternehmensführung. Konzepte, Analysen und Techniken, 1. Aufl., Weinheim 2014, S. 53.
[137] Vgl. Schmidt, E.; Rosenberg, J.: Wie Google tickt, S. 13–14.

Denkens bestmöglich zu unterstützen, indem sie das Arbeitsumfeld für ihre Mitarbeiter so angenehm und behaglich wie nur irgendwie möglich gestalten. Dazu zählen, um nur einige Beispiele zu nennen, die Ausstattung der Büros mit Pools und Kletterwänden,[138] oder die Bereitstellung von Zahnärzten oder Schlafmöglichkeiten. Diese zunehmende Verschiebung des Lebensmittelpunktes von Zuhause in Richtung Arbeitsplatz hat das Management von Google bereits früh erkannt und fördert somit nicht nur das Wohlergehen der Mitarbeiter, sondern auch deren Kreativität und Bereitschaft, mehr für das Unternehmen zu leisten. Es ist also kein geschenkter Luxus, sondern vielmehr die Belohnung der hart arbeitenden Angestellten. Ein weiterer Aspekt bei der Betrachtung des Arbeitsumfeldes ist im Gegenzug dazu der Punkt „Home Office". Im Zuge der Digitalisierung könnte man meinen, ein Technologiekonzern wie Google wäre so vernetzt und digital flexibel, dass Heimarbeit kein Problem mehr wäre, doch die Realität bei Google sieht anders aus. Die Strategie des Google-Managements zielt darauf ab, Begegnungen zu schaffen. So sollen beispielsweise keine Mitarbeiter einen Gehweg von mehr als zweieinhalb Minuten zueinander haben, da einige der besten Entscheidungen und Einsichten von Flur- und Cafeteria-Diskussionen und Ad-hoc-Sitzungen von Teams kommen.[139]

2.1.3.2 „Think 10X" – Visionäres Denken als Vorgabe

Dass die in Kapitel 3.1 erwähnten Beispiele nur ein Bruchteil der Visionen und Innovationen von Google darstellen, dürfte weitgehend bekannt sein. Dazu zählen die bekannten Dienste wie Google Maps oder Google Earth, welche auf der eigentlich wahnwitzigen Idee basieren, die komplette Welt mit allen Städten, Landschaften, Straßen usw. zu kartieren. Und wenn Google die gesamte Welt sagt, dann meinen sie auch die gesamte Welt, weshalb sie sogar Kamele mit Kameras ausgerüstet haben, um die Wüsten dieser Welt digital abzubilden.[140] Für das Management von Google ist großes, visionäres Denken also die oberste Maxime – speziell im Umfeld des digitalen Wandels.

---

[138] Vgl. Hofmann, A.: Kritik an Arbeitsumfeld - Ex-Googler machen sich Luft in: gruenderszene.de, http://www.gruenderszene.de/allgemein/google-arbeitsumfeld-kritik, (Abrufdatum: 20.04.2016).
[139] Vgl. Wilhelm, M.: Glaubenskrieg ums Homeoffice in: tagesanzeiger.ch, http://www.tagesanzeiger.ch/leben/gesellschaft/Glaubenskrieg-ums-Homeoffice/story/25452033, (Abrufdatum: 20.04.2016).
[140] Vgl. Süddeutsche Zeitung: Google erobert die Wüste mit Kamelen und einer Kamera in: sueddeutsche.de, http://www.sueddeutsche.de/panorama/google-street-view-google-erobert-die-wueste-mit-kamelen-1.2167004, (Abrufdatum: 25.04.2016).

Google hat die digitale Welt ohne Frage revolutioniert, allem voran Googles Kernprodukt: die Suchmaschine. Denn die beiden Unternehmensgründer haben früher als alle anderen erkannt, dass Daten die relevante Währung der digitalen Welt sind. Das erklärte Lebensziel von Larry Page ist es, alles Wissen der Welt zu sammeln und für alle zugänglich zu machen. „Mein ganzes Streben geht dahin, herauszufinden, wie die Zukunft aussehen kann und sie dann zu erschaffen“, verkündete er etwa im Frühsommer 2015.[141] Damit greift er genau den Gedanken auf, den Peter F. Drucker mit den Worten „The best way to predict the future is to create it“ formulierte. Genau dieses visionäre Denken verhalf Google zum wahrscheinlich einflussreichsten Konzern des digitalen Zeitalters aufzusteigen. Doch selbst, wenn die „PageRank“ Technologie von Google, also die hierarchisierte Auflistung der Suchergebnisse, welche ideal an die jeweiligen Suchbedürfnisse des Nutzers angepasst sind, das Maß aller Dinge ist und Google somit zur meist aufgerufenen Webseite des gesamten Internets gemacht hat[142], impliziert „Think 10X“ auch die Frage, ob die Suche nach Informationen in Zukunft immer noch genauso wie heute aussieht. Dazu muss man eben versuchen, sich die Zukunft vorzustellen und genau dafür besitzt Google einen idealen Mann an der Spitze.

2.1.3.3 Noch Millionen Meilen entfernt

Die beiden Google-Gründer sind mit ihrer Such-Vision noch lange nicht am Ende und noch lange nicht zufrieden mit dem, was sie bisher erreicht haben. So haben sie zwar bereits vieles realisiert wie beispielsweise Google Mail, Google Maps, Google Chrome, Youtube oder Android, doch von der ursprünglichen Suchmaschine seiner Träume, „die einem genau die richtige Information zum genau richtigen Zeitpunkt gibt, wenn man sie braucht und das fast mühelos, seien sie dennoch in vielerlei Hinsicht noch Millionen Meilen entfernt.“[143] Mit Google Now soll diese Herausforderung, dem Benutzer Daten und Informationen zur Verfügung zu stellen, ohne dass er danach fragt, angegangen werden. Als größtes ungelöstes Problem dafür sieht Larry Page die Tatsache des eingeschränkten Internetzugangs an. Doch Google wäre nicht Google, wenn sie auch dafür nicht schon eine außergewöhnliche und schräge Vision verfolgen

---

[141] Schulz, T.: Was Google wirklich will. Wie der einflussreichste Konzern der Welt unsere Zukunft verändert, DVA 2015, S. 3.
[142] Vgl. Statista: Top 20 Webseiten in Deutschland nach der Anzahl der Unique Visitors im Oktober 2014 (in Millionen) in: de.statista.com, http://de.statista.com/statistik/daten/studie/180570/umfrage/meistbesuchte-websites-in-deutschland-nach-anzahl-der-besucher/, (Abrufdatum: 25.04.2016).
[143] Kling, B.: Larry Page: Google ist von meiner Such-Vision noch Millionen Meilen entfernt in: zdnet.de, http://www.zdnet.de/88193455/larry-page-google-ist-von-meiner-vision-noch-weit-entfernt/, (Abrufdatum: 25.04.2016).

würden. Um dieses Problem zu lösen, will Google beispielsweise mit hochfliegenden Ballons versuchen, das Internet mit Hilfe eines Rings von Ballons, die von stratosphärischen Winden getragen werden, in ländliche und entlegene Regionen der Welt zu bringen.[144]

Google investiert also sehr gerne und bewusst in Bereiche, die von Grund auf sehr spekulativ sind, aber genau dadurch realisieren sie das angepriesene „Moonshot Thinking“. Viele Firmen gehen gerne so vor, wie sie es immer gemacht haben, nämlich immer nur mit geringfügigen, inkrementellen Änderungen voranzugehen. Diese Schritt-für-Schritt-Strategie führt aber wohl nach Google Maßstäben mit der Zeit zur Bedeutungslosigkeit; besonders im Technik-Bereich, in dem Änderungen meist revolutionärer und nicht evolutionärer Natur sind. Dieses Vorgehen wäre also nicht mit den Vorstellungen des Managements von Google konform. Aufgrund der Investitionen in zum größten Teil disruptive und vor allem spekulative Technologien und Ideen, lässt sich abstrakt formuliert behaupten, dass Google nicht in Geld, Kosten oder Buchwerten rechnet, sondern in Strategie-Aspekten.

Kaum ein anderes Unternehmen hat eine so rasante Erfolgsgeschichte hinter sich wie Google. Die aufgezeigten Beispiele in diesem Kapitel sind nur ein Bruchteil der bekanntesten Technologien und Produkte von Google. Aber Google ist mehr als das. Google ist ein Nachrichtendienst. Google ist eine Shopping-Plattform. Google ist ein Bezahlsystem. Google ist ein Software-Entwickler. Google ist ein geographisches Informationssystem. Und diese Liste wird in Zukunft mit großer Wahrscheinlichkeit noch um einige Geschäftsfelder, Technologien oder Produkte wachsen und erweitert werden, da Google äußerst gerne in innovative und auch spekulative Gebiete investiert und sich nicht über lediglich ein Kernprodukt identifizieren will, wie das z.B. Apple tut. Darin spiegelt sich auch der unterschiedliche Führungsstil von Apple und Google wieder, der im Kapitel 1.3 (Zwei Giganten der digitalen Welt - Apple und Google) dieses Buchbands aufgegriffen wurde. In Bezug auf die Digitalisierung arbeitet Google auch an der Verfügbarkeit von Wissen für die breite Masse in Form von riesigen Online-Bibliotheken. Google treibt also unser digitales Leben in einer Art und Weise voran, wie es wohl kaum ein anderes Unternehmen je zuvor getan hat oder tun wird. Es sei denn es entstehen neue Visionen.

---

[144] Vgl. Kling, B.: Project Loon: Ballons sorgen für Internetzugang in: zdnet.de, http://www.zdnet.de/88158651/project-loon-ballons-sorgen-fur-internetzugang/ (Abrufdatum: 25.04.2016).

2.1.4 Ohne Fundament droht der Zusammenbruch – Wertesystem vs. Vision

Wenn man sich nochmals die Pyramide zur Strategieentwicklung aus Kapitel 2.2 vor Augen führt, besteht das Fundament aus den Werten, welche das Unternehmen verfolgt und lebt. Und ohne ein Fundament ist die Stabilität der Grundstruktur doch nur bedingt gegeben, oder?

2.1.4.1 Was sind Werte heute noch „wert"?

Über ein Wertesystem wird maßgeblich die Kultur des Unternehmens, die Regierungsweise eines Staates oder auch das Verhalten innerhalb einer Familie definiert, denn nicht umsonst bilden sie das Fundament solcher Organisationen. Doch wie verhält es sich mit den Wertevorstellungen innerhalb der Unternehmen in dem eingangs beschriebenen Umfeld, wenn Wettbewerb, Schnelligkeit, Kosten und Innovation die prägenden Parolen der Zeit sind? Durchleben wir nicht gerade eine Zeit, in der wir das Ende jeder an Wertesystemen orientierten Unternehmensführung erfahren? Die freie Marktwirtschaft soll weiterhin die gesellschaftliche Grundlage sein – sie erzeugt aber auch das, was sich Ellenbogengesellschaft nennt. Wie sonst sollen sich die Besten durchsetzen und für den Markt die besten Produkte bereitstellen? Doch führt dieser unbedingte Zwang, besser und schneller zu sein als der Andere oder die Konkurrenz, nicht zu einer Schädigung oder dem Verlust unserer Wertevorstellungen? Und was bedeutet dies im Hinblick auf die Vision?

Haben nicht gerade kürzlich mehrere große deutsche Autobauer riesige Rückrufaktionen starten müssen, weil die Abgaswerte für Diesel-Fahrzeuge wissentlich verfälscht wurden? Hat nicht die Regierung kürzlich dem Volk wissentlich Informationen über Inhalt und Stand der Verhandlungen über das umstrittene Handelsabkommen TTIP (Transatlantic Trade and Investment Partnership) vorenthalten, bis geheime Dokumente veröffentlicht wurden? „Haben wir nicht einen Staat, der jeden Spielraum als Regierungslücke versteht – und möglichst schnell schließt?"[145] Diese Beispiele zeigen, dass in diesem schnelllebigen und volatilen

[145] Wiedmann, K.-P.;Abel, B.; Raffée, H.: Management mit Vision und Verantwortung. Eine Herausforderung an Wissenschaft und Praxis ; Festschrift für Hans Raffée zum 75. Geburtstag, 1. Aufl, Wiesbaden 2004, S. 701.

Umfeld teilweise mit mehr als harten Bandagen gekämpft wird, um die Ziele der Unternehmen durchzusetzen – frei nach dem Motto: Der Profit heiligt jedes Mittel. Um dies zu erreichen, erfolgt eine Instrumentalisierung der Menschen, der Mitarbeiter und der Führungskräfte, die, um den Zielen und Vorgaben gerecht zu werden, oft gar keine Alternativen besitzen, als mit unfairen, verbotenen oder illegalen Mitteln zu kämpfen, da sie psychologisch zu sehr unter Druck geraten. Auch die äußeren Rahmenbedingungen, die durch den Staat vorgegeben werden, sind am Beispiel TTIP alles andere als förderlich. Vorausgesetzt, die Wertevorstellungen enthalten keine Dinge wie genmanipulierte Lebensmittel, die Verwirklichung der Interessen der großen Konzerne oder das Ignorieren der Verbraucherinteressen. Dies führt, als logische Konsequenz, zum Aussterben der kleineren Betriebe, wodurch sich das Potential für Visionen, Ideen und Innovationen auf immer weniger Unternehmen konzentriert. Wo also soll bei solch harten Rahmenbedingungen und solch negativen Signalen die Kraft und der Wille für Visionen herkommen? Man braucht, als logische Konsequenz, ein Umfeld, in dem sich der Mensch wohl und sicher fühlt, um kreativ zu sein und somit Innovation und Vision zu fördern. Dieses Umfeld kann durch entsprechende Wertvorstellungen und deren Umsetzung realisiert werden. Denn man braucht Visionen, und Visionen brauchen zuerst eine Vision, die ein angemessenes Visionsklima erlaubt, ohne dass Menschen, die über den Tellerrand hinausdenken, zum Arzt gehen sollen. Wie könnte ein entsprechendes Wertesystem, also die Kultur eines Unternehmens, gestaltet werden, um diese Rahmenbedingungen zu erfüllen? Und ist die Nachhaltigkeit des Unternehmens und der Visionen nur gegeben, wenn ein entsprechendes Wertesystem die Basis ist?

2.1.4.2 Radikal, radikaler, Netflix!

Wie im vorherigen Kapitel erläutert, ist eine aktive Gestaltung der Wertevorstellungen, also der Kultur eines Unternehmens unabdinglich – speziell im Hinblick auf kontinuierliche Innovation und Vision. Eine sehr radikale und disruptive Form der Unternehmenskultur betreibt und verfolgt Netflix. Netflix ist ein US-amerikanischer Videoanbieter, der mit seinem Portfolio an Serien und Filmen zu den weltweit führenden Anbietern auf diesem Gebiet gehört und mit einem Marktwert von mehr als 30 Milliarden US-Dollar bereits zu einem der „big player“ aufgestiegen ist.[146]

[146] Vgl. Finanzen.net: Netflix Aktie In: finanzen.net, http://www.finanzen.net/unternehmensprofil/Netflix, (Abrufdatum: 12.05.2016).

Die Richtlinien und Grundgedanken der Unternehmenskultur wurden aber nicht etwa in einer groß angelegten Unternehmensversammlung propagiert, sondern in einer schlichten PowerPoint-Präsentation, welche 124 Folien umfasst – keine Bilder, kein Ton, schlecht formatiert und optisch nicht besonders ansprechend. Aber es beschreibt und drückt genau das aus, was es soll, nämlich die Grundgedanken des Netflix-CEOs Reed Hastings, wie Netflix agiert, handelt und wie sie ihre Werte definieren. Daher basieren die folgenden Ausführungen in diesem Kapitel fast ausschließlich auf den von Reed Hastings verfassten Folien.[147]

Wie eingangs beschrieben, erfordert das schnelllebige Umfeld der Digitalisierung, in dem sich viele Unternehmen bewegen, qualitativ hochwertige aber vor allem revolutionäre und disruptive Technologien und Produkte, um im globalen Wettbewerb nicht unterzugehen. Aber wie kann ein Unternehmen langfristig wettbewerbsfähig bleiben? Gibt es nur den direkten Ansatz, in dem man neue Produkte oder Technologien hervorbringt, mit denen man einen Wettbewerbsvorteil gegenüber den Konkurrenten erzielen kann? Um Umsatz und letztlich Gewinn zu generieren, bleibt den Unternehmen nichts Anderes übrig, als durch die Überlegenheit ihrer Produkte und Technologien zu überzeugen. Doch diese fallen nicht einfach vom Himmel, sondern müssen entwickelt werden. Daher müssen Unternehmen nicht nur versuchen, an direkten, sondern auch an indirekten Hebeln anzusetzen. Netflix versucht dies, um in einem radikal neuen Ansatz Werte vorzuleben und die Unternehmenskultur nach ihren Vorstellungen zu formen. Hastings schreibt der richtigen Wahl der Unternehmenskultur also eine entscheidende Rolle für das erfolgreiche Fortbestehen von Netflix zu. Quasi jedes Unternehmen braucht, um zu überleben, Erfolg in Form von Umsatz, Profit und Reputation – so auch bei Netflix. Um diesen zu erzielen, setzt Hastings eben an den beschriebenen indirekten Hebeln an.

Um erfolgreich Visionen zu gestalten, bedarf es, wie bei Google, einem gewissen Maß an Freiheit, um die nötige Kreativität für das „Moonshot Thinking“ entwickeln zu können. Doch ein Unternehmen mit allen Freiheiten und ohne jegliche Regeln zu führen, wäre doch in etwa wie ein Fußballspiel ohne jegliche Aufstellung oder Taktik zu bestreiten, in dem jeder machen kann, was er will – es würde wahrscheinlich nicht funktionieren. „We try to get rid of rules when we can“, führte Hastings das Thema

[147] Vgl. Hastings, R.: Netflix Culture: Freedom & Responsibility
in: de.slideshare.net, http://de.slideshare.net/reed2001/culture-1798664, (Abrufdatum: 12.05.2016).

Freiheit kurz und knapp aus.[148] Um diesen kreativen Freiraum jedoch nicht durch unnötige Regeln zunichte zu machen und trotzdem ein gewisses Maß an Disziplin zu gewährleisten, führte er die Verantwortung als zweiten maßgebenden Faktor mit ein. Daraus ergeben sich auch die Überschrift der Präsentation und die Leitwerte, an denen Netflix versucht, sich zu orientieren: Freedom & Responsibility. Hastings versucht, dadurch den Balanceakt zwischen verantwortungsbewusstem Management und dem erfolgsorientierten Unternehmertum zu gestalten. Den Angestellten werden durch den Faktor Freedom also kaum Vorschriften gemacht. Die einzige „Regel" für Ausgaben, Unterhaltung, Reisen oder ähnlichen Kosten ergibt sich quasi aus dem Faktor Responsibility, welche Hastings in sage und schreibe fünf Worte fasste: „Act in Netflix's best interests".[149] Das kann übersetzt wohl in etwa bedeuten, dass man nur das machen oder das ausgeben soll, was man privat auch bei sich selbst machen würde.

"We know that management is out of date.
We know its rituals and routines look ridiculous in the light of the 21st century."
Gary Hamel

Ist ein Management, wie es seit Jahren praktiziert und weltweit anerkannt ist, angesichts einer solchen Methodik und Herangehensweise, wie es Netflix betreibt, also in Zukunft vielleicht nicht mehr zwingend notwendig? Um den Ansatz von Netflix aufzugreifen, könnte man überspitzt der These folgen, dass ein Management im Umfeld der Digitalisierung nicht mehr von Nöten wäre, wenn die Mitarbeiter doch fast völlig autark und in reiner Selbstbestimmung und Selbstverantwortung agieren. Computer könnten heutzutage auf Basis der Analyse von Daten sogar Prozesse kreieren, Entscheidungen für die Menschen treffen und ihnen somit das Treffen von Entscheidungen zum Teil abnehmen. Ohne ein übergeordnetes Management wird es bei Netflix zwar wohl noch nicht funktionieren, aber Netflix lebt auf alle Fälle eine sehr radikale und neuartige Form des Managements, die maßgeblich die Unternehmenskultur prägt. Netflix legt jenes Wertesystem zu Grunde, das bestimmt, welche Mitarbeiter belohnt, befördert oder entlassen werden. Um, in diesem Zusammenhang, die eingangs aufgeworfene Wertefrage dieses Kapitels nochmals

[148] Vgl. Hastings, R.: Netflix Culture: Freedom & Responsibility
In: de.slideshare.net, http://de.slideshare.net/reed2001/culture-1798664 (Aufrufdatum: 12.05.2016)
[149] Ebd.

aufzugreifen, lassen sich bei Netflix prinzipiell neun definierte Grundwerte feststellen, die von ihren Mitarbeitern mehr oder weniger vom Management „verlangt" werden (siehe Abbildung 20: Grundwerte bei Netflix).

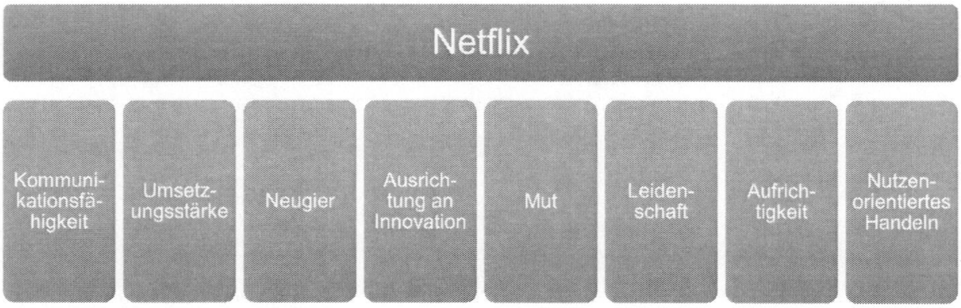

Abbildung 20: Grundwerte bei Netflix

Bei allen Freiheiten, die Netflix seinen Mitarbeitern gewährt, wird diesen trotzdem viel abverlangt, gemessen an der Anzahl der mehr oder weniger geforderten Grundwerte, welche die Mitarbeiter zu erfüllen haben. Denn Hastings geht es in diesem Zusammenhang um Pragmatismus und Effektivität. Es geht ihm nicht um die sogenannte „Facetime", also die Anzahl der Stunden, die die Mitarbeiter im Büro verbringen, sondern um Effektivität, also wie gut und wie schnell sie ihre Arbeit schaffen – speziell unter Zeitdruck. Dies ist natürlich wesentlich schwieriger zu kontrollieren, als eine Abrechnung der Stunden. Doch genau darum geht es Hastings: er will Angestellte, die sich nicht wie Angestellte verhalten und die warten bis ihnen gesagt wird, was sie zu tun haben, sondern er will verantwortungsbewusste, selbstmotivierende und disziplinierte Angestellte, die sich wie Eigentümer verhalten. Denn er ist der Meinung, dass verantwortliche Menschen unter Freiheit aufblühen, doch dies ist natürlich nicht jedermanns Sache, weshalb er dafür das entsprechende Personal benötigt.[150]

2.1.4.3 Survival of the fittest

In der „Freedom & Responsibility" Unternehmenskultur von Netflix geht es in erster Linie um Werte. Aber nicht etwa um Werte, die vom Management vorgegeben werden, sondern um Werte, die im Unternehmen gelebt werden – vor allem von engagierten

[150] Vgl. Hastings, R.: Netflix Culture: Freedom & Responsibility
In: de.slideshare.net, http://de.slideshare.net/reed2001/culture-1798664, (Abrufdatum: 12.05.2016).

und talentierten Angestellten. Dadurch wird Netflix, wie im Leitbild beschrieben, zu einem Team und nicht zu einer Familie, da sie Top-Leute in jeder Position haben.[151] Es soll also keine hierarchischen oder intellektuellen Unterschiede geben, wie dies beispielsweise bei Kindern und Eltern der Fall wäre, sondern jeder sollte in seiner Position ein Star sein. Talentierte Angestellte in seinen Reihen zu wissen, ist sicherlich für jedes Unternehmen erstrebenswert. Doch warum ist Netflix so besessen davon, absolute High-Performer in seinen Reihen zu haben? Hastings, als auch der ehemalige Apple-Chef Steve Jobs haben dafür simple Antworten parat, die wiederum auf die Kreativität abzielen und daher ideal für visionäres Denken sind: "Wenn es um prozessuale Arbeit geht, sind die Besten doppelt so gut wie der Durchschnitt, doch wenn es um kreative Arbeit geht, sind die Besten zehnmal so gut wie der Durchschnitt."[152]

"It doesn't make sense to hire smart people and then tell them what to do; we hire smart people so they can tell us what to do."

Steve Jobs

Die Frage, die Unternehmen in diesem Kontext beschäftigt, ist: Wie reagieren wir auf die steigende Komplexität? Wie kann man wirtschaftlich nachhaltig mit erfolgreichen Visionen bestehen? Netflix versucht dieses Problem einerseits zu lösen, indem sie die besten Leute rekrutieren. „Survival of the fittest" hat uns aber gelehrt, dass es nicht nur darum geht, gut zu sein, sondern vor allem darum, sich bestmöglich an die sich schnell ändernden Umgebungen anzupassen. Netflix versteht seine Unternehmenskultur deshalb getreu den Dynamic Capabilities in einem dynamischen Zusammenhang, welche „die Fähigkeiten eines Unternehmens sind, Fähigkeiten zu integrieren und aufzubauen, um eine sich schnell ändernde Umwelt zu adressieren."[153] Deshalb ist neben der Effektivität auch die Flexibilität ein wichtiger Faktor für den nachhaltigen Erfolg.

---

[151] Vgl. Hastings, R.: Netflix Culture: Freedom & Responsibility, in: de.slideshare.net, http://de.slideshare.net/reed2001/culture-1798664, (Abrufdatum: 12.05.2016).
[152] Hastings, R.: Netflix Culture: Freedom & Responsibility, in: de.slideshare.net, http://de.slideshare.net/reed2001/culture-1798664, (Abrufdatum: 12.05.2016).
[153] Waas, A.: Dynamic Capabilities, die Ressourcenbasis und die Veränderung in Unternehmen. Auswirkungen der Elektromobilität auf die deutsche Automobilindustrie bis ins Jahr 2020, Berlin 2012, S. 2.

2.1.5 Yahoo! – Oder doch nicht?

Es gab zu Anfang viele sehr interessante und gute Ideen von Unternehmen, die eigentlich allesamt dasselbe oder zumindest etwas Ähnliches entwickelt und angeboten haben. Doch was haben Unternehmen wie Google oder Netflix anders oder besser gemacht, gab es doch Suchmaschinen wie Altavista, Yahoo oder Licos, die das Geschäft mit der Websuche bereits wesentlich früher für sich erkannt haben und Google doch eher ein Spätzünder war? Auch Streaming-Dienste wie Netflix gibt es doch eigentlich zuhauf?

Wenn man das Geschäftsfeld der Suchmaschinen untersucht, dürfte spätestens bei der Analyse der Marktanteile der beiden Suchmaschinenanbieter klar sein, dass Yahoo das Geschäft in diesem Bereich gegen Google kläglich verloren hat. Google besitzt nämlich bereits seit Jahren an die 90 % Marktanteil und ist somit die unangefochtene Nummer eins. Yahoo hingegen schafft es nicht einmal, die aus der Politik bei Wahlen in Deutschland bekannte Fünf-Prozent-Hürde zu knacken. Aufgrund des offensichtlichen Vorteils von Google, müssen sie doch zwangsläufig etwas besser gemacht haben als der Rest, könnte man meinen?

In Bezug auf neuartige Technologien und Produkte und vor allem in der Wahrnehmung in der Außendarstellung ist es für Google von Vorteil, dass sie nach wie vor die Aura und den Mythos eines typischen Start-Ups des Silicon Valley besitzen.[154] Google hat es also geschafft, sich einen Teil ihrer Start-Up Unternehmenskultur, der speziell in einem digitalen Umfeld sowohl für die Kunden als auch für die Mitarbeiter von großer Bedeutung ist, über die Jahre des Wachstums hinweg zu bewahren. Die Konstante, die über die Jahre hinweg geblieben ist, ist das Management um Gründer Larry Page. "Das Management-Modell versucht, den krassen Widerspruch zwischen organisierter Anarchie und einem harten Management nach Zahlen zu verbinden."[155] Denn Page gilt als extrem zahlenversessener Unternehmer. Somit gilt die fast grenzenlose Freiheit des Denkens für die Entwickler und kreativen Abteilungen, nicht aber für Abteilungen wie Verkauf, Marketing, Finanzen oder Rechtsfragen. Dieser Widerspruch zeigt, dass die Freiheit für visionäres und innovatives Denken genau dort vorhanden ist, wo sie es sein soll und am meisten Sinn macht. Somit schafft es Google immer wieder, Produkte und Dienstleistungen zu entwickeln und auf den Markt zu bringen, welche Yahoo eben

[154] Vgl. Kaumanns, R.; Siegenheim, V.: Die Google-Ökonomie. Wie der Gigant das Internet beherrschen will, 3. Ausg, Norderstedt 2009, S. 85.
[155] Ebd.

nicht besitzt. Ein Blick auf Yahoos Startseite zeigt deren Hauptproblem: Der Anwender gelangt auf eine völlig überladene Seite mit sämtlichen Medien. Es ist kein klares Geschäftsmodell erkennbar. Ein bedeutender Unterschied liegt also im Produktspektrum. Yahoo bot seine Produkte und Dienstleistungen wie Google auch größtenteils kostenlos an, jedoch beschränkte sich das Produkt- und Dienstleistungsspektrum von Yahoo nur mehr auf die klassischen Medien wie Mail, Nachrichten, Finanzen, Wetter etc. Für den Kunden ist dies natürlich von Vorteil gewesen, da er alles kostenlos unter einem Dach hatte. Aufgrund dessen war Yahoo auch ein aufstrebendes Unternehmen und sehr erfolgreich mit seinem Geschäftsmodell, doch verpassten sie es schlicht und einfach, sich weiter zu entwickeln.

Entgegen aller klassischen Literatur und Grundsätze über Marketing und Vertrieb, bei denen der Kunde und seine Bedürfnisse im Mittelpunkt stehen, verfolgte Google wohl einen anderen Ansatz. Yahoo bot dem Kunden die oben aufgelisteten Medien an, welche er benötigte bzw. wollte. Und all diese Dinge brauchte und braucht die Vielzahl der Nutzer ohne Frage auch heute noch, doch Googles „Moonshot Thinking“ war für diese Art der Produktentwicklung einfach nicht gemacht. Google denkt aber visionär und entwickelt paradoxerweise Produkte und Dienstleistungen, von denen der Kunde noch gar nicht weiß, dass er sie braucht. Sie denken also in größeren Schritten, als es der Kunde selbst zu tun vermag. Oder denken sich etwa die Bewohner eines abgelegenen afrikanischen Dorfes ohne Internetzugang, dass sie jetzt einen in der Atmosphäre schwebenden Ballon brauchen, der ihnen Internet bringt? Parallelen können hier auch zum vorherigen Beispiel Apple gezogen werden. Hätte doch niemand früher bewusst nach einem Telefon gefragt, mit dem er Kochrezepte auf dem Handy nachschlagen oder Spanisch lernen kann.

Yahoo verpasste es, visionär zu denken und konzentrierte sich stattdessen eher auf die Verbesserung und Weiterentwicklung der bisherigen Produkte, anstatt den großen Wurf zu machen. Ein ausschlaggebender Faktor für diese Entwicklung liegt ohne jeden Zweifel in der Führung durch das Management und die dadurch vorherrschende Unternehmenskultur. Aber hat Yahoo nicht die ehemalige Vize-Präsidentin von Google, Marissa Mayer, 2012 abgeworben und zur Vorstandsvorsitzenden von Yahoo gemacht? Warum hat sie es also nicht geschafft, das Ruder herum zu reißen und Yahoo auf Vordermann zu bringen? Marissa Mayer war zwar eine erfolgreiche Managerin bei Google und hat die Unternehmenskultur dort sicherlich aktiv mitgestaltet, aber hierbei gilt es vor allem zwei Aspekte zu beachten: Erstens kann eine Unternehmenskultur natürlich nicht einfach durch eine Managerin von einem zum anderen Unternehmen transferiert werden und zweitens, was noch viel entscheidender ist, steht hier nicht ein einzelner Manager bzw. eine einzelne Managerin im Fokus, sondern die gesamten Mitarbeiter eines Unternehmens und dies ist der entscheidende Punkt. Eine Unternehmenskultur kann den Mitarbeitern und Angestellten nicht einfach Top-Down über das Management vermittelt und beigebracht werden, sondern muss in den Grundfesten tief verankert sein. Jeder einzelne Mitarbeiter muss die Kultur des Unternehmens leben, sonst ist sie nichts weiter als ein auf ein Blatt Papier gekritzelter Spruch.

Man könnte meinen, Yahoo will gar keine Vision entwickeln und vorantreiben, sind sie doch ein einziger Flickenteppich, der x verschiedene Dienste ohne klare Ausrichtung unter sich begräbt. Diese Fresssucht, nämlich das Aufkaufen von vielen anderen Unternehmen des Tech- und Medienkonzerns, untergräbt die Mitarbeiter im Gegensatz zu Google oder Netflix auch in deren so wichtiger kreativen Auslebung in Bezug auf neue Produkte oder Dienstleistungen. Wenn Yahoo es also nicht verpasst hätte, weitere Entwicklungen voranzutreiben und vielleicht etwas mehr unternehmerisches Risiko im Hinblick auf Visionen eingegangen wäre, würde man heute vielleicht nicht „googeln“, sondern „yahooen“.

2.1.6 Visionär denken oder doch lieber zum Arzt gehen?

Quo vadis, Vision? Ginge es nach Altkanzler Schmidt soll man bekanntlich zum Arzt gehen, wenn man eine Vision hat. Aber braucht ein Unternehmen nun eine Vision oder nicht? Analysiert man dieses Zitat genauer, gilt es zu beachten, dass Helmut Schmidt natürlich kein Unternehmer, sondern Politiker war. Außerdem muss man auf den Zusammenhang achten, in dem er es gesagt hat. Laut eines Interviews war diese Aussage lediglich einmal eine pampige Antwort auf eine dusselige Frage.

Generell muss man diese Frage aus Sicht eines Unternehmers oder Managers daher wohl bejahen, sieht man sich die beschriebenen Beispiele wie Google, Netflix und Co. an. Aber nicht jede Firma heißt Google und ist ähnlich erfolgreich. Aber mit einer guten Unternehmensvision können ungeahnte Kräfte freigesetzt werden und eine richtige Vision begeistert Menschen und kann ein gemeinsames Verständnis der Sache herstellen. Doch auch wenn Unternehmen wie Google so erfolgreich sind, kann man erfolgreiche Visionen und damit nachhaltigen wirtschaftlichen Erfolg nicht einfach herstellen wie ein Produkt. Vielmehr basiert er auf mehreren Faktoren und dem ein oder anderen Quäntchen Glück. In einer digitalisierten Welt steigt aber mehr und mehr die Bedeutung von Start-Ups mit immer wieder neuen Visionen, weshalb man denken könnte, die Zeit von großen und unflexiblen Großkonzernen geht einem Ende zu. Etablierte Unternehmen könnten also, nach und nach, von kleinen, höchst spezialisierten Start-Ups abgelöst werden. Aber ist Google etwa kein etabliertes Unternehmen? Das ist es, aber Google hat es geschafft, den Mythos und die Strukturen eines Start-Ups aufrecht zu erhalten und somit die Grundlage für Visionen zu schaffen.

Die Digitalisierung und das Internet der Dinge bietet vielen Firmen und Start-Ups die Möglichkeit, quasi von heute auf morgen, in einen Markt einzutreten, da die Markteintrittsbarrieren durch diese Entwicklung stetig abnehmen. Kunden besitzen somit viel größeren Einfluss und haben viel mehr Macht, als noch vor einigen Jahren oder Jahrzehnten, sind sie doch beispielsweise durch Vergleichsportale nur einen einzigen Klick vom Wechsel ihres Anbieters entfernt. Diese Entwicklung gilt es für etablierte Unternehmen nicht zu verschlafen, denn die Kunden entscheiden mehr und mehr über Verbleib oder Untergang des Unternehmens. Es reicht also nicht mehr aus, dem Kunden nur einen guten Service und eine inkrementelle Weiterentwicklung der Produkte zu versprechen und dann auch zu bieten. Die Unternehmen müssen weiter und größer denken, als der Kunde es selbst tut. Nur eine visionäre Denkweise, geleitet und gefördert durch den vom Management gesetzten Rahmen und Kontext, erlaubt es den Unternehmen, langfristig erfolgreich zu bleiben und sich von seinen Wettbewerbern nachhaltig zu differenzieren.

Wie genau sich die Wirtschaft, die Märkte und infolgedessen das zukünftige Management und Leadership in Unternehmen entwickeln wird, ist nur schwer abzusehen. Jedoch sind im Zuge der Digitalisierung klare Trends zu erkennen, welche das gesamte Umfeld für Unternehmen immer schwerer berechenbar machen und somit Änderungen und neue Ausrichtungen verlangen.

Visionen waren bisher in jeder industriellen Revolution und zu jedem Zeitpunkt in der Geschichte von enormer Bedeutung und werden es auch in Zukunft sein, denn ohne Visionen würde der Mensch nicht dort stehen, wo er heute steht. Schon immer waren es Innovationen und Visionen, die die Menschheit von einer Revolution in die nächste bzw. von einem Zeitalter in das nächste geworfen haben. Doch auch die Digitalisierung ist nur eine neue Revolution im Laufe der Geschichte und irgendwann wird etwas Neues kommen. Und ohne neue Visionen könnten auch beinahe unantastbare Unternehmen wie Google so schnell verschwinden, wie sie aufgestiegen sind und wieder von der Bildfläche verschwinden. Die Zukunft lässt sich nur schwer vorhersagen und speziell in einem digitalisierten Umfeld und vor dem Beginn dieser digitalen Revolution ist es umso schwieriger für Unternehmen, den komplexen Anforderungen und Erwartungshaltungen gerecht zu werden. Aber man kann die Zukunft durch geeignete und neuartige Visionen kreieren. Und um es mit den Worten von Steve Jobs zu beschreiben, gilt prinzipiell für jedes Unternehmen: „Stay hungry, stay foolish.“

“Organizations, like people, have values. To be effective in an organization, a person’s values must be compatible with the organization’s values.”

Peter F. Drucker

2.2 Unternehmensstrategie auf Digital

Tjark Haase

Zusammenfassung

Mehr als die Hälfte aller deutschen Unternehmen sieht sich als Mitläufer der Digitalisierung! Der digitale Unternehmenswandel geht schleppend und in Abhängigkeit von den großen Playern voran. Wer in Zukunft weiterhin seine Kunden zufriedenstellen will, muss seine Strategie umkrempeln, anpassen und Innovation im IT Sektor anstreben! Dennoch bleibt die Frage: Ist eine Strategie im traditionellen Sinne überhaupt noch möglich? Haben die Regeln sich zu sehr verändert? Was sollte das Management tun, um das Unternehmen langfristig digital zu rüsten? Was sind die strategischen Schlüssel zum digitalen Erfolg?

Schlüsselbegriffe

Strategie - Digital - Traditionell - Wandel - Zukunft - Adaption - disruptiv – Geschäftsmodell

„Das Internet ist für uns Neuland“

Angela Merkel, 2013

2.2.1 Strategie im Wandel

Diese Aussage unserer Bundeskanzlerin hat gerade bei der jungen Generation, den „digital natives“, eine eher erheiternde Wirkung gehabt. Nicht lange hat es gedauert und das „Neuland“ war gefüllt mit belustigenden Beiträgen zu ihrer Aussage.

Aber wer sich näher mit dem Thema „Digitalisierung“ beschäftigt und konkret die Lage der hiesigen Wirtschaft und Gesellschaft betrachtet, dem wird schnell klar: *Sie hat recht, wurde aber nicht richtig verstanden*! Über die Hälfte aller deutschen Unternehmen, insbesondere mittelständische Unternehmen, haben keine erfolgreiche Digitalisierungsstrategie[156]. Laut einer Studie liegt Deutschland auf dem 10. Platz der EU Staaten beim Thema Digitalisierung, für die stärkste Volkswirtschaft in der EU ein eher unterdurchschnittliches Ergebnis[157]. Die Unternehmensstrategie bzw. die Geschäftsmodelle sind dafür ein ausschlaggebender Faktor, ihre Qualität und Anpassbarkeit wird über die Zukunft des High-Tech-Standortes Deutschland entscheiden. Besonders die Top-Führungskräfte müssen den digitalen Wandel nicht nur verstehen oder sich irgendwie durchwuseln, sondern aktiv vorantreiben.

2.2.1.1 Der digitale Kunde

Der Geist „Digitalisierung“, der durch die Unternehmen und besonders in den Köpfen der deutschen Unternehmen spukt, wurde von niemand anderem als dem Kunden selbst aus der Flasche gelassen. Der enorme technologische Fortschritt, den es seit Mitte des 20. Jahrhunderts gibt, allen voran das Internet als beinah in Echtzeit agierendes Kommunikations- und Datentransfermittel, sowie immer leistungsfähigere und günstigere Rechner (Tablets, Smartphones inklusive), haben einen fundamentalen Einfluss auf das Kundenverhalten und seine Ansprüche. Dieser Einfluss übt nun, wenig überraschend, Druck auf die Weltwirtschaft als auch auf die

[156] Vgl. Studie: Jedem zweiten Unternehmen fehlt effektive Digitalstrategie. In: http://www.absatzwirtschaft.de/scheitern-deutsche-unternehmen-an-der-digitalen-transformation-45265/ (Abrufdatum: 14.06.2016).
[157] Vgl. Becker, T.; et al.: Digitales Neuland, Wiesbaden, 2015, S. 111.

deutsche Wirtschaft aus. Es bedarf neuer Geschäftsmodelle und Unternehmensstrategien — und folglich der „schöpferischen Zerstörung" des Alten und Gewohnten.

Doch wer ist nun dieser „digitale Kunde"? Aktuell sind es zwei verschieden Parteien! Der erste Kunde ist der eigentliche (End-)Konsument, nicht nur privater Endkunde, sondern auch Unternehmen. Ein zunehmend ungeduldiger, besser informierter und nicht gerade gütiger Kunde. Der amerikanische Handels-Gigant Amazon kann symbolisch als Lösung für die Bedürfnisse der frühen digitalen Kunden herangezogen werden. Lieferungen noch am gleichen Tag, Bewertung der Produkte durch andere Käufer als (umfangreiche) Produktbeschreibung, Algorithmen, die andere interessante Produkte heraussuchen, seit neustem auch noch eine Videostreaming-Plattform und Musikanbieter[158]. Wer hat da noch Lust, in die Stadt zu fahren, einen Parkplatz zu suchen und sich am Ende noch über das zu teure, mangelhafte und vielleicht falsche Produkt zu ärgern?!

Der zweite Kunde ist Deutschland selbst. Natürlich gibt es auch hier Ausnahmen, die deutsche Automobilindustrie beherrscht die Losgröße 1 und damit die notwendige Logistik und Informationssteuerung wie kein anderer! Aber die meisten digitalen Innovationen kommen aus den USA: Kommunikation, Datenverarbeitung, E-Shopping, mobile Endgeräte, Social Media, und ein entsprechend stetig voranschreitender Innovationsprozess. Deutschland ist (noch) Kunde dieses Innovationsprozesses, hierzulande springt man nur auf den Zug auf, das Geld für das Ticket bekommt jemand anderes.

Wer immer noch skeptisch ist, dem sollte ein Blick auf sein Smartphone, das kommt übrigens ursprünglich auch aus den USA, und die darauf vertretenen Apps sowie die Sitze ihrer Entwicklungsunternehmen reichen. Das betrifft auch Unternehmen; viele private Haushalte sind wohl besser mit ihrer Umwelt vernetzt und auf dem neusten Stand der Technik (oder des „Patches") als so manches Unternehmen. Technologische Ausrüstung, flexible Arbeitszeitmodelle (z.B. Home-Office) und Vernetzung (die Verortung des Arbeitsplatzes lässt sich flexibel gestalten), werden als Faktoren für die Wahl des Arbeitgebers wohl immer interessanter[159].

---

[158] Vgl. amazon.de (Abrufdatum: 18.06.2016).
[159] Vgl. Cole, T.: Digitale Transformation, München, 2015, S. 177.

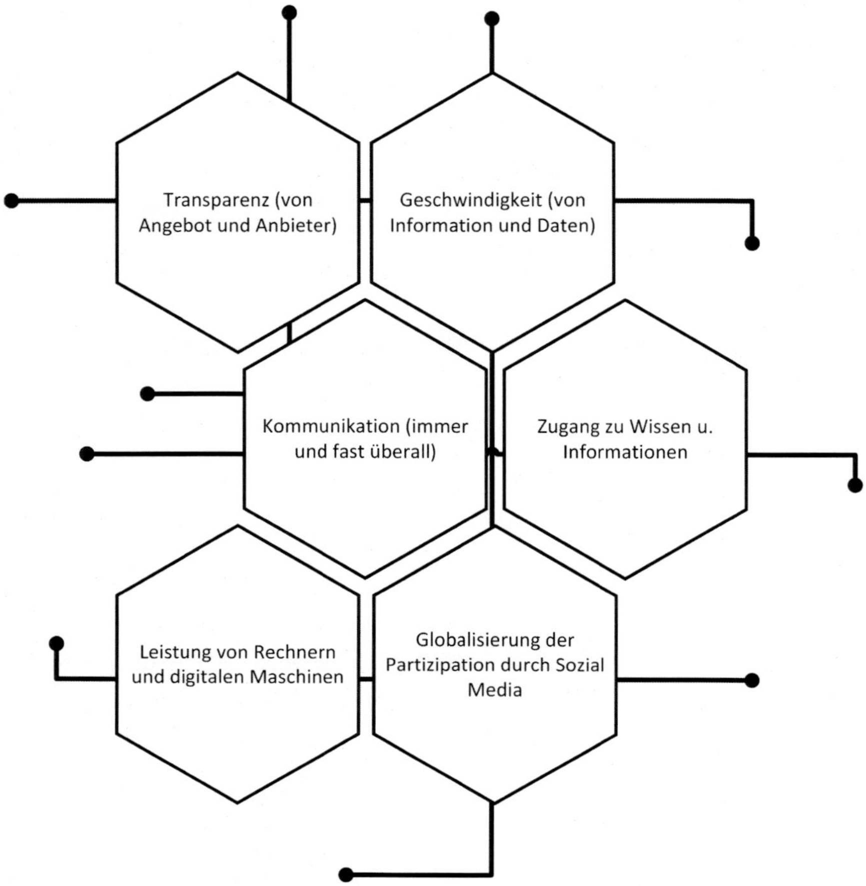

Abbildung 21: Auswirkung der Digitalisierung im Überblick

2.2.1.2 Unternehmensstrategie du Jour

Allgemeine Unternehmensstrategie kann als langfristige Ausrichtung eines Unternehmens verstanden werden[160]. Z. B. BMW baut Premium-Automobile wäre eine (stark vereinfachte) Unternehmensstrategie. Die Unternehmensstrategie kann auf verschiedenen Levels in separate Strategien unterteilt werden, zum Beispiel abteilungsspezifische Strategien, Produktstrategien oder Marktstrategien. Dabei ist zwischen interner und externer Strategie zu unterscheiden. Welche Rolle soll bspw. unsere IT-Abteilung auf dem Weg der Digitalisierung spielen oder wie soll sich unser Unternehmen in sozialen Medien präsentieren? Wie schauen unsere neuen

[160] Vgl. Strategie. In: http://wirtschaftslexikon.gabler.de/Definition/strategie.html#definition (Abrufdatum: 14.06.2016).

digitalisierten Produkte aus? Welche Möglichkeiten bieten sich unserer Supply Chain durch z.B. 3D-Drucker? Was erwartet der Kunde und wofür ist er bereit zu zahlen?

Strategien werden in der Regel für Jahre, wenn nicht sogar Jahrzehnte, definiert. Dass solch eine Praktik im heutigen Umfeld nicht mehr oder nur noch bedingt tragfähig ist, sollte nicht überraschen.

Henry Mintzberg von der McGill University in Kanada definiert Strategie als ein „Muster im Strom von Entscheidungen“[161]. Alfred Chandler von der Harvard Business School geht noch etwas tiefer mit seiner Definition von Strategie. Für ihn ist Strategie die Bestimmung von langfristigen Zielen eines Unternehmens und die Adaption von Handlungen und Allokation von Ressourcen, die notwendig sind, um diese Ziele zu verwirklichen[162].

Die Strategie wird vom Top Management bestimmt und formuliert. Daraus werden Ziele für die jeweiligen Geschäftsbereiche bestimmt und Top-Down über das mittlere Management bis zum Mitarbeiter abgeleitet.

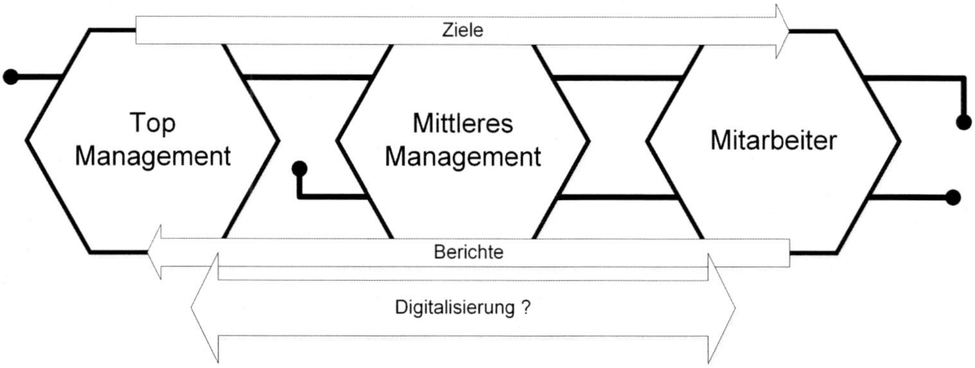

Abbildung 22: Top-Down Distribution[163]

Weiter soll die Strategie sowohl in Form von Analyse und Beratung (etwa in Industrie/Produktion oder Kultur) Optionen generieren bzw. aufdecken und dabei die Performance der Optionen aufzeigen, als auch Prozesse formatieren und implementieren[164].

---

[161] Vgl. Johnson, G.; et al.: Exploring Strategy, 9th edition, 2011, S. 3.
[162] Vgl. ebd., S. 3.
[163] Eigene Darstellung.
[164] Vgl. Johnson, G.; et al.: Exploring Strategy, 9th edition, 2011, S. 10.

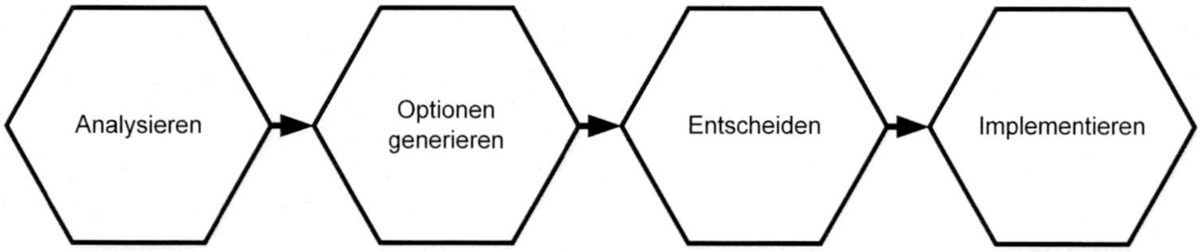

Abbildung 23: Vereinfachter Implementierungsprozess[165]

Schnell ist zu erkennen, dass Strategie sich aus vielen Perspektiven, Ansätzen und akademischen Disziplinen zusammensetzt. Diese Disziplinen, besonders Informationstechnologie, Betriebswirtschaft, Soziologie und auch, müssen berücksichtigt werden[166], soll eine sinnvolle (Digitalisierungs-) Strategie formuliert werden.

Strategie lässt sich genauer in drei Horizonten beschreiben[167].

1. Horizont: Verteidigung und Erweiterung des Kerngeschäftes.

Bei Amazon wäre es der Verkauf und Versand von Waren, mit der Möglichkeit zur Bewertung durch den Kunden.

2. Horizont: Aufbau neuer Geschäftsfelder.

Apple hat dies mit der Schaffung des Smartphones realisiert: vom Computer zum Infotainmentsystem in der Hosentasche.

3. Horizont: Erschaffen neuer Möglichkeiten (siehe 2.1).

Neue Möglichkeiten gehen oft von der Unternehmensvision aus. Sei es Tesla mit Elektroautos für den Massenmarkt oder Google mit Zugang zu weltweitem Wissen. Ergebnisse sind bei Erfolg: leistbare Elektroautos bzw. Zugang zu weltweiten Informationen.

---

[165] In Anlehnung an: Johnson, G.; et al.: Exploring Strategy, 9th edition, 2011, S. 10.
[166] Vgl. Johnson, G.; et al.: Exploring Strategy, 9th edition, 2011, S. 11.
[167] Vgl. ebd., S. 6.

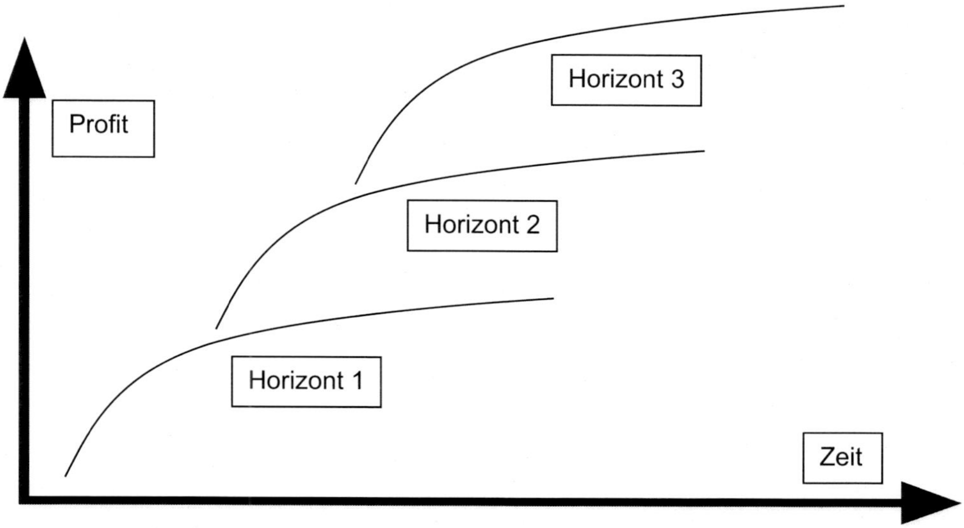

Abbildung 24: Strategische Horizonte[168]

In der Vergangenheit gab es stabile Märkte, lange Produktlebenszyklen, klare Trennung von Management und Mitarbeitern und berechenbare Kunden. Alles in allem sorgte das für einen gut analysierbaren und vorhersehbaren Markt. Die Digitalisierung hat diese Sicherheiten jedoch völlig untergraben und verlangt deutlich schnellere und plastischere Strategien und Taktiken von den Unternehmen und ihrer Führung. Dies bringt uns zu den Herausforderungen, die die Wirtschaft aktuell bestehen muss!

2.2.1.3 Herausforderung: Digitalisierung

Die veränderten Kundenanforderungen eines an Digitalisierung gewöhnten Kunden sowie die Unzulänglichkeiten von traditionellen strategischen Ansätzen stellen eine Herausforderung und ein Risiko für die hiesigen Unternehmen dar. Ein Risiko insofern, als jene, die die Digitalisierung verschlafen, unter Umständen auf der Strecke bleiben. Kodak ist hier ein Beispiel, wie es nicht gemacht werden sollte:

Als Erfinder der Digitalkamera hatte der größte Hersteller für Filmrollen, Kodak, seine Chance der „schöpferischen Zerstörung“ seines eigenen Kerngeschäftes nicht erkannt, verschlief die Eroberung des Marktes durch die Digitalkamera und musste 2012 letztendlich Insolvenz anmelden[169]. Deutlich wird ein gewisses „Strategierisiko“: Die sich schnell ändernden Anforderungen der Kunden stehen im Gegensatz zu

---

[168] In Anlehnung an: Johnson, G.; et al.: Exploring Strategy, 9th edition, 2011, S. 6.
[169] Vgl. Cole, T.: Digitale Transformation, München, 2015, S. 37.

langfristigen Planungszyklen und Zielen. Wer sich also in der trügerischen Sicherheit langfristiger Planung und „schon immer dagewesener“ Produktportfolios und nicht hinterfragter Führungsroutinen einbettet, läuft Gefahr, plötzlich in ernsthafte Existenznöte zu geraten, und das wohl auch noch ohne die notwendigen Ressourcen, Kompetenzen und Strategien, um das Unternehmen zu retten.

37 % aller deutschen Unternehmen haben keine Digitalisierungsstrategie[170], d.h., Horizont 2 und 3, wie zuvor beschrieben, bleiben damit in puncto Digitalisierung eher unbeantwortet. Oder um es in den Worten von Tim Cole zu formulieren:

„Der Startschuss ist längst gefallen, aber einige stehen immer noch an der Startlinie und wissen nicht, in welche Richtung sie loslaufen sollen.“[171]

Eine weitere Herausforderung wird das Umlernen der Manager sein. Ein wohl großer Teil der heutigen Manager ist noch zu Zeiten ohne digitale Medien und Arbeitsmittel aufgewachsen, sie sind also „digital immigrants“. Für viele von ihnen sind das enorme Tempo und der Umfang der Digitalisierung also schwer nachzuvollziehen, und sie unterschätzen das Potenzial des Wandels. Daher bräuchten wir teilweise ein radikal neues Erdenken von Unternehmensprozessen! IT-Expertise ist für die CEOs der Zukunft eine Grundvoraussetzung. [172]

Die Ursache für diese Probleme liegt im menschlichen Wesen. Menschen sind ist gut darin, lineare Veränderungen vorherzusagen. Diese Voraussagen münden dann gerne in betriebswirtschaftlichen Planungsexzessen. Aber wenn es zu exponentiellen Veränderungen kommt, bekommen Menschen Schwierigkeiten, und bei der Digitalisierung handelt es sich um solch einen exponentiellen Wandel, wie das Moore’sche Gesetz zeigt[173]. Danach verdoppelt sich alle zwei Jahre die Anzahl der Transistoren in gleichbleibend großen Schaltungen[174]. Oder anders gesagt: die Rechenkapazität wird immer höher bzw. billiger und damit für immer mehr Menschen überall auf der Welt zugänglich.

---

[170] Vgl. Cole. T.: Digitale Transformation, München, 2015, S. 26.
[171] Zitiert nach: ebd., S. 29.
[172] Vgl. Sprenger B.; Novotny, T.: Der Weg aus dem Leadership Dilemma, Berlin, 2016, S. 8.
[173] Vgl. ebd., S. 8.
[174] Vgl. mooresches Gesetz. In: https://de.wikipedia.org/wiki/Mooresches_Gesetz (Abrufdatum 17.05.2016).

Die folgende Grafik zeigt vereinfacht die Schleife des Fortschrittes, die zwar auch schon vor den Zeiten der Digitalisierung durchlaufen wurde, aber noch nie in der Geschwindigkeit wie in der Jetztzeit. Das Tempo ist heute eine nicht zu unterschätzende Variable!

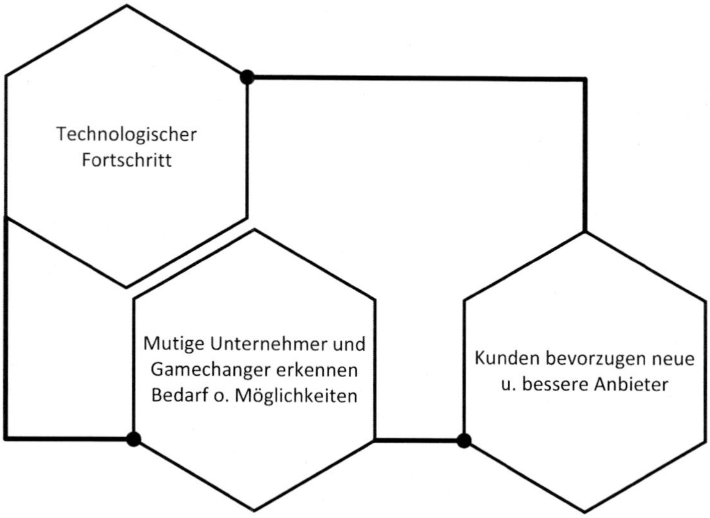

Abbildung 25: Schleife des Fortschrittes

2.2.2 Das digitale Unternehmen

2.2.2.1 Transformationen

Konkret geht es hier um eine Transformation, eine Transformation der traditionellen strategischen Ansätze zu einer digitalisierten Strategie. Ziehen wir die sich schnell ändernden Spielregeln mit in Betracht, wird klar, dass eine Strategie notwendig ist, die auf solche Änderungen adäquat reagieren, ja sogar aktiv führen kann. Also eine Art permanente Anpassungs- und Überwachungsstrategie in Bezug auf den durch die Digitalisierung bedingten Wandel, kombiniert mit Weitsicht und Mut, eigene Unternehmungen/Initiativen im Rahmen der Möglichkeiten der Digitalisierung voranzutreiben. Strategischer Wandel ist nicht zuletzt auch Kulturwandel. Doch was beinhaltet der Wandel denn nun genau für ein Unternehmen? Was muss passieren, um ein Vorbild für die Digitalisierung zu werden? Oder um zumindest nicht hinter die Konkurrenz zurückzufallen? Neue Vertriebswege/-ideen utilisieren; Social Media, um dem Kunden zuzuhören und seine Bedürfnisse zu identifizieren; interne Daten und

Informationsstruktur utilisieren, Big Data; auf das „Next-Gen"-Niveau der Hard- und Software steigen; Arbeitskulturen verändern und anpassen; Attraktivität des Unternehmens als Arbeitgeber für junge Mitarbeiter sicherstellen — und das Vorantreiben von Innovationen in den aufgezählten Feldern.

2.2.2.2 Digitalisierungsstrategie

Ressource Daten

In einer Digitalstrategie wird vor allem eines wichtig: Daten! In jedem Unternehmen liegen Unmengen an Informationen herum, die nicht verwendet werden. Allen voran Informationen über die Kunden: entweder in den Köpfen der Mitarbeiter oder als Datei irgendwo verstreut im Rechnersystem. Zudem könnten Ideen für bessere (oder radikal neue) Prozesse, Vorschläge für die Nutzung digitaler Medien oder sogar neue Geschäftsfelder bei den Mitarbeitern gefunden werden.

Die Ressource Daten/Informationen sind vom Management, insofern noch nicht geschehen, zugänglich zu machen.

Daten werden fraglos bereits umfangreich genutzt. Amazon ist ein Paradebeispiel für das Aufbereiten massiver Datensätze. Das zeigt sich in der hohen Individualisierung des Angebotes für den Kunden. Das Schlagwort Big Data ist eine Kern-Vertriebsstrategie des Konzerns. Von individuellen Newslettern für den Kunden, Empfehlungen aufgrund des Kauf- und Suchverhaltens bis hin zu Sonderangeboten entsprechend dem Kundengeschmack.

Datengenerierung kann auch im Produkt selbst enthalten sein, das Internet der Dinge: der Kühlschrank, der seine Vorräte rechtzeitig selbst bestellt. Oder in der Steuerung von Produktionsanlagen: Simulationen des Wertstromes zeigen schnell Fehlerquellen und Optimierungspotenziale.[175]

Die neue IT Abteilung

Lange Zeit sollte die IT Abteilung dafür sorgen, dass die Rechner bzw. Server funktionierten, die Software up to date ist und der Einkauf von IT Produkten gemanagt wird.

[175] Vgl. Cole. T.: Digitale Transformation, München, 2015, S. 34.

Im Zuge der Digitalisierung gewinnen die Experten der IT Abteilung immer mehr an Bedeutung, nicht nur, dass die interne Infrastruktur des Unternehmens immer umfangreicher wird, auch nach außen könnten hier noch viele Potenziale versteckt sein (siehe Ressource Daten). Daher ist es nicht verwunderlich, dass ihre Rolle als Ideengeber und ihre strategische Bedeutung weiter zunehmen. Etwa 40 Prozent der IT- Verantwortlichen fordern mehr finanzielle Mittel, um der Digitalisierung Herr zu werden und mit Hilfe dieser Mittel die „Next- Gen"-IT-Systeme den Unternehmen zur Verfügung zu stellen[176].

Social Media als Quelle der Kundenmeinungen

Der enorme Einfluss von Social Media ist wohl für niemanden mehr eine Überraschung. Doch welches Potenzial steckt eigentlich darin? Ist es lediglich eine *Selbstpräsentationsplattform*? Mitnichten! Gerade Videospiel-Vertreiber/ -Entwickler zeigen, wie es gemacht werden kann. Sie nutzen Social Media zum Zuhören! Gerade bei sehr subjektiven Produkten ist es wichtig, auf die Meinungen der Kunden zu hören und auf ihre Vorschläge einzugehen (sie bezahlen ja letztendlich dafür). Der aufdringliche Verkäufer wird hingegen schnell ignoriert. Es gibt bereits Angebote für Softwarelösungen, die Unternehmen dabei unterstützen können, dem Kunden ein gutes Ohr zu sein.

Was das Unternehmen so bieten kann: Reklamationshilfe (Was gefällt dem Kunden nicht?), Beratung (Braucht er/sie bei einem Produkt Hilfe?), Informationen (z.B. über eine neue Produktreihe), Tipps (Zubereitung von speziellen Nahrungsmitteln). Und was das Unternehmen im Gegenzug erhält, ist ein Kunde, dessen Bedürfnisse klar sind. Vermutlich so klar, dass dieser Teil des Entwicklungsprozesses werden kann. Stellen Sie sich vor, Sie entwickeln ein Videospiel, bieten den Kunden das (kostenlose) Testen an und erhalten im Gegenzug einen riesigen Pool an Feedback, der helfen wird, ihr Produkt optimal an die Wünsche der Kunden anzupassen. Marketing im Web wird also viel mehr ein Dialog als ein bloßes Posten von *Clickads*[177].

---

[176] Vgl. Studie: Jedem zweiten Unternehmen fehlt effektive Digitalstrategie. In: http://www.absatzwirtschaft.de/scheitern-deutsche-unternehmen-an-der-digitalen-transformation-45265/ (Abrufdatum 17.05.2016).
[177] Vgl. Cole, T.: Digitale Transformation, München, 2015, S. 47.

Die neue Wertschöpfungskette, allein war gestern

Die neue Wertschöpfungskette ist nicht wirklich neu, nur anders. Konkret geht es darum, dass Unternehmen zunehmend, besonders unter dem Begriff Industrie 4.0, gemeinsam arbeiten und Standards nicht nur im Unternehmen, sondern entlang der Wertschöpfungskette bestimmen. Insulares Handeln ist inzwischen durch eine Lieferkette abgelöst: Diese reicht vom Rohstoff bis zum Kunden.

Warenverfolgung in Echtzeit, automatische Nachbestellung durch die Anlagen und Maschinen in den Werkshallen, die digitale Brille als Hilfe für den Lageristen zur Kommissionierung, RFID Chips, die stets über das zu fertigende Produkt und seinen aktuellen Stand aufklären. Und zwar nicht nur den Menschen, sondern auch die Fertigungsanlage, die entsprechend nun den Einkauf tätigt, oder auch 3D-Druck in den Hallen des Kunden, um sofort ein Ersatzteil zu liefern. Dort wird dann nicht einmal mehr eine Spedition benötigt. Das sind nur einige der Beispiele, wie die „neue" Wertschöpfungskette aussieht, das Meiste existiert bereits, Kunden und Lieferanten haben sich wenig geändert, nur durch immer bessere und komplexere digitale Hilfsmittel verändert sich der Fluss. Unternehmen müssen daher mit ihren Partnern enger zusammenarbeiten, gemeinsam die optimale Kette bis zum Kunden entwerfen. In schnellster Zeit, bester Qualität und höchster Flexibilität![178]

Der digitale Arbeitsplatz für den Mitarbeiter der Zukunft

Nicht nur Produkte, Produktion und IT haben sich geändert und werden sich noch signifikant ändern Dies gilt auch für den einzelnen Arbeitsplatz selbst. Die Top Führungskräfte stehen mehr und mehr in der Verantwortung, ihr Unternehmen als attraktiven Arbeitgeber darzustellen. Strategisch wichtige Positionen werden zunehmend schwerer zu besetzten sein, daher muss zuvor schon eine Strategie her, um Nachwuchs heranzuziehen. Traditionelles 9 to 5 wird überholt, der statische Arbeitsplatz abgeschafft. In Unternehmen wie YouTube und Google kommt man und setzt sich dorthin, wo Platz ist[179], alle Daten sind eh in der Hosentasche oder auf dem Server. Bei Netflix wird rein zielorientiert gearbeitet; wenn die Aufgabe erledigt ist, hat man frei, bis die nächste kommt. Das macht Arbeitgeber attraktiv und effizient. Hierzulande ist man so etwas gegenüber jedoch noch kritisch eingestellt: Home-

---

[178] Vgl. Industrie 4.0: Digitalisierung der Wirtschaft. In: https://www.bmwi.de/DE/Themen/Industrie/industrie-4-0.html (Abrufdatum: 15.06.2016).
[179] Vgl. Bunter, flexibler = kreativer?. In: http://www.handelsblatt.com/unternehmen/beruf-und-buero/buero-special/arbeitsplatz-der-zukunft-bunter-flexibler-kreativer/4343138.html (Abrufdatum: 15.06.2016).

Office?[180] Da könnte der Mitarbeiter ja faul werden. Als ob nicht schnell die „ebay"-Seite im Büro geschlossen wird, wenn der Chef reinkommt. Home-Office wird in Amerika zunehmend sogar zur Pflicht. Damit es hier funktionieren kann, wird ein Vertrauenswechsel der Führung zu den Geführten notwendig. Heute wählen schon Angestellte ihren Arbeitgeber aufgrund seines technischen Standes aus und wohl auch bald aufgrund der Flexibilität des Arbeitsplatzes. Wer auf die Idee kommt, die Stempeluhr auf jede Etage des Büros zu verteilen, da ja Treppensteigen „Weg zur Arbeit ist" und daher nicht bezahlt gehört, gehört nicht mehr in diese Zeit.

Das digitale Produkt(portfolio)

Eine weitere, durchaus essentielle Frage eines Unternehmens ist, wie sich das Produktportfolio und der dahinterstehende Innovationsprozess verändern wird. Möglichkeiten durch die Digitalisierung gibt es hier zahlreiche, sei es eine Smartwatch oder ein Kühlschrank, der automatisch aufgebrauchte Lebensmittel nachbestellt. Es kann bereits damit beginnen, dass bestehende Produkte um Apps als (Informations-) Unterstützung erweitert werden, oder dass neue Produktinnovationen digitale Schnittstellen vorweisen. Selbstverständlich ist nicht jedes Produkt digitalisierbar, ein Weinhändler mag zwar einen guten Internetauftritt hinlegen, aber Wein bleibt Wein, oder? Wie wäre es denn mit einer App, die mittels QR-Code den Genießer über das Weinprodukt aufklärt: Entstehungsort und -prozess inklusive Genießer-Tipps?!

Die Kernfrage muss demnach lauten: Welcher Mehrwert kann dem Kunden geboten werden, spezifisch mit den Chancen, welche die Digitalisierung bietet, und für was würde er dann auch bereit sein zu zahlen?

Hier kann die digitale Produktinnovation auf drei Aspekte verteilt werden. Der erste Aspekt betrifft „das Internet der Dinge", also sich selbst managende Produkte, wie z.B. den bereits erwähnten Kühlschrank, der als sogenanntes „smartes" Produkt dem Kunden einiges an Arbeit abnehmen kann. Der zweite Aspekt berührt die digitale Plattform. Speziell für Dienstleister und Händler bietet sie dem Kunden optimale Unterstützung in genau ihrem Schwerpunkt, bspw. BlaBlaCar als Reiseorganisator. Der dritte Aspekt bezieht sich auf die digitale Serviceanreicherung, das ist quasi eine Ergänzung oder Erweiterung des bereits vorhandenen Mehrwerts, wie es das bereits unterbreitete Beispiel des Weinhändlers mit seiner Genießer-App darstellt.

---

[180] Vgl. Cole. T.: Digitale Transformation, München, 2015, S. 180.

All dies benötigt einen starken und optimierten Innovationsprozess, den Blick für die jeweiligen Kundenbedürfnisse, aber auch den Mut, das eigene Produktportfolio zu hinterfragen und evtl. „schöpferisch zu zerstören"![181]

2.2.3 Wege zur digitalen Strategie

Mit Reflexion auf die vorangegangenen Herausforderungen und Ideen (und diese sind sicherlich nur die Spitze des Eisberges) wird klar, dass der Weg zu einer digitalen Strategie und zu einer Strategieänderung eine wahre Sisyphusarbeit ohne vorhersagbares Ende sein wird. Dieser gewaltige Prozess wird bereits von Heerscharen an Mitarbeitern, Managern und Beratern durchlaufen, Change Management in all seinen Formen wird praktiziert, um digital zu werden. Daher werden hier nur einige Impulse für mögliche Pfade beschrieben, die beschritten werden können, um das Ziel zu erreichen.

2.2.3.1 Vier Ansätze zum Transformieren

Um die Unternehmensstrategie zu ändern, können vier Ansätze genutzt werden. Dabei ist wichtig zu beachten, dass jeder Ansatz für sich Vor- und Nachteile hat. Weiter berücksichtigen diese Ansätze keine Herausforderungen der Digitalisierung[182].

Design: Der Design-Ansatz ist der analytische und konzeptionelle Ansatz, kann jedoch zu theoretisch sein und könnte sich daher in der Praxis als nicht geeignet herausstellen.

Erfahrung: Ein Unternehmen hat jede Menge Erfahrungsschätze zu bieten, auch in Bezug auf die Strategie: Was hat sich bereits bewährt, was nicht? Vorteil ist, dass das, was bereits getestet wurde, utilisiert werden kann. Erfolglose Produkte und kostspielige Fehler lassen sich so ggf. vermeiden. Grundlage sind immer auch die zurückliegenden Erfahrungen! Diese sind u. U. zukunftsträchtigen Ideen nicht förderlich, wobei ein anderer (digitaler) Kontext zu anderen Ergebnissen führen kann und risikoreiche Entscheidungen aus dem falschen heraus verhindert werden (siehe Kodak).

---

[181] Vgl. Digitale Produktinnovation. In: http://www.mittelstand-bonn-rhein-sieg.de/digital/detail/artikel/digitale-produktinnovationen/ (Abrufdatum: 17.06.2016).

[182] Vgl. Johnson, G.; et al.: Exploring Strategy, 9th edition, 2011, S. 21.

Vielfalt: Die beiden oben genannten Ansätze mögen gerade im Rahmen der Digitalisierung nicht ausreichend sein. Vielfalt soll nicht von oben kommen, vielmehr sollen Initiativen aus allen Ebenen von innen oder sogar außen kommen, um so neue Ideen in einem sich schnell verändernden Umfeld zu ermöglichen. Die Strategiefindung wird quasi demokratisiert.

Diskurs: Hier wird die Sprache, mit der Strategie formuliert wird, genauer (und auch skeptisch) betrachtet. Die Aufmerksamkeit fokussiert sich dabei, wie strategische Probleme, strategische Vorschläge, diskutierte Probleme und Entscheidungen kommuniziert werden. Dies sollen besonders die politisierenden Intentionen aufzeigen, die von jeder Persönlichkeit ausgehen. Die Art und Weise wie etwas formuliert wird, hat also schon konkrete Auswirkung auf die Interpretation und schließlich die Umsetzung und Implementierung der strategischen Intentionen.

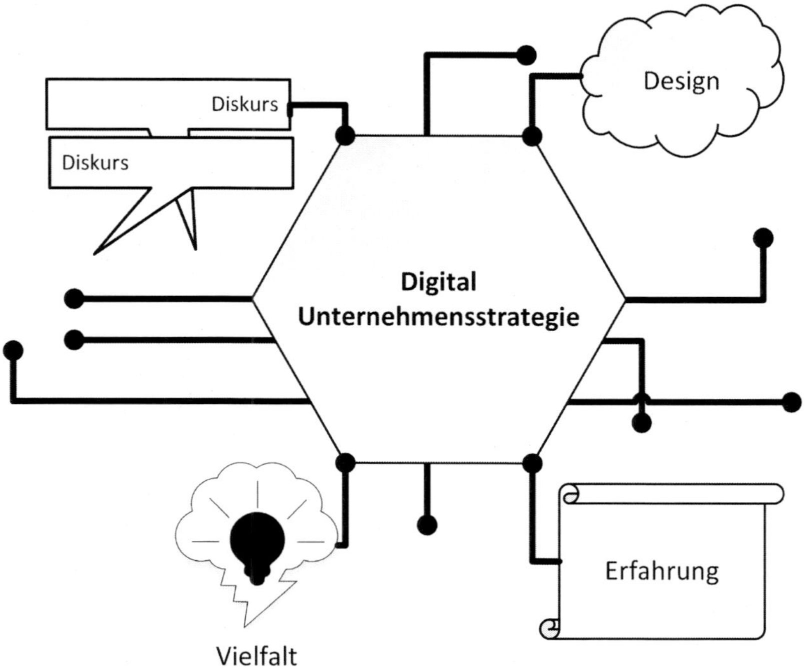

Abbildung 26: Wege zur digitalen Unternehmensstrategie

Top Führungskräfte können diese Ansätze aktiv nutzen, um ihr Unternehmen erfolgreich zu transformieren. Aber nicht nur die technische Ausstattung und die fachliche Kompetenz oder das Geschäftsmodell sollten transformiert werden, sondern auch — und wohl am wichtigsten und aus vorhergehenden Punkten resultierend — die Unternehmenskultur.

2.2.3.2 Business Model Canvas

Ein weiteres Werkzeug, das für die erfolgreiche Transformation eines Geschäftsmodelles sowie der dazugehörigen Strategie genutzt werden kann, ist das Canvas Modell. Es ist ein einfaches, aber effizientes Modell zur Findung der neuen Unternehmensstrategie bzw. zur Optimierung selbiger. Canvas bietet einen Leitfaden zur systematischen, flexiblen, radikalen, gründlichen und umfangreichen Analyse der Optionen, die sich anbieten. Es erfasst die neun Grundprinzipien, nach denen eine Organisation Werte schafft. Diese enthalten: Schlüsselaktivitäten, Schlüsselpartner, Schlüsselressourcen, Kostenstruktur, Einnahmequellen, Werteangebot, Kundenbeziehungen, Vertriebskanäle und Kundensegment.

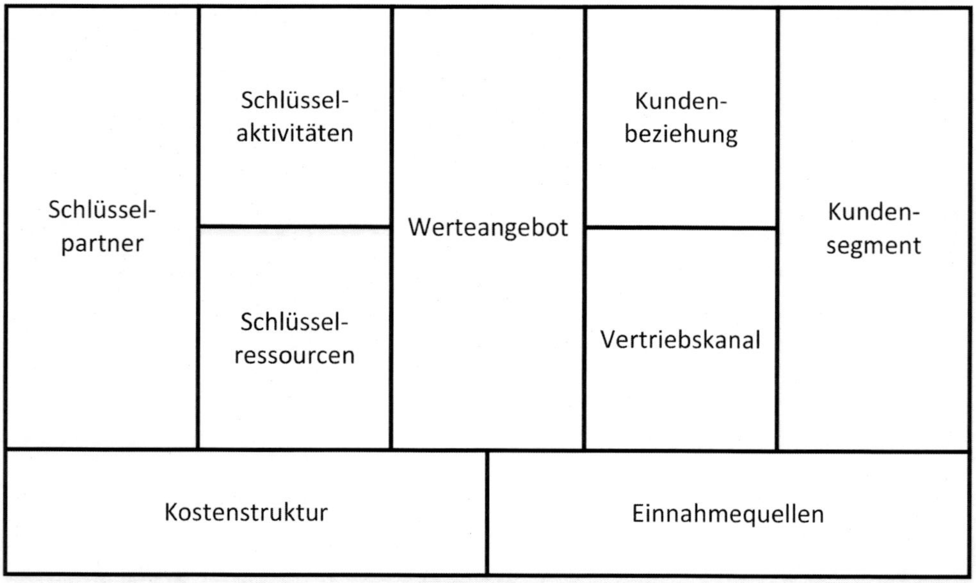

Abbildung 27: Business Model Canvas[183]

Diese Prinzipien werden von Teams in Workshops und in Form von Brainstormings überdacht und bearbeitet. In der Praxis üblich: Abbildung 27 in Plakatform mit Post-it-

[183] In Anlehnung an: Johnson, G.; et al.: Exploring Strategy, 9th edition, 2011, S. 52.

Haftnotizen bekleben und im holistischen Ansatz die neue Unternehmensstrategie designen. Dies bietet Visionären und Innovatoren in Zeiten der Digitalisierung ein solides Werkzeug zur effektiven Kreation neuer Geschäftsmodelle, die wir brauchen! (siehe 2.3: Ziele in der Zukunft - auch ohne Management?)[184]

2.2.3.3 BIG Data zur Strategiefindung

Ein weiteres digitales Tool ist die Utilisierung von Big Data und Data Mining in der zukunftsorientierten Strategiefindung. Dabei sind komplexe Algorithmen zu nutzen, um Muster in den enormen Datenmengen, den unzähligen Quellen, die innerhalb eines Unternehmens, im Kontakt mit den Kunden und Lieferanten oder aus dem aktuellen Marktgeschehen und in Bezug auf die Konkurrenz entstehen, zu generieren. Diese sind zu verdichten, um daraus neues Wissen zu gewinnen. Diese Methode des Data Mining hat die Aufgabe, aus der unübersichtlichen Fülle an Daten (Big Data) die „Goldnuggets", d.h. die besten Datenmuster, herauszufinden (siehe Abschnitt 2.2.1). Bereits heute steigert dies die Performance eines Unternehmens bis zu 26 %![185] Dies sind Muster, die der Unternehmensführung helfen, bessere Prognosen zu erstellen oder Trends vorherzugsagen, um dann rechtzeitig mit hoher Erfolgschance zu agieren. Verfolgt man diesen Gedanken weiter, könnten diese Algorithmen sogar ganz konkrete Ziele vorgeben, die laut den aktuellen Daten erreichbar sind, oder alternative unternehmerische Entscheidungen vorschlagen, um Vorteile zu sichern (z.B. Investition in ein Start-up mit ergänzender Innovation für das Unternehmen).

Möglicherweise werden Algorithmen und Big Data so zukünftig selbst unternehmerische Entscheidungen treffen und Ziele setzen. Wie gut diese sind, hängt von guten Algorithmen und der jeweiligen Datenqualität ab. Die Maschine wird dann nicht nur zum Entscheidungshelfer, sondern zum kompetenten Entscheidungstreffer. Natürlich ist dies noch eine Utopie und alles andere, als einfach umzusetzen. Aber nicht zu vergessen: Wenn man alle Informationen hat, kann man auch alles prognostizieren! Wieder zeigt sich, wie wichtig Daten als Ressource sind und sein werden!

Letztendlich sind die Aufgabenfelder der heutigen Führungsebene bereits deutlich weiter gestreut, als „nur" Entscheidungen zu treffen und Strategien zu entwickeln.

---

[184] Vgl. Osterwalder, A.; Pigneur, Y.: Business Model Generation, Frankfurt a.M., 2011, S. 22.
[185] Vgl. Big Data zunehmend wichtig für Entscheidungen. In: http://www.computerwoche.de/a/big-data-zunehmend-wichtig-fuer-entscheidungen,2515172 (Abrufdatum: 15.06.2016).

Aufgabenfelder, die kaum von einer Maschine ersetzt werden können, denn letztendlich soll die Maschine nur den Menschen ergänzen, Daten aufbereiten, triviale Entscheidungen abnehmen und die Zukunftsoptionen des Unternehmens klar und verlässlich aufzeigen (siehe 2.4: Entscheidungsfindung im Wandel).

2.2.3.4 Industrie 4.0. Digitalisierung eingedeutscht

Die vierte industrielle Revolution ist jedoch ein Hoffnungsschimmer am Horizont. Die Digitalisierung in Deutschland setzt hier sehr erfolgreich an. Unternehmen jeder Größe in der Produktionsbranche bilden die Zukunft der „digitalen Fabrik". Im Jahr 2013 kamen 25,5 % des Bruttoinlandproduktes aus der Industrie[186], dies zeigt, wie wichtig die Fabrik der Zukunft ist.

Als konkretes Beispiel lässt sich die Vorzeige-Fabrik von Siemens in Amberg heranziehen. Dort gibt es eigentlich sogar zwei Fabriken, eine physikalische Fabrik im traditionellen Sinn und ihren virtuellen Klon. Das bedeutet, dass die gesamte Fabrik virtuell simuliert wird, besonders bei Änderungen und Neueinführungen ist dies eine enorme Quelle der Fehlervermeidung und Informationsgewinnung. Externe Partner sind ebenfalls über eine Plattform angeschlossen, wobei es zunehmend völlig irrelevant ist, wo diese in der Welt sitzen. Weiter spart diese Fabrik aktiv Energie: Intelligente Energiemanagementsysteme lassen die Maschinen wissen, welche Produkte welchen Maschinen zuzuordnen sind bzw. welche Prozesse zur Fertigung benötigt werden und passen sich entsprechend an, nicht Benötigtes wird auf Stand-by gesetzt oder abgeschaltet. Resultat: 99,9989 % Qualitätsrate in der Produktion für elektronische Schaltungen.[187]

In der Industrie 4.0 zeigt sich auch der Unterschied zwischen Deutschland und den USA. Während in den USA der Fokus auf der Digitalisierung der Produkte liegt, liegt der Fokus hierzulande auf der digitalen Produktion. In den USA ist es inzwischen üblich eine Fail-Fast-Produktstrategie zu fahren, Ziel: Prototyp schnell entwickeln, auf den Markt werfen und Kundenfeedback utilisieren[188].

---

[186] Vgl. Becker, T.; et al.: Digitales Neuland, Wiesbaden, 2015, S. 31.
[187] Vgl. ebd., S. 30.
[188] Vgl. Lean- Startup. In: http://www.gruenderszene.de/lexikon/begriffe/lean-startup (Abrufdatum: 06.06.2016).

2.2.4 Fazit

Noch hinterherhinkend, aber auf einem guten Weg. Die Hannover Messe, die wichtigste Industriemesse der Welt, hat im Jahr 2016 die Idee „Industrie 4.0“ internationalisiert. 71 % der deutschen Unternehmen präsentierten neue Technologien oder neue Produkte[189]. Weiter liegt die zunehmende Stärke von Start-up-Unternehmen eher nicht in neuen Technologien, sondern in den Innovationen neuartiger Geschäftsmodelle und Strategien, oft in der Kombination mit digitalen Werkzeugen[190].

Zusammenfassend braucht Deutschland Folgendes, um weiter den Pfad des digitalen Erfolges zu beschreiten:

Wir brauchen eine moderne Infrastruktur

Grundlage für den digitalen Erfolg ist eine leistungsfähige Infrastruktur, Glasfaserleitungen, ein intelligentes Stromnetz und mobiles, flächendeckendes Internet sind die Stützpfeiler.

Wir brauchen exzellent ausgebildete Menschen (besonders Führungskräfte)

Wie bereits beschrieben, wird die Welt komplexer. Diese Tatsache ist in der Ausbildung der Experten und Managern zu berücksichtigen.

Wir brauchen einen Kulturwandel[191].

Besonders Offenheit und Kreativität für neue Strategien und Geschäftsmodelle sind zukünftige Selbstverständlichkeiten.

---

[189] Vgl. Industrie 4.0 ist weltweit in den Köpfen angekommen!. In: http://www.hannovermesse.de/de/news/industrie-4.0-ist-weltweit-in-den-koepfen-angekommen.xhtml (Abrufdatum: 06.06.2016).

[190] Vgl. Deutscher Startup Monitor. In: http://deutscherstartupmonitor.de/fileadmin/dsm/dsm-14/DSM_2014.pdf, S. 4 (Abrufdatum 16.06.2016).

[191] Vgl. Becker, T.; et al.: Digitales Neuland, Wiesbaden, 2015, S. 33.

2.3 Ziele in der Zukunft - auch ohne Management?

Christoph Koppermüller

Zusammenfassung

Die Digitalisierung bedeutet für Führungskräfte, sich neuen und unbekannten Herauforderungen zu stellen. Zentrale Strukturen wandeln sich zu dezentralen Strukturen. Führungskräfte stehen vor der Frage, mit ständig wechselnden und weltweit verteilten Teams zu arbeiten. Wie lassen sich Mitarbeiter in China führen, die man nur aus Videokonferenzen kennt? Ein möglicher Ausweg: Führen durch Ziele. Doch führen sich Mitarbeiter bald autonom, wenn Ziele immer mehr bottom-up statt top-down erarbeitet werden?
Dieses Kapitel zeigt auf, ob in Zukunft Führungskräfte unverzichtbar bleiben.

Schlüsselbegriffe

Zielvereinbarung - Digitalisierung - dezentrale Strukturen – MbO (Management by Objectives) – OKR (Objectives and Key Results) – Business Model Canvas – Autonomie – Beispielfirmen: AES Corporation, BMW, Google, Handelsbanken, mymuesli, Zappos

*„Für den, der nicht weiß, welchen Hafen er ansteuert,
ist jeder Wind der richtige Wind."*
Lucius Annaeus Seneca

2.3.1 Ziele und Zielvereinbarungsprozess im digitalen Zeitalter

Mit der Digitalisierung gehen viele Veränderungen einher, daher müssen Unternehmen auf neue Randbedingungen reagieren. Alte Prozesse und Methoden sind zu überdenken, um mit Konkurrenten Schritt zu halten. Oft reicht ein einfaches Überdenken und Anpassen nicht mehr aus, es müssen grundlegende Veränderungen in den Strukturen des Unternehmens her.

Diese Veränderungen gibt es auch bei den Unternehmenszielen. Bei einem Zielvereinbarungsprozess, der über etliche Monate andauert, sind, bei heutigen kurzen Zykluszeiten, Ziele bereits mit ihrer Vereinbarung überholt. Themen wie selbstorganisierte Teams oder bottom-up Zielvereinbarungen sind daher in aller Munde. Durch diese Dezentralisierung versuchen Unternehmen schneller zu reagieren. Ob bei Fortführung der aktuellen Trends das Management in Zukunft noch unerlässlich ist? Es wird von der These ausgegangen, wenn jeder weiß wohin er laufen muss, also jeder seine Ziele kennt, braucht es niemanden mehr, der führt. Können also mit einem geeigneten Zielvereinbarungsprozess, sowie einer geeigneten Organisation, Führungskräfte reduziert oder sogar abgeschafft werden?

2.3.1.1 Ziele

Der Duden beschreibt Ziele wie folgt: „...etwas, worauf jemandes Handeln, Tun oder Ähnliches ganz bewusst gerichtet ist, was jemand als Sinn und Zweck, angestrebtes Ergebnis seines Handelns, Tuns zu erreichen sucht."[192]. Das Ziel soll, egal ob als Ziel eines Sportlers oder ein Unternehmensziel, das Handeln auf ein Ergebnis fokussieren. Dies verhindert, dass Dinge außerhalb des Soll-Zustandes erledigt werden. Ziele

[192] Vgl. Duden: Ziel. In http://www.duden.de/rechtschreibung/Ziel (Aufrufdatum: 27.05.2016).

dienen Führungskräften, Mitarbeiter in die vorgegebene Richtung zu steuern und Ihre Arbeit nachzuprüfen.

Wofür braucht man Ziele?

„Für den, der nicht weiß, welchen Hafen er ansteuert, ist jeder Wind der richtige Wind.“

Lucius Annaeus Seneca

Gerade bei dezentralen Teams ist die Bedeutung der Ziele hoch. Durch Ziele wird vermieden, dass Mitarbeiter Dinge erledigen, die dem Ziel nicht förderlich sind. Ziele geben dem Mitarbeiter Motivation und bringen ihm die Bedeutung der Arbeit näher. Darüber hinaus dienen Ziele dem Mitarbeiter, seine Arbeit mit dem Ziel, also dem Sollwert, zu vergleichen. Dadurch erkennt dieser schnell, ob er auf den richtigen Weg ist oder in die falsche Richtung gearbeitet hat. Ohne Ziele würde der Mitarbeiter sehr viel länger brauchen, bis er bemerkt, auf dem falschen Weg zu sein.[193]

Dies ist die traditionelle Betrachtung von Zielen. Inzwischen gibt es Kritik an fixierten Zielen, die dem Mitarbeiter den nötigen Freiraum für eigene Entscheidungen und Kreativität in seiner Arbeit nehmen. Entgegen früherer Meinung sinkt die Motivation des Mitarbeiters, wenn Ziele top-down vorgegeben werden und damit nicht den persönlichen Zielvorstellungen des Mitarbeiters entsprechen.

Fixierte vs. relative Ziele

Fixierte Ziele streben rein auf das Erreichen eines bestimmten Zahlenergebnisses ab. So werden fixierte Ziele in Unternehmen gesetzt, wie zum Beispiel: Steigerung des Gewinnes um 5 Prozent. Diese fixierten Ziele berücksichtigen weder Rahmenbedingungen noch Konkurrenten. Sie behindern jedoch den Mitarbeiter, verhindern innovative Lösungswege und demotivieren letztendlich in vielen Situationen. Zudem sind Ziele auch durch Manipulation erreichbar. Kurzfristig kann beispielsweise der Gewinn um 5 Prozent erhöht werden, langfristig jedoch höchstwahrscheinlich nur auf Kosten von Innovation oder Kundenzufriedenheit.

Relative Ziele dagegen stellen den Mitarbeiter frei von festen Zahlen. Ein relatives Ziel wie zum Beispiel: "Höhere Rendite als die wichtigsten Wettbewerber", lässt die

---

[193] Vgl. mindsquare GmbH: Warum ist das Führen mit Zielen wichtig? In: http://rz10.de/2011/02/warum-ist-das-fuhren-mit-zielen-wichtig/ (Aufrufdatum: 07.06.2016).

Rahmenbedingungen sowie die Zielerreichung offen. Dies lässt den nötigen Freiraum, um kreative Lösungswege zu finden.

2.3.1.2 Zielvereinbarungsprozesse

Der Zielvereinbarungsprozess dient dazu, Ziele für die Mitarbeiter im Unternehmen festzulegen und zu definieren. Im dann folgenden Schritt werden diese Ziele operationalisiert und herunter gebrochen.[194] Dies soll dem Mitarbeiter helfen, seinen Leistungsbereich abzustecken. Je größer die Eigenverantwortung der Mitarbeiter, desto wichtiger sind Zielvereinbarungsprozesse.[195] Wichtig ist dabei jedoch, dass Ziele von den Mitarbeitern geprägt sind und nicht von oben delegiert werden.

Laut Vahs gibt es grundsätzlich drei Methoden der Abfolge des Zielvereinbarungsprozesses: [196]

- Top-down
- Bottom-up
- Gegenstromverfahren

Im top-down Verfahren gibt das Management die Ziele vor. Diese Ziele dienen den folgenden Ebenen als Grundlage. Vorteil dieses Verfahren ist der relativ geringe Aufwand sowie die einfache Integration. Als Nachteil gilt das Akzeptanzproblem der Ziele in den untersten Ebenen. Dies kann zur Demotivation des Mitarbeiters beitragen, da manche Ziele an den Interessen und Stärken der Mitarbeiter vorbeigehen.

Das bottom-up Verfahren funktioniert gegenteilig zum top-down Verfahren. Die untersten Ebenen definieren eigenständig ihre Ziele und geben diese nach oben bis in das Management weiter. Dabei können sich die Mitarbeiter sehr gut mit ihren Zielen identifizieren. Sie können ihre Ziele nach ihren eigenen Stärken und Interessen setzen, wodurch sowohl die Zielerreichung beschleunigt, als auch die Motivation des Mitarbeiters gesteigert wird. Jedoch ist hier ein hohes Maß an Koordination der Ziele wichtig, ansonsten kommt es bei Zielvereinbarungsprozessen zu Engpässen und Zielkonflikten.

Beim Gegenstromverfahren handelt es sich um eine Kombination der top-down und der bottom-up Variante. Dabei gibt das Management Rahmenziele vor, die unteren

---

[194] Vgl. Krause, U.: Zielvereinbarungen und leistungsorientierte Vergütung. Wiesbaden, 2003, S. 55ff.
[195] Vgl. Baumgartner & Partner: Zielvereinbarungssysteme. In: http://rz10.de/2011/02/warum-ist-das-fuhren-mit-zielen-wichtig/ (Aufrufdatum: 07.06.2016).
[196] Vgl. Vahs, D.; Schäfer-Kunz, J.: Einführung in die Betriebswirtschaftslehre. Stuttgart, 2005, S. 42–43.

Ebenen können dabei ihre Einzelziele festlegen, haben jedoch eine Orientierungshilfe, womit Ressourcenengpässe und Zielkonflikte weitgehend ausgeschlossen werden können. Infolgedessen muss das Management diese Einzelziele überprüfen und diesen zustimmen. Dieser Prozess wird typischerweise mehrmals durchlaufen, woraus sehr lange Zykluszeiten resultieren. Doch in der digitalen Welt verändern sich Rahmenbedingungen sehr schnell und Produktlebenszyklen verkürzen sich immer weiter. Ein langer Zielvereinbarungsprozess macht jedoch Unternehmen träge. Dies verhindert, auf veränderte Marktsituationen ausreichend schnell zu reagieren.

2.3.1.3 Wandel der Unternehmensstrukturen

Kommunikation über E-Mail, weltweite Videokonferenzen, Internettelefonien, Chats oder Ähnliches. Schnelle Internetanbindungen, Cloud-Computing sowie Home-Office. Computerunterstützung in allen Bereichen im Unternehmen wie CAD, CAQ, et cetera. All diese Dinge ermöglichen es Unternehmen, dezentrale Strukturen zu schaffen. Es ermöglicht Unternehmen Teams zu formen, die nicht zwingend an einem Standort sind. Manche Teammitglieder sind gerade in der Produktion vor Ort im Ausland, andere erledigen Ihre Arbeit im Home-Office und manche Arbeiten im Büro. Dabei wird es für Führungskräfte schwieriger, die Arbeit der Mitarbeiter im Auge zu behalten. Um dennoch Teammitglieder auf ein Ziel zu fokussieren, ist es wichtig, ihnen Ziele zu geben, an denen sie sich selbst messen und orientieren können, so die alte Denke. Doch benötigen dezentrale Strukturen mit selbstorganisierten Teams keine fixierten Ziele, ein Rahmen mit Hilfe von relativen Zielen ist ausreichend.

Wandel zur dezentralen Struktur

"Fest steht aber: Nur Organisationsformen, die ohne zentrale Steuerung auskommen, sind den modernen, dynamisch-komplexen Märkten gewachsen." Lautet die Schlussfolgerung von Niels Pfläging in seinem Buch: Führen mit flexiblen Zielen.[197] Zentralen Organisation fehlt es am Marktkontakt bei den wertschöpfenden Teams. Viele, wie Handelsbanken, Toyota, Southwest Airlines oder Semco, erkannten dieses Problem. Sie stellten selbstorganisierte Teams in den Mittelpunkt und sahen den Mitarbeiter als einzigen verbliebenden Wettbewerbsvorteil. Zentrale Bereiche wie

---

[197] Vgl. Pfläging, N.: Führen mit flexiblen Zielen: Praxisbuch für mehr Erfolg im Wettbewerb. Frankfurt am Main, 2011, 2. Auflage, S. 28.

Marketing oder Personal können dadurch obsolet werden. Es ist daher notwendig, dass sich das Management davon wegbewegt, jegliche Richtung für die Mitarbeiter vorzugeben. Eine eher beratende Funktion für die Mitarbeiter ist gefordert.[198] Tom Peters, der Autor von "In Search of Excellence", einem Millionen-Bestseller, schlussfolgerte, nach der Untersuchung der Erfolgsgeheimnisse vieler Unternehmen, sei auf ein Einziges zu reduzieren: Dezentralisierung und Autonomie. Abbildung 28 zeigt dabei den Pfad weg von der Zentralisierung, hin zur Dezentralisierung. Dabei sollten Führungsprinzipien, Prinzipien der Leistungserstellung, Leistungsverträge, Werte, Systeme und die Kultur grundlegend überdacht und sind als Evolution anzusehen.[199]

Die schwedische Bank Svenska Handelsbanken

Handelsbanken zählt heute mit einem Umsatz von 3,5 Milliarden Euro, 11.000 Mitarbeitern und 700 Filialen zur erfolgreichsten Bank Europas. Dies belegen Zahlen wie die Kosten-über-Umsatz-Ratio von 46 Prozent, die bei Mitbewerbern um die 60 Prozent liegt. Handelsbanken belegt bei etlichen Kennzahlen, wie Kundenzufriedenheit, Eigenkapitalrendite (Return on Equity), Earnings per Share sowie Rentabilität Spitzenpositionen.[200]

"Die Grundidee des Handelsbanken-Modells ist Dezentralisierung“ so Jan Wallander, der 1971 eine extrem dezentrale Struktur im Unternehmen einführte. Seit dieser Zeit trotzten Handelsbanken sämtlichen Finanz- und Wirtschaftskrisen. Wallander vermittelte den dezentralen Mitarbeiter Selbstorganisation mithilfe von Autonomie und Verantwortung, Abschaffung von fixen finanziellen Zielen, Wachstumsvorgaben, Budgets sowie Zentralfunktionen. Statt mit Kennzahlen, verglich sich die Bank mithilfe von sogenannten "Liga-Tabellen" mit konkurrierenden Filialen oder Regionen. Nach der Einführung waren alle Organisationen selbstorganisiert. Im Unternehmen gibt es nur drei Hierarchieebenen:

- Präsident
- Regionalmanager
- lokale Manager

---

[198] Vgl. Pfläging, N.: Führen mit flexiblen Zielen: Praxisbuch für mehr Erfolg im Wettbewerb. Frankfurt am Main, 2011, 2. Auflage, S. 29.
[199] Vgl. ebd., S. 43.
[200] Vgl. ebd., S. 45.

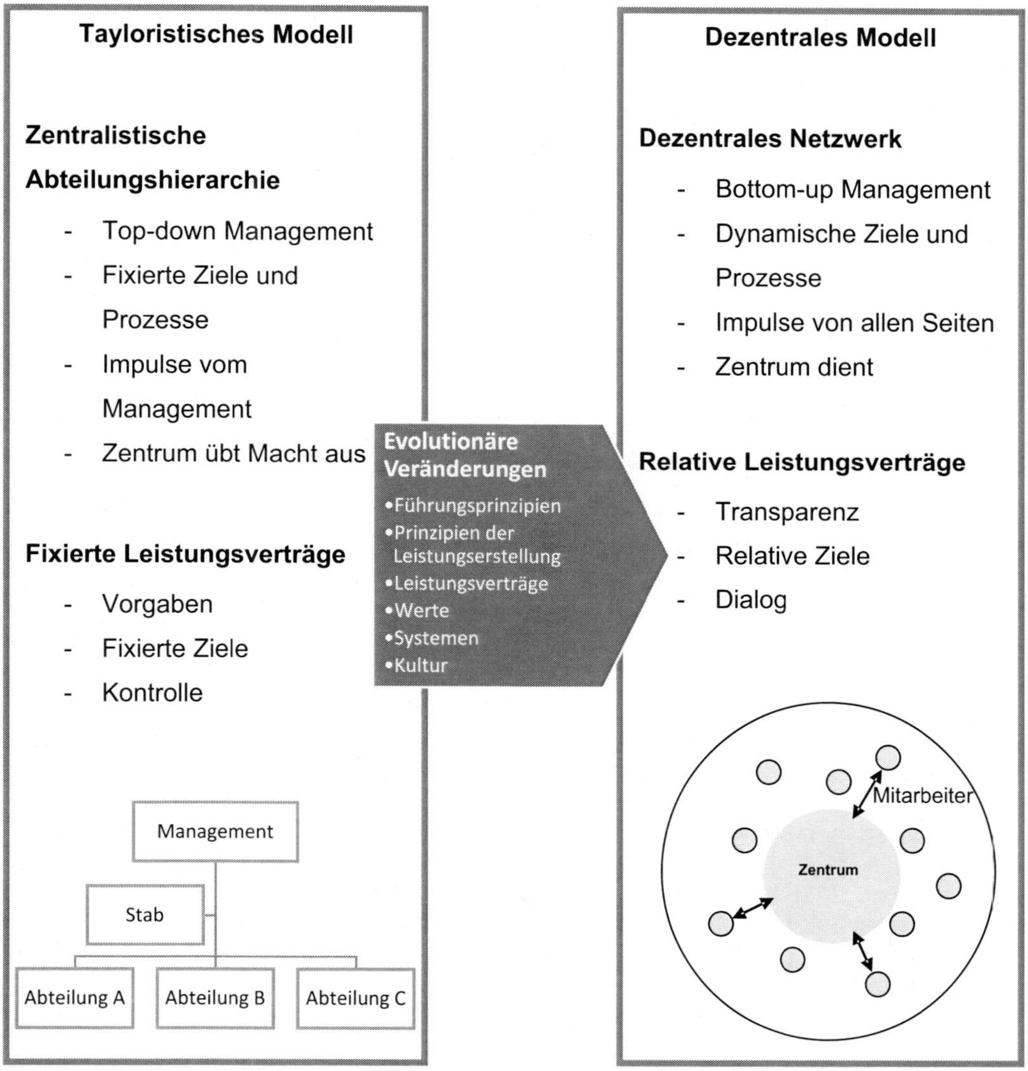

Abbildung 28: Vom alten zu einem neuen Denkmodell[201]

Bei Handelsbanken gibt es weder Marketingabteilungen noch Produktmanager. Sogenannte Produktunternehmen werden für solche Leistungen bezahlt. Sie stellen den Filialen Beratungen zur Verfügung und werden intern dafür bezahlt. Die Zentralbereiche selbst müssen dabei kostendeckend arbeiten. Bieten diese

---

[201] Vgl. Pfläging, N.: Führen mit flexiblen Zielen: Praxisbuch für mehr Erfolg im Wettbewerb. Frankfurt am Main, 2011, 2. Auflage, S. 43.

schlechten Service und die Filialen beziehen den Service woanders, so fehlt dem Zentralbereich wiederrum Umsatz. Mit diesem Trick wird die Motivation auch bei internen Abteilungen erhöht.[202]

Auch bei den Anreizsystemen setzt die Handelsbank auf Alternativen. So hängt das Bonussystem vom Ergebnis des Gesamtunternehmens ab und nicht von den Leistungen Einzelner. Individuelle Ziele für Mitarbeiter gibt es nicht, die Bank setzt vielmehr auf das Bedürfnis jedes Mitarbeiters, gegen Wertschätzung seinen eigenen Beitrag zum Gesamtergebnis beizusteuern.[203]

Das Unternehmen zeigt dabei eindeutig eines: Dezentralisierung kann auch in ihrer extremsten Form funktionieren. Sogar so gut, dass Unternehmen damit in der Lage sind, sämtliche Konkurrenten zu übertreffen.

Mit einer Dezentralisierung geht auch immer eine bottom-up Zielvereinbarung in den unteren Ebenen einher. Sind die Filialen selbstorganisiert und haben Spielraum in ziemlich allen Aktivitäten, so bestimmen sie selbst, wie sie das Unternehmensziel erreichen wollen.

AES Corporation als Pionier der dezentralen Führung

AES ist ein Energieunternehmen das in 17 Ländern weltweit tätig ist. Sie beschäftigen 21.000 Mitarbeiter mit denen sie 2015 15 Millionen Euro Gewinn erzielten.[204]

Bei AES stehen eher Werte wie Integrität, Fairness, Spaß und sozialverträgliches Handeln anderen gegenüber im Vordergrund. Diese Werte propagieren jedoch viele Unternehmen, der Unterschied zu AES ist jedoch, dass sie in allen Bereichen gelebt werden. Informationen über Finanzen und Geschäftsentwicklung stehen bei AES jedem Mitarbeiter offen, es gibt keine Personalabteilung, denn die Mitarbeiter selbst übernehmen das Personalrecruiting. Eines der Einstellungskriterien ist zum Beispiel die Fähigkeit, Bürokratie zu vermeiden.[205]

„Bei AES werden Mitarbeiter dazu angehalten, Rat zu suchen (aber nicht Genehmigung oder Billigung). Ihre Verantwortung liegt darin, sich selbst zu bilden und

---

[202] Vgl. Pfläging, N.: Führen mit flexiblen Zielen: Praxisbuch für mehr Erfolg im Wettbewerb. Frankfurt am Main, 2011, 2. Auflage, S. 48.
[203] Vgl. ebd., S. 45, 46.
[204] Vgl. AES Corporation. Overview. In: http://www.aes.com/about-us/about-us-overview/default.aspx, (Aufrufdatum: 27.05.2016).
[205] Vgl. Pfläging, N.: Führen mit flexiblen Zielen: Praxisbuch für mehr Erfolg im Wettbewerb. Frankfurt am Main, 2011, 2. Auflage, S. 67, 68.

zu informieren, bevor sie selbst eine Entscheidung treffen..."[206]. So fordern Techniker ihre Werkzeuge selbst an, ohne jegliche Zustimmung eines Vorgesetzten.[207] Mitarbeitern wird große Entscheidungsfreiheit gegeben, die Eigenverantwortung und Eigenführung wird dabei gefördert.

Der Stanford-Professor Jeffrey Pfeffer über AES: „AES hat niemals Zentralbereiche oder Stabsstellen für Aufgaben wie Projektfinanzierung, Operationen, Einkauf, Personalmanagement oder Öffentlichkeitsarbeit gegründet. Stattdessen werden derartige Funktionen auf der Ebene der Fabrikstandorte abgewickelt, wo Fabrikmanager sie Teams von Freiwilligen zuordnen, Mitarbeiter entwickeln so Expertise in all diesen vielfältigen Aufgaben, einschließlich Finanzierungsfragen, und erhalten Verantwortung und Autorität, um diese auszuführen. Das funktioniert und ist effektiv. Fehler werden gemacht, aber es findet Lernen statt. Die Struktur von AES spart die Kosten üblicher Managementfunktionen und spezialisierter Overheadfunktionen ein - die Organisation hat nur fünf Ebenen"[205]

AES ist somit ein weiteres Beispiel der dezentralen Führung. Eine sehr flache Hierarchie, der Verzicht auf Bürokratie und selbstorganisierte Teams führten für das Unternehmen zu guten Erfolgen. Zudem erhielt der Führungsstil bei AES durchweg positive Resonanz, weshalb man durchaus von einem positiven Beispiel sprechen kann.

Gleichwohl lässt sich auch hier, wie bei Handelsbanken, ableiten, dass Zielvereinbarungen in den unteren Ebenen bottom-up geschehen. Wie Unternehmensziele erreicht werden, liegt allein in der Hand der einzelnen dezentralen Teams.

Globalisierung

An der Geschichte der deutschen Automobilindustrie lässt sich darstellen, wie wichtig internationale Führung in den letzten Jahrzehnten geworden ist. Anfang der 90er Jahre produzierten deutsche Automobilhersteller, wie BMW, ausschließlich in Deutschland beziehungsweise sogar ausschließlich in Bayern. 1994 übernahm BMW jedoch den Konkurrenten Rover und damit vier Produktionsstandorte in Großbritannien. Im selben Jahr startete BMW die Produktion in Spartanburg, USA. Darüber hinaus stellte BMW

---

[206] Pfläging, N.: Führen mit flexiblen Zielen: Praxisbuch für mehr Erfolg im Wettbewerb. Frankfurt am Main, 2011, 2. Auflage, S. 68.
[207] Vgl. ebd., S. 69.

in Spartanburg völlig neue Modelle her, was darauf hindeutet, dass BMW nicht nur eine geografische Ausdehnung suchte, sondern Kompetenzen weltweit verteilt.[208]

Auf Grundlage dieser Entwicklung, wurden Führungskräfte gezwungen, auch immer mehr weltweit verteilte Mitarbeiter zu führen, ohne auf direkten Kontakt vor Ort beziehungsweise auf dessen direkte Kontrolle vertrauen zu können.

Folge von weltweiten, ständig wechselnden Teams

In virtuellen Teams, also Teams die durch Distanz getrennt sind, ergeben sich häufig Probleme:[209]

- Geringere Identifikation mit der Organisation und dem Team.
- Unsicherheit bezüglich Aufgaben, Rollen, Verantwortlichkeiten und Prioritäten.
- Aufbau von Vertrauen ist schwierig.
- Gefühl der Isolation.
- Abhängigkeit von Informations- und Kommunikations-Technologie.
- Erhöhter Organisationsaufwand für lokale Treffen.
- Schwierigkeit des Leistungs-Feedbacks.
- Missverständnisse und Konflikte entstehen schneller.

Durch diese Nachteile irren Mitarbeiter oft ohne festes Ziel umher und vergeuden dadurch Ressourcen und Kompetenz. Viele dieser Nachteile ließen sich durch selbstorganisierte Teams vermeiden, da die Abhängigkeit zu zentralen Abteilungen geringer wird.

Steigende Komplexität

Eine Entlastung für das Management ist notwendig, um genügend Raum für wichtige Entscheidungen zu haben. Dies ist, verursacht durch die Zunahme von Komplexität, seit Taylors Trennung von Arbeit und Denken, dringend notwendig. Mit Hilfe von Zielen und Strukturen zur Selbstorganisation, kann das Management hinsichtlich der Komplexitätsbewältigung entlastet werden und dies soweit möglich an Mitarbeiter übertragen werden. Abbildung 29 veranschaulicht dabei, dass die gestiegene Komplexität nicht vom Management übernommen werden kann, da diese oft bereits

---

[208] Vgl. Pries, L.: GLOBALISIERUNG UND WANDEL INTERNATIONALER UNTERNEHMEN - Konzeptionelle Überlegungen am Beispiel der deutschen Automobilkonzerne. Wiesbaden, 2000, S. 672; 673.

[209] Vgl. Universität Lüneburg: Managing Virtual Teams: The importance of distance leadership, Führung auf Distanz. In: www2.leuphana.de/distanceleadership/download/dl_praesentation-uni.pdf (Aufrufdatum: 27.05.2016).

ihre Belastungsgrenze erreicht haben. Wird Komplexität weiterhin nicht verringert oder an die Mitarbeiter weitergegeben, kann das Management, als logische Folge, nicht mehr ausreichend Zeit in wichtige Entscheidungen investieren. Somit drohen schwerwiegende Fehlentscheidungen des Managements, die folglich auch dem Unternehmen schaden.

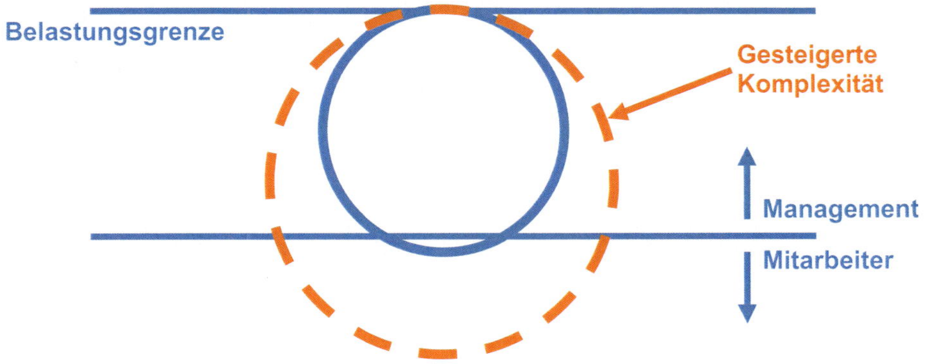

Abbildung 29: Steigende Komplexität

Der Taylorismus führt jedoch zu mehr Komplexität, denn er macht kundennahe Mitarbeiter blind für den Markt. Bereits Drucker, er entwarf das Konzept des Management by Objectivs, sah Taylors Idee als überholt an, weil Taylor nicht nur die Arbeit trennte, sondern auch die Organisationeinheiten im Unternehmen. Das führte schlussendlich zu Optimierungen innerhalb von Organisationseinheiten und nicht im gesamten Unternehmen. Von dort an wurde die Produktion optimiert ohne die Logistik zu beachten, Produkte für den Kunden wurden entwickelt, die zu teuer für die Produktion waren, und so weiter. So wurden Ineffizienzen nur von einer Organisationseinheit in die nächste verschoben.

2.3.2 Führen durch Ziele in der Praxis

Um sich den Herausforderungen der Führung von Mitarbeitern in der globalen und digitalen Welt zu stellen, wurden Managementmethoden, die versuchten Mitarbeiter mit Zielen zu führen, immer beliebter. Weltweit verteilte Teams, sogenannte virtuelle Teams, verlangten nach einer Lösung. Experten diskutieren jedoch mehr denn je darüber, ob aktuelle Methoden wirklich diese Vorteile erfüllen, die sie versprechen.

2.3.2.1 Management by Objectives

Management by Objectives ist eine Management- beziehungsweise Führungsmethode und geht auf Peter Ferdinand Drucker zurück. Dabei werden übergeordnete strategische Unternehmensziele auf Ziele für den einzelnen Mitarbeiter herunter gebrochen. Dies geschieht meist in einem Zielvereinbarungsprozess mit den Mitarbeitern. Die Zielfindung kann dabei sowohl top-down als auch bottom-up gestaltet werden. Abbildung 30 zeigt dabei die Grundprinzipien von Management by Objectives. Alle Ziele müssen SMART formuliert werden:

- spezifisch
- messbar
- anspruchsvoll und erreichbar
- resultatsbezogen
- terminiert,

und[210] der Mitarbeiter wird mittels Zielvereinbarung involviert. Feedbackgespräche sollten regelmäßig stattfinden und ein Bonussystem dient als Anreiz. Doch zeigen Studien, dass ein monetäres Bonussystem alleine bei Mitarbeitern nicht zu mehr Motivation führt. In der Metaanalyse von Timothy Judge wurde ersichtlich: Die Korrelation zwischen Gehalt und Zufriedenheit ist bei Mitarbeitern kaum festzustellen.[211]

Für die Zukunft sieht Meinulf Kopp unter anderem folgenden Schwerpunkte:[212]

- Anwendungsvoraussetzungen (Führung, Organisation, Kultur).
- Klarheit über die Zwecke.
- Ziele und Delegation gleichzeitig.
- Integration längerfristiger Ziele.
- Berücksichtigung qualitativer Ziele.
- Zielvorgabe.
- Ziele für Gruppen und Teams.
- Ziele für die indirekten Bereiche.
- Horizontale Leistungsvereinbarungen.

[210] Vgl. M. Schwaab; G. Bergmann; F. Gairing; M. Kolb: Führen mit Zielen. Wiesbaden, 2010, 3. Auflage, S. 8; 9.
[211] Vgl. Timothy A. Judge et al: The relationship between pay and job satisfaction: A meta-analysis of the literature. In: http://www.timothy-judge.com/Judge,%20Piccolo,%20Podsakoff,%20et%20al.%20%28JVB%202010%29.pdf, S. 160, 161 (Aufrufdatum: 28.06.2016).
[212] Vgl. M. Schwaab; G. Bergmann; F. Gairing; M. Kolb: Führen mit Zielen. Wiesbaden, 2010, 3. Auflage, S. 14.

- Schulung und Training bei der Einführung.
- Ständige Evaluation und Controlling.

Abbildung 30: Grundprinzipien Management by Objectives[213]

2.3.2.2 Zielvereinbarungsprozesse im Wandel

Zielvereinbarungsprozesse stehen im Wandel. Durch den tayloristischen Ansatz glaubte man, nur die oberste Führungseben könne Ziele für das Unternehmen und die Mitarbeiter festsetzen. Interessen, Bedürfnisse und Fähigkeiten von Mitarbeiter wurden dabei vollständig außer Acht gelassen und der Kontakt von kundennahen Mitarbeitern völlig ignoriert.

[213] Vgl. Dünser, B.: Gezielte Erfolgsplanung in KMU. Wiesbaden, 2013, S. 58.

Zielvereinbarungsprozess von BMW

Das Zielsystem bei BMW besteht aus fünf Feldern, diese beinhalten:[214]

- Durchgängig vereinbarte "Muss-Felder" und "Zielfelder"
- Qualität
- Flexibilität / Produkte / Prozesse
- Produktivität
- Mitarbeiter
- Umweltschutz

Bei BMW funktioniert der Zielvereinbarungsprozess noch klassisch nach der top-down Variante, also vom Management hinunter zu den Mitarbeitern. Dabei wendet BMW das sogenannte "3-Ebenen-Modell" an (siehe Abbildung 31). Dies bedeutet, der Zielvereinbarungsprozess läuft jeweils in einer Runde von drei Ebenen (Hierarchieebenen) ab.[215] Die Nachteile dabei: Ein Technologieleiter muss beispielsweise seine Ziele in drei verschiedenen Sitzungen verhandeln und der Werker wird nicht involviert. BMW ordnet das Unternehmen dabei in sechs Ebenen: Vorstand, Werksleiter, Technologieleiter, Fertigungsleiter, Meister, Gruppensprecher.[216] Der Mitarbeiter selbst wird dabei nicht direkt involviert. Indirekt jedoch durch eine Vereinbarung zwischen den Mitarbeiter und dessen Meister.

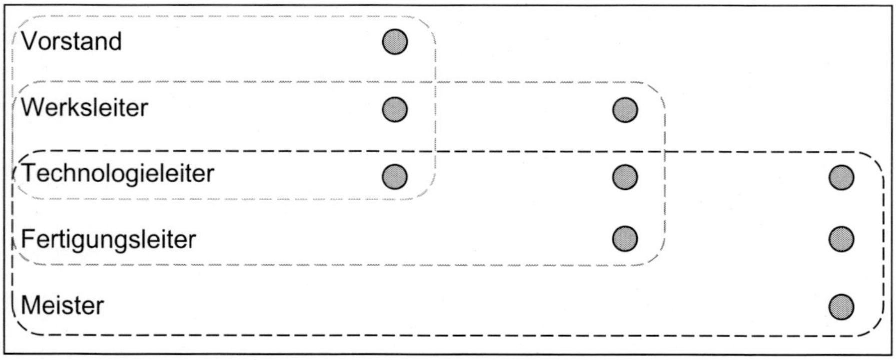

Abbildung 31: BMW Zielvereinbarungsprozess[216]

[214] Vgl. Fersch, J.: Leistungsbeurteilung und Zielvereinbarungen in Unternehmen: Praxiserprobte Instrumente zur systemorientierten Mitarbeiterführung. Wiesbaden, 2013, S. 129.
[215] Vgl. Fersch, J.: Leistungsbeurteilung und Zielvereinbarungen in Unternehmen: Praxiserprobte Instrumente zur systemorientierten Mitarbeiterführung. Wiesbaden, 2013, S. 130.
[216] In Anlehnung an ebd.

Zweifelslos lässt sich sagen, dass die Ziele bei BMW top-down herunter delegiert werden. Der Mitarbeiter an sich hat kaum bis gar keinen Einfluss auf die persönlichen Ziele. Dadurch kann es ggf. schnell zu einem fehlenden Verständnis des Zusammenhangs zwischen den Unternehmenszielen und dem eigenen Ziel des Mitarbeiters kommen, mit der Folge, dass die Motivation sinkt.

Business Model Canvas

Ein weiterer Weg eine Strategie oder ein Unternehmensziel herunter zu brechen, ist das Business Model Canvas von Osterwalder. Ein theoretischer Hintergrund wurde bereits in Kapitel 2.2 gegeben.

Der Vorteil dieses Modell ist es, dass das Ziel in seine Bestandteile zerlegt und visuell veranschaulicht wird. Dabei beschreiben die Schlüsselaktivitäten die wichtigsten Handlungen zur Zielerreichung. Zur Analyse der Schlüsselaktivitäten sind zuvor die Wertangebote, die Kommunikations-, Distributions- und Verkaufskanäle sowie die Einnahmequellen zu analysieren.[217] Die Schlüsselressourcen geben Informationen darüber, welche menschliche, finanzielle oder andere Ressourcen benötigt wird.[218]

Erstaunlicherweise erfolgt der Trend hierbei entgegen dem Megatrend Digitalisierung. Es wird sehr analog, mit einer ausgedruckten Leinwand des Geschäftsmodells, gearbeitet. Post-It´s, Zeichnungen, Farbstifte und Notizzettel ersetzen den Computer. Doch wozu die Rückkehr zum Analogen? Die Methode hat ihren großen Vorteil in der Identifikation der Ergebnisse mit den Mitarbeitern. Bei üblichen Zielvereinbarungsmodellen haben es, vor allem Mitarbeiter der unteren Ebenen, schwer, sich mit den Zielen zu identifizieren. Business Model Canvas involviert im Prozess das gesamte Team. Denn alle sitzen am Tisch und erarbeiten die Leinwand des Modells und leiten später daraus Unternehmensziele, Teamziele und Mitarbeiterziele ab. Dadurch haben die Mitarbeiter einen direkten Bezug sowie Einfluss auf die Ziele Dadurch werden diese verständlich.

---

[217] Vgl. Osterwalder, A.; Pigneur, Y.: Business Model Generation: Ein Handbuch für Visionäre, Spielveränderer und Herausforderer. Frankfurt am Main, 2011, S. 40, 41.
[218] Ebd., S. 38.

2.3.2.3 Agile Führung mit der OKR Zielsetzungsmethode

OKR, Objectives and Key Results, ist den meisten von Google bekannt, doch findet diese Managementmethode immer mehr Verbreitung. So setzten OKR bereits Firmen wie Twitter, Sears, LinkedIn, Oracle, Zynga oder mymuesli ein.[219]

Grundsätzlich unterscheidet OKR zwischen zwei Hauptmerkmalen, den Objectives und den Key Results. Objectives sind die Ziele, bei OKR eher als Visionen zu verstehen. Sie sollen motivieren und den Mitarbeiter abholen. Die Key Results machen die Objectives messbar und geben den Mitarbeitern feste, erreichbare Meilensteine vor, um die Objectives zu erreichen. Ziele werden dabei pyramidal herunter gebrochen (siehe Abbildung 32). Beispielsweise gibt es ein übergeordnetes Unternehmensziel, daraus abgeleitet werden die Ziele der einzelnen Teams, davon werden wiederrum die Ziele von jedem Mitarbeiter erarbeitet. Wichtig dabei ist, dass mindestens 50 Prozent der Ziele bottom-up definiert werden.[220] Daneben müssen unter den Rahmenbedingungen der Unternehmens- und Teamziele die eigenen Ziele eingebracht werden.

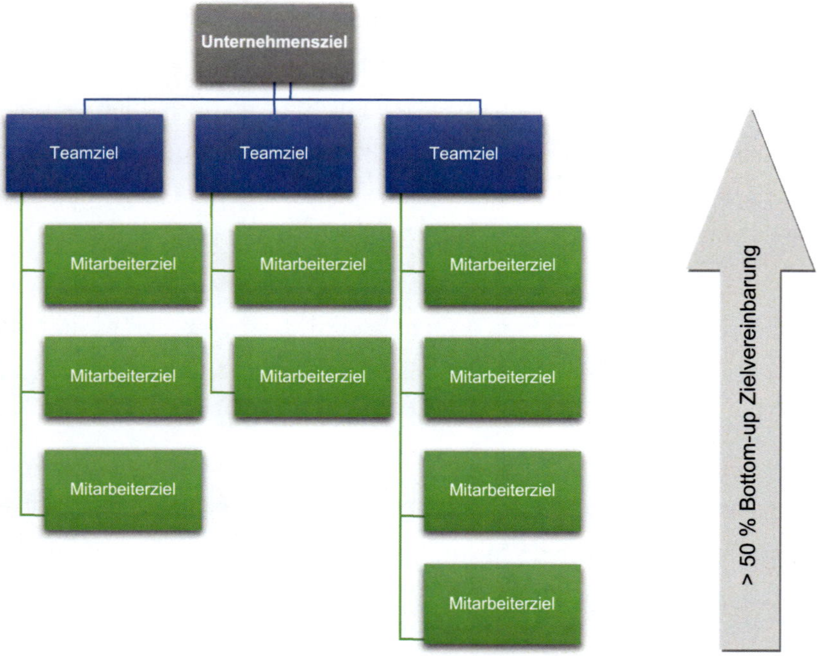

Abbildung 32: OKR Zielpyramide[221]

[219] Vgl. Weekdone. OKR: Objectives and Key Results. In: https://weekdone.com/resources/objectives-key-results (Aufrufdatum: 01.06. 2016).

[220] Vgl. Weekdone. Die Revolution der agilen Mitarbeiterführung – OKR (Objectives and Key Results). In: http://pluswerk.ag/blog/2016/03/31/die-revolution-der-agilen-mitarbeiterfuehrung-okr-objectives-and-key-results/ (Aufrufdatum: 01.06.2016).

[221] Quelle: Eigene Darstellung.

Und wie macht es mymuesli?

Mymuesli setzt einmal im Quartal ein Treffen der Gründer und Gesellschafter an. Sie setzten zusammen fünf Objectives fest. Gibt es mehr Ziele, müssen diese auf fünf priorisiert werden. Jedes Objective wird dann mit vier Key Results konkretisiert. Auf dieser Grundlage setzen dann alle Teams ihre eigenen Objectives fest. Die realistische Zielerreichung sollte dabei um 75 Prozent liegen. Erreicht man ohne große Anstrengungen mehr als 75 Prozent, waren die Ziele nicht ambitioniert genug, zu ambitioniert sollten die Ziele jedoch auch nicht festgelegt sein. Am Ende entscheidet aber der Mitarbeiter durch Eigenbewertung selbst, wie gut er das Ziel erreicht hat.[222]

Mymuesli sieht dabei den größten Vorteil in der Transparenz. Jeder weiß, wohin das Unternehmen in drei Monaten will, warum er gerade an seinem Thema arbeitet und wie seine Ziele auf die Teamziele und die Teamziele wiederrum auf die Unternehmensziele einwirken. So der Gründer Hubertus Bessau in einem Interview.[223]

2.3.3 Autonome Mitarbeiter

Zusammenfassen lässt sich somit:

- Die Komplexität im Unternehmen nimmt zu, daher kann das Management alleine diese Aufgabe nicht mehr bewältigen.
- Statt fixierte Ziele, sollten relative Ziele vorgegeben werden.
- Die Ziele im Unternehmen sollten zu einem möglichst großen Teil bottom-up definiert werden, dadurch können sich Mitarbeiter damit identifizieren, womit die Motivation gesteigert wird.
- Zur Bewältigung der zukünftigen Märkte ist es wichtig, Unternehmen dezentral zu steuern und somit selbstorganisierte Teams zu schaffen.
- Ausgewählte Praxisbeispiele zeigen, dass alle diese Methoden funktionieren.

Aufgabe des Managements in vielen Unternehmen ist es, Ziele für die Mitarbeiter zu setzen und diese auch dazu zu bringen, diese zu erreichen. Doch wozu dient das Management, wenn Ziele bottom-up von den Mitarbeitern festgelegt werden, die

---

[222] Vgl. mymuesli. WIE WIR ARBEITEN: DAS OKR-MODELL VON GOOGLE BEI MYMUESLI. In: http://www.mymuesli.com/blog/2015/08/28/wie-wir-arbeiten-das-okr-modell-von-google-bei-mymuesli/ (Aufrufdatum: 01.06.2016).

[223] Vgl. MURAKAMY. mymuesli Gründer Hubertus Bessau im Interview mit Marco Alberti über OKRs. In: https://youtu.be/hibb8NMg-4A (Aufrufdatum: 01.06.2016).

Zielerreichung, also wie der Mitarbeiter das Ziel erreicht, ihm selbst überlassen wird und selbstorganisierte Teams ihre Ziele, wie bei mymuesli, selbst bewerten? Folgt man diesen Gedanken, sind Manager für ein Unternehmen nicht mehr notwendig. Auch Zappos war dieser Meinung und schaffte die Managerposition im Unternehmen ab. Kurzfristig führt dies jedoch zur Demotivation dieser Mitarbeiter, wer will schon gerne seine Position verlieren?

Das „Holacracy"-System von Zappos

Zappos ist ein Onlineshop mit Spezialisierung auf Schuhe. Es wurde 1999 von Nick Swinmurn gegründet.[224] Im Juli 2009 wurde es für 1.200 Millionen US-Dollar von Amazon gekauft.[225] 2012 war Zappos nach Spartoo und Seranza mit 400 Millionen Euro der drittgrößte Onlinehändler für Schuhe und Bekleidung.[226]

2014 verkündete CEO Tony Hsieh, er wolle Holacracy bei Zappos einführen.[227] Holacracy stellt eine Organisationstheorie dar, bei der Teams weitgehend selbstorganisiert sind. Es baut Grundlegend auf vier Prinzipien auf:[228]

- Flexible Organisationsstruktur
  - Mit klaren Rollen und Zuständigkeiten
- Effiziente Meetings
  - Ausgerichtet auf Handeln und die Beseitigung der „Über-Analyse"
- Mehr Autonomie für Teams und Einzelpersonen
  - Personen lösen Probleme direkt ohne Bürokratie
- Einzigartige Entscheidungsprozess
  - Um kontinuierlich die Struktur der Organisation zu entwickeln

Erreicht wird dies mit dynamischen Rollen, statt fester Jobbeschreibungen. In traditionellen Unternehmen hat jeder Mitarbeiter eine feste Aufgabe, im Holacracy System gibt es mehrere dynamische Rollen für einen Mitarbeiter, die fortwährend

---

[224] Vgl. Zappos. Zappos, The Zappos Family Story: In The Beginning - Let There Be Shoes. In: http://www.zappos.com/c/about-zappos/ (Aufrufdatum: 31.05.2016).
[225] Vgl. CrunchBase. Ranking der Amazon-Zukäufe mit den höchsten Kaufpreisen in den Jahren von 1999 bis August 2014 (in Millionen US-Dollar). https://de.statista.com/statistik/daten/studie/292969/umfrage/ranking-der-amazon-zukaeufe-mit-den-hoechsten-kaufpreisen/ (Aufrufdatum: 31.05.2016).
[226] Vgl. WirtschaftsWoche. Umsatz der weltweit größten Online-Händler für Bekleidung und Schuhe in 2012 (in Millionen Euro). https://de.statista.com/statistik/daten/studie/233364/umfrage/umsatz-der-groessten-online-shops-fuer-bekleidung-und-schuhe/ (Aufrufdatum: 31.05.2016).
[227] Vgl. Zukunftsinstitut. Holacracy die Hierachie der Kreise. In: https://www.zukunftsinstitut.de/artikel/tup-digital/03-from-strategy-to-culture/01-longreads/holacracy-die-hierarchie-der-kreise/ (Aufrufdatum: 31.05.2016).
[228] Vgl. HolacracyOne. In: http://www.holacracy.org (Aufrufdatum: 31.05.2016).

aktualisiert werden. Diese Rollen können auch über verschiedene Teams verteilt sein. Ein Wechsel der Rolle kann jederzeit durch das Team vollzogen werden, wodurch die Stärken und die Kreativität des Mitarbeiters mit jedem neuen Projekt optimal zu nutzen sind. [229]

Unterstützt wird dies durch eine verteilte Autorität. In traditionellen Unternehmen entscheiden letztendlich immer die Manager. Jede Entscheidung oder Handlung außerhalb des normalen Wirkungsbereiches muss abgesegnet werden. Im Holacracy-Modell sind Teams selbstorganisiert. Sie bekommen Ziele, wie diese jedoch erreicht werden, bleibt den Teams selbst überlassen. Miteinander verbundene Teams stellen dabei einen „Kreis“ dar. Dabei wählt jeder Kreis Vertreter in den jeweiligen höheren und niedrigeren Kreis. Dadurch werden Informationen und Interessen zwischen den Kreisen ausgetauscht.[230]

In klassischen Unternehmen wird das Organigramm oft nur alle 3-5 Jahre aktualisiert, um Veränderungen abzubilden. Da sich bei Holacracy jedoch die Rollen in kurzen Abständen ändern, wird dort jeden Monat in jedem Kreis die Struktur der Organisation aktualisiert. Dadurch werden große Reorganisationen durch schnell wiederholende Aktualisierungen ersetzt. Durch die teaminterne Festlegung von Rollen, und damit auch den Zielen der Mitarbeiter, werden die Ziele ohne Management festgelegt.[229]

Letzter Baustein zum Holacracy System ist die Firmenpolitik. Die Firmenpolitik im ursprünglichen Sinn, beschreibt Prozesse, die so gestaltet werden, da diese schon immer so gestaltet wurden. Es sind ungeschriebene Regeln und daher kaum von jedem nachzuvollziehen. Es fehlt damit Transparenz. Durch die Verteilung der Managementfunktionen auf die Mitarbeiter ist es notwendig, dass alle Mitarbeiter nach denselben Regeln handeln. Im Holacracy wird daher ein Regelbuch verfasst, auf dessen Handeln sich jeder Mitarbeiter, auch beispielsweise der Vorstands-vorsitzender, stützen kann und soll.[229]

Bei der Einführung des Systems fielen jegliche Managerpositionen weg. Als Folge kündigten 14 Prozent der 1.500 Mitarbeiter von Zappos. Gründe hierfür waren u.a. das Wegfallen der Managergehälter sowie hohe Abfindungen.[231]

---

[229] Vgl. HolacracyOne. How it Works. In: http://www.holacracy.org/how-it-works/ (Aufrufdatum: 31.05.2016).
[230] Vgl. TSR Consulting. Holakratie™ – das Organisationskonzept des 21. Jahrhunderts!?. In: http://tsrconsulting.de/news-2/news-april-2014/holakratie-das-organisationskonzept-des-21-jahrhunderts/ (Aufrufdatum: 31.05.2016).
[231] Vgl. Zukunftsinstitut. Holacracy: Die Hierarchie der Kreise. In: https://www.zukunftsinstitut.de/artikel/tup-digital/03-from-strategy-to-culture/01-longreads/holacracy-die-hierarchie-der-kreise/ (Aufrufdatum: 31.05.2016).

Dass es auch anders geht zeigen Handelsbanken. Filialen sind dort selbstorganisiert, eine klassische Führungsposition benötigt Handelsbanken also nicht. Stattdessen sind Manager keine Führungskräfte mehr, sondern interne Berater. Diese Beratungsfunktion kann, muss aber nicht, herangezogen werden.

2.3.4 Fazit

Kann das Management nun abgeschafft werden? Nein, die Abschaffung ist sicherlich keine Lösung und wird in vielen Branchen nicht funktionieren. Die Abschaffung des Führungspersonals wird bei Unternehmen mit gering qualifizierten Mitarbeitern bedeutend schwieriger. Führungspersonen sollten aber in Zukunft die klassische Führung ablegen. Sie müssen keine Mitarbeiter delegieren oder den Weg für diese vorgeben. Dadurch kann das Management von der gestiegenen Komplexität seit Taylor entlastet werden. Führungspersonen sollten stattessen Mitarbeitern in für diese schwierigen Situationen – z.B. wenn diese einen Gesamtüberblick über das Unternehmen benötigen - beratend zur Seite stehen. Sie sollten Teams mit Informationen und Instrumenten ausstatten, so dass diese wiederrum ihre Aufgaben effizient erledigen können. Dabei wird laterale Führung wichtiger. Laterale Führung ist ein Konzept, dass auf der Führung ohne Hierarchie und ohne den damit verbundenen disziplinarischen Weisungsbefugnissen basiert. Dies wird in den zukünftigen Organisationsstrukturen immer wichtiger. In selbst organisierten Teams sind die Teammitglieder oft auf derselben Hierarchiestufe. Dennoch sollten Teamleiter die Möglichkeit haben, Teammitglieder zu leiten, ohne auf althergebrachte Methoden zurückzugreifen.

2.4 Entscheidungsfindung im Wandel

Tobias Prechtl

Zusammenfassung

Dieses Kapitel widmet sich dem Wandel der Entscheidungsfindung im Zuge der Digitalisierung und der Frage, inwiefern sich die Rolle des Menschen in Entscheidungsprozessen bzw. der Entscheidungsfindung verändern wird. Besondere Beachtung findet der Aspekt der datengestützten Entscheidungsfindung (Data-Based Decision-Making) durch Big Data und den damit einhergehenden Unterstützungssystemen.

Schlüsselbegriffe

Decision Making - Entscheidungsfindung - Big Data - Analytics - Leadership - Künstliche Intelligenz

"Most discussions of decision-making assume that only senior executives make decisions or that only senior executives' decisions matter. This is a dangerous mistake"

Peter Drucker

2.4.1 Hinführung

Dieses Kapitel widmet sich der Veränderung der Entscheidungsfindung in Unternehmen durch die Digitalisierung. Besondere Beachtung findet das Data-Based Decision-Making - die datengestützte Entscheidungsfindung - und wie diese die moderne Arbeitswelt prägt. Zunächst werden die durch die Digitalisierung zukünftigen Herausforderungen für Führungskräfte beschrieben. Anschließend folgt ein Abschnitt über die Führung im digitalen Unternehmen und inwiefern sich der klassische Führungsstil dadurch verändert.

Im weiteren Verlauf kommt es zu einer Untersuchung der Komponenten der modernen Entscheidungsfindung. Dazu wird als erster Schritt der Begriff Big Data erläutert. Danach folgt eine Darstellung der Entscheidungskategorien, wobei definiert wird, welche Unterscheidung es generell in entscheidungsbezogenen Aspekten zu beachten gilt. Resultierend daraus wird das Data-Based Decision-Making erklärt und auf dazu bezogene Trends eingegangen.

Dieses Kapitel schließt mit einem Ausblick auf visionäre Ansätze der datengestützten Entscheidungsfindung, seinen Einfluss auf die Arbeitswelt und der Frage, ob intelligente Maschinen den Menschen in naher Zukunft komplett - bezüglich der Entscheidungsfindung - ersetzen werden.

2.4.1.1 Herausforderungen im digitalen Zeitalter

Im Zuge der Digitalisierung wird sich die Arbeitswelt als Ganzes verändern. Stichworte, wie künstliche Intelligenz, 3D-Druck oder Industrie 4.0, sind Treiber dieser Veränderungen. Sicher ist: Wer den Anschluss an die Digitalisierung verpasst, wird langsamer, unflexibler und unwissender im Vergleich zur Konkurrenz, die sich ausgiebig mit der Digitalisierung beschäftigt und wird somit zwangsläufig mit der Zeit vom Markt verdrängt.[232]

Um in der digitalen Welt zu Überleben und um eine digitale Strategie voranzutreiben, bedarf es fähiger Führungskräfte, die den Wandel initialisieren und die Zusammenarbeit in Zukunft sicherstellen. Zusammenarbeit wird im digitalen Zeitalter starken Veränderungen unterliegen.

Zum einen geschieht die moderne Zusammenarbeit in Netzwerken aus Netzwerken, wobei es unmöglich wird, alle Verbindungen detailliert zu kontrollieren (Hyperconnectedness). Zum anderen wird kollektives Wissen anstatt individuellem Wissen immer bedeutender. Selbst erfahrene Experten müssen auf Kenntnisse Dritter zurückgreifen (Wissensmanagement).[233] Hier bekommt der Begriff „Big Data" eine wichtige Rolle, der im Laufe des Kapitels des Öfteren aufgegriffen wird.

Weiterhin werden die bekannten herkömmlichen Hierarchien durch flachere Hierarchiestrukturen (Vgl. Kapitel 4.1) ersetzt. Virtuelle und kurzlebige Teams werden zum State-of-the-Art, um Entscheidungen bzw. Veränderungsrhythmen besser und schneller zu kontrollieren. Dies beeinflusst die Kommunikation zwischen den Partnern, die durch virtuelle Arbeitsplätze in unterschiedlichen Zeitzonen geprägt ist.[234]

Die Liste der Veränderungen bzw. der Herausforderungen lässt sich noch beliebig erweitern. Die entscheidende Frage hierbei ist jedoch, wie Führungskräfte die neuen Aufgaben mit Erfolg meistern können, um nicht, wie bereits beschrieben, den Anschluss zu verlieren, oder vom Markt verdrängt zu werden.

Ein zentraler Ansatzpunkt, der in der sich in der Literatur findet, ist neben „Veränderung vorantreiben", „Zusammenarbeit fördern" oder „Mitarbeiter entwickeln", der Aspekt „Entscheidungen treffen". Aufgrund der wachsenden Komplexität und der stets geforderten Schnelllebigkeit wird es schwieriger, gute Entscheidungen zu treffen und deren Auswirkungen einzuschätzen. Doch inwiefern wird die Entscheidungsfindung in Zukunft beeinflusst bzw. verändert und wodurch? Werden Führungskräfte in Zukunft noch in gleichem Maße benötigt wie heute, oder ist die Zeit der Führungskräfte als Richtungsweiser bzw. Entscheider vorbei?

---

[232]Vgl. Capgemini Consulting: Digital Leadership – Führungskräfteentwicklung im digitalen Zeitalter. In: https://www.de.ca pgemini- consulting.com/resource- file- access/resource/pdf/digital_leadership_fuhrungskrafteentwicklung_im_digitalen_zeitalter _26.1_0.pdf, S. 3 (Aufrufdatum: 26.05.2016).

[233]Vgl. Capgemini Consulting: Digital Leadership – Führungskräfteentwicklung im digitalen Zeitalter. In: https://www.de.ca pgemini- consulting.com/resource- file- access/resource/pdf/digital_leadership_fuhrungskrafteentwicklung_im_digitalen_zeitalter _26.1_0.pdf, S. 3 (Aufrufdatum: 26.05.2016).

[234] Vgl. Ebd., S. 3.

Um diese Fragen zu klären, werden in den folgenden Abschnitten einige entsprechende Aspekte aufgegriffen, von denen zu erwarten ist, dass sie das Decision-Making grundlegend verändern.

2.4.1.2 Führung im digitalen Unternehmen

Zunächst ist ein Überblick über die grundsätzliche Entwicklung der Entscheidungsstrukturen in Unternehmen - unter Rücksichtnahme von Führungskräften – notwendig. In diesem Abschnitt werden die möglichen Veränderungen von Führungsstilen, von denen angenommen werden kann, dass sie sich durchsetzen, vorgestellt.

Das traditionelle Führungsmodell, das lange Zeit in Unternehmen gelebt wurde, basiert auf dem System der heroischen Führung. Heroische Führer sind eine Art Held im Unternehmen. Alle Entscheidungen fließen auf diese Person zu und werden auch von dieser getroffen. Sie sind in gewisser Weise Vorbild für die Menschen, mit denen sie arbeiten. Ausgezeichnet werden diese oft durch eine klare Vision, die sie eindeutig kommunizieren können. Diese Art von Leadership impliziert jedoch die Manipulation von Menschen und Situationen. Sie ist nicht dafür bekannt, Leadership-Mentalitäten in anderen zu wecken. Sie ignoriert sozusagen Führungspotentiale von anderen und konzentriert sich nur auf eine Person.[235]

Dies ist oftmals nicht mehr zeitgemäß. Eine umfassende Unternehmenskontrolle ist in der modernen Unternehmensführung, bedingt durch die Digitalisierung und der damit verbundenen höheren Komplexität und Schnelligkeit, kaum mehr von einer Person alleine zu erfüllen. Ein autoritärer Führungsstil, wie ihn beispielsweise Steve Jobs (Apple) (vgl. Kapitel 1.3) verkörperte, hat ausgedient und ist in den zukünftigen Welten der Unternehmensführung langfristig nicht mehr zielführend.[236]

Der Wandel vom traditionellen, heroischen Führungsstil hin zu kollektiveren Konzepten (Shared/Distributed Leadership) ist eingeleitet. Bei geteilter Führung wird die Führungsverantwortung innerhalb von Teams geteilt. Mitarbeiter erhalten eine höhere Eigenverantwortung, als es beim bereits erwähnten heroischen Führungsstil der Fall ist. Gemeinsame Ziele und Werte stehen im Mittelpunkt. Diese werden durch eine

---

[235] Vgl. Yoong, Pak (2010): Leadership in the digital enterprise. Issues and challenges. Hershey, PA: Business Science Reference. S. 2.

[236] Vgl. Wirtschaftswoche: Management – Der heroische Führer hat ausgedient. In: http://www.wiwo.de/erfolg/management/management-der-heroische-manager-hat-ausgedient/9037862.html (Aufrufdatum: 27.05.2016).

gemeinsame Mission bzw. Vision (vgl. Kapitel 2.1) erreicht. Entscheidungen werden kollektiv im Team getroffen, wobei alle Teammitglieder Verantwortung für das Ergebnis tragen. Die Führungskraft schreitet nur in Ausnahmefällen ein.[237]

Erwartet wird, dass sich die Grenzen zwischen Abteilungen innerhalb, als auch die Grenzen zwischen Unternehmen und Kunden auflösen.[238] Distributed Leadership lässt die Grenzen zwischen Führungskraft und Mitarbeiter zunehmend verschmelzen. Führungskräfte spielen hier nicht mehr die hierarchische bzw. traditionelle Rolle, sondern positionieren sich an zentraler Stelle in Netzwerken und dienen der Weitergabe von Informationen, Ideen und Ressourcen. Die Hauptaufgabe einer modernen Führungskraft ist somit zunehmend das funktionale Zusammenhalten der Organisationen in Hinsicht einer produktiven und harmonisierenden Beziehung.[239]

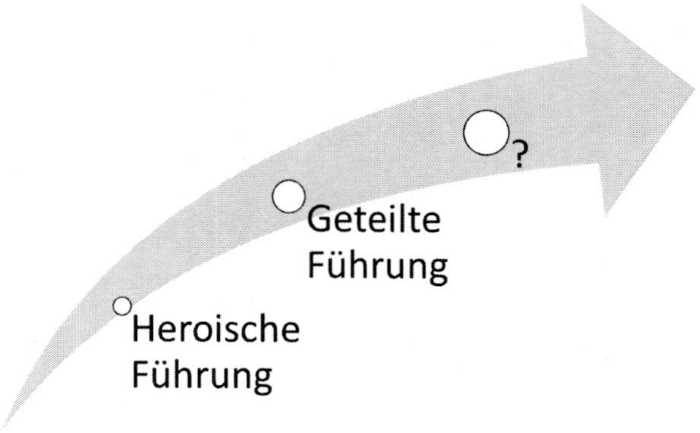

Abbildung 33: Führungsformen

Durch die Digitalisierung und den damit verbundenen Herausforderungen, erleben Führungsstile konstante Veränderungen. Einflussfaktoren, wie Schnelllebigkeit, Volatilität oder Variabilität, prägen maßgeblich den geforderten Stil der Entscheidungsfindung.[240]

Doch stellt sich die Frage, wie man moderne Führungsstile in eine digitale bzw. virtuelle Umwelt implementiert und welche Faktoren hierfür unterstützend wirken.

---

[237] Vgl. Karrierebibel: Shared Leaderhip: Steigert geteilte Führung die Leistung des Teams. In: http://karrierebibel.de/shared-leadership-steigert-geteilte-fuehrung-die-leistung-des-teams/ (Aufrufdatum: 27.05.2016).
[238] Vgl. Big Data Blog: Big Data und wir: über Nutzen und Möglichkeiten von Big Data. In: https://bigdatablog.de/2014/12/22/ueber-nutzen-und-moeglichkeiten-von-big-data/ (Aufrufdatum: 27.05.2016).
[239] Vgl. Yoong, Pak (2010): Leadership in the digital enterprise. Issues and challenges. Hershey, PA: Business Science Reference, S. 3 f.
[240] Vgl. Delibašić, Boris: Decision support system V - big data analytics for decision making. Cham [et al.]: Springer 2015, S. 3.

Inwiefern Daten bzw. Informationen den Akt des Decision-Makings beeinflussen und wie man gesammelte Daten zu seinem Vorteil nutzt, wird dem Leser im weiteren Verlauf nähergebracht.

2.4.2 Komponenten der Entscheidungsfindung

Dieser Abschnitt dreht sich um die Welt der Komponenten der Entscheidungsfindung. Vorerst wird dem Leser der Begriff Big Data erläutert, um die Entwicklung und Bedeutung des Ausdrucks zu durchleuchten. Darauf folgt eine Darstellung der verschiedenen in Unternehmen existierenden Entscheidungskategorien, gefolgt von einer Herangehensweise an das Data-Based Decision-Making. Anschließend wird auf Trends und potentielle Orientierungen in der Zukunft eingegangen. In nachstehenden Passagen wird detaillierter auf genannte Aspekte eingegangen.

2.4.2.1 Big Data

Die Bezeichnung „Big Data" ist bekannt, ob im unternehmerischen, sozialen oder gesellschaftlichen Kontext. Eines dürfte klar sein: Big Data ist aktueller denn je und beeinflusst die moderne Welt nachhaltig. Doch was ist unter Big Data zu verstehen?

Big Data ist eine popularisierte Formulierung für die großen Datenströme aus Social Media, Internet, computerbasierten Maschinenprotokollen und vielen anderen aufkommenden Datenquellen. Bis vor Kurzem waren die für geschäftliche Entscheidungen relevanten Informationen relativ überschaubar. In den zurückliegenden Jahren sind diese jedoch förmlich explodiert. Mittlerweile wird faktisch alles digitalisiert und es entstehen ständig neue Ausprägungen von Transaktions- und Echtzeitdaten. Allein ein modernes Flugzeug generiert innerhalb von 30 Minuten Flugzeit bis zu 10 Terabyte an Daten. Bei durchschnittlich 25.000 Flügen pro Tag entstehen damit Petabytes (10^{15} Byte) an nutzbaren Informationen.[241]

Die Transformation hin zu Geschäftsmodellen, die digitale Anwendungen nutzen, steigert das Datenwachstum ebenfalls. Neue Technologien, wie Cloud-Computing, RFID, Data Warehouses etc. sind wichtige Entwicklungen im Kontext von Big Data, die fortwährend neue Datenströme generieren. Den größten bzw. entscheidendsten

---

[241] Vgl. T- Systems: Mit Big Data bessere Entscheidungen treffen. In: https://www.t- systems.com/blob/51230/cf4d9ec6863d751e5dbd6370dc043f02/dlmf-thought-leadership-paper-mit-big-data-bessere-entscheidungen-treffen-data.pdf, S. 2 (Aufrufdatum: 10.06.2016).

Einfluss an der Datenexplosion aber hat das Internet. Der zunehmende Anteil an mobilen Endgeräten und vor allem die sozialen Medien wie Twitter, Facebook oder YouTube produzieren täglich bis zu 2,7 Milliarden Likes, 300 Millionen Fotos und scannen jede halbe Stunde hunderte Terabyte Daten.[242]

Für ein besseres Verständnis wird Big Data oft mittels der fünf V`s beschrieben.

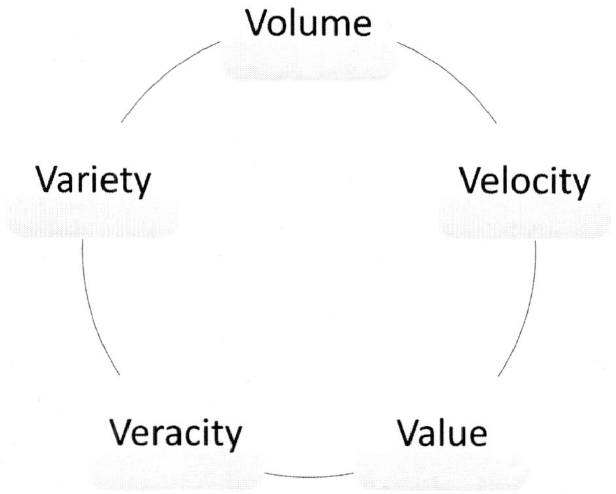

Abbildung 34: Big Data Dimensionen[243]

Das Volumen (Volume) bezieht sich auf die Masse an Daten, die jede Sekunde generiert wird. Bald wird wohl pro Sekunde die gleiche Menge an Daten generiert, wie in Summe von Beginn der Zeit bis 2008. Die Datenvielfalt (Variety) bezieht sich auf die stets steigende Zahl an Ausführungen digitaler Daten. In der Vergangenheit wurde sich hauptsächlich auf strukturierte Daten konzentriert, die in Tabellen oder relationalen Datenbanken gespeichert wurden. Jedoch sind ca. 80 Prozent der weltweiten Daten unstrukturiert (Text, Bilder, Video, Sprache, PDFs, Audiodateien, Präsentationen etc.). Unstrukturierte Daten sind bedeutend schwieriger auszuwerten, wie herkömmliche Tabellen oder relationale Datenbanken.[244]

---

[242] Vgl. T- Systems: Mit Big Data bessere Entscheidungen treffen. In: https://www.t- systems.com/blob/51230/cf4d9ec6863d751e5dbd6370dc043f02/dlmf-thought-leadership-paper-mit-big-data-bessere-entscheidungen-treffen-data.pdf, S. 2 (Aufrufdatum: 10.06.2016).
[243] Eigene Darstellung in Anlehnung an Slideshare: Big Data – The 5 V`s Everyone Must Know. In: http://de.slideshare.net/BernardMarr/140228-big-data-volume-velocity-variety-varacity-value/2-To_get_a_better_understanding (Aufrufdatum: 11.06.2016).
[244] Vgl. Slideshare: Big Data – The 5 V`s Everyone Must Know. In: http://de.slideshare.net/BernardMarr/140228-big-data-volume-velocity-variety-varacity-value/3-VolumeRefers_to_the_vast_amounts (Aufrufdatum: 11.06.2016).

Die Geschwindigkeit (Velocity) greift auf die Schnelligkeit zurück, in welcher Daten generiert und bewegt werden. Informationen können beispielsweise via Internet innerhalb weniger Sekunden weltweit verteilt werden.[245]

Veracity impliziert die Verlässlichkeit bzw. Unordnung von Daten und inwiefern diese kontrollierbar in Hinsicht auf Qualität und Genauigkeit sind.

Der Wert (Value) von Daten wird erst ersichtlich, wenn man diese für den unternehmerischen Vorteil nutzt. Allein der Zugang zu den Daten ist dafür nicht ausreichend. Was zählt, ist die richtige Verwendung, die den Mehrwert für die Nutzer bringt.[246]

Jede gesendete bzw. empfangene E-Mail, jeder Aufruf einer Webseite, jeder Anruf, jeder Einkauf – diese Liste ist beliebig erweiterbar – generiert einen neuen nutzbaren Datenstrom. Die bereits beschriebene Geschwindigkeit (Velocity) führt dazu, dass in kürzester Zeit eine massive Menge an Daten verursacht wird, die meist unstrukturiert (Variety) dargestellt wird.

Das Sammeln und Speichern dieser Datenströme stellt heutzutage keine große Herausforderung mehr dar. Daher liegt die Schwierigkeit eher in der Auswertung und Nutzung der richtigen Daten in einem angemessenen Zeitraum – am besten in *real-time*. Man kann so viele Daten sammeln, wie man möchte, wenn man nicht weiß, wie man sie zu seinem Vorteil verwenden kann und daraus einen Mehrwert (Value) erzeugt, sind sie wertlos. Hier kommen die analytischen Verfahren ins Spiel (Analytics), die Entscheidungen unterstützen oder gar automatisiert ausführen. Genaueres dazu wird in folgenden Abschnitten erläutert.

Manager können durch korrekt bzw. sinnvoll ausgewertete Daten vielerlei Erkenntnisse über ihr Unternehmen bzw. ihr Umfeld gewinnen, was direkt dazu beiträgt, dass erlangtes Wissen zu besseren Entscheidungsfindungen führen kann. Dieser Ansatz muss von Führungskräften erkannt und schrittweise in das Unternehmen eingebunden werden, um ein zeitgetreues Arbeiten bzw. Mitwirken im globalen Wettbewerb zu ermöglichen.

245 Vgl. Slideshare: Big Data – The 5 V`s Everyone Must Know. In: http://de.slideshare.net/BernardMarr/140228-big-data-volume-velocity-variety-varacity-value/5-VelocityRefers_to_the_speed_at (Aufrufdatum: 11.06.2016).

246 Vgl. Slideshare: Big Data – The 5 V`s Everyone Must Know. In: http://de.slideshare.net/BernardMarr/140228-big-data-volume-velocity-variety-varacity-value/7-ValueThen_there_is_another_V (Aufrufdatum: 11.06.2016).

Wir stehen erst am Anfang der Big Data Transformation. Jede Führungskraft, die sich nicht ernsthaft mit der Implementierung von Big Data Systemen auseinandersetzt, geht somit das Risiko ein, ins Hintertreffen zu geraten.

2.4.2.2 Entscheidungsformen

Neue Datenquellen können Möglichkeiten kreieren, die die Entscheidungsfindung bedeutend verbessern helfen. Doch nicht jeder Entscheidungsfall kann in gleichem Ausmaß behandelt werden. Entscheidungen zu unterstützen, ist eine weitaus komplexere Aufgabe, wie vorerst angenommen.

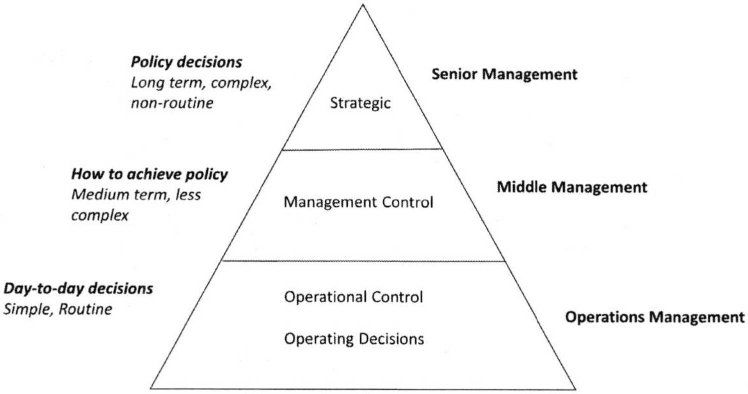

Abbildung 35: Entscheidungsstruktur[247]

Entscheidungen werden in obiger Darstellung in drei verschiedene Ebenen eingeteilt (Operational Control bzw. Operating Decisions, Management Control und Strategic). *Operating Decisions* spiegeln die alltäglichen, oft wiederkehrenden Entscheidungen wieder, die operativ getroffen werden. Hier fallen Big Data und Analysen der Datenströme (Analytics) am stärksten ins Gewicht. Ziel ist es, die Geschwindigkeit und Rationalität bezüglich der Entscheidungsfindung dieser Routinen zu erhöhen bzw. zu verbessern. Das mittlere Management kümmert sich um taktische Aspekte, die entsprechend der strategischen Planung ablaufen. Das mittlere Management soll dazu beitragen, die in der strategischen Entscheidungsebene gesetzten Ziele schrittweise zu verwirklichen und die angestrebte Leistungsstärke nachhaltig aufzubauen.

[247] Vgl. Delibašić, Boris: Decision support system V - big data analytics for decision making. Cham [et al.]: Springer 2015, S. 4.

Beispielhafte Entscheidungen drehen sich hierbei um die Gestaltung von Fließproduktionssystemen, Festlegung von Kapazitäten und der Überwachung von Produkt- und Servicequalität. Die strategische Ebene entscheidet über langfristige Rahmenbedingungen, unter denen sich ein Unternehmen erfolgreich entwickeln kann.[248]

Eine der schwerwiegendsten Herausforderung des Decision-Making über alle Ebenen hinweg, ist die zunehmende Komplexität der Herausforderungen in den höheren Leveln, im Gegensatz zu den operativen bzw. alltäglichen Aufgaben. Viele Senior Manager empfehlen demnach dem operativen Personal und den Lower-Level Managern die Nutzung von Datenanalysen (Predictive bzw. Prescriptive Analytics) und Big Data Unterstützungsapplikationen (Decision Support Applications), wobei Senior Manager davon ausgehen, dass Big Data bzw. Analytics auf lange Sicht gesehen, auch in der strategischen Ebene eine wichtige Bedeutung bekommt. Experten schätzen den Einfluss von Big Data in der Zukunft auf die Arbeitswelt als schier unbegrenzt. Deshalb durchlebt die Herangehensweise, wie Entscheidungen eingeleitet bzw. getroffen werden, eine bedeutende Veränderung.[249]

2.4.2.3 Data-Based Decision-Making

„Neun von zehn Geschäftsführern glauben, dass Business-Informationen zum vierten Produktionsfaktor neben Boden, Arbeit und Kapital geworden ist."[250] Laut einer von Capgemini durchgeführten Studie steigert sich die Geschäftsperformance durchschnittlich um 26 Prozent, wenn Big Data bzw. Analytics zur Entscheidungsfindung hinzugezogen wird. Zwei Drittel der befragten Führungskräfte bestätigen, dass Daten in ihrem Unternehmen einen hohen Stellenwert haben. Immer seltener stützen sich Führungskräfte auf ihre Erfahrung und Intuition. Gut die Hälfte der Befragten deuten demnach an, dass Managemententscheidungen, die auf Bauchgefühlen oder Erfahrungswerten beruhen, mehr und mehr als unseriös empfunden werden. Immer mehr Entscheidungen basieren demnach auf harten Fakten. Als Vorreiter fungiert die Energiebranche, in welcher ca. 76 Prozent der Entscheidungen durch Big Data bzw.

---

[248] Vgl. Delibašić, B.: Decision support system V - big data analytics for decision making. Cham [et al.]: Springer 2015, S. 4.
[249] Vgl. Delibašić, B.: Decision support system V - big data analytics for decision making. Cham [et al.]: Springer 2015, S. 5.
[250] Computerwoche: Capgemini-Studie – Big Data zunehmend wichtig für Entscheidungen. In: http://www.computerwoche.de/a/big-data-zunehmend-wichtig-fuer-entscheidungen,2515172 (Aufrufdatum: 04.06.2016).

Analytics beeinflusst werden. Gefolgt vom Gesundheitswesen, der Pharmaindustrie (jeweils 75 Prozent) und dem Finanzdienstleistungssektor (73 Prozent).[251]

Doch was ist Data-Based Decision-Making überhaupt und wie kann es in Unternehmen implementiert werden?

Der Decision-Making Prozess ist in zwei verschiedene Elemente unterteilbar: Zum einen der organisatorische Aspekt und zum anderen der technische Aspekt. Die organisatorischen Elemente beziehen sich auf das alltägliche Handeln von Unternehmen, wobei Entscheidungen in Hinsicht der Unternehmensstrategie zu treffen sind. Die technische Seite inkludiert das benutzte Toolset, welches zur Unterstützung der Entscheidungsfindungsprozesse eingesetzt wird. Interne bzw. externe Datenquellen werden hierbei als Big Data genutzt und mittels Unterstützungs-Tools, die relevante Informationen filtern, analysieren, visualisieren und Entscheidungsmöglichkeiten angeben, zur Hilfe herangezogen. Zusammengenommen sollen diese Hilfsmittel dem Entscheidungsträger eine zuverlässige Visualisierung von potentiellen Entscheidungsmöglichkeiten aufzeigen.[252]

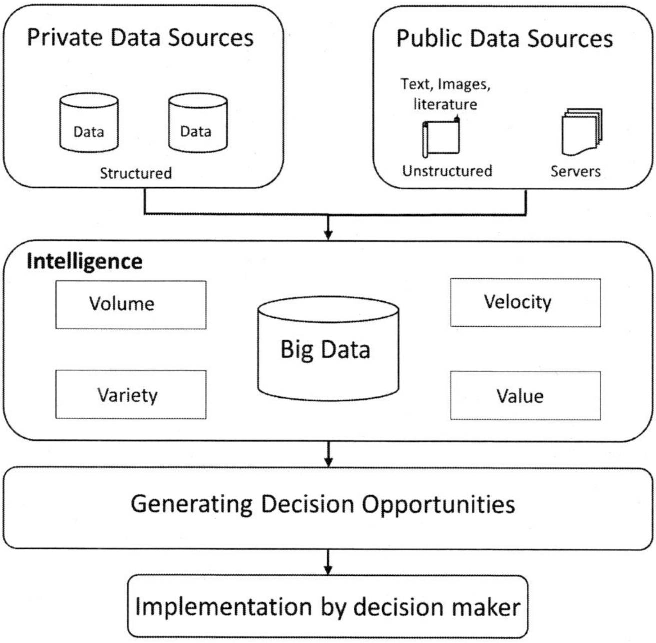

Abbildung 36: Decision-Making Prozess[253]

[251] Computerwoche: Capgemini-Studie – Big Data zunehmend wichtig für Entscheidungen. In: http://www.computerwoche.de/a/big-data-zunehmend-wichtig-fuer-entscheidungen,2515172 (Aufrufdatum: 04.06.2016).
[252] Vgl. Delibašić, Boris: Decision support system V - big data analytics for decision making. Cham [et al.]: Springer 2015, S. 10.
[253] Vgl. Ebd., S. 17.

Organisationen sind heutzutage mehr oder weniger dazu gezwungen, eine strukturierte Übersicht von Informationen für ihre Entscheidungsprozesse aufzuweisen. Ohne diese sind mittlerweile kaum Wettbewerbsvorteile gegenüber der Konkurrenz zu generieren.

Unternehmen nutzen Daten, um zu wachsen. Beispielsweise gewinnen sie Erkenntnisse über Profitabilität, Innovationen, Kundenzufriedenheit und Wettbewerbsfähigkeit, oder nutzen die Daten, um Risiken wie Betrugsfälle, Kriminalität, Systemausfälle oder Sicherheitsverletzungen möglichst zu minimieren.[254]

Big Data Analytics bildet die Grundlage für eine zielgerichtete Nutzung der explosionsartig wachsenden und oft überwiegend rohen Informationsmassen. Ohne geeignete IT-Infrastruktur bzw. Software, lassen sich die Datenmengen nur schwer auswerten. Deshalb haben sich Firmen wie u. a. IBM, Pentaho oder das Fraunhofer Institut darauf spezialisiert, Unternehmen darüber zu beraten, wie die Unternehmen ihre Daten bestmöglich nutzen können und wie sie Analytics in ihren Unternehmensalltag implementieren. Auch Google mit Google Analytics ist in dieses Marktsegment miteingestiegen.

Im Grunde sind die Systeme der Anbieter ähnlich aufgebaut. Daten werden gesammelt, ins System integriert (Integration), je nach Anforderung analysiert (Analytics), visuell dargestellt (Data Visualization) und daraus Vorhersagen abgeleitet (Predictive Analytics). Diese Daten können entweder, wie bereits beschrieben, die Entscheidungsfindung unterstützen, oder die Entscheidung automatisch selbst treffen und durchführen. Durch Analysen vergangener Fälle kann man Rückschlüsse über zurückliegende Entscheidungen ziehen (Descriptive & Diagnostic Analytics). Predictive Analytics versucht auf Basis komplexer Datenanalysen, Vorhersagen über zukünftige Ereignisse zu treffen. Im Idealfall erfolgen Entscheidungen automatisiert auf Grundlage der analysierten Daten. Von den Unternehmen, die Big Data für die Entscheidungsfindung benutzen, belaufen sich 29 Prozent auf automatisierten Entscheidungen, d. h. es gibt keinen finalen menschlichen Entscheider, der die Entscheidungsmöglichkeit endgültig trifft oder verwirft.[255] Automatisierte Entscheidungen sind zum größten Teil im operativen und mittleren Management anzutreffen. Das Risiko, automatisierte Entscheidungen weitreichend im Top-Level

[254] Vgl. Security Insider: Daten als strategische Entscheidungshilfe. In: http://www.security-insider.de/daten-als-strategische-entscheidungshilfe-a-519872/ (Aufrufdatum: 04.06.2016).
[255] Vgl. Capgemini: The Deciding Factor: Big Data & Decision Making. In: http://www.bdvc.nl/images/Rapporten/Capgemini-Big-Data-Decision-Making.pdf (Aufrufdatum: 04.06.2016).

Management zu etablieren, ist heute noch zu hoch, da die Auswirkungen einer Fehlentscheidung, die nicht durch Menschen kontrolliert wurde, ein Risiko darstellt. Ein wichtiges Anwendungsszenario für Predictive Analytics ist das Churn Management, sprich der Versuch, die Abwanderung von Kunden zu vermeiden. SAP hat 2015 ein derartiges Projekt umgesetzt. Das Modell sagt demnach die Kündigungswahrscheinlichkeit eines Kunden voraus, indem es unterschiedliche Kundensegmente anhand verschiedener Parameter analysiert. Daraus leitet es Handlungsoptimierungen ab, die beispielsweise das Marketing unterstützen.[256]

Predictive Analytics wird mittlerweile in vielen Branchen mit großem Erfolg eingesetzt. Ein weiteres Beispiel ist das intelligente Stromnetz (Smart Grid), welches Lastprognosen erstellt und den Strombedarf voraussagt, um den Stromverbrauch und die fluktuierende Stromerzeugung anzupassen. Ein Beispiel aus der Industrie ist Predictive Maintenance, zu Deutsch: die vorausschauende Wartung. Sensoren übermitteln hierbei Daten zum aktuellen Status einer Anlage über Parameter, wie Leistung, Temperatur, Umdrehung oder Auslastung an eine Cloud-Plattform. Daraus analysiert das System eine Vorhersage aus Fehlermustern bezüglich der Nutzung, Verschleiß und Zustand. Der Service kann so rechtzeitig reagieren und potentielle Maschinenausfälle proaktiv verhindern.[257]

„Es gibt unzählige Beispiele für Predictive Analytics. Grundsätzlich gilt: Predictive Analytics ist ein kontinuierlicher, iterativer Prozess. Da sich die eingesetzten Modelle durch den fortschreitenden Einsatz immer weiter verbessern und anpassen, werden auch die Vorhersagen immer präziser."[258]

---

[256] Vgl. Computerwoche: Predictive und Prescriptive Analytics – Prognosen und automatisierte Entscheidungen auf Basis von Daten. In: http://www.computerwoche.de/a/prognosen-und-automatisierte-entscheidungen-auf-basis-von-daten,3219071 (Aufrufdatum: 04.06.2016).
[257] Vgl. Computerwoche: Big Data Trends im Überblick – Was ist was bei Predictive Analytics. In: http://www.computerwoche.de/a/was-ist-was-bei-predictive-analytics,3098583,5 (Aufrufdatum: 07.06.2016)
[258] Ebd. (Aufrufdatum: 08.06.2016).

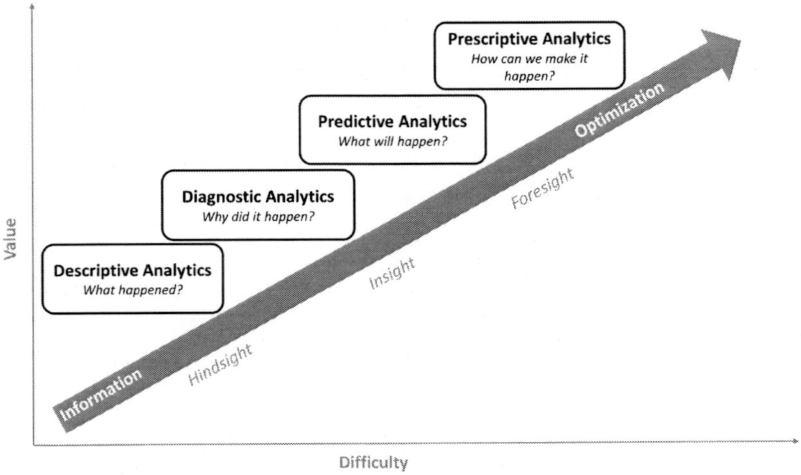

Abbildung 37: Analytics Reifegradmodell[259]

Eine Weiterführung von Predictive Analytics („Was wird passieren?“) ist Prescriptive Analytics („Wie sollten wir handeln, damit ein zukünftiges Ereignis (nicht) eintritt?“). Das System liefert Handlungsempfehlungen, die aus konkreten Vorschlägen zum Erreichen eines Ziels bestehen. Um einem derartigen System und dessen Ergebnissen zu vertrauen, ist es notwendig, das Modell und die Parameter stetig anzupassen, zu trainieren und in einem immerwährenden Prozess neu zu kalibrieren.[260]

Moderne statistische Methoden wie Predictive Applications, ermöglichen, dass viele, häufig wiederkehrende Fragestellungen, aufgrund gesammelter Daten, Prognosen für die nahe Zukunft inklusive einer kompletten Risikoabschätzung erstellt werden können (Predictive Analytics). Mit Hilfe dieser Grundlage können daraus mathematisch optimale Entscheidungen vorgeschlagen (Prescriptive Analytics), oder direkt automatisiert werden.[261]

[259] Vgl. Computerwoche: Big Data Trends im Überblick – Was ist was bei Predictive Analytics. In: http://www.computerwoche.de/a/was-ist-was-bei-predictive-analytics,3098583,4 (Aufrufdatum: 07.06.2016).
[260] Vgl. Computerwoche: Predictive und Prescriptive Analytics – Prognosen und automatisierte Entscheidungen auf Basis von Daten. In: http://www.computerwoche.de/a/prognosen-und-automatisierte-entscheidungen-auf-basis-von-daten,3219071 (Aufrufdatum: 05.06.2016).
[261] Vgl. Data2day: Predictive Analytics und Entscheidungsautomatisierung. In: http://www.data2day.de/veranstaltung-5335-keynote.html?id=5335 (Aufrufdatum: 09.06.2016).

2.4.2.4 Trends

Der Trend, Daten zu sammeln, zu analysieren und zu seinem Vorteil zu nutzen, ist schon heute ein bedeutender Faktor in der Industrie. Entscheidungsvorgänge werden durch analytische Herangehensweisen unterstützt oder sogar gänzlich automatisiert. Die interessante Frage ist, ob die Entwicklung der Big Data Nutzung in Zukunft weiter stark wächst, oder ob sie eher stagniert und eventuell sogar wieder rückgängige Entwicklungen verzeichnet.

In den kommenden zwei Jahren werden zwei Drittel der 2.000 weltweit führenden CEOs die digitale Transformation ins Zentrum ihrer Wachstumsstrategie rücken. Es wird erwartet, dass sich bis Ende dieses Jahrzehnts der Anteil an Unternehmen mit fortgeschrittenen Digital-Transformation-Strategien und entsprechenden Implementierungen, mehr als verdoppelt. Dies behauptet zumindest Frank Gens – Senior Vice President und Chief Analyst bei IDC (International Data Corporation).[262]

Die Arbeitswelt wird davon in nahezu jeder Branche und Aktivität betroffen sein. Dazu zählt auch die Entscheidungsfindung. Zahlen aus Umfragen zeigen auf, dass die Unterstützung von Big Data Analytics bereits ein wichtiger Bestandteil im Decision-Making ist. 58 Prozent der Entscheidungen werden im Durchschnitt schon heute mit Hilfe von Decision Support Systemen getroffen, wobei in 29 % der dafür verwendeten Zeit auf automatische durchgeführte Entscheidungen zurückgegriffen wird.[263] Diese Anteile werden mit hoher Wahrscheinlichkeit in Zukunft weiter zunehmen. Die wachsende Geschwindigkeit und Menge an Daten, die täglich generiert wird, forciert mehr oder weniger das Benutzen von datenanalysierenden Systemen. Wer sich der Nutzung bzw. der Implementierung von analytischer Software zur Entscheidungshilfe widersetzt, oder nicht früh genug auf den Zug der Transformation aufspringt, wird sehr bald von der Konkurrenz abgehängt werden.

Mittlerweile benutzt ein markanter Teil der Bevölkerung das Internet – Tendenz steigend. Produktionshallen, Maschinen, Büros und mehr werden mit Soft- bzw. Hardware ausgestattet, die ständig Informationen erheben, auswerten und weiterleiten. Dahinter verbirgt sich eine enorme Zahl an unternehmerisch bedeutenden

---

[262] Vgl. SearchEnterpriseSoftware: Capgemini, Gartner und IDC: Das sind die größten IT-Trend für 2016. In: http://www.searchenterprisesoftware.de/news/4500269158/Capgemini-Gartner-und-IDC-Das-sind-die-groessten-IT-Trends-fuer-2016 (Aufrufdatum: 07.06.2016).

[263] Vgl. Capgemini: The Deciding Factor: Big Data & Decision Making. In: http://www.bdvc.nl/images/Rapporten/Capgemini-Big-Data-Decision-Making.pdf (Aufrufdatum: 07.06.2016).

Faktoren, die die Zukunft eines Unternehmens und deren Wettbewerbsfähigkeit maßgeblich beeinflussen können.

Wie eingangs beschrieben, nimmt die geforderte Entscheidungsgeschwindigkeit auch in Zukunft weiter zu. Allein durch das Personal ist dies durch die gewaltigen Datenmengen nicht mehr zu bewerkstelligen. Darum bedarf es in vielen Unternehmen bzw. in deren Unternehmensbereichen einer grundsätzlichen Überholung der Herangehensweise der Entscheidungsfindung.

Es wird davon ausgegangen, dass 99 Prozent aller operativen Entscheidungen in Unternehmen zu automatisieren sind. In wiederkehrenden Situationen können dadurch Entscheidungen schneller, zuverlässiger und besser als bisher getroffen werden. Bereits heute werden beispielsweise Nachbestellungen von Frischware in Supermärkten automatisiert ausgelöst, Werbemaßnahmen zugeteilt, dynamische Preise im Internet-Handel gesetzt oder Kauf- bzw. Verkaufsentscheidungen in der Finanzwelt getroffen und das, wie bereits beschrieben, schneller, zuverlässiger und besser als von Menschen.[264]

Strategische Entscheidungen werden jedoch voraussichtlich noch lange dem Menschen vorbehalten sein, da diese aktuell zu komplex bzw. unstrukturiert sind, um von programmierten System automatisiert getroffen zu werden. Analytics erfährt stattdessen eine wertvolle Rolle im Support des strategischen Entscheidungsprozesses, wie beispielsweise das Identifizieren von demographischen Veränderungen, Arbeitslosenraten, BIP-Entwicklungen oder Bildungsniveaus. Diese analytisch ausgewerteten Erkenntnisse werden hilfreich, sobald man vor der beispielhaften Entscheidung steht, einen neuen Markt zu betreten.

2.4.3 Mensch vs. Maschine – Die Zukunft der Manager

Grundsätzlich kann man vorwegnehmen, dass Manager auch in zukünftigen Geschäftsfällen Entscheidungen treffen werden und nicht komplett durch IT-Strukturen zu ersetzen sind. Eines ist jedoch klar: Big Data wird einen weitaus größeren Impact in der Arbeitswelt haben, als bislang vermutet.

---

[264] Vgl. KIT-University: Mit Predictive Applications Logistikprozesse effizient steuern. In: http://www-ekp.physik.uni-karlsruhe.de/~feindt/Automobillogistik2015_Feindt.pdf, S. 16f. (Aufrufdatum: 07.06.2016).

Wie bereits beschrieben ist die automatisierte Entscheidungsfindung ein wichtiger Faktor. Ausschlaggebender Aspekt dieser Entwicklung ist die hohe bzw. steigende Erwartungshaltung der Kunden an die Unternehmen. Solange man nicht das richtige Level an automatisierten Entscheidungsprozessen hat, bringt dies enorme Kosten mit sich. Wenn eine hohe Zahl an Daten (Big Data) vorhanden ist und bisher genannte analytische Methoden (Analytics) noch nicht ausreichend in die Entscheidungsfindung involviert sind, wächst die manuelle Bearbeitung. Das wiederum führt dazu, dass mehr Ressourcen und Mitarbeiter gebraucht werden, um diverse Anforderungen zu bearbeiten. Hinzuzufügen ist, dass eine manuelle Bearbeitung nicht in der gleichen Schnelligkeit und Genauigkeit handhabbar ist, wie sie gegebenenfalls von analytischen Entscheidungshilfen zu erwarten ist. Der Kunde wird somit bei diesen fehlenden Parametern nicht ausreichend zufriedengestellt. Mit der Zeit erwirkt dies eine Abwanderung des Kundenstamms, was sich negativ auf den Erfolg eines Unternehmens auswirkt. Deshalb gewinnt der Business Case für automatisierte Entscheidungen an Bedeutung.

Doch diese Entwicklung hat noch lange nicht ihren Höhepunkt erreicht und wird in naher Zukunft wohl auch nicht erreicht werden. Die Vision, 99 % der operativen Entscheidungen zu automatisieren, ist daher vorerst nicht als realistisch anzusehen. Vor allem die Steigerung der automatisierten Entscheidungsprozesse für strategische Angelegenheiten weist noch nicht den Entwicklungsstand auf, um bessere Entscheidungen als erfahrene Manager zu treffen. In gewissen Fällen ist es eventuell zutreffender, die Expertise und Intuition eines Senior Managers über die Analyse einer Software zu stellen. Spezielle IT-Software ist hier zur Unterstützung der Managementtätigkeiten einzusetzen.

Die Vision, eine Art künstliche Intelligenz zu erschaffen, die sich selbst von Case zu Case weiterentwickelt und die vermeintlich optimale Entscheidungen vorgibt bzw. trifft und durchführt, wird bereits diskutiert. Ein essenzieller Bestandteil auf dem Weg zur Erzeugung von intelligenten Programmen sind Trainingsphasen, in denen Algorithmen wiederkehrende Muster zu erkennen lernen.[265] Hierin liegt jedoch eine Herausforderung. Wiederkehrende Muster liegen nicht in jedem Entscheidungsfall vor. Unternehmensspezifisch gibt es Vorfälle, die nicht durch wiederkehrende Muster zu

---

[265] Vgl. Big Data Blog: Deep Learning – Warum Big Data auf dem Weg zu künstlicher Intelligenz entscheidend sein wird. In: https://bigdatablog.de/2016/03/02/big-data-fuer-kuenstliche-intelligenz-entscheidend/ (Aufrufdatum: 14.06.2016).

beschreiben sind und daher auch keine zwangsläufig optimale Entscheidungsalternative anbieten. Wiederum wäre hier eine intelligente Software vorerst lediglich zur Unterstützung der Managementtätigkeiten anzusehen, geschweige denn als Ersatz des Managers.

Ein weiterer Aspekt, der eine entscheidende Rolle spielen wird, ob und in welchem Umfang in Zukunft intelligente Software und smarte Maschinen weiter in den Alltag eindringen, ist die Frage, wer die Verantwortung – sowohl in juristischer, wie auch in moralischer Hinsicht – für Handlungen und Entscheidungen von Programmen und Maschinen übernehmen wird. Bereits bei der Erhebung relevanter Daten muss, vor allem in Deutschland, penibel darauf geachtet werden, dass der Datenschutz und die Gewährleistung der Anonymität für Bürger und auch Mitarbeiter gewährleistet wird. Der Einsatz von Big Data wird dadurch zum Teil noch erschwert. In anderen Ländern wie den USA, sind die Bestimmungen weit weniger streng als hierzulande, was dortigen Unternehmen einen weiteren Vorteil verschafft, da viele Unternehmen auf die Daten ihrer Kunden angewiesen sind.[266]

Das Nutzen von Big Data durch Predictive/Prescriptive Analytics oder gar künstlicher Intelligenz impliziert nicht, dass der Mensch als Entscheidungsträger nicht mehr gebraucht wird. Es heißt nicht, dass die Maschine den Menschen bzw. den Manager ersetzt. Eher ist vom Gegenteil auszugehen. Der Mensch wird entlastet und kann durch die Unterstützung der Systeme, die erwarteten Anforderungen oder Kundenbedürfnisse gezielter, besser und vor allem schneller erreichen. Es mag sein, dass einige Arbeitsfelder dadurch verschwinden werden, doch auf der einen Seite wird in den meisten Unternehmen bereits heute viel ausgelagert, um Arbeitsplätze zu sparen und auf der anderen Seite werden neue Arbeitsplätze bzw. Experten geschaffen, die die Big Data Systeme pflegen, bedienen und warten können. Neue bzw. angepasste Fähigkeiten werden dafür vom Personal benötigt. Auch wenn die intelligente Software idealerweise die Aufgaben autark verfolgt, ist eine Basis der Anforderungen durch den Menschen zu gewährleisten.

Big Data ist eine Entwicklung, die die Arbeitswelt und vor allem die Gesellschaft an sich nachhaltig verändern wird. Aktuell wird nur ein Bruchteil der potentiellen Möglichkeiten ausgeschöpft. Entweder, weil die Verwendung dieser Daten nicht als wichtig erachtet wird, oder weil die Daten zu unstrukturiert vorhanden sind, oder man

---

[266] Vgl. Big Data Blog: Big-Data-Strategien: So werden Unternehmen erfolgreicher. In: https://bigdatablog.de/2015/02/07/big-data-strategien-werden-unternehmen-erfolgreicher/ (Aufrufdatum: 14.06.2016).

2.5 Nachhaltige Umsetzung

Alexander Seltner

Zusammenfassung

Im Zeitalter der Digitalisierung müssen sich Führungskräfte neuen Herausforderungen stellen. Wenn sie den Digitalisierungstrend nicht nachhaltig verfolgen, laufen diese Gefahr, in existenzielle Nöte zu geraten. Was ist also nötig, um nachhaltig Erfolg zu erzielen und aus welchem Grund sind einige Unternehmen bisher gescheitert?

Schlüsselbegriffe

Führung - Digitalisierung - Innovation - Globalisierung - Komplexität - Megatrends - Nachhaltigkeit - Vision

"A primary difference between winners and losers will not be the pace of change, but the ability to respond to the pace of change."

Ulrich, 1998

2.5.1 Digitalisierung: Fluch und/oder Segen?

Digitalisierung und Globalisierung sind zwei globale Megatrends. Zwar sind sie begrifflich getrennt, aber ihre Wirkung auf die Umwelt entfalten sie vor allem durch ihr Zusammenspiel. Die Globalisierung, wie wir sie heute kennen, wäre ohne die Digitalisierung nicht möglich gewesen. Durch die Digitalisierung wurden die Kommunikations- und Transportkosten deutlich kostengünstiger und beschleunigten somit die globale Verflechtung.[268]

Durch diese Wechselwirkungen zwischen Digitalisierung und Globalisierung haben sich auch die weltweiten Produktionsprozesse maßgeblich verändert. Durch den verstärkten Einsatz von Technologien konnten Produktivitätssteigerungen sowie ein höheres Wirtschaftswachstum erreicht werden. In unserem gegenwärtigen Zeitalter stehen Führungskräfte deshalb vor neuen Herausforderungen. Sie müssen in immer kürzeren Abständen mit neuen Technologien arbeiten. Führung wird zunehmend medial vermittelt und geschieht aufgrund der Globalisierung über größere Distanzen. Damit muss nicht nur die Führungskraft umgehen, sondern auch der Geführte, der dadurch ebenfalls vor neuen und bislang unbekannten Herausforderungen steht. Insbesondere deshalb, weil sich gerade erst verinnerlichte Prozesse quasi über Nacht wieder verändern. Durch dabei auftauchende neue Fragestellungen, haben einmal gefundene Lösungen nicht lange Bestand. Wenn aber Führungskräfte diesen Digitalisierungstrend nicht **nachhaltig** verfolgen, riskieren sie die Existenz ihrer Organisationen.

Was ist also nötig um nachhaltig Erfolg zu erzielen und aus welchem Grund sind einige Unternehmen bisher daran gescheitert?

---

[268] Vgl. Dr. Thieß, P.: Globalisierung, Digitalisierung und Einkommensungleichheit. In: Bertelsmann Stiftung https://www.bertelsmann-stiftung.de/de/publikationen/publikation/did/policy-brief-201501brglobalisierung-digitalisierung-und-einkommensungleichheit/ (Aufrufdatum: 19.06.16).

Im folgenden Kapitel sollen die Begrifflichkeiten Digitalisierung und Nachhaltigkeit diskutiert werden. Anschließend werden sowohl positive als auch negative Praxisbeispiele unter Berücksichtigung der Erfolgs-/ und Misserfolgsfaktoren zur nachhaltigen Umsetzung vorgestellt. Hierbei wird auch die jeweilige Rolle der Führungskraft beschrieben. Im Fazit folgt eine Zusammenfassung des Kapitels, um zu verdeutlichen, wie essentiell wichtig ein hohes Maß an Agilität und der Umgang mit Innovationen ist.

2.5.2 Begrifflichkeiten

2.5.2.1 Digitalisierung und digitale Revolution

Unter Digitalisierung ist sowohl die digitale Umwandlung, Darstellung und Durchführung von Information und Kommunikation, als auch die digitale Modifikation von Maschinen zu verstehen. Die digitale Revolution ist auch als digitale Wende bekannt.

Im 20. Jahrhundert vollzog sich die Modernisierung im Bereich der Informationstechnologie vor allem in der Automatisierung und der Optimierung in Privathaushalten und Arbeitsplätzen. Zusammen mit Computernetzen wurden Office-Programme und Enterprise-Resource-Planning-Systeme geschaffen.[269]

Seit Anfang des 21. Jahrhunderts spielen disruptive Technologien, innovative Geschäftsmodelle, Autonomisierung, Flexibilisierung und Individualisierung die Hauptrolle. Die digitale Revolution mündet in die vierte industrielle Revolution, die auch Industrie 4.0 (englisch "Enterprise 4.0") genannt wird.[270]

Rein digitale Dienstleistungen im Rahmen von Internetsuchmaschinen oder sozialen Netzwerken haben durch die Digitalisierung in der digitalen Revolution darauf spezialisierte Unternehmen erfolgreicher und wertvoller werden lassen als alteingesessene Produzenten von realen Waren und Gütern. Beste Beispiele hierfür sind Facebook und Google.

---

[269] Vgl. Prof. Dr. Bendel, O.: Digitalisierung. In: Gabler Wirtschaftslexikon http://wirtschaftslexikon.gabler.de/Definition/digitalisierung.html (Aufrufdatum: 19.06.16).
[270] Vgl. ebd.

2.5.2.2 Nachhaltigkeit

Der Ursprung des Begriffes Nachhaltigkeit lässt sich vor ca. 300 Jahren finden. Die Forstwirtschafft fasste damals den Entschluss, nur so viel Holz zu schlagen, wie durch planmäßige Aufforstung auch wieder nachwachsen kann. Der Begriff selbst wurde allerding in dem 1972 erschienenen Buch „Grenzen des Wachstums: Bericht des Club of Rome zur Lage der Menschheit“ erstmals in diesem Zusammenhang genannt. Darin wurde aufgezeigt, dass durch das Wirtschafts- und Bevölkerungswachstums ein Ressourcenverbrauch, eine Umweltverschmutzung und eine globale Klimaerwärmung drohen, die ein Überleben der Menschheit auf diesem Planeten langfristig und nachhaltig unmöglich machen.[271]

Nachhaltigkeit im Management Konzept

Eines der wichtigsten Ziele jedes erfolgreichen Unternehmens, ist die Steigerung des unternehmerischen Gewinns unter Berücksichtigung der Nachhaltigkeit. Eine Hauptaufgabe besteht darin, Teilziele in den drei Bereichen des sogenannten *Triple Bottom Line Konzepts* (TBL, 3BL) Ökologie, Ökonomie und Soziale Verantwortung zu definieren und zu erreichen.

Nach dem 3BL Konzept basiert die Nachhaltigkeit auf den drei Säulen „wirtschaftlicher Erfolg“ (ökonomisch), „Umwelt-, Klima- und Ressourcenschutz“ (ökologisch) sowie „soziale Verantwortung“ (sozial) (vgl. Abbildung 38: Triple Bottom Line Konzept). Müssen sich die ebenso wichtigen Teilziele Ökologie und soziale Verantwortung immer dem ökonomischen Mehrwert unterordnen, kann nach dem 3BL-Prinzip ein Unternehmen langfristig keinen Erfolg haben. Dem sozialen und ökologischen Teilziel wird somit auch ein Mehrwertpotential zugesprochen (z.B. Schaffen von Reputationen und gesellschaftlicher Legimitation, Verbesserung der Beziehungen zu Anspruchsgruppen, Senkung von sozialen bzw. ökologischen begründeten Risiken).[272] Nicht unterschätzt werden darf dabei der Imagegewinn durch bewusste Priorisierung der Nachhaltigkeit, weil er die Sympathiewerte eines Unternehmens bei den Verbrauchern positiv beeinflussen und dadurch auch wirtschaftliche Nachteile, z.B. einen etwas höheren Preis eines Produkts, ausgleichen kann.

---

[271] Vgl. Balderjahn, I.: Nachhaltiges Management und Konsumentenverhalten, Konstanz und München, 2013, S. 11.
[272] Ebd., S. 82.

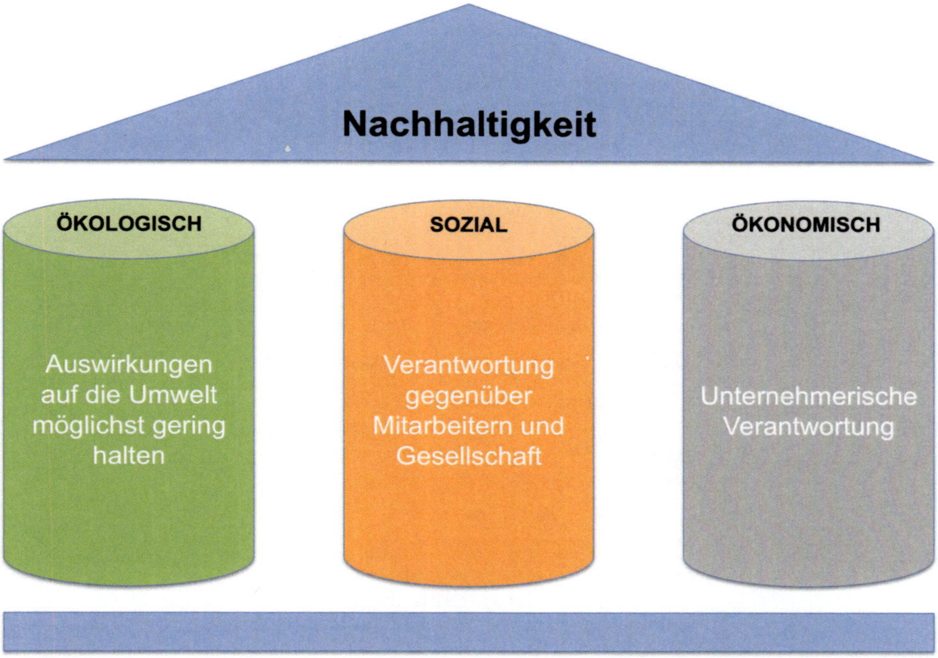

Abbildung 38: Triple Bottom Line Konzept[273]

Damit aber die Einhaltung bzw. Stützung der drei Säulen zu gewährleisten ist, bedarf es eines normativen, strategischen und operativen Managements (vgl. Abbildung 39: Nachhaltiges Management nach dem St. Gallen Ansatz). Die normative Aufgabe des Unternehmens ist es geeignete Visionen, Leitbilder und Grundsätze in der Unternehmenskultur zu verankern. Die strategische Nachhaltigkeitsplanung beruht auf einer umfassenden SWOT-Analyse des eigenen Unternehmens, um eine geeignete Strategie abzuleiten. Die daraus resultierenden Maßnahmen richten sich laut Prof. Dr. Ingo Balderjahn[274] u.a. auf die

- Einrichtung von nachhaltigen Managementsystemen,
- Umsetzung nachhaltiger Planungsinstrumente,
- Schulung, Information und Motivation von Mitarbeitern,
- Umsetzung von nachhaltigen Strategien durch Auswahl geeigneter Maßnahmen und auf die
- Schaffung von Transparenz für die Öffentlichkeit.

---

[273] Vgl. Monagoo: Unternehmensprofil Basis, 2004. In: Utopia https://utopia.de/0/blog/monagoo-einfach-richtig-gut/mit-3-einfachen-fragen-nachhaltige-geschenke (Aufrufdatum: 18.06.16).
[274] Vgl. Balderjahn, I.: Nachhaltiges Management und Konsumentenverhalten, Konstanz und München, 2013, S. 85.

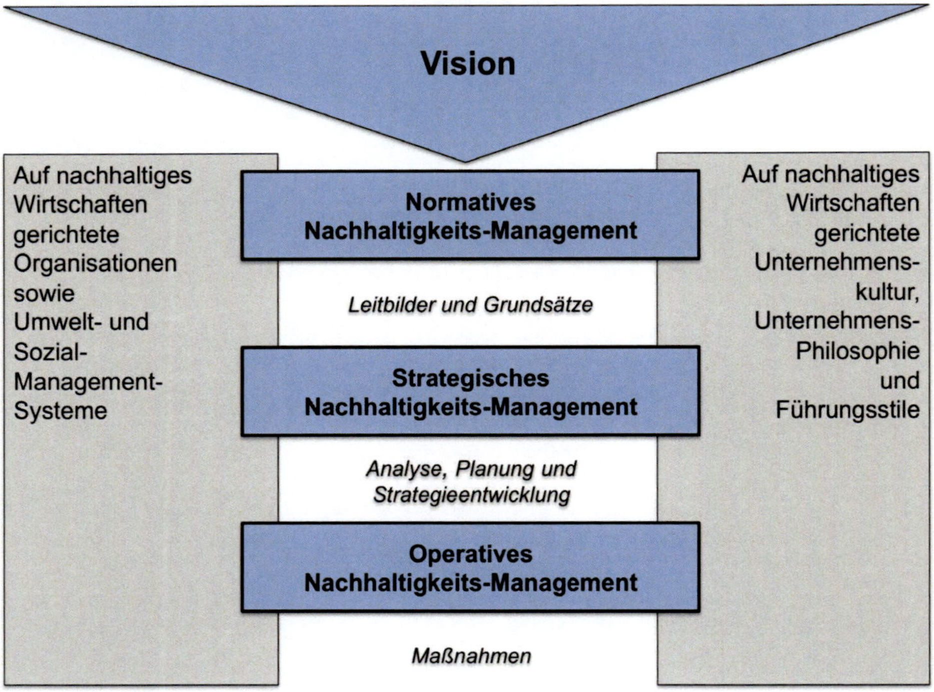

Abbildung 39: Nachhaltiges Management nach dem St. Gallen Ansatz[275]

2.5.3 Positive Praxisbeispiele

Unternehmen die unter ihrer Vision ein gutes normatives, strategisches und operatives Nachhaltigkeitsmanagement betreiben, haben langfristigen Erfolg. Dies soll anhand der folgenden Praxisbeispiele untermauert werden.

2.5.3.1 Erfolgsgeschichte iPhone

Apple, Inc. ist ein amerikanischer Hard- und Software Entwickler mit Sitz in Cupertino, Kalifornien. Das Unternehmen entwickelt unter anderem Computer, Smartphones, Unterhaltungselektronik, Betriebssysteme und Anwendersoftware.

Apple wurde 1976 von Steve Jobs, Steve Wozniak und Ron Wayne in einer Garage gegründet. Das Unternehmen zählt zu den ersten Herstellern von Personal Computern und ist mittlerweile mit 600 Milliarden Dollar Börsenwert (Stand: Dezember 2015) das

[275] Vgl. Balderjahn, I.: Nachhaltiges Management und Konsumentenverhalten, Konstanz und München 2013, S. 85.

wertvollste börsennotierte Unternehmen der Welt.[276] Zu Apples Produktpalette gehören unter anderem der iPod, das iPad sowie das iPhone. Mit Erscheinen des iPhones (2007) hat Apple den Smartphone Markt revolutioniert. Laut Prof. Frank Piller[277] lösen die meisten Firmen bei der Entwicklung neuer Produkte die Probleme der Kunden. Das hat zur Folge, dass ein hoher Aufwand an Marktforschung betrieben wird, um die Bedürfnisse der Kunden zu eruieren. Ziel ist es schließlich, diese zu befriedigen und einen nachhaltigen Kundennutzen zu stiften. Apple tut mehr als das! Apple verfolgt außerdem das Ziel, den Kunden komplett zu verstehen.[278] Dadurch ist es dem Unternehmen möglich, noch nicht bestehende Bedürfnisse zu wecken und als Vorreiter der Technologie einen Wettbewerbsvorteil zu generieren. Sind andere Unternehmen dem ständigen Wandel durch exogene Faktoren ausgesetzt, so ist Apple in der Lage, endogen eine Veränderung hervorzurufen und andere Mitbewerber in eine Nachfolgerposition zu drängen. Dadurch konnte Apple bereits im Jahr 2007 einen technologischen Push wie das iPhone realisieren. Wer konnte damals bereits ahnen, dass das Smartphone einen nicht mehr weg zu denkenden Alltagsgegenstand darstellen wird? Weder im iPod noch im iPhone wurde viel innovative Technik verwendet, die Apple originär entwickelt hat. Als innovativ gilt jedoch die Kombination aus bestehenden Technologien. So wurden die Produkte sehr benutzerfreundlich entwickelt. Die eigentliche Innovation ist somit nicht das iPhone an sich, sondern die Applikationen, auch Apps genannt.

Dadurch besteht für jeden Kunden die Möglichkeit, die Hardware durch geeignete Apps individuell für sich zu optimieren.

Durch das Öffnen des eigenen innovativen Ökosystems erlaubte es Apple Dritten, Apps selbst zu erstellen. Dadurch können Fremdanbieter ihre Apps im App-Store verkaufen. Dies führte dazu, dass die Zahl der angebotenen Apps rasant steigt.

Erfolgsfaktoren

Eine ausführliche Erläuterung über den Erfolg von Apple ist bereits in Buchkapitel 1.3 zu finden. Um jedoch Bezug auf das Managementkonzept des St. Galler Ansatzes zu nehmen, soll im Folgenden eine kurze Zusammenfassung gegeben werden.

---

[276] Vgl. Rottwilm, C.: Wertvollste Firmen der Welt - Warum Google demnächst Apple überholen könnte. In: manager magazin, Heft 4/2012, S. 33.

[277] Vgl. Piller, F.: Von Branche zu Branche. In: Brandeins: Innovation, Heft 4, März-Mai 2016, S. 31.

[278] Vgl. ebd.

Eine klare Vision des Unternehmens hat maßgeblich zum Erfolg beigetragen. Diese lautet wie folgt:

- „To be the most admired company in the world and the most loveable brand people ever use."
- „Every person around the global should taste at least one apple product."

Aus dieser Vision hat Apple die folgenden Leitbilder und Grundsätze abgeleitet, die dem normativen Management zuzuordnen sind.

- We believe that we're on the face of the Earth to make great products.
- We believe in the simple, not the complex.
- We believe in saying NO to thousands of projects, so that we can really focus on the few that are truly important and meaningful to us.
- We don't settle for anything less than excellence.

Dieser Erfolg ist nur langfristig gewährleitet, wenn es das Prinzip der Nachhaltigkeit ernst nimmt. In den vorherigen Kapiteln wurde bereits immer wieder auf den ökonomischen Erfolg hingewiesen. Doch ebenfalls nicht zu vergessen ist der ökologische Aspekt, von vielen Unternehmen nach wie vor nicht beachtet. Nicht so aber Apple! Auf ihrer Website ist zu lesen, dass sie:

- Neue Solarprojekte entwickeln um ihre CO_2 Bilanz zu verbessern,
- auf umweltfreundlichere Rohstoffe in den Produkten wechseln,
- die Fertigungsprozesse sicherer zu machen und
- dafür sorgen, dass Nutzwälder geschützt und nachhaltig bewirtschaftet werden.[279]

So gelingt es Apple, alle drei Säulen der Nachhaltigkeit zu erfüllen.

2.5.3.2 Tesla Motors

Tesla Motors, Inc. ist ein amerikanisches Automobilunternehmen das ausschließlich Elektroautos fertigt. Das Unternehmen wurde 2003 von Elon Musk, Martin Eberhard, Marc Tarpenning, JB Straubel und Ian Wright gegründet und hat seinen Firmensitz in Palo Alto, im Silicon Valley Kalifornien. Ziel des Unternehmens ist es, Elektroautos

[279] Vgl. Apple Inc.: Umweltschutz - Unser Planet verdient unsere besten Ideen. In: Apple http://www.apple.com/de/environment/ (Aufrufdatum: 18.06.16).

einem breiten Maße zur Verfügung zu stellen. Daher verfolgt Tesla Motors, Inc. die Mission, den Übergang zur nachhaltigen Energiegewinnung zu beschleunigen. Ohne die Unterstützung zahlreicher Investoren müsste Tesla Konkurs anmelden, da es bis heute rote Zahlen schreibt. Dennoch hat das Unternehmen einen stetig steigenden Umsatz. Bis heute hat dieser über 4 Mrd. US-Dollar erreicht und das Unternehmen hat einen Marktwert von knapp 30 Mrd. US-Dollar.

Erfolgsfaktoren

Auch Tesla hat eine klare Vision. Das übergeordnete Ziel ist es, den Wandel von einer Verbrennungswirtschaft zu einer Solar-Elektrowirtschaft voranzutreiben. Deshalb will das Unternehmen Elektrofahrzeuge für Durchschnittskonsumenten erschwinglich machen. In seinem Blog erläuterte der Gründer Elon Musk im Jahr 2006 die Strategie.

1. „Einen Sportwagen bauen", da hier die Zahlungsbereitschaft am höchsten sei und gezeigt werden soll, dass Elektromotoren gegenüber Verbrennungsmotoren überlegen sein können.
2. Dieses Geld nutzen, um einen „etwa halb so teuren sportlichen Fünftürer zu bauen".
3. Mit dem verdienten Geld ein „noch günstigeres Familienauto bauen".

Währenddessen soll die Option für eine Lademöglichkeit ohne CO_2-Emissionen angeboten werden. Bis heute hat Musk die ersten zwei Schritte erreicht. Der sportliche Fünftürer, das Modell S, hat sich bisher über hunderttausendmal verkauft. Somit ist es das meistverkaufte Elektroauto der Welt. Dennoch schreibt Tesla weiterhin rote Zahlen. Der Nettoverlust im September-Quartal (2015) betrug 230,0 Mio. US-Dollar. Diese hohen Verluste können insbesondere mit der Markteinführung des SUV „Model X" und dem Bau der „Gigafactory" für Lithium-Ionen-Batterien erklärt werden.[280] Warum Tesla trotzdem in den positiven Praxisbeispielen auftaucht?

Tesla hat seit 2012 einen jährlichen Anstieg der Verkaufszahlen um 30 % (vgl. Abbildung 40). Wenn dieser Trend so weiter geht wird das Unternehmen in den nächsten Jahren beachtliche Gewinne erzielen.

---

[280] Vgl. Tietze, N., Im Fokus Tesla Motors: Die leuchtende Zukunft einer gebeutelten Autobranche?, 2015. In: Die Börsenblogger http://dieboersenblogger.de/60884/2015/11/im-fokus-tesla-motors-die-leuchtende-zukunft-einer-gebeutelten-autobranche/ (Aufrufdatum: 20.06.16).

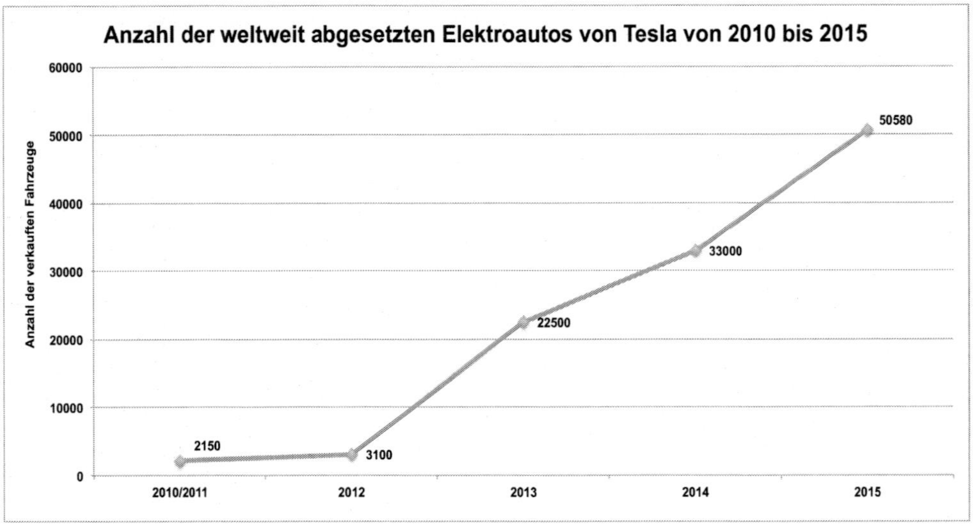

Abbildung 40: Tesla Verkaufszahlen 2010-2015[281]

Weiterhin verzeichnet das Unternehmen sehr viele Bestellungen für seine Fahrzeuge. Mit Fertigstellung der neunen „Gigafactory" im Jahr 2018 will Tesla die hohe Nachfrage decken. Auch soll diese Fabrik für Batterien die Produktion des massenmarkttauglichen „Model 3" ermöglichen. Mit ihm will das Unternehmen endgültig auch in Sachen Stückzahlen zu den ganz großen Automobilkonzernen aufschließen. Außerdem könnte die Marktsituation für einen reinen Elektrowagenhersteller wie Tesla Motors nicht besser sein. Wenn es um das Thema umweltschonende Autos geht hat Volkswagen mit dem Abgas-Skandal das Vertrauen in die gesamte Autobranche erschüttert. Das könnte Autofahrer vermehrt über den Kauf eines Elektrofahrzeugs nachdenken lassen. Das wäre der möglicherweise der endgültige Schub für Tesla, um Vorreiter unter den Elektroautoherstellern zu werden.

2.5.4 Negative Praxisbeispiele

Mit Hilfe der negativen Beispiele soll gezeigt werden, welche „Misserfolgsfaktoren" Unternehmen zum Scheitern bringen. Ist ein vernachlässigtes Nachhaltigkeitsmanagement wirklich der einzige Grund?

---

[281] Vgl. Bloomberg: Anzahl weltweit verkaufter Autos von Tesla bis 2015, Weltweit, 2015, S. 6. In: Statista http://de.statista.com/statistik/daten/studie/277932/umfrage/automobil-absatz-von-tesla (Aufrufdatum: 20.06.16).

2.5.4.1 Nokia – vom Marktführer bis zur Pleite

War Nokia ein Opfer des eigenen Erfolgs?

Nokia ist ein Telekommunikationskonzern mit Hauptsitz in Espoo, Finnland. Das Unternehmen wurde 1865 gegründet und war damals noch eine Papierfabrik. 1898 erweiterte der Gründer Eduard Polón das Unternehmen um eine Gummifabrik. Diese stellte unter anderem Gummistiefel und Fahrradschläuche her. 1912 wurde nochmals erweitert. Dieses Mal um ein Kabelunternehmen (Finnish Cable Works in Nokia). Im Jahr 1987 stellte Nokia dann sein erstes echtes Mobiltelefon vor. Zuvor wurden Mobiltelefone ausschließlich in Autos verbaut. Aus diesen verschieden Sparten entwickelte sich im Laufe der Zeit ein erfolgreicher Technologiekonzern. 1998 wurde Nokia zum weltweiten Marktführer im noch jungen Markt für Handys. Dieser Erfolg hielt eine lange Zeit an (vgl. Abbildung 41).

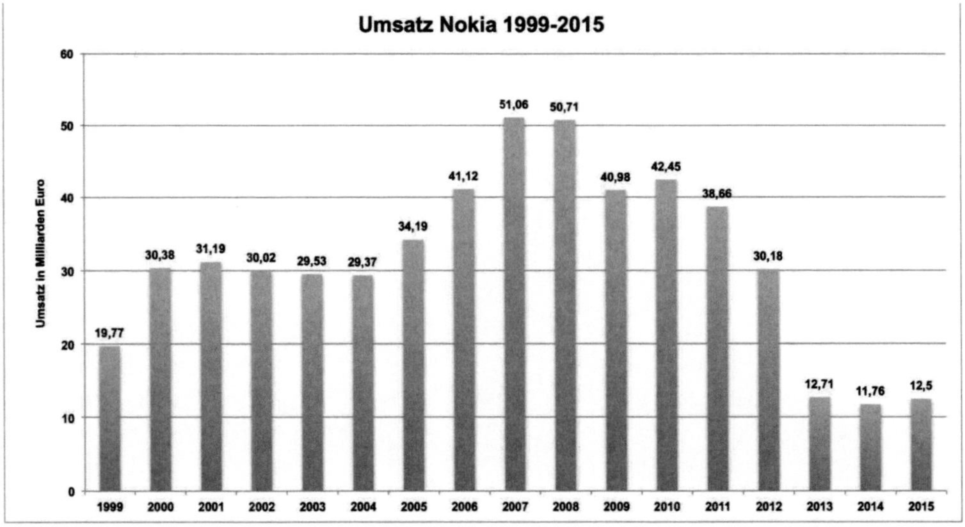

Abbildung 41: Umsatz Nokia 1999-2015[282]

Sogar das erste Smartphone, der Communicator, wurde von Nokia auf den Markt gebracht.[283] Als 2007 das Smartphone iPhone vorgestellt wurde, begann der Unternehmenserfolg jedoch zu bröckeln. Der Marktanteil von Nokia für Mobiltelefone

282 Vgl. Nokia: Nettoumsatz von Nokia nach Quartalen bis Q1 2016, Weltweit, 2016, S. 6. In: Statista http://de.statista.com/statistik/daten/studie/190419/umf rage/entwicklung-des-nettoumsatzes-von-nokia-nach- quartalen (Aufrufdatum: 20.06.2016).

283 Vgl.: Nikou, S.: How Nokia Failed to Nail the Smartphone Market, 2014 In: ResearchGate https://www.researchgate.net/publication/265637998 (Aufrufdatum: 18.06.16).

sank von den 2007 erreichten 40 % bis 2012 auf unter 5 %.[284] Für Nokia als Marktführer für Mobiltelefone war Apples iPhone disruptiv.[285] Nokia war ein sehr innovatives Unternehmen, was sich an der Geschichte vom Gummistiefel über Reifen, Kabel, Kommunikationstechnik bis hin zum Mobiltelefon, erkennen lässt. Auch die Innovationskultur des Unternehmens war sehr dezentral, es gab wenige Hierarchien, die Mitarbeiter konnten Ideen sehr schnell umsetzen. Nokias Vision entstand vor den Anfängen des Mobiltelefons: „Voice Goes Mobile!" Umsetzen konnte das Unternehmen diese Vision relativ schnell. Durch die jahrelange Erfahrung hatte Nokia das Kundenverständnis und das technische Wissen. Eine Vision ist Fundament und Basis der Unternehmenskultur. Um dies umzusetzen hatte Nokia bereits die passenden Strategien und Maßnahmen.

Misserfolgsfaktoren

Was ist also mit der Zeit im Innovationsprozess bei Nokia schiefgelaufen? Warum hat Nokia seine Vormachtstellung gegenüber Apple eingebüßt (vgl. Abbildung 42)?

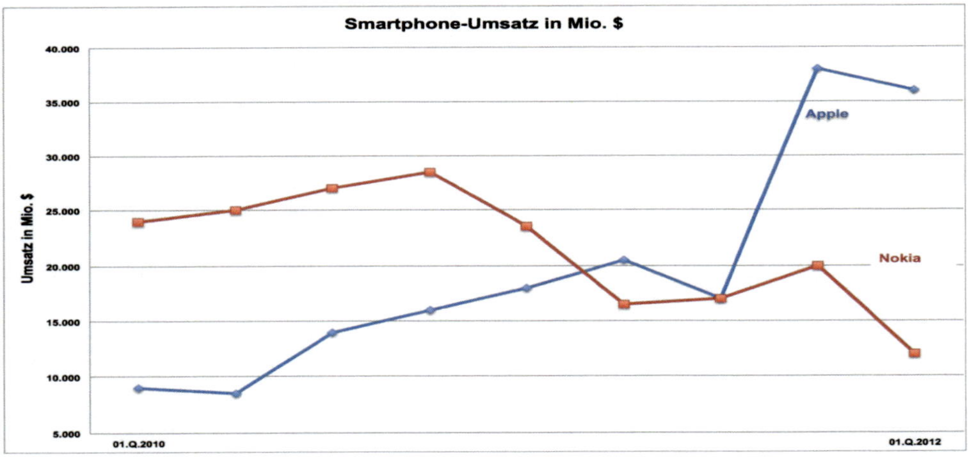

Abbildung 42: Apple hängt Nokia ab - Absatz von Smartphones in Mio.[286]

Was außer Acht gelassen wurde, war das nicht mehr adäquate Geschäftsmodell. Es war das Geschäftsmodell eines Massenherstellers im B2B Bereich. Nokia war in der Lage, seine Mobiltelefone an die Kundenwünsche anzupassen. Nur waren die Kunden

---

[284] Vgl. Brandt, M.: Nokia-Übernahme erweist sich als Flop, Weltweit, 2015. In: Statista https://de.statista.com/infografik/3627/weltweiter-smartphone-marktanteil-von-nokia-microsoft/ (Aufrufdatum: 19.06.2016).
[285] Vgl. Piller, F.: Von Branche zu Branche. In: Brand eins: Innovation, Heft 4, März-Mai 2016, S. 31.
[286] Vgl. Richter, F.: Apple hängt Nokia ab - Absatz von Smartphones in Mio., Weltweit, 2012. In: Statista https://de.statista.com/infografik/3627/weltweiter-smartphone-marktanteil-von-nokia-microsoft/ (Aufrufdatum: 19.06.16).

nicht die Endverbraucher, sondern die Mobilfunk-Netzbetreiber. Die verschiedenen Netzbetreiber, wie z.B. Telekom, Vodafon und O_2, bekamen alle nur auf sie abgestimmte Vorkonfigurationen. Das erfolgreiche offene und plattformbasierte Geschäftsmodell von Apple, gehörte nicht zum Konzept von Nokia. Nokias Mobiltelefone boten den Endverbrauchern nicht die Möglichkeit, sich ihr Gerät durch Apps ihren persönlichen Bedürfnissen entsprechend individuell zu gestalten. **Nokia hat den Smartphone-Boom verschlafen**. Zwar haben die Finnen schon früh internetfähige Mobiltelefone auf den Markt gebracht und auch die Nokia-Plattform Symbian galt lange Zeit als führendes Betriebssystem für Smartphones.[287] Die Folge war aber, dass Nokia zwar ein altes Geschäftsmodell auf unterschiedliche Produkte übertragen hatte, aber nicht in der Lage war, für ein innovatives, disruptives Produkt das Geschäftsmodell zu modifizieren.[288]

Massenproduzenten wie Nokia haben eine andere Denkweise. Ein hohes Maß an Stabilität, möglichst ausgelastete Fabriken und das Innovationsdenken, ist eher stufenweise als bahnbrechend. Das alles hemmt die Experimentierfreudigkeit.

Zu lange hat man auf die Strahlkraft der eigenen Marke gebaut. Selbst als der Konzern im Smartphone-Geschäft schon längst von Apple abgehängt war, glaubten die Finnen, den Rückstand schnell wieder aufholen zu können.[289]

Nokia versteifte sich zu sehr auf die Hardwareinnovation und nicht auf die Softwareentwicklung, wie die aufstrebenden Konkurrenten. Heutige Smartphone-Hersteller sind Softwareunternehmen. Sie lassen die Hardware von anderen Unternehmen entwickeln und bauen. Nokia betrieb dies alles im eigenen Unternehmen. Es hatte zur Folge, dass die F&E-Ausgaben erheblich größer waren als in anderen Unternehmen. Im Jahr 2008 wendete Nokia 12 % der Umsatzerlöse für F&E auf. Im Vergleich dazu investierte Apple 2008 hierfür nur etwa 3 % seiner Einnahmen.[290] [291]

Ein weiterer Misserfolgsfaktor von Nokia war, sich mit einem zu breiten Produktspektrum zu verzetteln. Nokia war es möglich, durch die Eigenproduktion und

---

[287] Asche, C.: Der Untergang des Handy-Riesen - darum ist Nokia gescheitert, 2014. In: The Huffington Post http://www.huffingtonpost.de/2014/04/29/nokia-gescheitert_n_5230806.html (Aufrufdatum 18.06.16).
[288] Vgl. Piller, F.: Von Branche zu Branche. In: Brand eins: Innovation, Heft 4, März-Mai 2016, S. 31.
[289] Asche, C.: Der Untergang des Handy-Riesen - darum ist Nokia gescheitert, 2014. In: The Huffington Post http://www.huffingtonpost.de/2014/04/29/nokia-gescheitert_n_5230806.html (Aufrufdatum 18.06.16).
[290] Vgl. Nokia: Ausgaben von Nokia für Forschung und Entwicklung bis 2015, Weltweit, 2015. In: Statista https://de.statista.com/infografik/3627/weltweiter-smartphone-marktanteil-von-nokia-microsoft/ (Aufrufdatum: 19.06.16).
[291] Vgl. Apple: Ausgaben von Apple für Forschung und Entwicklung bis 2015, Weltweit, 2015. In: Statista http://de.statista.com/statistik/daten/studie/186168/umfrage/ausgaben-von-apple-fuer-forschung-und-entwicklung (Aufrufdatum: 19.06.16).

die modulare Bauweise der Telefone, diese kostengünstig herzustellen. Inzwischen wird das meiste Geld aber nicht mehr mit den Geräten, sondern mit dem Verkaufen von Software (Apps) verdient.

Darüber hinaus hat Nokia noch einen weiteren Nachteil gegenüber Apple. Mit dem Design des iPhones betont Apple die Hochwertigkeit des Produktes. Somit fügt es sich nahtlos in das klar definierte Corporate Design des Unternehmens ein. Dies hat zu einem enormen Branding und damit zu einem immensen Wiedererkennungswert geführt. Der Rivale Nokia hingegen fokussierte sich auf die Herstellung von sowohl hochwertigen als auch billigeren Geräten. Dadurch war es für die Marke schwierig eine klare Linie zu kommunizieren. Nokia ist somit auch ein Opfer seiner starken Diversifizierung.

2.5.4.2 VW – vom Saubermann zum Bösewicht

Die aus Wolfsburg stammende Aktiengesellschaft Volkswagen ist der größte europäische Automobilhersteller. Neben Toyota und General Motors gehört er zu den größten der Welt. Das Unternehmen wurde im Jahr 1938 gegründet. Der Konzern lässt sich in drei Segmente teilen - Pkw und leichte Nutzfahrzeuge, Lkw und Busse sowie Power Engineering. Der Muttergesellschaft gehören mehrere Fahrzeugmarken, wie Volkswagen, Audi, Seat und Škoda sowie die Premiummarken Porsche, Bentley, Lamborghini und Bugatti. Im Jahr 2015 erzielte der Konzern einen Umsatz von über 213 Mrd. Euro und beschäftigte mehr als 600.000 Mitarbeiter.[292]

Die VW Abgasaffäre

Volkswagen (VW) gestand am 20. September 2015, dass bei einigen Abgastests die Abgaswerte durch Manipulationen an der Regelungssoftware verfälscht wurden. Diese bezogen sich auf Autos mit Diesel-Motoren, die in die USA verkauft wurden. Dabei handelte es sich um eine Software, die erkennt, wenn Abgaswerte des Fahrzeugs auf dem Prüfstand getestet werden. Findet ein Test statt, sorgt die Software dafür, dass die Stickoxid Werte den Vorgaben entsprechen, auch wenn das nicht der Fall ist. Im realen Straßenverkehr stößt das Auto somit viel mehr Stickoxide als erlaubt, in die Luft. Als dieser Skandal ans Licht kam, musste der damalige VW-Chef Martin Winterkorn

[292] Vgl. Volkswagen: Der Konzern, Wolfsburg, 2015. In: Volkswagen AG http://www.volkswagenag.com/content/vwcorp/content/de/the_group.html (Aufrufdatum: 20.06.16).

das Unternehmen verlassen. Die VW-Aktie verlor daraufhin am ersten Handelstag 23 % ihres Wertes (vgl. Abbildung 43). Am 22. September 2015 räumte VW ein, dass die manipulierte Software auch in Fahrzeugen außerhalb der Vereinigten Staaten eingesetzt wurde. Insgesamt sind etwa 11 Millionen Fahrzeuge davon betroffen. Nachdem VW daraufhin eine Gewinnwarnung an die Aktionäre heraus gab, brach der Aktienkurs erneut um circa 20 % ein.[293]

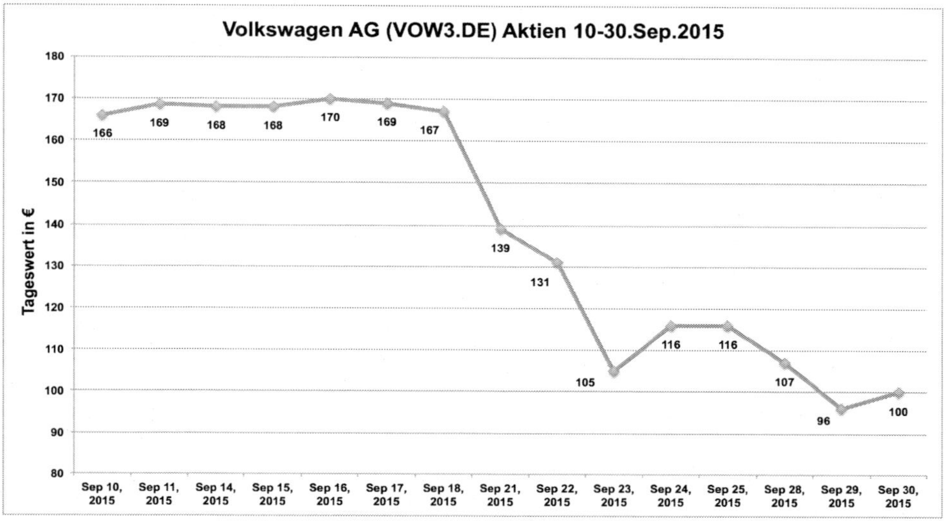

Abbildung 43: Der Absturz der VW-Aktie[294]

Misserfolgsfaktoren

Bei VW liegen im Gegensatz zu Nokia andere Misserfolgsfaktoren vor. VW scheiterte nicht aufgrund eines verpassten Trends oder einer Innovation, sondern kann sich den Misserfolg voll und ganz dem Betrug zuschreiben. Wie im Kapitel 2.5.2.2: Nachhaltigkeit beschrieben, setzt sich die Nachhaltigkeit aus den drei Säulen des Triple Bottom Line Konzepts zusammen – der ökologischen, ökonomischen sowie sozialen Säule. Das Unternehmen hat mit der mutwilligen Täuschung seiner Kunden sowohl die soziale als auch die ökologische Säule verletzt. Die ökologische Sichtweise wurde verletzt, indem durch die Manipulation mehr CO_2 in die Umwelt gelangte, als erlaubt war. Aus dem sozialen Gesichtspunkt hat VW die Kunden betrogen. Beide Aspekte wirken sich somit einschlägig auf den ökonomischen Erfolg aus. Sinkende

---

[293] Vgl. Wikipedia: VW-Abgasskandal, 2016 In: Wikipedia https://de.wikipedia.org/wiki/VW-Abgasskandal (Aufrufdatum: 20.06.16)

[294] Vgl. Bloomberg: Der Absturz der VW-Aktie, 2016. Im: Spiegel Online http://www.spiegel.de/wirtschaft/unternehmen/bild-1053918-899635.html (Aufrufdatum: 20.06.16).

Verkaufszahlen, fallende Aktienkurse sowie mögliche Strafzahlungen in Milliardenhöhe sind die Folge. Zwar ist Volkswagen nicht wie Nokia von der Insolvenz bedroht, jedoch wird deutlich, dass auch große Konzerne das Prinzip der Nachhaltigkeit leben müssen, um langfristig erfolgreich zu sein.

2.5.5 Fazit

Mit dem Blick auf jedes der vier genannten Praxisbeispiele wird eines klar deutlich: Es gibt nicht den einen entscheidenden Erfolgsfaktor. Um langfristig in einer schnell wachsenden Wirtschaft zu bestehen, sind viele Faktoren mitentscheidend. Zum einen sind es die Megatrends wie Digitalisierung und Globalisierung. Wer hier dem Trend der Zeit nicht gerecht wird, hat nicht die Möglichkeit, im Wettbewerb führend zu bleiben oder zu werden. Zum anderen ist es die strategische Unternehmensführung. Hierzu gehört eine klar kommunizierte Vision, Leitbilder sowie eine abgeleitete Strategie anhand der Maßnahmen entwickelt werden können.

Ist es dem Unternehmen möglich, das Prinzip der Nachhaltigkeit umzusetzen, so kann ein klarer Wettbewerbsvorteil geschaffen werden. Die positiven Praxisbeispiele haben gezeigt, dass es sinnvoll ist, diese Aspekte im Unternehmen umzusetzen. Langfristig haben sie somit gute Chancen, sich am Markt erfolgreich zu beteiligen. Dabei sollten die Firmen regelmäßig Anpassungen an den einzelnen Stellschrauben vornehmen und vor allem ein Gleichgewicht der drei Säulen der Nachhaltigkeit schaffen.

Bei den negativen Beispielen war genau das nicht der Fall. Am Beispiel von VW wird deutlich, dass ein Ungleichgewicht der Säulen schwerwiegende Folgen haben kann. Diese können nicht nur Umsatzeinbußen, sondern auch Imageschäden und Vertrauensverlust nach sich ziehen. Abschließend lässt sich sagen:

Wer nachhaltig Erfolg haben will muss nachhaltig handeln!

3 Kompetenzen

3.1 Führungskompetenzen einer neuen Geschäftswelt

Benedikt Schömmel

Zusammenfassung

Die Digitalisierung bedeutet einen Wandel im Führungsgedanken. Die Rolle des Managers erfordert neue Kompetenzen und die Annahme eines neuen Leitungsverständnisses. Ein Team muss partizipativer geführt werden. Es wird sich mit Hilfe von Selbstorganisation eigenständig den Projektaufgaben widmen. Zur Bewältigung der damit einhergehenden Herausforderungen braucht es neue Führungsstile. Wie bei der Leitung eines virtuellen Teams, einer extremen Ausprägung jeder Teamkonstellation, zu verfahren ist, wird mit Hilfe des Führungskonzeptes der virtuellen Führung vorgestellt.

Schlüsselbegriffe

Führungsqualifikationen – Selbstorganisation - Virtuelle Führung – Medienkompetenz - Verantwortung

Some people don´t like change,

but you need to embrace change if the alternative is disaster.

Elon Musk

3.1.1 Die Rolle der Führungskraft im Wandel

Die Digitalisierung eröffnet neue Möglichkeiten und leitet eine industrielle Revolution ein. Neue Kommunikationswege und -mittel wie Facebook, WhatsApp, Instagram und Twitter sind eng mit unserer täglichen Kommunikation verbunden. Führungskräfte werden von diesem Trend beeinflusst und müssen ihre Rolle in der Teamleitung überdenken.

Eine Definition von Führung ist u.a., dass Führung eine „durch Interaktion vermittelte Ausrichtung des Handelns von Individuen und Gruppen auf die Verwirklichung vorgegebener Ziele“[295] bedeutet. Dabei schließt sie ein asymmetrisches Geflecht von Beziehungen der Unter- und Überordnung mit ein.

Interaktion kann in diesem Zusammenhang als Kommunikation einer Führungskraft mit seinen Mitarbeitern definiert werden. Wie findet diese Kommunikation in der heutigen Zeit statt? Übernimmt der digitale Wandel, also die Zunahme von digitaler Kommunikation, die Aufgaben der Ausrichtung des Handelns zum Erreichen von festgelegten Zielen von Führungskräften?

Die Verwendung von neuen Kommunikationsmitteln erfordert nicht nur neue Qualifikationen, wie die richtige Nutzung diverser Medien, sondern auch anders handelndes Führungspersonal. Ob und wie Führung nach der obigen Definition in einem digitalen Wandel bestand hat und ob sich die Rollen von Führungspersonal und Mitarbeiter verändern, wird in Kapitel 3.1 behandelt. Wie wandelt sich durch die Digitalisierung die Teamdynamik? Welche Rolle spielen Führungskräfte in einem Team, das durch räumliche Distanz getrennt ist? In welcher Weise haben Faktoren wie Selbstorganisation und Verantwortungsdelegation, Einfluss auf die Teammitglieder? Wie nimmt die Komplexität bei Führungsfragen von lokalen Teams zu, und wie sind virtuelle Teams zu steuern?

---

[295] Gabler Wirtschaftslexikon: In: http://wirtschaftslexikon.gabler.de/Definition/fuehrung.html (Aufrufdatum: 16.6.2016).

Durch die Digitalisierung haben sich Kommunikation und Anforderungen an Mitarbeiter und Führungspersonal geändert. Die nötigen Schlüsselkompetenzen – sogenannte Querschnittskompetenzen – zur Umsetzung von virtueller Führung werden diskutiert. Warum diese Kompetenzen an Bedeutung gewinnen, wird anschließend behandelt. Selbstorganisation stellt ein interessantes Forschungsgebiet in vielen Disziplinen dar. Auf welche Art und Weise beeinflusst diese Organisationsform die Mitarbeiter in virtuellen und lokalen Teams?

Es wird auf die Auswirkung von Selbstorganisation und Verantwortungsdelegation durch Schilderung einer theoretischen Situation eines Mitarbeiters, der sowohl Teil eines lokalen als auch virtuellen Teams ist, eingegangen. Mit Hilfe der Vorstellung von drei Führungsperspektiven werden Herausforderungen und Vorteile, sowie Voraussetzungen und Umsetzungsmöglichkeiten virtueller Führung diskutiert. Abschließend erfolgt eine Betrachtung, ob konventionelle Führungsstile eine radikale Neugestaltung aufgrund der anstehenden Digitalisierung benötigen.

3.1.2 Qualifikationen einer digitalen Führungskraft

3.1.2.1 Querschnittskompetenzen virtueller Führungskräfte

Die Digitalisierung steigert die Komplexität der Führungsrolle und der Führungsaufgaben. Die Abgabe von Verantwortung an Mitarbeiter oder Teams selbst, kann Abhilfe schaffen. Die Fragen nach dem Zweck und der Notwendigkeit von Leitungsorganen in einer digitalisierten Welt, sowie die sozialen und fachlichen Kompetenzen, die sie dafür mitbringen müssen, bedürfen Antworten.

Nachfolgend wird dargestellt, welche Qualifikationen eine Führungskraft durch den digitalen Wandel erwerben kann und muss. Aufgrund der geografischen Distanz zum Team muss den Mitarbeitern Verantwortung übertragen werden. Um den damit einhergehenden Aufgaben gerecht zu werden, müssen sie lernen ohne eine ständig präsente Führungskraft zu arbeiten und sich selbst zu organisieren.

Neben fachlichen Qualifikationen benötigt eine Führungskraft Kompetenzen in weiteren Kategorien, die die erfolgreiche Leitungsarbeit beeinflussen können. Nach einem Kompetenzatlas von Heyse und Erpenbeck[296] konnten dabei vier

[296] Vgl. Heyse, V.; Erpenbeck, J.: Kompetenztraining – 64 Informations- und Trainingsprogramme. Stuttgart, 2004, XVIII.

Basiskategorien festgestellt werden, denen 64 Teil- und Schlüsselkompetenzen zugeordnet werden[297]:

- personale Kompetenz,
- aktivitätsbezogene Kompetenz,
- fachlich-methodische Kompetenz,
- sozial-kommunikative Kompetenz.

Aus diesen vier Kategorien sind Kombinationen von Kompetenzen abzuleiten, wie beispielsweise Medienkompetenz, interkulturelle Kompetenz, Innovationskompetenz und Führungskompetenz[298]. **Diese werden Querschnittskompetenzen genannt**.

Führungskompetenzen in einem digitalen Unternehmensumfeld setzt sich dabei aus obigen Querschnittskompetenzen zusammen. Es ist wichtig, dass eine leitende Person mit digitalen Medien, wie der E-Mail und gleichsam mit dem in Kapitel 5.4.4.1 vorgestellten „Facebook at Work" umgehen kann. Sie muss Innovationen gegenüber offen sein und zu ihrem Vorteil nutzen können. Führungskompetenz heißt in diesem Kontext ebenfalls, mit interkultureller Distanz umgehen zu können und Vertrauen Mitarbeitern gegenüber zu entwickeln.[299] Auf interkulturelle Kompetenz sowie Medienkompetenz wird spezifischer eingegangen, um die Grundlage für das Konzept der virtuellen Führung zu legen.

Medienkompetenz

Der Begriff der Medienkompetenz wurde in den 1970er Jahren von Dieter Baacke geprägt. Menschen eignen sich die Fähigkeit an, „alle Arten von Medien für das Kommunikations- und Handlungsrepertoire von Menschen einzusetzen"[300]. Baacke betrachtet Medien nicht nur als Mittel, dessen Nutzung kontrolliert werden muss, sondern deren Verwendung auch von Vorteil ist. Er unterteilt den Begriff der Medienkompetenz in vier Säulen: Medienkritik, Medienkunde, Mediennutzung und Mediengestaltung [301] Auf diese Betrachtung wird nicht näher eingegangen. Das Ziel

---

[297] Vgl. Erpenbeck, J., Heyse, V., & Max, H. KODE®-System. Vertrieb und Training über ACT GbR Regensburg, 2001.
[298] Vgl. Ciesielski, M. A.; Schutz, T. Digitale Führung – Wie die neuen Technologien unsere Zusammenarbeit wertvoller machen, Berlin, 2016, S. 119.
[299] Vgl. Ciesielski, M. A.; Schutz, T. Digitale Führung – Wie die neuen Technologien unsere Zusammenarbeit wertvoller machen, Berlin, 2016, S. 119.
[300] Vgl. Medienkompetenzportal: Begriffsbestimmung Medienkompetenz, 2016, zitiert nach: http://www.medienkompetenzportal-nrw.de/grundlagen/begriffsbestimmung.html (Aufrufdatum: 26.06.2016).
[301] Vgl. LarnLab Note: Medienkompetenz – Was ist das. Zitiert nach: http://groups.uni-paderborn.de/wipaed/learnlabmediendidaktik/Website/7_files/9_Medienkompetenz.pdf, (Aufrufdatum: 16.06.2016).

der Medienkompetenz für die Führungskraft ist es, die Möglichkeiten verschiedener Medien zu kennen und deren Nutzung für die Führungsaufgabe zu verwenden.[302]

Abbildung 44 zeigt, dass Mitarbeiter von ihren Führungskräften einen routinierten Umgang mit sozialen Medien und digitalen Kommunikations- und Präsentationsmittel erwarten, diesen aber vermissen.[303]

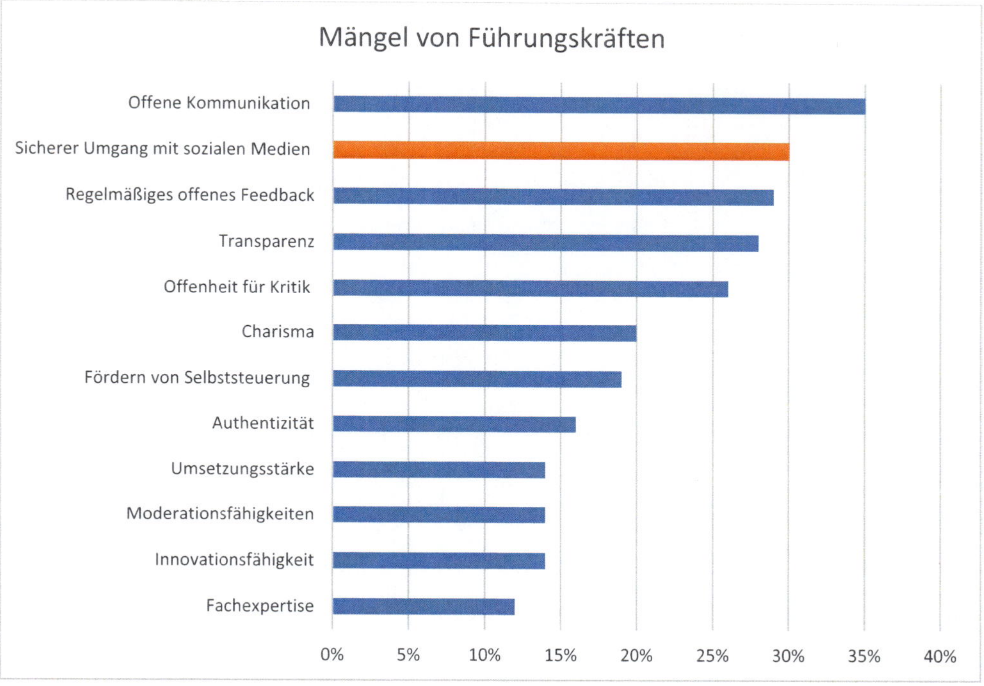

Abbildung 44: Umfrage zu Mängeln von Führungskräften[304]

Interkulturelle Kompetenz

Menschen mit Persönlichkeitseigenschaften wie Integrität, Stabilität, Extrovertiertheit und einer an universellen Werten ausgerichteten Sozialisation, haben besondere interkulturelle Kommunikationsfähigkeiten. Der Sozialpsychologe Gardner stellte 1962 als einer der ersten die Frage nach dieser Kompetenz[305]. Ihn und andere Forscher beschäftigte vor allem die Zielvorstellung interkultureller Kompetenz. Ist sie ein Maß

---

[302] Vgl. Bax, M.: Was bedeutet Medienkompetenz. http://www.bildungsxperten.net/wissen/was-ist-medienkompetenz/. (Aufrufdatum: 31.05.2016).
[303] Vgl. Petry, T.: Führungskräften mangelt es an Digitalkompetenz, 2015. http://www.humanresourcesmanager.de/ressorts/artikel/fuehrungskraeften-mangelt-es-digitalkompetenz-12118. (Aufrufdatum: 25.5.2016).
[304] Vgl. Petry, T.: Führungskräften mangelt es an Digitalkompetenz, 2015. http://www.humanresourcesmanager.de/ressorts/artikel/fuehrungskraeften-mangelt-es-digitalkompetenz-12118. (Aufrufdatum: 25.5.2016).
[305] Vgl. Rathje, S., 2006, Jena. Zitiert nach: http://www2.uni-jena.de/philosophie/iwk/publikationen/interkulturelle_kompetenz_rathje.pdf. (Aufrufdatum: 19.06.2016).

der Effizienzsteigerung ökonomischer Prozesse oder dient sie der menschlichen Weiterentwicklung in sozialen Interaktionen? Erstere Betrachtungsweise sieht interkulturelle Kompetenz als „die Fähigkeit, den interkulturellen Handlungsprozess mitzugestalten, um Missverständnisse zu vermeiden oder aufzuklären."[306] Die Zusammenarbeit mit interkulturellen Teams bedeutet für die Führungskraft, mit Distanzen zu arbeiten. Mitarbeiter können sowohl eine räumliche, kulturelle als auch zeitliche Distanz zu ihrem Teamleiter haben. Mit Hilfe interkultureller Kompetenz wird beiden Interaktionspartner die effizienteste Zusammenarbeit möglich sein.[307] Die Anwendung dieser Kompetenz findet dabei nicht erst bei dem persönlichen Aufeinandertreffen mit ausländischen Kollegen statt. Bei täglichen Telefonkonferenzen oder einer Kommunikation via E-Mail muss ebenso auf kulturelle Überschneidungssituationen geachtet werden.

3.1.2.2 Notwendigkeit von Querschnittskompetenzen

Ob ein Team aufgrund eines Projektes zusammengestellt wird oder aus einer Abteilung besteht: Eine Arbeitsgemeinschaft ist immer geprägt von einer Führungsperson und den Teammitgliedern. Digitalisierung steigert in dieser Konstellation den Komplexitätsgrad. Deshalb sind die oben erwähnten Querschnittskompetenzen nötig. Abbildung 45[308] zeigt das Teamgefüge und die Komplexitätssteigerung durch die Digitalisierung: (1) **Die Führungskraft** beeinflusst durch Vertrauen die Beziehung und die Leistungsfähigkeit der Arbeitsgruppe. Durch vertrauensbildende und -pflegende Maßnahmen kann diese eingreifen. (2) **Das Team** wird durch den Entscheidungsträger geführt. Die physische Distanz erschwert diesen Vorgang. Durch Selbstorganisation und Verantwortungsdelegation wird das Team sich mehr und mehr selbst leiten. (3) **Digitalisierung** verändert das Gefüge zwischen Führungskraft und Arbeitsgruppe. Diese ermöglicht geografische Distanz und die Veränderung der Kommunikationsmethoden. Neue Medien wie Intranet, E-Mail, Chatfunktionen und Telekonferenzen aber auch „Sozial Media at Work" verändern die Kommunikation eines Kollektives. Damit gehen soziale, räumliche und kulturelle Differenzen einher.

---

[306] Thomas, Andreas: Interkulturelle Kompetenz – Grundlagen, Probleme und Konzepte. In: Erwägen, Wissen, Ethik, 14(1), 2003, S. 141.
[307] Vgl. Rathje, Stefanie, 2006, Jena, S. 3. Zitiert nach: http://www2.uni-jena.de/philosophie/iwk/publikationen/interkulturelle_kompetenz_rathje.pdf. (Aufrufdatum: 19.06.2016).
[308] Vgl. Wald, P. M. Virtuelle Führung. In R. Lang & I. Rybnikova (Hrsg.), Aktuelle Führungstheorien und -konzepte (S. 355–386). Heidelberg, 2014, S. 357-358.

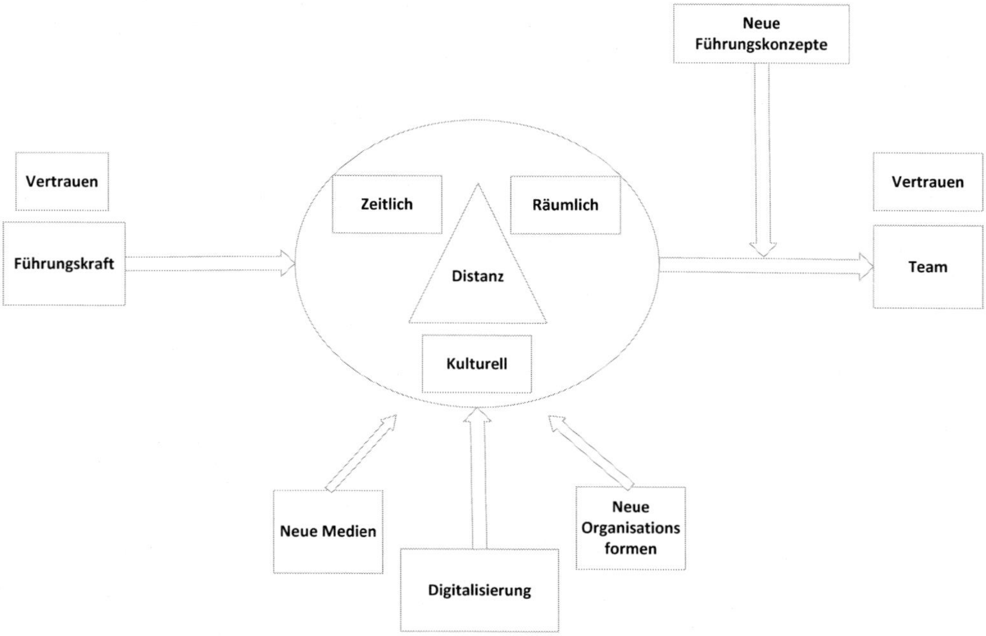

Abbildung 45: Übersicht eines Teamgefüges[309]

3.1.2.3 Mitarbeiter brauchen Selbstorganisation

In den letzten Jahren befasste sich nicht nur die Ökonomie mit dem Thema Selbstorganisation. Sei es die Physik, die Neurologie, die Philosophie oder die Soziologie: eine Vielzahl von Forschungsfeldern beschäftigt sich mit dem Phänomen des autonomen Managements.[310] Bei diesem handelt es sich um eine „spontane Entstehung, die Bildung eines Zustands ohne von außen wirkende Faktoren“[311]. Bezogen auf das hier bearbeitete Thema der Arbeitsorganisation und der Teamorganisationen im speziellen, bedeutet es, dass Teammitglieder, „deren Verhalten reguliert wird, selbst die sie betreffende Ordnung mitgestalten.“[312] Die Organisationszugehörigen teilen sich ihre Arbeitszeit und Arbeitspakete eigenverantwortlich ein und versuchen selbstständig Ziele (vorgegeben oder nicht) zu erreichen.

[309] Vgl. Wald, P. M. Virtuelle Führung. In R. Lang & I. Rybnikova (Hrsg.), Aktuelle Führungstheorien und -konzepte (S. 355–386). Heidelberg, 2014, S. 358.
[310] Vgl. Vec, M.; Hütt, M-T.; Freund, A. M.: Selbstorganisation – Ein Denksystem für Natur und Gesellschaft. Köln, 2006, S. 225.
[311] Vgl. Duden: Selbstorganisation. In: http://www.duden.de/rechtschreibung/Selbstorganisation (Aufrufdatum: 1.06.2016).
[312] Vgl. Vec, M.; Hütt, M-T.; Freund, A. M.: Selbstorganisation – Ein Denksystem für Natur und Gesellschaft. Köln, 2006, S. 239.

Ein Mitglied eines Teams muss, um Selbstorganisation umzusetzen, gewisse Dinge beachten:[313]

- passende zeitliche Zusammenarbeit (Beachtung von Zeitverschiebungen).
- Aufteilung der Arbeit auf gegebenenfalls mehrere Projekte.
- Schaffung von Motivation, auch ohne ständige Präsenz eines Führungsaggregats.
- Abgrenzung von örtlichen Hierarchien und Entwicklung von Zugehörigkeit zu Teams, unabhängig vom Standort.

Der in Kapitel 2.3.2.1 erläuterte Führungsstil des „Management by Objectives“ kann zur Differenzierung herangezogen werden. Im Gegensatz zu sich selbstorganisierenden Teams, wird den Mitarbeitern hier ein Zielrahmen vorgegeben, den sie eigenständig erreichen müssen[314]. Mitarbeiter in autonomen Teams definieren sich und ihre Ziele ohne Vorgabe. Die Führungskraft fungiert als Coach, der den Arbeitsprozess des Teams partizipativ unterstützt.

In virtuellen Teams kann die Führungskraft nicht jeden Schritt, für jeden Mitarbeiter planen und überwachen. Alleine die geografische Distanz schließt die ständige und genaue Kontrolle durch Leitungsorgane aus. Deshalb ist Selbstorganisation in diesem Kontext eine logische Folgerung[315].

Führungskräfte müssen lernen, ihr „Handwerkswerkzeug“, die Kommunikation mit verschiedenen Medien, richtig anzuwenden. Sie brauchen bei Teams mit Mitgliedern aus verschiedenen Kulturen oder Standorten interkulturelle Kommunikationsfähigkeiten. Um dem gesteigerten Komplexitätsgrad ihrer Aufgabe gerecht zu werden, ist es daher notwendig, Verantwortung an Mitarbeiter zu delegieren. Das bedeutet, Teammitglieder müssen ihre Arbeitsweise selbst organisieren und oben genannte Punkte beachten, um die Ziele des Teams zu erreichen.

---

[313] Vgl. Herrmann, D.; Hüneke, K.; Rohrberg, A.: Führung auf Distanz: Mit virtuellen Teams zum Erfolg, Wiesbaden, 2006, S.30.
[314] Vgl. Vec, M.; Hütt, M-T.; Freund, A. M.: Selbstorganisation – Ein Denksystem für Natur und Gesellschaft. Köln, 2006, S. 225.
[315] Vgl. Herrmann, D.; Hüneke, K.; Rohrberg, A.: Führung auf Distanz: Mit virtuellen Teams zum Erfolg, Wiesbaden, 2006, S. 30.

3.1.3 Virtuelle Führungskonzepte – Führung mithilfe von Selbstorganisation

3.1.3.1 Problematik der Selbstorganisation – Ein Beispiel

Verantwortung an Mitarbeiter zu delegieren ist eine effektive Methode, die Komplexität der Führung eines Teams zu vermindern. Es ist nebensächlich, ob es ein lokales oder virtuelles Team ist. Die zusätzliche Verantwortung kann mit Hilfe der vorher beschriebenen Methoden der Selbstorganisation bewältigt werden. Die Führungskraft übernimmt die Rolle des Coaches, der in schwierigen Phasen eingreifen kann und dabei möglichst flexibel reagiert. Durch die verbesserten Kommunikationsmöglichkeiten der Digitalisierung, kann die Informationsweitergabe schneller geschehen. Der höhere Anspruch an die Mitarbeiter und die Notwendigkeit der Selbstorganisation kann Probleme erzeugen, wie an folgendem Beispiel gezeigt wird:

Ein Mitarbeiter eines global agierenden Unternehmens arbeitet am Standort München. Seit ein paar Monaten ist er mit 60 % seiner Arbeitszeit für ein Projekt in einem virtuellen Team zuständig. Seine Teamkollegen arbeiten an anderen Standorten wie Hongkong, Singapur und London. Er ist nach wie vor in die Hierarchie vor Ort eingebunden und arbeitet mit den dortigen Kollegen ebenfalls zusammen. Die Arbeit für sein virtuelles Team ist für diese wenig sichtbar, da die meiste Kommunikation über Telefon und E-Mail abläuft. Deshalb bindet man ihn auch in Kooperationen vor Ort ein. Er vernachlässigt mehr und mehr seine anstehenden Aufgaben für das virtuelle Team, da er trotz vieler Überstunden mit all der Arbeit vor Ort nicht nachkommt. Seine Motivation sinkt, da niemand seine harte Arbeit für das lokale als auch das virtuelle Team anerkennt. Es registriert keiner seine investierte Zeit für das virtuelle Team. Die Selbstorganisation des Kollegen hat versagt. Der Projektleiter muss intervenieren und muss entsprechende Maßnahmen einleiten[316].

Aufgrund der schnelleren Veränderungszyklen durch die Digitalisierung braucht es einen neuen Führungsstil, **unabhängig von der Teamorganisation**. Führungskräfte müssen partizipativere Managementstile anwenden, Verantwortung an Mitarbeiter abtreten und diese sich eigenverantwortlich organisieren lassen. Weil in digitalen Unternehmen globale sowie lokale Teams oftmals koexistieren, Selbstorganisation

---

[316] Vgl. Herrmann, D.; Hüneke, K.; Rohrberg, A.: Führung auf Distanz: Mit virtuellen Teams zum Erfolg, Wiesbaden, 2006, S. 31.

aber fehlschlagen kann, braucht es nach wie vor Führungskräfte. Eine besondere Form der Managementaufgabe stellen virtuelle Teams dar. Es werden die Herausforderungen und Voraussetzungen zur effizienteren Führung dieses Teams näher betrachtet.

Virtuelle Teams sind geprägt von räumlicher Distanz. Die Kommunikation findet über digitale Medien statt. Ein Manager braucht die genannten Querschnittskompetenzen, um diese besondere Konstellation zu führen. Das Konzept der „virtuellen Führung“ mit seinen verschiedenen Perspektiven stellt einen geeigneten theoretischen Ansatz zur Umsetzung dieser Herausforderungen dar.

3.1.3.2 Virtuelle Führung

In seiner Ausführung „Virtuelle Führung“ gibt Wald einen Überblick über aktuelle Ansätze zur Umsetzung. Er geht davon aus, dass jede Epoche unserer Geschichte seinen eigenen Führungsstil benötigt und definiert virtuelle Führung wie folgt:

„Erfolgt aufgrund des Mangels an direkten Kontakten die wechselseitige Einflussnahme zwischen Führungskräften und Geführten hauptsächlich mit Hilfe neuer Informations- und Kommunikationsmittel bzw. mittels sozialer Medien, so wird dies hier grundsätzlich als virtuelle Führung verstanden“[317]

Im Zeitraum zwischen 1989 und den 2000er lässt sich ein zunehmendes Interesse an Umgestaltung von Personal- und Organisationsmanagement mit virtuellem Kontext erkennen.[318] Führung mit und durch Informations- und Kommunikationsmittel (im Folgenden IuK genannt), wird in zahlreichen Beiträgen jüngerer Literatur auch als E-Leadership[319], Telekooperation[320], Führung auf Distanz[321] bzw. „Distance Leadership“[322] und digitale Führung[323] bzw. „Social Leadership“[324] bezeichnet.

All diese Ansätze können als verschiedene Interpretationen oder Perspektiven gesehen werden, um obige Definition von virtueller Führung umzusetzen.

---

317 Wald, P. M. Virtuelle Führung. In R. Lang & I. Rybnikova (Hrsg.), Aktuelle Führungstheorien und –konzepte, S. 355–386. Heidelberg, 2014, S. 356.

318 Vgl. ebd.

319 Vgl. Avolio, B. J.; Kahai, S.; Dodge, G. E.: E-leadership: Implications for theory, research, and practice. In: The Leadership Quarterly 11 (4), 2000, 615–668.

320 Vgl. Hertel, G.; Konradt, U. : Telekooperation und virtuelle Teamarbeit. München, 2007

321 Vgl. Herrmann, D.; Hüneke, K.; Rohrberg, A.: Führung auf Distanz: Mit virtuellen Teams zum Erfolg, Wiesbaden, 2006

322 Vgl. Eichenberg, T.: Distance Leadership – Modellentwicklung, empirische Überprüfung und Gestaltungsempfehlung, Wiesbaden, 2007.

323 Vgl. Ciesielski, M. A. & Schutz, T. Digitale Führung – Wie die neuen Technologien unsere Zusammenarbeit wertvoller machen, Berlin, 2016.

324 Vgl. Schütt, P.: Der Weg zum Social Business: Mit Social Media Methoden erfolgreicher werden. Wiesbaden, 2013.

3.1.3.3 Perspektiven Virtueller Führung

Führung auf Distanz

Führung auf Distanz (in Folgendem FaD), ist ein Ansatz virtueller Führung. Bei Führung auf Distanz und allen anderen Konzepten, wird mit real existierenden Teams und Menschen gearbeitet. Virtuell bedeutet in diesem Kontext, dass die Organisationsform „auf Distanz“, „standortverteilt“ oder „räumlich verteilt“ arbeitet[325].

Laut Eichenberg gibt es für die Theorie der FaD keine eindeutig theoretisch-konzeptionellen Orientierungspunkte, obwohl sie in der Praxis angewendet wird[326]. FaD wird nach Wald als Führung mit folgenden drei Charakteristika bezeichnet[327]:

1. Die Distanz zwischen Mitarbeiter und Führungskraft ist nicht nur räumlicher, sondern auch sozialer und kultureller Natur. Der Aufbau einer positiven Beziehung und die Interaktion zwischen diesen Akteuren sind erschwert.
2. Zur Überbrückung der Distanz wird die Kommunikation meist durch IuK getätigt, was zur Folge hat, dass direkte Kommunikation (nonverbale Kommunikation, Mimik, Gestik) abnimmt.
3. Führung findet unter veränderter Organisationsform und mit anderen Anforderungen an Führungskraft und Mitarbeiter statt. Beispielsweise in Projektteams über große Distanz und mit nötiger Selbstorganisation der Teammitglieder.

Um FaD richtig umzusetzen, ist es nach Wald[328] und Eichenberg[329] wichtig, als Führungskraft vertrauensbildende und -erhaltende Maßnahmen zu ergreifen. Dies muss in allen Entwicklungsphasen eines virtuellen Teams geschehen. Herrmann[330] schildert, dass lokale als auch virtuelle Arbeitsgruppen, bei jeder neuen Zusammenarbeit vier Phasen durchlaufen. Aufgrund großer räumlicher Distanzen entstehen verschiedene Probleme entlang dieses Prozesses. Eichberg[331] beschreibt

---

[325] Herrmann, D.;Hüneke, K.;Rohrberg, A.: Führung auf Distanz: Mit virtuellen Teams zum Erfolg, Wiesbaden, 2006, S. 21.
[326] Vgl. Eichenberg, T.: Distance Leadership, Wiesbaden, 2007, S. 8.
[327] Vgl. Wald, P. M. Virtuelle Führung. In R. Lang & I. Rybnikova (Hrsg.), Aktuelle Führungstheorien und -konzepte (S. 355–386). Heidelberg, 2014, S. 361ff.
[328] Vgl. Wald, P. M. Virtuelle Führung. In R. Lang & I. Rybnikova (Hrsg.), Aktuelle Führungstheorien und -konzepte (S. 355–386). Heidelberg, 2014, S. 361ff.
[329] Vgl. Eichenberg, T.: Distance Leadership – Modellentwicklung, empirische Überprüfung und Gestaltungsempfehlung, Wiesbaden, 2007, S. 201.
[330] Vgl. Herrmann, D.;Hüneke, K.;Rohrberg, A.: Führung auf Distanz: Mit virtuellen Teams zum Erfolg, Wiesbaden, 2006, S. 86ff.
[331] Vgl. Eichenberg, T.: Distance Leadership – Modellentwicklung, empirische Überprüfung und Gestaltungsempfehlung, Wiesbaden, 2007, S. 201.

einen dreistufigen Gestaltungsansatz zur Umsetzung von FaD, der die Beziehung zwischen Führenden und Geführten entlang der Projektzeit begleitet und beschreibt.

Zusammenfassend spielen seitens des Geführten, Selbstorganisation und passende Aufteilung der Arbeitszeit[332], sowie Bereitschaft zu zusätzlicher Verantwortung eine wichtige Rolle. Seitens des Führenden sind Qualifikationen wie Medienkompetenz und der richtige Einsatz und Aufbau von Vertrauen bei dem virtuellen Führungskonzept „Führung aus Distanz" entscheidend. Wald betont, dass „bei der Führung aus Distanz [...] der Einsatz von Informations- und Kommunikationsmittel bzw. sozialer Medien keine notwendige, sondern nur hinreichende Bedingung [ist]". Virtuelle Führung scheint jedoch ohne den gezielten Einsatz von Informations- und Kommunikationsmittel bzw. sozialer Medien nicht umsetzbar zu sein"[333]

Electronic Leadership

Eine weitere Perspektive, wie mit Hilfe von elektronischen Kommunikationsmitteln Führung in virtuellen Teams gestaltet werden kann, ist Electronic Leadership (in Folgendem E-Leadership). Avolio et al[334] stellen E-Leadership als ein Konzept vor, das behandelt, wie sich der Einsatz von verschiedenen neuen Kommunikationsmitteln auf Führung auswirkt. Hertel[335], sowie Wald[336] bezeichnen diese Perspektive virtueller Zusammenarbeit nicht als neuen Führungsansatz, sondern als spezifische Kontextbedingung von Führung und damit verbundene besondere Anforderung an Führungsstrategien. Dieses Konzept bringt wie FaD einige Vorteile, aber auch Herausforderungen mit sich.

Die wichtigste Herausforderung, die alle Perspektiven virtueller Führung zu lösen versuchen, ist die Distanz zwischen Mitarbeiter und Führungskraft. Der Mangel an direkter Kommunikation erfordert sorgfältige Wahl und Art der Kommunikation und kann mit Motivationsproblemen einhergehen. Wenn ein Mitarbeiter das Gefühl hat, seine Arbeit werde nicht ausreichend gewürdigt, nimmt die persönliche Motivation

---

332 Vgl. Herrmann, D.; Hüneke, K.; Rohrberg, A.: Führung auf Distanz: Mit virtuellen Teams zum Erfolg, Wiesbaden, 2006, S. 29ff

333 Wald, P. M. Virtuelle Führung. In R. Lang & I. Rybnikova (Hrsg.), Aktuelle Führungstheorien und -konzepte (S. 355–386). Heidelberg, 2014, S. 362.

334 Vgl. Avolio, B. J.; Kahai, S.; Dodge, G. E.: E-Leadership: Implications for theory, research and practice. In: Leadership Quaterly, 11(4), 2000, S. 1.

335 Vgl. Hertel, G.; Lauer, L.: Führung auf Distanz und E-Leadership – die Zukunft der Führung? In: S. Grote (Hrsg.), Die Zukunft der Führung, Berlin-Heidelberg, 2012, S. 103.

336 Vgl. Wald, P. M. Virtuelle Führung. In R. Lang & I. Rybnikova (Hrsg.), Aktuelle Führungstheorien und -konzepte (S. 355–386). Heidelberg, 2014, S.363.

ab[337]. Ein weiteres Problem, das E-Leadership in Angriff nimmt, ist die Koordination der Arbeitsprozesse. Einzelne Mitarbeiter sind in Unternehmen, die global agieren, meist nicht nur in ein Projekt eingebunden. Sie müssen aktiv Kontakte mit verschiedenen Arbeits- und Führungsgruppen pflegen. Dabei erfordert es allein bei der Koordination ihrer Arbeitszeit und ihrer verschiedenen Tätigkeiten in diesen Projekten ein hohes Maß an Selbstorganisation und –steuerung[338]. Suche und Pflege dieser sozialen Kontakte ist durch sinkende direkte Kommunikation mit den Teammitgliedern erschwert[339].

Kernaufgabe des E-Leaderships ist die Verbindung von Mensch und technischem Medium, woraus gewisse Vorteile entstehen. Durch Verwendung von Kommunikationsmitteln wie Intranet und E-Mail, können Informationen schnell und unkompliziert verbreitet werden. Gleichzeitig ist eine gute Dokumentation des Informationsweges und der Ergebnisse gesichert. Externe, Mitarbeiter anderer Standorte und Experten, lassen sich zeit- und kostengünstig in die Organisation einfügen, da Reisen und Büroflächen eingespart werden.[340] Hertel und Konrad führen auf, dass die Verantwortungsdelegation hin zum Mitarbeiter in virtuellen Teams Zufriedenheit und Motivation steigert. [341]

E-Leadership ist, wie oben erwähnt, nicht als neuartiges Führungskonzept zu verstehen, sondern als Unterstützung für konventionelle Führungsstile. Auf die Integration von E-Leadership in diese Konzepte wird nicht näher eingegangen.

Der Trend zu geringerer physischer Präsenz der Führungskraft vor Ort, begünstigt die zunehmende Partizipation, Verantwortungsdelegation und Selbstorganisation virtueller Teams und einzelner Mitarbeiter. Diese sind in der Regel durch Intranet oder E-Mail etc. besser und schneller informiert, als Mitarbeiter in klassischen Organisationsstrukturen.[342]

Digitale Führung

Wie in den vorigen Kapiteln deutlich wurde, sind IuK und die Fähigkeit, Vertrauen bei sinkender physischer Präsenz aufzubauen, wichtige Qualifikationen einer

---

[337] Vgl. Hertel, G.; Lauer, L.: Führung auf Distanz und E-Leadership – die Zukunft der Führung? In: S. Grote (Hrsg.), Die Zukunft der Führung, Berlin-Heidelberg, 2012, S. 104.

[338] Vgl. Herrmann, D.; Hüneke, K.; Rohrberg, A.: Führung auf Distanz: Mit virtuellen Teams zum Erfolg, Wiesbaden, 2006, S. 29.

[339] Vgl. Hertel, G.; Lauer, L.: Führung auf Distanz und E-Leadership – die Zukunft der Führung? In: S. Grote (Hrsg.), Die Zukunft der Führung, Berlin-Heidelberg, 2012, S. 104ff.

[340] Vgl. ebd.

[341] Vgl. ebd.

[342] Vgl. Hertel, G.; Lauer, L.: Führung auf Distanz und E-Leadership – die Zukunft der Führung? In: S. Grote (Hrsg.), Die Zukunft der Führung, Berlin-Heidelberg, 2012, S. 105.

Führungskraft in der Digitalisierung. Auch die „Digitale Führung“ stellt eine Perspektive virtueller Führung dar. Wald sagt aus, dass es „fatal wäre [..], von einem Verschwinden oder einem sinkenden Bedarf an Führung auszugehen. Im virtuellen Kontext verschieben sich jedoch die Schwerpunkte der Führung nachhaltig“[343].

Die in Kapitel 3.1.2.1 erwähnten Querschnittskompetenzen „Medienkompetenz“ sowie „interkulturelle Kompetenz“ sind in dieser Perspektive Grundvoraussetzung[344].

Dabei sind sieben Phänomene zu beobachten, die für eine Umsetzung digitaler Führung wichtig sind[345]:

1. Wenn von einer Führungskraft die Rede ist, haben Menschen als erstes das Bild eines Managers in einem Unternehmen im Sinn. Er hat ein Team aus vielen Mitarbeitern unter sich und pflegt einen autoritären Führungsstil. Dieser sehr verbreitete Stereotyp täuscht. Leitendende Tätigkeiten werden ebenfalls von Lehrer, Wissenschaftlern, Ärzten und auch von Müttern ausgeübt. Führung betrifft jeden, selbst im privaten Bereich[346].
2. Führung wird an Hochschulen, sowie an Unternehmen konventionell beziehungsweise klassisch gelehrt. Lehrinstitute sind gefordert, neue Konzepte auszuarbeiten und entsprechende Lehrangebote zu schaffen, um den wachsenden Druck der Digitalisierung begegnen zu können.
3. Die Digitalisierung muss, entgegen momentaner Praxis, in die Ausbildung von Leitungsorganen eingebaut werden. Nach Erpenbeck[347] haben nur wenige deutsche Großunternehmen den digitalen Wandel in ihren Strategien und Programmen zur Führungsausbildung berücksichtigt.
4. „Selbstorganisation braucht ebenfalls Führung“[348]. Diese Aussage betont, dass klassische Führung sich in mehreren Punkten wandeln muss. Es ist ein Trend zu selbstorganisiertem Arbeiten zu erkennen und mehr und mehr zählt nicht der Einzelne, sondern das Team. Ein wichtiges Kriterium für

---

[343] Wald, P. M. Virtuelle Führung. In R. Lang & I. Rybnikova (Hrsg.), Aktuelle Führungstheorien und -konzepte (S. 355–386). Heidelberg, 2014, S. 378.

[344] Vgl. Ciesielski, M. A. & Schutz, T. Digitale Führung – Wie die neuen Technologien unsere Zusammenarbeit wertvoller machen, Berlin, 2016, S. 122.

[345] Vgl. Ciesielski, M. A. & Schutz, T. Digitale Führung – Wie die neuen Technologien unsere Zusammenarbeit wertvoller machen, Berlin, 2016, S. 114ff.

[346] Vgl. auch Kaiblinger, K.: Ein Reiseführer für Führungskräfte – The Leadership Challenge. In L. Seiwert (Hrsg.), Die besten Ideen für erfolgreiche Führung (S. 13–22). Offenbach, 2014, S. 14.

[347] Vgl. Erpenbeck, J., von Rosenstiel, J., & Grote, S: Kompetenzmodelle von Unternehmen: Mitpraktischen Hinweisen für ein erfolgreiches Management von Kompetenzen. Stuttgart, 2013.

[348] Ciesielski, M. A. & Schutz, T. Digitale Führung – Wie die neuen Technologien unsere Zusammenarbeit wertvoller machen, Berlin, 2016, S. 114.

Führungskräfte von heute ist nach Abbildung 44[349] „offene Kommunikation". Um die in Kapitel 3.1.2 genannten Anforderungen zu erfüllen, Verantwortung zu delegieren und sich selbst zu organisieren, muss Lernangst überwunden werden[350].

5. Führungskompetenzen sind lernbar. Mit genügend Lernzeit kann jeder Führung lernen.
6. Digitale Führungsqualifikation benötigt zur Entwicklung von wirklichen Fähigkeiten, neben theoretischem Wissen, auch „die Verinnerlichung von Regeln, Einstellungen, Normen und Werten"[351]. Es muss über neue Lernformate diskutiert werden, die die Voraussetzungen für digitale Führungsqualifikation legen.
7. Mit digitaler Führung muss eine virtuelle Führungskultur einhergehen.

Die Digitalisierung gibt uns Möglichkeiten der Prognostizierung, von Kundenkaufverhalten bis zur Einschätzung der Motivationslage der Mitarbeiter. Ciesielski stellt die Frage: „Wie verhalte ich mich als Führungskraft richtig?"[352] Ist es moralisch angebracht den Mitarbeiter aufgrund seiner privaten Aktivitäten auf sozialen Medien arbeitsrechtlich zu belangen und zu bestrafen? Wie tief darf ich in die Privatsphäre des Mitarbeiters eindringen? Um das sozial richtige Verhalten festzulegen wird es nötig sein, gemeinsam eine neue Führungskultur zu definieren, die dem digitalen Wandel gerecht ist.

Zusammengefasst benötigen alle hier vorgestellten Perspektiven virtueller Führung nicht nur das Engagement von Führungskräften. Es ist nötig, dass das Lehrangebot von Instituten und Betrieben erweitert und umgestaltet wird. Unternehmen müssen mit einer geänderten Kultur den Grundstein für virtuelle Führung legen und den Betroffenen genug Freiräume und Zeit geben, um das gelernte umzusetzen. Tendenziell muss bei zunehmender Abgabe von Verantwortung und Selbst-organisation von Teams zu partizipativen Führungsstilen gewechselt werden. Das erwähnte „typische Bild" einer Führungskraft muss sich ändern.

---

[349] Vgl. Petry, T. In: Führungskräften mangelt es an Digitalkompetenz. http://www.humanresourcesmanager.de/ressorts/artikel/fuehrungskraeften-mangelt-es-digitalkompetenz-12118. (Aufrufdatum: 25.5.2016).

[350] Vgl. Schein, E. H. Organisationskultur – „The Ed Schein Corporate Culture Survival Guide"(3. Aufl). Bergisch Gladbach, 2010, S. 121.

[351] Ciesielski, M. A. & Schutz, T. Digitale Führung – Wie die neuen Technologien unsere Zusammenarbeit wertvoller machen, Berlin, 2016, S. 117.

[352] Ciesielski, M. A. & Schutz, T. Digitale Führung – Wie die neuen Technologien unsere Zusammenarbeit wertvoller machen, Berlin, 2016, S. 118.

3.1.4 Sind Führungskräfte „Schnee von gestern“?

Außer Unternehmen, sind auch Länder und Privatpersonen von den Vor- und Nachteilen der Digitalisierung betroffen. Kommunikationsmittel und internationale Standorte zwingen leitendes Personal zum Umdenken. Mit steigender Anzahl an Beiträgen zeigen Autoren der Führungswissenschaft neue Wege für Führungskräfte in der Digitalisierung auf. Der erste Punkt, der für die Verwaltung von Teams notwendig wird, ist die Aneignung neuer Qualifikationen wie Medienkompetenz und die Überwindung von sozialen, sprachlichen und kulturellen Distanzen.

Zahlreiche Methoden und Perspektiven wie E-Leadership, Führung auf Distanz und digitale Führung, die nur einen kleinen Ausschnitt der Literatur darstellen, helfen das Dilemma von heutigen Führungskräften zu überwinden. Dabei setzen diese Konzepte vermehrt auf Selbstorganisation und Abgabe von Verantwortung an Mitarbeiter dieser Teams. Trotz vieler neuer Möglichkeiten der Kommunikation, bleibt die wichtigste Basis für erfolgreiches Führen, das Vertrauen von Gruppenmitgliedern in ihre Führungskraft und vice versa. Führungskräfte müssen durch das Werkzeug der Kommunikation eine Brücke zwischen ihrem Team aufbauen, das meist an verschiedensten Standorten des Unternehmens verstreut ist. Die Rolle des Managers in digitalen Führungsstilen ist die des Coaches, der der Arbeitsgruppe den richtigen Weg weist. Die Mitarbeiter, müssen sich der zugesprochenen Verantwortung der Selbstorganisation bewusst sein. Die Führungskraft muss Mitarbeitern ebenso großes Vertrauen entgegenbringen wie das Team ihrem Leiter.

Selbstorganisation funktioniert. Die Digitalisierung macht dies mit der Zugänglichkeit von Informationen für jeden möglich. Doch Führungskräfte werden weiterhin gebraucht, um Spannungen und Probleme zu erkennen und zu eliminieren.

3.2 Moral und Ethik auf dem Prüfstand

Christian Heilmeier

Zusammenfassung

Keine andere industrielle Revolution stellt einen so rapiden Wandel dar wie die Digitalisierung. Der Wirtschaft steht eine Bandbreite an neuen Möglichkeiten zur Verfügung. Doch die Vergangenheit zeigt, dass vor allem in der Wirtschaft diese Möglichkeiten nicht immer mit soziologischem und ökologischem Interesse verbunden sind. Betrug, Regelverletzungen und auch Gesetzesverstöße kommen bedauerlicherweise immer wieder vor. Stehen die Unternehmen durch die Fülle an neuen Innovationsmöglichkeiten vor einem ethischen Dilemma? Wie können Unternehmen mit der neuen Ressource, den Daten, nachhaltig umgehen?

Schlüsselbegriffe

Homo oeconomicus – Daten – Cyberkriminalität – gläserner Mensch – digitale Ethik – digitale Nachhaltigkeit – Corporate Social Responsibilty – Corporate Digital Responsibility

„Die Scheu vor der Verantwortung ist eine Krankheit unserer Zeit."

Otto Eduard Leopold Fürst von Bismarck, 1815 - 1898, preußisch-deutscher Staatsmann und 1. Reichskanzler

3.2.1 Der Mensch als „Nutzenmaximierer"

In jedem von uns steckt er, der Tankstellenforscher, der nie die teuerste Tankstelle auswählt, weil er sich zuvor über die Spritpreise der Konkurrenten in der Stadt schlau gemacht hat. In jedem von uns steckt er, der beim Onlineshopping vor allem nach heruntergesetzten Preisen Ausschau hält. In jedem von uns steckt er, der beim Orangen Auspressen den allerletzten Tropfen aus der Frucht herauszuquetschen versucht. Ja, er steckt in uns, der Nutzenmaximierer. Seit es den Menschen gibt, ist er damit bemüht, ein optimales Ergebnis aus dem herauszuholen, was ihm zur Verfügung steht. Die Wissenschaft hat dieses Verhalten bereits breit erforscht und hat auch längst eine wissenschaftliche Bezeichnung dafür gefunden: homo oeconomicus (siehe Abbildung 46).

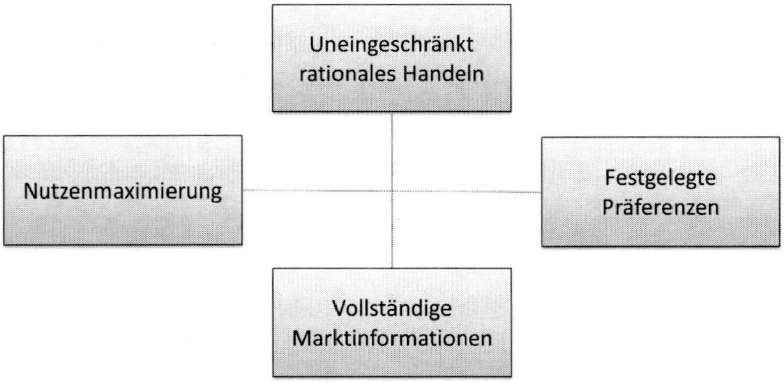

Abbildung 46: Modell des Homo Oeconomicus[353]

In der Wirtschaftstheorie ist das das „Modell eines ausschließlich „wirtschaftlich" denkenden Menschen, das den Analysen der klassischen und neoklassischen Wirtschaftstheorie zugrunde liegt."[354] Dabei sammelt der homo oeconomicus

[353] Vgl. Unbekannt, http://www.vorlesungen.info/sites/default/files/Homo%20Oeconomicus.jpg (Aufrufdatum: 17.05.2016).
[354] Wirtschaftslexikon Gabler: Homo oeconomicus. In: http://wirtschaftslexikon.gabler.de/Archiv/8004/homo-oeconomicus-v12.html (Aufrufdatum: 02.05.2016).

Informationen, wägt diese ab und entscheidet vernünftig - wobei hier der Begriff vernünftig eher durch nutzenmaximierend zu ersetzen ist.[355] Der Handlungsrahmen wird dabei begrenzt durch verschiedene Rahmenbedingungen wie etwa das Einkommen des Einzelnen, dem Marktwert der Güter, dem legalen Rahmen durch den Gesetzgeber, aber auch durch die erwarteten Reaktionen von anderen Individuen[356].

Jeder Mensch ist also dazu veranlagt, die gegebenen Möglichkeiten auszuschöpfen, um ein maximales Ergebnis zu erreichen. Aber kennt ein Individuum wirklich seinen Handlungsrahmen? Gewiss! Aber hält er sich auch daran? Auch ein Unternehmen – nichts anderes als ein Zusammenschluss aus Nutzenmaximierern – strebt nach maximalem Umsatz, nach minimalen Herstellungskosten, nach der höchstmöglichen Rendite und der kostenoptimalsten Losgröße in der Fertigung. In der Vergangenheit, aber auch noch heute, erleben wir, wie Individuen und Unternehmen über ihren Handlungsrahmen hinaus agieren und welche Auswüchse dieses Verhalten annehmen kann – und nicht selten in illegale Machenschaften münden. Wo beispielsweise Bohrinseln undicht wurden, weil an den Wartungskosten gespart wurde, oder wo eine Abgassoftware verfälscht wurde, um die geforderten CO_2-Werte zu erreichen. Der Mensch – getrieben von seinem wirtschaftlichen Denken - übersieht schnell, wo seine Grenzen liegen. Die Folgen sind bis heute zu spüren und werden uns nachhaltig beschäftigen.

3.2.2 Die Digitalisierung – ein Universum an neuen Möglichkeiten

Völlig automatisierte Prozesse, miteinander kommunizierende Maschinen, sekundenschneller Datenaustausch und Steuerung von Anlagen via Smartphone-App. Keine technologische Revolution bietet Unternehmen ein derartig breites Spektrum an neuen Möglichkeiten wie die Digitalisierung. Sie zwingt Unternehmen zwar, neue Geschäftsmodelle zu entwickeln, diese erhalten aber dadurch eine Bandbreite an neuen Innovationsmöglichkeiten, mit denen neues Wachstum generiert werden kann.[357] Auf der Kehrseite der Medaille bringt sie Unternehmen in einen gewissen

---

[355] Vgl. Halfmann, M.: Zielgruppen im Konsumentenmarketing – Segmentierungsansätze – Trends – Umsetzung. Kleve, 2014, S. 3.
[356] Vgl. Kirchgässner, G.: Homo Oeconomicus - The Economic Model of Behaviour and Its Applications in Economics and Other Social Sciences. 6. Auflage, St. Gallen, 2008, S. 12.
[357] Vgl. Rasch, M: Die Digitalisierung verändert Unternehmen weltweit und branchenübergreifend. In: http://www.pwc.de/de/digitale-transformation/die-digitalisierung-veraendert-unternehmen-weltweit-und-branchenuebergreifend.html (Aufrufdatum: 02.05.2016).

Zugzwang. Wer nicht auf den Zug aufspringt, hat einen Trend schnell verpasst. Und ehe er sich versieht, ist er weg vom Markt.

3.2.2.1 Das wichtigste Gut in der Digitalisierung: Daten

Glauben ist gut. Wissen ist besser. Früher entwickelten Manager Strategien und Umsatzplanungen auf Basis von Annahmen und Schätzungen. Heute muss ein Manager nicht mehr nur einen „guten Riecher" haben. „Die Leistungsfähigkeit moderner Algorithmen, die mit hoher Effizienz große Datenmengen maschinell auswerten, erhöht den wirtschaftlichen Nutzwert von Daten."[358] Diese Entwicklung macht nicht bloß mehr Rohstoffe und Lebensmitteln zu gefragten Gütern auf dem Markt. Daten sind jetzt ebenfalls gefragt. Es ist Fakt, dass „die nächste Wirtschaft nicht auf Stahl, Maschinen und Ingenieuren aufgebaut ist, sondern aus Bits, Kommunikation und Informatik."[359] Sie werden einen bedeutsameren Anteil an der Wertschöpfung eines Unternehmens einnehmen – wenn sie das nicht schon längst tun. Und wer sich diese am effektivsten und effizientesten beschaffen kann, hat heute und morgen Vorteile.

3.2.2.2 Gefahren der Digitalisierung

Für Unternehmen ergeben sich also zahlreiche Möglichkeiten, wie sie auf dem Markt agieren können. Wie ebenfalls bereits angesprochen, müssen sie das sogar, um nicht vom Markt zu verschwinden. Und wie im ersten Kapitel aufgegriffen, nutzt der Mensch als Nutzenmaximierer alle Möglichkeiten aus. Besteht deshalb somit in der Digitalisierung wieder die Gefahr, dass sowohl das Individuum als auch Unternehmen ihre Grenzen übersehen?

Diese These lässt sich leider bereits heute mit ja beantworten. Seit der NSA-Affäre ist das Vertrauen in die Internetsicherheit stark erschüttert. Mittlerweile halten laut einer Bitkom-Studie 80 % der Deutschen „ihre persönlichen Daten für unsicher [...]. Fast die Hälfte geht davon aus, dass persönliche Daten von Unternehmen illegal genutzt und weitergereicht werden."[360] Unternehmen beginnen damit, die technischen

[358] Witt, E: Digitale Spiegelbilder – Ethische Aspekte großer Datensammlungen, Heidelberg, 2015, Bundesgesundheitsbl 2015 58:853–858, DOI 10.1007/s00103- 015-2187-5. Online publiziert: 20. Juni 2015 © Springer-Verlag Berlin Heidelberg 2015.
[359] Baumhaus, M. Das Gold der post-industriellen Gesellschaft. Risiken der Nicht-Digitalisierung. In: http://www.wiwo.de/unternehmen/it/daten-risiken-der-nicht-digitalisierung/12844090-6.html (Aufrufdatum: 04.05.2016).
[360] Haufe: Bundesbürger befürchten Datenmissbrauch durch Unternehmen. In: https://www.haufe.de/marketing-vertrieb/e-commerce/datenschutz-buerger-befuerchten-datenmissbrauch_128_324928.html (Aufrufdatum: 07.05.2016).

Möglichkeiten auszunutzen, um zum Beispiel über ihre eigenen Mitarbeiter Daten zu sammeln und diese damit zu überwachen. Mit E-Mail-Kontrolle oder RFID-Chips, versuchen immer mehr Manager Vertrauen auf Basis von Fakten und nicht aufgrund von Leistung aufzubauen. Aber nicht nur als Mitarbeiter, sondern auch als Kunde wird das individuelle Verhalten transparenter. Kein Homepagebesuch, kein Einkauf im Onlineshop oder gar eine Shoppingtour im Einkaufszentrum sind mehr möglich, ohne dabei seine digitalen Fußspuren zu hinterlassen. Unternehmen sammeln Daten und erstellen daraus personalisierte Werbung. Auch der Staat geht mit dem Trend der Digitalisierung. Es ist absehbar, bis das gute alte Bargeld der Geschichte angehört und auch die Behörden mittels der Kreditkarte ein lückenloses Zahlungsverhalten der Bürger aufstellen und auswerten können. Der „gläserne Mensch“ wird wohl in Zukunft keine natürliche Person sein, sondern ein Datensatz aus Bewegungs-, Leistungs- und Konsumdaten. Die Interessen des einzelnen Individuums geraten zunehmend in den Hintergrund. Für Unternehmen entstehen ebenfalls Risiken. Genauso schnell wie Unternehmen die Potentiale der Digitalisierung erkannten, erkannten auch Cyberkriminelle die von Datenmissbrauch und Cyberkriminalität. Welche konkreten Cybercrime-Vorfälle z.B. im Jahr 2015 in deutschen Unternehmen stattfanden, ist in Abbildung 47 zu sehen:

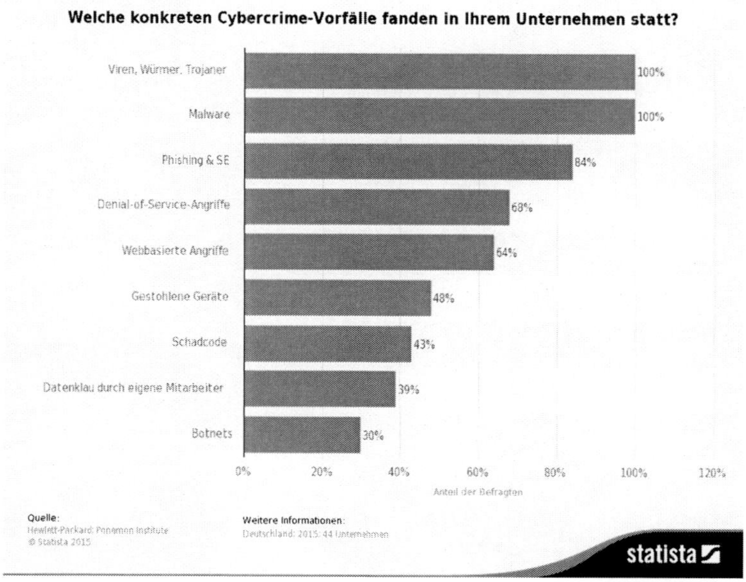

Abbildung 47: Statistik über Cybercrime-Vorfälle im Jahr 2015[361]

[361] Zitiert nach: Statista: http://statista.de/statistik/daten/studie/186740/umfrage/datenklau-und-spionage-in-deutschen-unternehmen/ (Aufrufdatum: 11.06.2016).

In der Statistik ist zu sehen, dass vor allem Viren, Malware und Phishing die größten Gefahren für Unternehmen darstellen. Aber mit 39 % vertreten ist der Datenklau durch eigene Mitarbeiter. Neben mutwilligen Schäden durch eigene Mitarbeiter, halten jedoch viele Unternehmen die Unachtsamkeit der Beschäftigten aufgrund mangelnden Verständnisses für bedenklich.[362]

3.2.3 Verantwortungsbewusstsein im digitalten Zeitalter

3.2.3.1 Ethik und ihre Bedeutung im digitalen Zeitalter

Wie oben argumentiert, stehen Unternehmen vor einer großen ethischen Herausforderung. Sowohl die Manager, als auch die Mitarbeiter, müssen sich die Frage stellen: „Wie gehe ich verantwortungsvoll und ethisch korrekt mit Daten bzw. der Digitalisierung um?" Doch was bedeutet ethisch korrekt? Zunächst soll der Begriff Ethik betrachtet werden und in Bezug auf die Digitalisierung gesetzt werden.

„Ethik ist die Lehre bzw. Theorie vom Handeln gemäß der Unterscheidung von Gut und Böse. Gegenstand der Ethik ist die Moral. [...] Heute wird eine empirische, deskriptive Ethik streng unterschieden von der normativen Ethik, die ein Sollen formuliert; dieses Sollen erhebt Anspruch auf allgemeine Verbindlichkeit."[363] In Bezug auf die Digitalisierung spricht man von „digitaler Ethik". Und hier merkt man, wie neu das Thema im Grunde noch ist, denn es gibt noch keine einheitliche Definition zu diesem Begriff. Es geht um die Moral vom Umgang mit den Potentialen und Möglichkeiten der Digitalisierung. Ein Beispiel wäre die Datenmoral. Der Informationswissenschaftler und Philosoph Rafael Capurro, spricht in Bezug auf diese sich rasant ändernden Lebensbedingungen von der „großen Stunde der Ethik". Für ihn ist digitale Ethik eine kritische Reflexion über das gute Leben in einer von der Digitalisierung geprägten Welt.[364]

[362] Vgl. Heeg, T. Deutsche Firmen erleiden Millionenschaden -Vier von zehn Unternehmen waren 2014 von Internet-Angriffen betroffen – Finanzdienstleister stehen im Fokus der Kriminellen. In: http://www.faz.net/aktuell/wirtschaft/cebit/die-gefahren-der-cyberkriminalitaet-sind-gestiegen-13475164.html (Aufrufdatum: 07.05.2016).
[363] Wirtschaftslexikon Gabler: Ethik. In: http://wirtschaftslexikon.gabler.de/Archiv/2794/ethik-v9.html (Aufrufdatum: 09.05.2016).
[364] Vgl. Capurro, R.: Digitale Ethik. In: http://www.capurro.de/businessimpact2015.pdf (Aufrufdatum: 11.06.2016).

Das Institut für Digitale Ethik (IDE), die ihren Sitz an der Hochschule der Medien in Stuttgart hat, spricht von folgenden zentralen Aufgabenfeldern.

- „Ungleiche Zugangsbedingungen und Aneignungschancen (z. B. Digital Divide in globaler Sicht und durch soziale Benachteiligung in der Medienaneignung).
- Mangel an Informationsgerechtigkeit, Autonomie und Transparenz (z. B. Datenschutz & Privatsphäre).
- Verletzendes Kommunikationsverhalten (z. B. Trolling, Cybermobbing, sexuelle Belästigung).
- Gefährdungspotenziale durch Medieninhalte (z. B. Gewaltvideos, Hassseiten, Internetpornografie, Menschenwürdeverletzung, Suizidforen).
- Ungerechte Distributions- und Produktionsstandards (z. B. Kostenfallen, Umweltbelastung durch Computer- und Handyschrott, unwürdige Produktionsbedingungen bei der Geräteherstellung) und
- interkulturelle Kommunikationskonflikte (z. B. im Internet verbreitete satirische Videos im religiösen Kontext)."[365]

Damit ein Unternehmen ethisch richtig handelt, kostet das zunächst zwar Geld. Dem gegenüber fehlt die Rendite durch ethische Aktivitäten. Doch reines Gewinnmaximierungsdenken ist nicht nachhaltig und das soziale und ökologische Umfeld wird dabei negativ beeinträchtigt.[366]

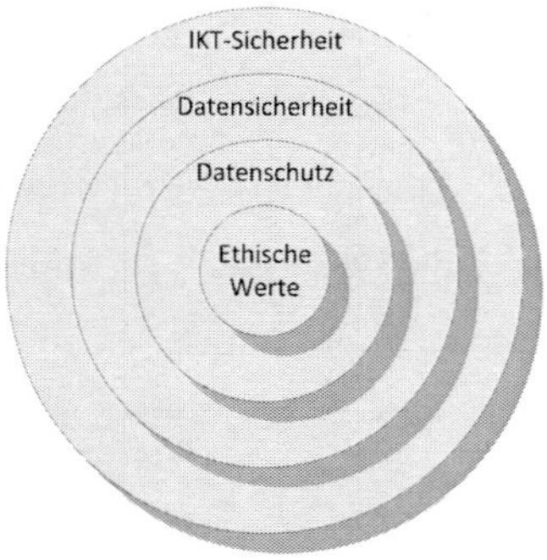

Abbildung 48: Hierachiebeziehung beim Datenschutz[367]

[365] Institut für Digitale Ethik: Fortschreibung der Medienethik im digitalen Umfeld, In: http://www.digitale-ethik.de/institut/ (Aufrufdatum: 14.05.2015).
[366] Kuhn, T. und Weibler, J. „Ist Ethik ein Erfolgsfaktor? Unternehmensethik im Spannungsfeld von Oxymoron Case, Business Case und Integrity Case." In: Zeitschrift für Betriebswirtschaft, 2011.
[367] Vgl. Pharow, P., Brunner M.: Zusammenwirken von Ethik, Moral, Schweigepflicht und Datenschutz in Zeiten zunehmender elektronischer Vernetzung. In: http://services.informatik.hs-mannheim.de/~kis/ehealth/pdf/Pharow%2019042007.pdf (Aufrufdatum: 30.06.2016).

Das übergeordnete Ziel muss immer der Schutz der personenbezogenen Daten von Kunden und Mitarbeitern sein. Datenschutz ist im Grunde als zentraler Gegenstand bzw. Kernaufgabe aller Aktivitäten eines Unternehmens zu sehen. „Der Stellenwert, den Datenschutz und Datensicherheit eingeräumt bekommen, ist letztlich eine ethische Frage an die Leitung einer Firma oder Organisation.“[368] Wie in Abbildung 48 zu sehen ist, sind ethische Werte und Moral die Voraussetzung, um Datenschutz zu fördern. Diese wiederum sind wichtig, um Datensicherheit zu erzeugen, die Informations- und Kommunikationssicherheit vorantreibt.

3.2.3.2 Digitale Nachhaltigkeit

Wie eben angesprochen, geht es bei ethischem Handeln um Nachhaltigkeit. Ein Unternehmen agiert nachhaltig, wenn es mit seinen zur Verfügung stehenden Ressourcen so umgeht, dass diese in Zukunft für die nachfolgenden Generationen genutzt werden können. Nur wenige Unternehmen haben aktuell nachhaltiges Wirtschaften als Geschäftsmodell integriert, sehen es aber als eine der größten Herausforderungen. Mittlerweile aber kommen Konzepte wie „Cradle-to-Cradle“, bei dem nur Rohstoffe verwendet werden, die entweder kompostierbar sind oder in einem geschlossenen industriellen Kreislauf verbleiben, auf, und erweisen sich als erfolgreich.[369] Auch bei den Konsumenten setzt sich immer mehr das ethische Bewusstsein ein.[370]

Mit der Digitalisierung kommt, wie bereits erläutert, eine neue Ressource auf den Markt: Daten. Es stellt sich also zunehmend die Frage, wie mit Daten nachhaltig gewirtschaftet werden kann. Aus diesem Grund etabliert sich allmählich der Begriff der „digitalen Nachhaltigkeit“. Dieser besagt, dass digitale Wissensgüter ressourcenschonend hergestellt, frei genutzt, kollaborativ weiterentwickelt und langfristig zugänglich gesichert werden. Marcus Dapp definierte den Begriff folgendermaßen: „Digitale Ressourcen werden dann nachhaltig verwaltet, wenn ihr Nutzen für die Gesellschaft maximiert wird, sodass die digitalen Bedürfnisse gegenwärtiger und zukünftiger Generationen gleichermaßen erfüllt werden. Der

[368] Sewecom: Ethik und Datenschutz/Datensicherheit. In: http://www.sewecom.de/themen-datensicherheit/ethik/ (Aufrufdatum: 30.06.2016).
[369] Vgl. Lexikon der Nachhaltigkeit: Nachhaltiges Wirtschaften – Sustainable Business/Nachhaltige Geschäftsmodelle. In: https://www.nachhaltigkeit.info/artikel/nachhaltiges_wirtschaften_sustainable_business_n_1498.htm (Aufrufdatum: 16.05.2016).
[370] Vgl. Spiegel Online: Ethischer Konsum: Nachhaltige Unternehmen sind Gewinner der Krise. In: http://www.spiegel.de/wirtschaft/service/ethischer-konsum-nachhaltige-unternehmen-sind-gewinner-der-krise-a-646976.html (Aufrufdatum: 16.05.2016).

gesellschaftliche Nutzen ist dann maximal, wenn die digitalen Ressourcen der größten Anzahl von Menschen zugänglich und mit einem Minimum an technischen, rechtlichen und sozialen Restriktionen wiederverwendbar sind. Digitale Ressourcen sind Wissen und kulturelle Artefakte digital repräsentiert als Text, Bild, Audio, Video oder Software."[371]

Der Verein „LUKI e.V." nennt zehn Grundprinzipien, die beschreiben, wann ein Unternehmen digital nachhaltig agiert:[372]

1. Digitale Güter müssen finanziell, technisch und organisatorisch für alle Menschen nutzbar und veränderbar sein.
2. Wissen weiterzugeben und zu erhalten, erfordert eine Gestaltung digitaler Güter, die auf Zukunft hin offen und weiterhin zugänglich ist.
3. Um Wissen weiterzugeben und für zukünftige Generationen zu erhalten, sind offene Formate, offene Standards und freie Lizenzen notwendig.
4. Die Zugänglichkeit zu digitalen Gütern sollte unabhängig vom finanziellen Vermögen gegeben sein.
5. Das Wissen über die digitalen Güter darf nicht nur bei einer Person oder Organisation liegen, sondern muss über viele Akteure verteilt sein.
6. Das Wissen um die digitalen Güter muss regenerierbar und reproduzierbar sein.
7. Die Weitergabe, Wiederverwendung und Modifizierung von digitalen Gütern muss technisch und rechtlich möglich sein und gefördert werden.
8. Digitale Güter (vor allem Software) müssen so gestaltet sein, dass sie keine Abhängigkeiten zu ihren Herstellern schaffen, sowie transparent entstehen (Quellcode) und vertrauenswürdig sind.
9. Eine sinnvolle Strukturierung, Modularisierung, Dokumentation, Auffindbarkeit und das möglichst präzise Filtern digitaler Güter muss gewährleistet sein.
10. Es gilt, individuelle und gesellschaftliche Rahmenbedingungen, sowie entsprechende gesetzliche Regulierungen zu schaffen, dass nachhaltige digitale Güter auf breiter Front gefördert und präferiert werden.

---

[371] Dapp, M: Was ist „digital nachhaltig?. In: http://digitale-nachhaltigkeit.net/index.html#intro (Aufrufdatum: 16.05.2016).

[372] Vgl. LUKI e.V.: 10 Merkmale digitaler Nachhaltigkeit. In: http://digitale-nachhaltigkeit.net/tiefer-gehen.html#zehngrundsaetze (Aufrufdatum: 16.05.2016).

3.2.3.3 Unternehmensverantwortung mit Corporate Social Responsibility

Wie Unternehmen gesellschaftliche Verantwortung übernehmen können und dabei gleichzeitig nachhaltig wirtschaften, ist in dem Konzept „Corporate Social Responsibilty“ beschrieben. Jedoch gibt es global keine einheitliche Definition, weshalb oftmals falsche Erwartungen und somit Enttäuschungen bei den Unternehmen entstanden sind. Nach der Europäischen Kommission 2001 und 2002 ist Corporate Social Responsibility (kurz: CSR) ein Konzept, an dem sich Unternehmen freiwillig orientieren können, um soziale und Umweltbedingungen in ihre Tätigkeit zu integrieren. Im Fokus stehen die Interessen der Stakeholder.[373] Die Gewinnorientierung wird dabei der gesellschaftlichen Verantwortung gegenüber gestellt (siehe hierzu Abbildung 49).

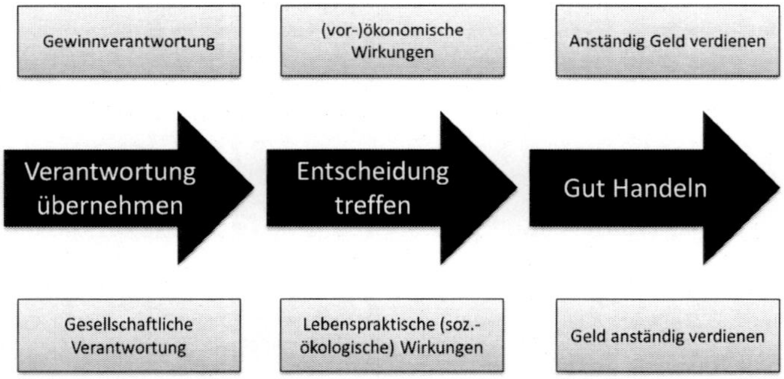

Abbildung 49: Relation zwischen Verantwortung und Entscheidung[374]

Es müssen Entscheidungen getroffen werden, die berücksichtigen, welche (vor-) ökonomischen Wirkungen dabei erzeugt werden sowie lebenspraktische (soz.-ökologische) Wirkungen. Das erzeugt ein „gutes“ Handeln, mit dem ein Unternehmen ethisch vertretbar Geld verdienen kann. Der ethische Aspekt muss also in die Entscheidungsfindung mit einbezogen werden. So müssten, wie im Aufsatz von Tobias Prechtl in Kapitel 2.4.2.3: Data-Based Decision-Making beschrieben, im Rahmen der Big-Data-Potentiale sozialrelevante Daten erhoben und in die automatisierten Entscheidungsprozesse integriert werden. So könnten durch

[373] Vgl. Schneider, A.; Schmidpeter, R.: Corporate Social Responsibility – Verantwortungsvolle Unternehmen in Theorie und Praxis. Heidelberg, 2012, S. 18.

[374] Vgl. Kuhn, T.; Weibler, J.: „Ist Ethik ein Erfolgsfaktor? Unternehmensethik im Spannungsfeld von Oxymoron Case, Business Case und Integrity Case.” In: Zeitschrift für Betriebswirtschaft, 2011.

Predictive Analytics, Anwendungsszenarien auch auf ethische und nachhaltige Aspekte untersucht werden. Wie Prechtl aber auch erläutert hat, ist es wichtig abzuwägen, auf welcher Managementebene dieses Decision-Making anzusiedeln ist.

3.2.3.4 Corporate Social Responsibility und Digitalisierung

Durch die Digitalisierung gibt es aber auch Chancen für die Nachhaltigkeit. Smart Grid etwa, dass durch das Internet der Dinge erst entstehen konnte, ermöglicht es, intelligente Stromnetze aufzubauen, Haushaltsgeräte am allgemeinen Stromverbrauch orientieren zu lassen und viele weitere Beispiele, die den Gesamtstromverbrauch verringern. Die Digitalisierung bildet somit ein wichtiges Standbein für die Energiewende.

Aber auch für Corporate Social Responsibility ergeben sich neue Potentiale durch die Digitalisierung:[375]

1. Bessere Rückverfolgbarkeit

Für Unternehmen ist es schwierig, alle Ursprünge und Eingänge zu identifizieren, welche ihre Lieferkette sozial und ökologisch beeinflussen. Die Folgen sind undurchsichtige Sourcing-Strategien, die zur niedrigen Rechenschaftspflicht und hohem Reputationsrisiko führen. Das Internet der Dinge würde es beispielsweise ermöglichen, dem Kunden durch Sensoren an den Produkten zu sagen, wo sie entstanden und welche Wege sie nahmen. Für 2nd- und 3rd-Tier Zulieferer würde es wegen dieser Transparenz schwieriger werden, soziale und ökologische Schwachstellen zu vertuschen. Regierungsbehörden könnten Unternehmen zu mehr Rechenschaft verpflichten.

2. Effizientere Supply Chain

Supply-Chain-Ineffizienzen sind geringe Leistung, geringe Qualität und Abfall. Das Internet der Dinge bietet eine Vielzahl von Technologien, solche Ineffizienzen in Angriff zu nehmen. Zum Beispiel können Landwirte Erdsonden implantieren, die laufend Informationen über Qualität und Nährstoffgehalt liefern. Die Aussaat kann gezielter und ertragsreicher durchgeführt werden. In Verbindung mit intelligenter Lagerung, die Temperatur und Feuchtigkeit überwacht, kann Abfall reduziert werden. Sourcing-Strategien, die auf Fair Trade abzielen, sind somit leichter zu verwirklichen.

[375] Vgl. Alexa Roscoe: „The Digital Future of Corporate Responsibility". In: http://ssir.org/articles/entry/the_digital_future_of_corporate_responsibility (Aufrufdatum: 03.06.2016).

3. Umweltverträglichkeit

Unternehmen stehen nicht nur vor einer technologischen Revolution, sondern auch vor einer der größten Herausforderung, nämlich der bevorstehenden Ressourcenknappheit. Materialpreise werden steigen. Ein Kampf um preisgünstige Versorgungssicherheit wird ausbrechen. Ressourcen, die heute noch als selbstverständlich gelten, wie zum Beispiel Wasser, werden durch den Klimawandel in manchen Gegenden kostbarer werden. Die Bodensensoren – wie vorhin angesprochen – könnten zum Beispiel den Wasserverbrauch in den USA um 20 % senken.

4. Wirkungsmessung

Heute werden Unternehmensergebnisse regelmäßig, aber nicht kontinuierlich gemessen. Die Digitalisierung würde dies ermöglichen. Auch wäre es den Managern möglich, gezielt soziale und ökologische Ergebnisse neben den finanziellen Erträgen systematisch in Relation zu setzen.

3.2.3.5 Corporate Digital Responsibility

Aufgrund der explosionsartigen Entwicklung der Digitalisierung ist es an der Zeit, das Modell des Corporate Social Responsibility (CSR) zu überdenken, um die Vorteile dieses technologischen Wandels zu verstärken und um die Nachteile entsprechend zu managen. Aufgrund des steigenden Bewusstseins der Kunden und Verbraucher muss sich ein Unternehmen die Frage stellen, wie man verantwortungsbewusst mit der Ressource Daten umgeht. Die Weiterentwicklung von CSR ist bereits im Gange und nennt sich Corporate Digital Responsibility. Da dieses Modell noch jung ist, sollen in diesem Kapitel zwei Ansätze beschrieben werden.

Jänig, Wefer und Blaeser entwickeln derzeit ein Corporate Digital Responsibility Framework. Sie definieren das Modell folgendermaßen:

„Corporate Digital Responsibility (CDR) steht für verantwortungsvolles, unternehmerisches Handeln nach innen und außen, bei der Ausübung digitaler Geschäftsprozesse, der Gestaltung von digitalen Services und Produkten und den damit verbundenen (Daten-)Austauschbeziehungen gegenüber Mitarbeitern und allen Marktpartnern. Corporate Digital Responsibility ist somit das Compliance-Verständnis einer neuen Unternehmensverantwortung in der digitalen Gesellschaft. Dieses Verständnis basiert auf zwei Ebenen:

- Einerseits auf Einhaltung der für alle Aspekte der Digitalisierung im Unternehmen relevanten Rechtsordnung (Gesetze, Normen, Regeln, Standards sowie Richtlinien und Verträge).
- Andererseits auf der Wahrnehmung einer darüber hinausgehenden freiwilligen Verantwortung, und zwar überall dort, wo nationales und internationales Recht und Netzwerke von Verträgen sowohl dem Schutzgedanken der Digitalisierung, als auch der Rolle als Treiber von Wachstum, nicht ausreichend Rechnung tragen.

Insbesondere die Umsetzung freiwilliger Maßnahmen steht im Fokus der unternehmerischen Gestaltungsmöglichkeiten und der damit verbundenen Differenzierung am Markt.“[376] Wie Jänig, Wefer und Blaeser die Aktivitäten und Pflichten der Unternehmen einteilen, ist in Abbildung 50 zu sehen.

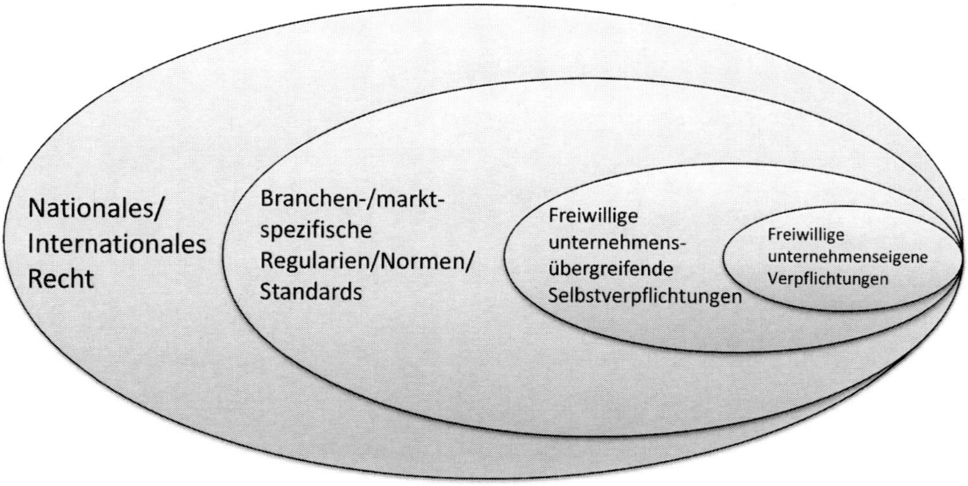

Abbildung 50: Aktivitäten im Corporate Digital Responsibility (in Anlehnung an[377])

Durch den Einsatz von CDR ergeben sich laut Weber und Co für das Management folgende Vorteile:

---

[376] Jänig, J; Dr. Wefer, M; Blaeser M.: Corporate Digital Responsibility Unternehmensverantwortung in der digitalen Gesellschaft – Grundidee und Hintergrund. In: http://corporate-digital-responsibility.de/ (Aufrufdatum: 06.06.2016).

[377] Institut für Digitale Ethik: Fortschreibung der Medienethik im digitalen Umfeld, In: http://www.digitale-ethik.de/institut/ (Aufrufdatum: 14.05.2015).

- „Jederzeitige Transparenz und Steuerungshoheit erlangen, vor allem hinsichtlich potentieller Data Compliance Risiken in allen Geschäftsprozessen.
- Einen messbaren Reputationsgewinn durch nachweisbare digitale Glaubwürdigkeit erzielen - nach innen und außen.
- In der jetzigen Phase Trendsetter in Ihrer Branche und in Ihren Märkten sein.“[378]

Cooper, Sui und Wie aus London hingegen beschreiben fünf Prinzipien des Corporate Digital Responsibility:[379]

Prinzip 1: Digitale Verwaltung

Unternehmen verpflichten sich im Zuge der digitalen Verwaltung zu einer sicheren und verantwortungsvollen Verwendung der Daten. Dabei weigern sich Firmen, personenbezogene Daten aus ihrem System mit Dritten zu teilen. Unternehmen arbeiten zusammen, um die Sicherheit von Kundendaten zu verbessern. Zum Beispiel arbeiten Einzelhändler wie Walmart in Zusammenarbeit mit Gap und Target an der Entwicklung einer mobilen Brieftasche, die sicherer ist als die von den Banken herausgegebenen Kreditkarten.

Prinzip 2: Digitale Transparenz

Durch das immer größer werdende Misstrauen der Verbraucher in das Internet, steigen die Erwartungen für mehr digitale Transparenz an Unternehmen. Diese müssen entsprechende Strategien entwickeln. Zum Beispiel entwickelt der spanische Telekommunikationskonzern Telefonica einen „Data Locker“. Dieser wird den Kunden als eine Opt-in-Möglichkeit zum Austausch von persönlichen Daten gegen neue Dienste angeboten. Besonders aktive „Daten-Sharer“ würden Extra-Leistungen als Belohnung bekommen. Transparenz könnte aber auch zur Differenzierung von Produkten verwendet werden. Einer Umfrage in Großbritannien zufolge würden 54 % der Verbraucher sich beim Kauf von Gütern einer datentransparenten Marke besser fühlen, während 48 % bereit sind, sich für diese Marke entscheiden.

---

[378] Vgl. Institut für Digitale Ethik: Fortschreibung der Medienethik im digitalen Umfeld, In: http://www.digitale-ethik.de/institut/ (Aufrufdatum: 14.05.2015).
[379] Vgl. Cooper, T; Sui, J; Wei, K: Corporate digital responsibility: Doing well by doing good. In: https://www.accenture.com/us-en/insight-outlook-doing-well-doing-good (Aufrufdatum: 04.06.2016).

Prinzip 3: Digitale Ermächtigung

Kunden können Unternehmen die Verantwortung von Daten übertragen, damit diese den Kunden helfen, bessere Entscheidungen (z.B. in Gesundheit, Bildung, Finanzen usw.) zu treffen. Die Australian Commonwealth Bank verwendet Daten und vorhersagende Analysewerkzeuge auf einer interaktiven Plattform, um Kunden bessere persönliche Finanzentscheidungen anzubieten. Auch wenn es kurzfristig zu zusätzlichen Gebühren kommt, zahlt es sich auf lange Sicht bezüglich Loyalität und Ansehen aus.

Prinzip 4: Digitale Gerechtigkeit

Kunden werden sich über den Wert ihrer persönlichen Daten bewusster. Für Unternehmen wird es daher wichtiger, den Kunden mehr Gerechtigkeit zu garantieren. Die Datenerfassung muss also als eine „Zwei-Wege-Transaktion“ gesehen werden, der zu einem wahrgenommenen Fair-Value-Austausch führt. Zum Beispiel teilt das soziale Netzwerk „Tsu“ seine Online-Werbeeinnahmen zu 90 % mit seinen Benutzern. Je aktiver ein Nutzer, desto mehr bekommt er.

Prinzip 5: Digitale Integration

Unternehmen sollten ihre Möglichkeiten nutzen, die digitale Integration voran zu treiben. Somit kann der Einsatz der digitalen Vermögenswerte für soziale Güter vervielfacht werden. Durch digitale Integration kann ein Unternehmen auch Gutes tun, indem es durch Erschließung von nicht-traditionellen Märkten neue Wachstumsquellen generiert. Orange Telecom aus Frankreich teilt seine Daten mit der Huit Gruppe, welche auf Stadtentwicklung in Schwellenländern spezialisiert ist. Die Daten halfen, um die städtischen Gebiete in der Côte d'Ivoire genauer abzubilden. Orange Telecom ist auch in der Lage, die Ergebnisse zu nutzen, um ihren Geschäftsbetrieb in diesem Land zu verfeinern und diese Methodik in anderen Märkten zu vermarkten.

3.2.4 Weg vom homo oeconomicus – hin zum „Ehrbaren Kaufmann“!

Die Lücke zwischen den in Kapitel 3.2.3.5 beschriebenen Prinzipien und den aktuell existierenden Grundsätzen und Strategien von Unternehmen ist derzeit noch sehr groß. Laut Cooper, Sui und Wie stimmen zwar 85 % der befragten Unternehmen der steigenden Bedeutung von Datentransparenz zu, allerdings werden nur 65 % tätig. Während 81% der Manager sich für eine digitale Ermächtigung, wie mit Prinzip 3 beschrieben, aussprechen, setzen nur 55 % dieses Prinzip um.[380]

Anders als bei Corporate Social Responsibility, das von vielen Unternehmen nur als Marketingzweck missbraucht wird, wird Corporate Digital Responsibility CDR ein wichtiger Hebel werden, um sich in Zukunft von seinen Wettbewerbern zu unterscheiden. Wie bereits beschrieben, war Ethik noch nie so gefragt wie jetzt zu Zeiten der Digitalisierung. Es ist an der Zeit, sich vom reinen „Homo Oeconomicus“ zu verabschieden und sich als Manager zum ehrbaren Kaufmann zu entwickeln. „Wer als Unternehmer die innere Haltung des Ehrbaren Kaufmanns einnimmt, beständigen Werten und klaren Prinzipien folgt, zeigt Geschäftspartnern, Investoren, Kunden und Mitarbeitern, dass die gemeinsame Arbeit auf einem stabilen Fundament basiert. Durch den verantwortungsvollen Umgang mit menschlichen, ökologischen und ökonomischen Ressourcen entsteht Vertrauen. Auf diese Weise legt man den Grundstein für die Zukunftsfähigkeit des Unternehmens.“[381] Klare Prinzipien können jene aus Kapitel 3.2.3.2 Digitale Nachhaltigkeit oder auch die Prinzipien des CDR sein. Das steigende Kundenbewusstsein wird keine Alternative zulassen. Will ein Unternehmen für die Zukunft gut gerüstet sein, muss es CDR als Kerngeschäft in ihre Strategie integrieren. Ansonsten findet man sich zunehmend in negativen Schlagzeilen wieder.[382]

---

[380] Vgl. Cooper, T; Sui, J; Wei, K: Corporate digital responsibility: Doing well by doing good. In: https://www.accenture.com/us-en/insight-outlook-doing-well-doing-good (Aufrufdatum: 04.06.2016).
[381] IHK München: Corporate Social Responsibility (CSR) und der Ehrbare Kaufmann. In: https://www.muenchen.ihk.de/de/standortpolitik/CSR-Gesellschaftliche-Verantwortung/ehrbarer-kaufmann-gelebte-tradition-ihk/corporate-social-responsibility-csr-und-der-ehrbare-kaufmann (Aufrufdatum: 11.06.2016).
[382] Vgl. Cooper, T; Sui, J; Wei, K: Corporate digital responsibility: Doing well by doing good. In: https://www.accenture.com/us-en/insight-outlook-doing-well-doing-good (Aufrufdatum: 04.06.2016).

3.3 Umsetzungsstärke: Eigenschaften von Teams / Mitarbeitern

Florian Zehetbauer

Zusammenfassung

Welche Grundvoraussetzungen sind für Team / Mitarbeiter notwendig, um in der digitalisierten Arbeitswelt die gegebenen Ziele zu erreichen? Um diese Frage hinsichtlich der dafür notwendigen Eigenschaften zu beantworten, ist die Frage zu klären, welche Voraussetzungen dafür vorliegen müssen. Damit verbunden ist die Frage, welche konkreten persönlichen Eigenschaften als Erfolgsgarantie anzusehen sind, oder ob der Erfolg von Menschen, Teams und Unternehmen eher auf einem glücklichen Zufall beruht. In diesem Beitrag wird der Zusammenhang zwischen dem einzelnen Individuum und wie er/sie sich verändern muss, um Teil des neuen Wirtschaftszeitalters zu werden, erläutert.

Schlüsselbegriffe

Digitalisierung - Fähigkeiten - Motivation - Volition - Flexibilität - Weiterbildung

„Es liegen in jedem Menschen eine Reihe von Fähigkeiten und Trieben, die nur geweckt und entwickelt zu werden brauchen, um in Betätigung gesetzt, die schönsten Wirkungen zu erzeugen."

August Bebel (Deutscher Politiker)

3.3.1 Alte Thematik

Mit der Frage nach den Eigenschaften, welche Teams, Mitarbeiter und/oder Führungskräfte benötigen, um Ziele zu erreichen, haben sich bereits viele Autoren und Manager auseinandergesetzt. Der US-amerikanische Managementdenker Peter Drucker zum Beispiel, welcher bis heute noch als Pionier der modernen Managementlehre gilt, hatte bereits 1999 erläutert, dass Managen eine ganz besondere Art der Tätigkeit sei und dementsprechende Fähigkeiten eines Managers erfordert. Die für ihn wichtigsten Fähigkeiten, um eine erfolgreiche Führungskraft zu sein, sind zum Beispiel. „effiziente Entscheidungen", „richtige Finanz- und Zeitplanung" oder auch „erfolgreiche Personalentscheidungen".[383]

Eine unzählige Reihe weiterer Fähigkeiten wird einem nach kurzer und mit wenig Aufwand verbundener Recherche, im Internet aufgelistet: „Hohe Einsatzbereitschaft", „Kommunikation", „Zusammenarbeit" oder "visionär und charismatisch"[384], alles weitere Ergebnisse, welche laut einer Vielzahl an Homepages, Autoren, Managern, etc. notwendig sind, um Erfolge feiern zu können.

Doch viele dieser Talente wie zum Beispiel „Ausdauer", „Leidenschaft" und „Teamfähigkeit", müssen von Mitarbeiter[385] oder gar einer Führungskraft selbstverständlich erfüllt sein, um überhaupt in einem Team zu arbeiten oder in eine Führungsrolle zu gelangen. Ein Teamleiter welcher nicht in der Lage ist, z. B. Konflikte unter seinen Mitarbeiter zu lösen, oder mit seinen Kollegen auf partner- oder freundschaftlicher Ebene zu korrespondieren, kann von vornherein nicht in diese Position kommen. Ein ständiges Antreiben eines Kollegen, die ihm vorliegende Arbeit

[383] Vgl. Drucker, P.F.: Management, Campus Verlag GmbH, 2009.

[384] Dell: Die zehn Eigenschaften eines erfolgreichen Unternehmers. Zitiert nach: http://www.dell.com/learn/de/de/debsdt1/sb360/sep12-newsletter-1 (Abrufdatum: 27.04.2016)

[385] Wenngleich in vorliegender Ausarbeitung stets nur in der männlichen Form geschrieben ist, sind dennoch beide Geschlechter gemeint.

zu Ende zu bringen, oder häufige Ermahnungen für Unpünktlichkeit oder mangelhafte Ergebnisse, spricht für eine schlechte Einsatzbereitschaft, ist ebenso ein K.-o.-Kriterium für eine Zusammenarbeit zwischen Menschen.

Es besteht somit ein direkt proportionaler Zusammenhang zwischen diesen Eigenschaften und der Grundvoraussetzung für eine Karriere in einem Unternehmen. Bereits in Vorstellungsgesprächen wird ein Bewerber daraufhin geprüft, ob seine persönlichen Fähigkeiten zur Unternehmenskultur und/oder dem jeweiligen Team passen. Viele Fragen wie „Wo sehen Sie ihre Stärken?“ oder „Wie stehen Sie Veränderungen gegenüber?“ usw. hat mit großer Wahrscheinlichkeit ein jeder von uns schon einmal gehört. Dies ermöglicht den Personalfachkräften bereits im Vorfeld eine Bewertung, ob eine Zusammenarbeit mit dem Kandidaten in der Abteilung prinzipiell möglich ist, oder ob Potential zur Führungskraft bzw. zum Manager vorhanden ist.

Daraus folgt: Eine Leitfigur in einem Unternehmen benötigt generell ein gewisses Maß an Fähigkeiten, um überhaupt als solche fungieren zu können.

Jedoch machen diese Eigenschaften und Fähigkeiten noch keine erfolgreiche Persönlichkeit bzw. sind keine Garantie für seinen Erfolg im Unternehmen.

3.3.2 Erneute Fragestellung

Mittlerweile gibt es jedoch einen Grund, dieses Thema neu aufzugreifen: Die **Digitalisierung**. Der allumfassende und allgegenwärtige digitale Wandel verändert das Leben der Menschen radikal. Familienleben, Schule, Ausbildung, kleinere Familienbetriebe oder Großbetriebe, sämtliche Bereiche sind inzwischen davon betroffen.

Die digitalen Innovationen verändern nicht nur die Produktions- und Arbeitsschritte sowie die gesamte Wertschöpfungskette grundlegend, sondern haben auch beträchtliche Auswirkungen auf das Leben des Menschen und seine Arbeitskraft. In den folgenden Abschnitten soll jedoch vor allem die Veränderung während der vergangenen Jahre in der Wirtschaft durch Industrie 4.0 aufzeigt werden.

Auf kritische Weise wird dargestellt, welche Fähigkeiten durch die Digitalisierung in der Arbeitswelt für den einzelnen Mitarbeiter bis hin zur Führungskraft notwendig sind, um Ziele zu erreichen.

„Industrie 4.0 bedeutet die Vernetzung der realen mit der virtuellen Welt. Fertigungsprozesse verschmelzen mit Informationstechnologie. Disziplinen wie zum

Beispiel Maschinenbau, Logistik und Dienstleistungen, kommunizieren miteinander. Auf eine neue, intelligente Art.

Das Internet der Dinge bedeutet für den gesamten industriellen Sektor einen großen Einschnitt – und für den Kunden neuen Nutzen: Produktionszyklen werden kürzer, Kundenbedürfnisse fließen in Echtzeit in die Produktion ein, Wartung und Instandhaltung regeln sich weitgehend eigenständig. Aufträge laufen automatisch in der richtigen Reihenfolge ab. Das Ergebnis ist die Smart Factory."[386]

Diese Veränderung stellt sämtliche Unternehmen sowie deren Führungskräfte und Mitarbeiter vor eine große Herausforderung: „Wie wird die Digitalisierung mein Unternehmen verändern?", „Wie muss ICH mich verändern, um Teil des neuen Wirtschaftszeitalters zu werden?". All dies sind Fragen, mit denen Beteiligte dieser Veränderung konfrontiert werden.

3.3.3 Neue Kompetenzentwicklung

Es stellt sich einmal mehr die Frage, wie ein Mensch, in diesem Fall speziell ein Mitarbeiter eines Unternehmens, in dem neuen Wirtschaftszeitalter überleben kann. Sind seine bisherigen Fähigkeiten ausreichend um seinen Arbeitsplatz zu sichern?

Ein Problem hierbei sind vorwiegend ältere Arbeitnehmer und Arbeitgeber. Sie wuchsen in einer Zeit auf, in der es noch kein Internet oder Smartphones gab.

Vor der Einführung digitalisierter Prozesse und Arbeitsumgebungen, war die Erfolgsstrategie von Mitarbeitern und Managern, mit der Beharrlichkeit der Wiederholung, diese durchzusetzen und ein umfangreiches Wissen über sämtliche Prozesse im Unternehmen und darüber hinaus zu erhalten. Diese Zeiten des alten Denkens sind vorüber. Heutzutage steht jedem durch das World Wide Web in Sekundenschnelle fast das gesamte Menschheitswissen zur Verfügung.

Über Foren zu den unterschiedlichsten Bereichen beispielsweise, kann sich jeder über ein auftretendes Problem mit Menschen aus der ganzen Welt austauschen und gemeinsam nach einer Lösung suchen. Es ist somit nicht mehr notwendig alles zu wissen, sondern zu wissen wo gesucht werden muss. Ein entscheidender Punkt hierbei ist, den Umstieg und den damit einhergehenden Umgang mit der Technik bzw. den digitalisierten Prozessen, den (älteren) Arbeitnehmern leichter zu gestalten.

---

386 DIN, Erläuterung Industrie 4.0. Zitiert nach: http://www.din.de/de/forschung-und-innovation/industrie4-0/was-ist-industrie-4-0 (Abrufdatum: 03.05.2016).

In den folgenden Abschnitten werden nun Fähigkeiten erläutert, welche von Mitarbeitern, egal welchen Alters, aufgebracht und zu erlernen sind, um dies zu beseitigen und in der zunehmend digitalen Arbeitswelt erfolgreich zu sein.

3.3.3.1 Motivation

„Ist unsere Motivation stark und heilsam, können wir alles vollbringen."

Wie bereits der weise Dalai-Lama sagte, ist der erste Schritt in Richtung Erfolg die Motivation. Dies ist die Erste Fähigkeit, welche sich Mitarbeiter, Teams und Führungskräfte aneignen müssen, den positive Gedanken, in eine Handlung oder ein gewünschtes Ziel Zeit, Energie und Arbeit zu investieren. Nur wenn dies erreicht wird, ist ein Mensch auch dazu bereit sich dafür stark zu machen und mögliche Schmerzen aus Rückschlägen einzustecken.

Aus der Motivation lässt sich jedoch nicht alles regeln. Neben dem Grund für den Impuls, braucht es immer noch den notwendigen Willen dazu. Denn Motivation ist nur ein Zustand, welcher zu einem gewissen Zeitpunkt durch ein bestimmtes Ereignis ausgelöst wird. Es ist einfach gesagt ein Gefühl, welches in Erwartung auf ein lukratives oder wünschenswertes Ziel, beispielsweise eine Beförderung, in Erscheinung tritt.

Dieses Gefühl kann sich allerdings ebenso schnell verflüchtigen wie es zum Vorschein kam. Es bedarf also einer Möglichkeit, diese Empfindung aufrecht zu erhalten - bis zu dem Zeitpunkt, an dem die Aufgabe, das Projekt abgeschlossen, oder das Ziel erreicht ist.

Insbesondere beim Auftreten von ungeplanten Hindernissen auf dem Weg der Vollendung, kann die Stimmung schlagartig umschlagen. Folglich lässt sich sagen, dass die Motivation als Grundstein für sämtliche weitere Erfolgskompetenzen anzusehen ist.

Die bedeutet für Unternehmen und Organisationen: Es ist für die richtigen Leistungsvoraussetzungen zu sorgen, erst dann kann damit begonnen werden, Mitarbeiter und Teams zu fördern und zu fordern. Einzelne Kollegen jedoch von außen zu motivieren, stellt immer ein schwieriges Unterfangen dar, da der Einblick bzw. das Wissen unbekannt ist, was eine Person wirklich antreibt und damit motiviert. Die Aussicht auf eine Beförderung, eine vollständige Eingliederung in ein freundschaftliches Kollegium, oder nur die Erwartung auf das nächste Wochenende?

Es hängt somit sehr viel davon ab, wie das Verhältnis/die Wahrnehmung gegenüber der Führungskraft ist. Hat der Vorgesetzte die Gabe, sich in den Kollegen hineinzuversetzen, kann dieser jeden Mitarbeiter gezielt auf die Unternehmensziele hin motivieren. Doch dazu muss zuerst die Führungskraft dazu entschlossen sein und die notwendige Willenskraft und das Durchhaltevermögen besitzen.

Daraus lässt sich die zweite erfolgsnotwendige Kompetenz herleiten:

3.3.3.2 Volition

Definition

„Motivation ist der Motor und der Willen ist der Treibstoff."[387]

Was nützt eben dieser Impuls der Begeisterung, wenn er nach kürzester Zeit abklingt? Wie bereits erwähnt, gehört zum sicheren Erreichen des Erfolgs der unabdingbare Wille dazu. In der Psychologie wird hier von 'Volition' gesprochen. Darunter wird das bewusste Umsetzen von Zielen und Motivation in Ergebnisse bezeichnet.

Prof. Dr. Waldemar Pelz, Professor für Management und Marketing an der Technischen Hochschule Mittelhessen, ist der Meinung, es seien „nicht visionäre oder charismatische Eigenschaften, die außergewöhnlich erfolgreiche Unternehmer und Manager auszeichnen, sondern die, die Fähigkeiten, Ziele und Motive in Resultate umzusetzen. Deswegen erzielen sie auch mit bescheidenen Mitteln, häufig unter ungünstigen Umständen, überzeugende Ergebnisse (Erfolge)."[388] Das heißt, es ist ein Überschuss, ein mehr an Willenskraft, notwendig um etwas umzusetzen.

Was sich auf den ersten Moment doch sehr karg anhört, ist jedoch bei genauerer Betrachtung durchaus sinnvoll. Ein Mensch, welcher entschlossen ist und eine gute Disziplin besitzt, dem fällt es um ein vielfaches leichter ein bestimmtes, völlig egal ob ein privat gestelltes oder berufliches, Ziel zu erreichen.

Er besitzt somit die Fähigkeit, Ablenkungen oder Verlockungen besser zu wiederstehen und seine Volition, seine Umsetzungsstärke, auf die Aufgabe zu übertragen.

---

[387] Vgl. Management-Innovation, Schlüsselkompetenz Volition. In: http://www.management-innovation.com/download/Schluesselkompetenz-Volition.pdf (Abrufdatum: 10.05.2016).
[388] Willenskraft, Zusammenfassung: Motivation, Volition und Umsetzungskompetenz. Zitiert nach: http://www.willenskraft.net/ (Abrufdatum: 16.05.2016).

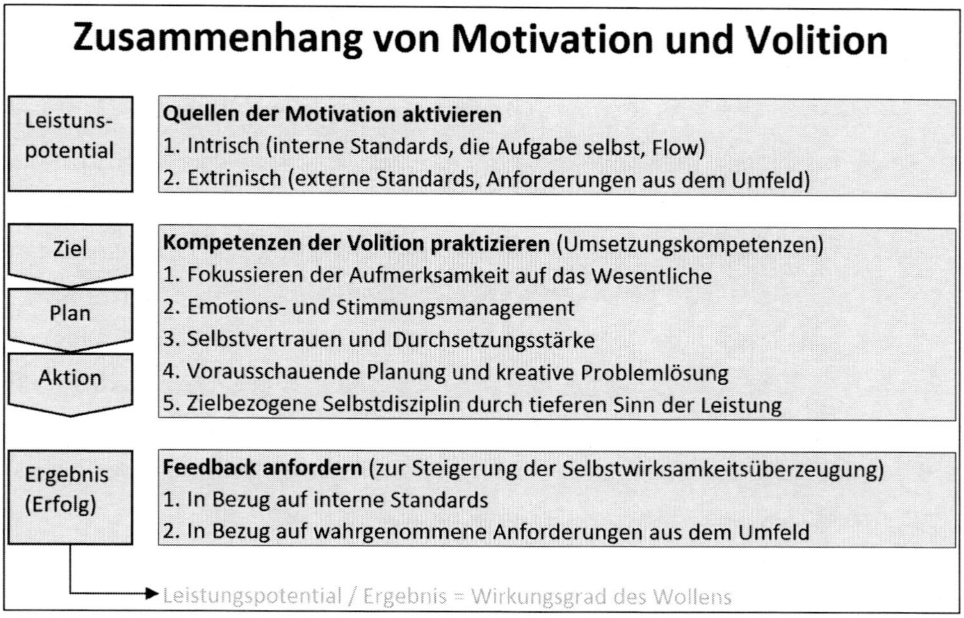

Abbildung 51: Zusammenhang Motivation und Volition[389]

Was aber, wenn ein Arbeitnehmer diese Fähigkeit nicht besitzt? Muss er demzufolge ein angsterfülltes Berufsleben führen, mit Bedenken auf einen sicheren Arbeitsplatz?

Studien des Institutes für Management-Innovationen, ebenfalls unter der Leitung von Prof. Pelz, haben ergeben, dass die Volition aus 5 erlernbaren Teilkompetenzen (siehe Abbildung 51) besteht. Dieses Ergebnis beruht auf einem Test mit 6.000 Teilnehmern.[390]

3.3.3.3 Die 5 Teilkompetenzen

1. Fokussierung:[391]

Die erste und wahrscheinlich wichtigste Kompetenz, ist die Fokussierung der Aufmerksamkeit auf das Wesentliche. Erfolgreiche Manager, Mitarbeiter etc. haben ihr Ziel stets vor Augen. Sie sind sich zu jeder Zeit bewusst, worauf es ankommt und können somit ihre Konzentration aufrechterhalten. Sie besitzen damit die Fähigkeit, Ablenkungen effektiv auszublenden und sich nicht zu verzetteln. Hindernisse, Schwierigkeiten und Ablenkungen, welche in Form von zum Beispiel Kollegen,

---

[389] Vgl. ebd.
[390] Vgl. Management-Innovation, Schlüsselkompetenz Volition. In http://www.management-innovation.com/download/Schluesselkompetenz-Volition.pdf (Abrufdatum: 10.05.2016).
[391] Vgl. ebd.

privaten Problemen oder auch durch Demotivation auftreten, können damit schneller und effektiver überwindet werden.

2. Emotions- und Stimmungsmanagement:[392]

Abgesehen von der Fokussierung auf das Ziel ist es ebenso wichtig, seine psychischen Kräfte und damit seine Gefühle und Stimmungen, im Gleichgewicht zu halten. Die persönliche Stimmung hat einen wesentlichen Einfluss, wie sich jemand zum Beispiel in Entscheidungen und/oder gegenüber Mitarbeitern verhält, sowie auf die Leistungsfähigkeit. Die Aufgabe hierbei besteht darin, seine Gefühle derart zu kontrollieren, dass „emotionale Belastungen schnell überwunden werden statt darunter zu leiden“. Derartige Menschen haben außerdem die Fähigkeit, sich selbst, Kollegen und Freunde zu motivieren oder sich in deren Situation zu versetzen. Sie sind damit in der Lage, geschickter mit diesen Situationen umzugehen.

3. Selbstvertrauen und Durchsetzungsvermögen:[393]

Erfolgreiche und talentierte Menschen zeichnet vor allem eines aus: Überzeugungskraft. Lewis Terman, der Erfinder des Stanford-Intelligenztests, stellte bereits 1916 fest, dass nicht die (fachliche oder intellektuelle) Intelligenz den größeren Einfluss auf den Erfolg hat, sondern das Durchsetzungs- und Durchhaltevermögen. Prof. Dr. Waldemar Pelz kam zu dem Schluss, dass umsetzungsstarke Menschen Probleme und Risiken am besten überwinden konnten, wenn sie über eine praktische Intelligenz (Cleverness) verfügen.

Um die Volition, den Willen ein Ziel zu erreichen, zu besitzen oder zu trainieren, muss es der betreffenden Person bewusst werden, dass die Willenskraft mit der Selbstwirksamkeitsüberzeugung (sprich dem Selbstvertrauen) verbunden ist.

Das heißt, erfolgreiche Menschen haben das Fundament für ein gesundes Selbstvertrauen für sich geklärt: Wer bin ich? Was kann ich? Und was bin ich wert? Sie wissen sich somit in Meetings, Gesprächen oder Verhandlungen besser zu verkaufen, lassen sich nicht einschüchtern und können Hindernisse und Probleme schneller überwinden.

4. Vorausschauende Planung und kreative Problemlösung:[394]

Die nächste Kompetenz zum Erreichen der Volition ist die Planung. Willensstarke Menschen machen sich proaktiv Gedanken, wie Situationen ablaufen könnten, wie

---

[392] Vgl. ebd.
[393] Vgl. ebd.
[394] Vgl. ebd.

z.B. Projekte, Aufgaben oder einfach nur Gespräche mit Vorgesetzten. Sie bereiten sich intensiv darauf vor und versuchen dabei Ausweichpläne zu finden, falls der von ihnen gewünschte Weg bzw. die ursprünglich erdachte Lösung nicht funktioniert. Weiterhin greifen sie Schwierigkeiten unmittelbar lösungsorientiert auf, anstatt sich vor der Verantwortung der Aufgabe zu drücken, oder sie jemand anderes aufzudrängen. Sie sehen dies als Chance, sich zu bewähren und weiterzuentwickeln.

5. Zielbezogene Selbstdisziplin:[395]

„Menschen mit hoher Volition erkennen früher als andere, was in einer Situation notwendig ist und setzen ihre Erkenntnisse konsequent um. Sie verfügen über ein hohes Maß an Selbstdisziplin und können plötzliche Impulse, Ablenkungen oder ‚Verlockungen' wirksam kontrollieren. Diese Disziplin kommt nicht aus einem selbst auferlegten Zwang. Vielmehr erkennen sie den tieferen Sinn in dem, was sie tun. Sie wissen warum sie arbeiten und können sich dadurch selbst und andere begeistern."

3.3.3.4 Individuelle & ständige Weiterbildung

Eine langfristige Strategie ist heutzutage (fast) nicht mehr möglich. Ständig ändern sich Umweltbedingungen, Gesetze oder Vorgaben. Sei es von der Politik oder durch den sich ebenfalls rapide veränderten weltweiten Wettbewerb. Für die Individuen heißt dies: Ein modulares Kompetenzmanagement und vor allem individuelles Lernen am Arbeitsplatz ist von entscheidender Bedeutung.

Unter modularem Kompetenzmanagement kann verstanden werden: „Die bei Individuen verfügbaren oder durch sie erlernbaren kognitiven Fähigkeiten und Fertigkeiten, um bestimmte Probleme zu lösen, sowie die damit verbundenen motivationalen, volitionalen und sozialen Bereitschaften und Fähigkeiten, um die Problemlösungen in variablen Situationen erfolgreich und verantwortungsvoll nutzen zu können."[396]

Autoren wie Prof. Dr. Angelika C. Bullinger-Hoffmann, Alexander Aust und Yvonne Heim, sind sich ebenfalls einig: Die entscheidende Fähigkeit, neben dem Umsetzungswillen von Zielen in Ergebnisse, ist das individuelle und ständige

---

[395] Vgl. Management-Innovation, Schlüsselkompetenz Volition. In: http://www.management-innovation.com/download/Schluesselkompetenz-Volition.pdf (Abrufdatum: 10.05.2016).

[396] Vgl. Weinert, F. E.: Vergleichende Leistungsmessung in Schulen – eine umstrittene Selbstverständlichkeit. In: Weinert, F. E. (Hrsg.): Leistungsmessungen in Schulen. Weinheim und Basel 2001, S. 17–31.

Lernen![397] Der Mitarbeiter muss sich mit den veränderten Bedingungen der Digitalisierung auseinandersetzen. Er muss verstehen, wie der Technologiewandel seine Arbeitsumgebung verändert. Er muss lernen, mit dieser Veränderung umzugehen und wie er diese für sich nutzbar macht.

Doch dieser Schritt sollte nicht erst im Erwachsenenalter gestartet werden. Wird sich erst dort mit dem Thema befasst, erschlägt einem die Menge an Informationen und Daten regelrecht. Das Problem (siehe Kapitel 3.3.3: Neue Kompetenzentwicklung) ist, dass heutige Führungskräfte vor dem Einsatz digitaler Technik ihre Karriere begonnen haben.

Ein entscheidender Punkt dem entgegen zu wirken ist, dies bei der Jugend von heute bereits im Schulalter zu ändern. Um die digitale Lern- und Lehrkultur zu ermöglichen und eine erfolgreiche Karrierelaufbahn in die Wege zu leiten, muss dies so früh als möglich vermittelt werden. In der heutigen Zeit, in der Kinder bereits mit Smartphones aufwachsen, ist es ratsam, die Bildungspotentiale bereits in der Schule auszuschöpfen.

Dies kann jedoch nur geschehen, wenn die dafür notwendigen technischen, organisatorischen und finanziellen Voraussetzungen geschaffen werden.

Ein wesentliches Hindernis in diesem Bereich ist, dass noch zu stark an den traditionellen Lehrmethoden wie Bücher, Kreide, Tafel, etc. festgehalten wird. Der Einsatz der digitalen Technik in Schulen hat jedoch laut Studien[398] eine hinreichende Bedeutung, um ein frühzeitiges Verständnis für die Digitalisierung zu schaffen. Hierbei liegen deutsche Schulen im Vergleich zu Schulen in anderen westlichen Industrienationen deutlich zurück (vgl. Abbildung 52). Dazu zählen zum Beispiel die Verwendung von interaktiven Whiteboards, Verbindungsmöglichkeiten mit dem Internet über ein Schulöffentliches WLAN, oder die Nutzung digitaler Endgeräte.[399]

---

[397] Vgl. Ciesinge, Kurt-Georg: preaview – Zeitschrift für innovative Arbeitsgestaltung und Prävention. Arbeit und Kompetenzmanagement in der digitalen Welt, Gaus GmbH – Medien Bildung Politikberatung, Dortmund, Ausgabe 2 / 2015, S. 26f.
[398] Vgl. Bertelsmann-Stiftung, Szenarien lernförderlicher IT-Infrastrukturen in Schulen. In: https://www.bertelsmann-stiftung.de/fileadmin/files/BSt/Publikationen/GrauePublikationen/Studie_IB_IT_Infrastruktur_2015.pdf (Abrufdatum: 09.06.2016).
[399] Vgl. ebd.

		Schüler-Computer-		Anzahl der für Schüler	
		Schüler-Computer-Verhältnis		Anzahl der für Schüler zugänglichen Computer	
	Teilnehmer	**M**	**(SE)**	**M**	**(SE)**
1 / 2	Norwegen	2,4:1	(0,1)	158	(8,2)
	Australien	2,6:1	(0,3)	694	(28,6)
3	Dänemark	4,2:1	(0,4)	177	(14,8)
3	Niederlande	5,3:1	(0,8)	249	(28,1)
2	*Kanada (N. & L.)*	5,5:1	(0,0)	92	(0,2)
	Kanada (O.)	6,2:1	(0,3)	98	(6,6)
3	Schweiz	7,0:1	(0,6)	93	(15,6)
2 / 3	Hongkong	8,3:1	(0,8)	141	(6,2)
	Slowakische Republik	9,3:1	(0,5)	47	(1,8)
	Tschechische Republik	9,7:1	(0,3)	46	(1,2)
	Polen	10,4:1	(0,5)	29	(1,2)
	Deutschland	**11,5:1**	**(0,8)**	**67**	**(3,3)**
	VG EU	**11,6:1**	**(0,2)**	**80**	**(3,6)**
	Litauen	13,1:1	(0,7)	53	(2,8)
4	Thailand	13,9:1	(0,9)	144	(8,9)
	Slowenien	15,2:1	(0,5)	32	(0,9)
	VG OECD	**15,3:1**	**(1,3)**	**132**	**(3,6)**
2 / 4	Russische Föderation	17,2:1	(1,0)	56	(3,7)
	Internat. Mittelwert	**18,0:1**	**(1,2)**	**105**	**(2,3)**
	Republik Korea	19,6:1	(2,3)	57	(2,2)
	Chile	21,9:1	(4,6)	54	(3,7)
	Koratien	25,7:1	(0,8)	23	(0,7)
3	*Argentinien (B.A.)*	32,9:1	(9,4)	33	(5,6)
	Türkei	80,1:1	(16,0)	15	(0,7)

Kursiv gesetzt sind die Benchmark-Teilnehmer
1 Die nationale Zielpopulation entspricht der 8. Jahrgangsstufe
2 Die Gesamtausschlussquote liegt über 5%
3 Die Schüler- und Schulgesamtteilnahmquote liegt unter 75%
4 Abweichender Erhebungszeitraum

Abbildung 52: IT-Ausstattung an Schulen pro Schülerin und Schüler IT-Ausstattung an Schulen pro Schülerin und Schüler[400]

Außerdem ist in diesem Zuge eine zwingende Aus- und Weiterbildung der Lehrkräfte notwendig. Erst wenn diese die komplexe und umfangreiche Technologie

[400] Vgl. Bertelsmann-Stiftung, Szenarien lernförderlicher IT-Infrastrukturen in Schulen. In: https://www.bertelsmann-stiftung.de/fileadmin/files/BSt/Publikationen/GrauePublikationen/Studie_IB_IT_Infrastruktur_2015.pdf (Abrufdatum: 09.06.2016).

beherrschen, verstehen, selbstständig und aktiv anwenden, können sie den Schülern ihr Wissen weitergeben und sie konsequent auf das Berufsleben in der Digitalisierung vorbereiten. Der Website bildungsspiegel.de zu Folge, sehen Lehrer durch den Einsatz digitaler Medien einen enormen Vorteil, komplexe Sachverhalte deutlicher zu machen, oder die bestehenden Methoden zu ergänzen. Jedoch scheitert es bei 82 % an der dafür notwendigen Weiterbildung.[401]

Es ist somit eine gemeinsame Aufgabe des Bundes, der Politik und der Wirtschaft, diesen Sektor zu entwickeln, um eine zukunftsfähige Generation an Schüler hervorzubringen. Kinder von heute, sind die Fachkräfte von morgen!

Die Digitalisierung im Arbeitsleben sollte nicht auf Grund von Ausreden wie einer mangelnden Schulbildung herabgesetzt werden. Arbeitnehmer wie auch Arbeitgeber sind aufgefordert, ständig zu versuchen, sich über neue Technologien, Prozesse etc. zu informieren. Up-to-Date lautet hier der Schlüssel zum Erfolg! Der Arbeitgeberpräsident Ingo Kramer erklärt auf einer Konferenz am 27.6.16 in Brüssel zum Thema „Digitale Arbeitswelt: Chancen und Herausforderungen für Unternehmen und Belegschaft“, dass den Menschen Mut gemacht werden muss, die Veränderung durch die Digitalisierung als Chance zu nutzen.

Unternehmen müssen nun dafür sorgen, dass ein großes Repertoire an Weiterbildungsmaßnahmen angeboten wird. Klassische Workshops, Seminare oder Fortbildungen, sind mittlerweile nur noch ein kleiner Teil der Kompetenzerweiterung. Eben durch die Digitalisierung, kann dem Arbeitnehmer eine Kombination aus Offline- und Online-Lernen geboten werden. Ein großer Vorteil hierbei liegt in der individuellen Anpassung der Lernform und -inhalte an den einzelnen Mitarbeiter. Die Möglichkeit, sich in seinem jeweiligen Arbeitsbereich exakt zu spezialisieren, bzw. die Auswirkungen der Digitalisierung in seinem Bereich zu verstehen und anzuwenden, kann nur ermöglicht werden, wenn das Angebot konkret auf einen zugeschnitten werden kann. Die Lerngeschwindigkeit und Art des Lernens kann und wird damit spezifisch auf einen Mitarbeiter angepasst werden. Ein weiterer Pluspunkt durch Online-Lern-Angebote, findet sich in der zeitlichen und örtlichen Flexibilität. Oft sind für die Erweiterung des Verständnisses notwendige Fortbildungskurse nicht ortsnah verfügbar.

---

401 Vgl. Bildungsspiegel, Forderung zur digitalen Weiterbildung an Schulen. In: http://www.bildungsspiegel.de/news/weiterbildung-bildungspolitik/379-jeder-zweite-lehrer-wuerde-gerne-haeufiger-digitale-medien-einsetzen (Abrufdatum: 14.06.2016).

Neben einem erheblichen Zeitaufwand, Stress, sowie nicht erledigter Arbeit für den Mitarbeiter, entstehen so höhere Kosten für das Unternehmen. Oftmals müssen, auf Grund der weiten Entfernung, mehrere Tage inklusive Unterbringung bereitgestellt werden. Der technologische Wandel und die breite Diffusion mobiler Kommunikationstechnologien, eröffnen Gestaltungsmöglichkeiten, um diesem Problem entgegenzuwirken. Virtuelle Klassenräume, mobile Endgeräte oder Webinare sind auch hier nur ein kleiner Ausschnitt der Möglichkeiten, die Angesichts der Digitalisierung von den Mitarbeitern und Teams genutzt werden können.

Wenn es gelingt, in Verbindung mit einer frühzeitigen und stetigen Weiterbildung, sieht Herr Kramer hier die Chance, dass jeder sein Leben selbstbestimmend führen kann und sich in der digitalen Gesellschaft einbringt.

Denn so schnell sich durch die Digitalisierung die Arbeitswelt verändert, so schnell muss sich auch der Mensch verändern bzw. anpassen können.

Entscheidend ist hierbei allerdings, dass die Weiterbildungsmöglichkeiten auch angenommen werden. Nur wenn der Mensch sich freiwillig dazu bereit erklärt, sich eigenständig weiterzubilden, kann dies Früchte tragen. Ist der eigene Wille zu lernen nicht vorhanden, kann der Lernprozess gleich wieder abgebrochen werden. Der Grund dafür liegt darin, dass bei auftretenden Hindernissen oder komplexeren Themen, die Motivation schlagartig verfliegen kann. Geschieht dieser Prozess nun ausschließlich durch Zwang bspw. durch Anweisung von Vorgesetzten, löst sich die Motivation abrupt auf. Erfolgt dies allerdings auf freiwilliger Basis, um berufliche Chancen auszubauen, hat der Mitarbeiter auch den nötigen Biss, sich in komplizierte Sachverhalte hineinzuversetzen, diese zu verstehen und gegebenenfalls auftretende kleinere Rückschläge zu kompensieren.

3.3.3.5 Flexibilität

Eine weitere wichtige Kompetenz, welche durch die Digitalisierung erlernt bzw. weiterentwickelt werden muss, ist die Flexibilität. Darunter fällt nun nicht nur die flexible Arbeitszeitgestaltung, wie beispielsweise durch Gleitzeiten, sondern vor allem die Anpassung an schnellere Arbeitsprozesse.

Viele Arbeitsprozesse laufen zunehmend standardisiert innerhalb der Organisationen, Geschäftsprozesse oder Maschinen ab.

Wo früher Menschen mit Maschinen umgingen, interagieren heute Maschinen mit Maschinen, ohne dass ein Eingreifen von Menschen notwendig ist. Es wird dadurch zunehmend mehr an persönlicher Kontrolle abgegeben.

Prof. Dr. Manfred Bornewasser ist der Meinung, dass durch dieses Gefühl der Fremdkontrolle die Angst um den Verlust des Arbeitsplatzes verstärkt wird.

Hinzu kommt ein enorm gestiegener Druck, da der Anspruch durch die Vernetzung gegenüber der Zuverlässigkeit sowie Präzision ebenfalls gestiegen ist.[402] Früher konnten kleinere Fehler, welche beispielsweise bei der Datenaufnahme, -weitergabe, etc. gemacht wurden, durchaus noch bereinigt werden. Durch die Digitalisierung werden die Daten allerdings im Bruchteil der damaligen Zeit elektronisch verarbeitet und weitergeleitet.

Es ist somit nur durch einen erheblichen Mehraufwand, oder im schlimmsten Falle mit einer Unterbrechung der Produktion, möglich, den Fehler zu korrigieren.

Durch einen flexibleren Arbeitsablauf, wie beispielsweise durch die Automatisierung von manuellen Abläufen, soll der Mitarbeiter mehr Zeit für bisher vernachlässigte Arbeiten haben. Qualitätsprüfung, gegebenenfalls Nachbearbeitung, Rüstungswechsel vorbereiten usw. Alles Tätigkeiten, welche zuvor parallel zum manuellen Arbeitsschritt ausgeführt werden mussten, jedoch einen maßgeblichen Einfluss auf die Auslastung oder den Engpass haben. Außerdem kann der Mensch als Arbeitskraft entlastet werden. Er wird bei seiner täglichen Arbeit in physischer, wie auch psychischer Weise, unterstützt. Schwere körperliche Belastungen Tag für Tag auszuüben, hat einen erheblichen Einfluss auf gesundheitliche Einschränkungen. Im Laufe des Berufslebens eines Arbeiters, kann dies zu vielerlei negativen Auswirkungen führen. Körperliche Einschränkungen, Berufsunfähigkeit etc. Alles Beispiele welche durch monotone und kräftezerrende Tätigkeiten ausgelöst werden können.

Eine weitere Veränderung durch die Flexibilität für den einzelnen Arbeitnehmer, ist der Ort der Leistungserbringung. Durch die digitale Vernetzung, wie zum Beispiel Videotelefonie, E-Mail, Cloud basierte Technologien etc., hat theoretisch jeder die Möglichkeit die Arbeit per Home-Office von zu Hause oder prinzipiell jedem anderen Ort mit Internet Zugang, zu erledigen. Natürlich spielen hier in der Praxis viele Einflussfaktoren eine wichtige Rolle.

---

[402] Vgl. Ciesinge, Kurt-Georg: preaview – Zeitschrift für innovative Arbeitsgestaltung und Prävention. Arbeit und Kompetenzmanagement in der digitalen Welt, Gaus GmbH – Medien Bildung Politikberatung, Dortmund, Ausgabe 2 / 2015, S. 6

Aspekte, wie die Zuverlässigkeit des Kollegen, ob er Teil eines Projektes ist, in dem häufig Meetings anfallen, die eine persönliche Anwesenheit notwendig machen (zum Beispiel tägliche Produktionsbesichtigungen und -überprüfungen auf Qualität, Fehler etc.) sind hier ausschlaggebend.

Bewältigt ein Mitarbeiter seine Aufgaben im Unternehmen sorgfältig und in vorgegebener Zeit, ist dieser Kandidat in der Regel mehr dazu geeignet, als ein Kollege, welcher vorzugsweise regelmäßige Überprüfungen benötigt. Personen, welche im Unternehmen ohne große Aufforderungen durch Vorgesetzte ihre Arbeit durchführen, haben ein weitaus höheres Potential für einen flexiblen, ortsunabhängigen Arbeitsplatz. Es muss demnach ein gewisses Maß an Vertrauen und Leistungsnachweis dem Vorgesetzten gegenüber dem Arbeitnehmer herrschen.

Weiterhin kann durch Flexibilität, hier insbesondere durch Arbeit im Home-Office, die Work-Life-Balance verbessert werden.[403] In der modernen Arbeitswelt, wird es für Frauen selbstverständlicher zu arbeiten. Sie sind nicht mehr bereit, sich in das alte Schema, in welchen der Mann für den Unterhalt der Familie sorgt und die Frau den Haushalt aufrecht hält, einzuordnen. Sind in einer Familie mit Kindern beide Elternteile Vollzeit berufstätig, fehlt es dem Nachwuchs an einer fürsorglichen Pflege der Eltern. In diesem Fall bietet die Digitalisierung einen weiteren Pluspunkt. Durch das Home-Office kann der Vater oder die Mutter nebenbei sich um die Erziehung kümmern, kann Zeit mit den Kindern verbringen und somit eine gesunde Beziehung aufbauen. Die Kontrolle über die Karriere, über Arbeitszeiten und Familienplanung bleibt somit konkret in den Händen solcher Freiberufler.

Durch Technologien wie VPN, Cloud, Dropbox oder ähnliches, hat der Mitarbeiter hier die optimale Lösung. Alle relevanten Daten, die für die Arbeitsaufgaben notwendig sind, sind ortsunabhängig verfügbar. Kollegen, welche ebenfalls an dem Projekt beteiligt sind, haben Datenzugriff, können Arbeitsfortschritte erkennen und ihre eigenen Ergebnisse beitragen.

Es kann schlussendlich nicht damit argumentiert werden, dass die Arbeit unter den Kollegen nicht synchronisiert werden kann. Falls dennoch Probleme auftauchen, was schließlich in der besten Firma passieren kann, können durch Anrufe, E-Mails, Video-Chat oder dem klassischen Chat, jederzeit Hilfe angefordert werden. Per Fernzugriff auf den Laptop / PC, können auch drastische Fehler behoben werden.

---

[403] Vgl. Computerwoche, Home-Office als eine Lösung für Flexibilität. In: http://www.computerwoche.de/a/home-office-kann-nicht-die-alleinige-loesung-sein,3070553 (Abrufdatum: 26.05.2016).

Die persönliche Freiheit kann durch die Flexibilität in der Digitalisierung maximiert werden.

Doch es sollten selbstverständlich auch die Schattenseiten berücksichtigt werden.

Die größte Gefahr dieser Art der Flexibilisierung, lauert im Faktor Stress. Laut einem Fokus Artikel vom 04.05.2016 ist die Arbeit in Deutschland Stressfaktor Nummer 1.[404] Durch die ständige Erreichbarkeit, durch Smartphones oder auch durch Home-Office, fällt es vielen Mitarbeitern zunehmend schwer, den Spagat zwischen Arbeit und Privatleben aufrecht zu erhalten.

Dies hat zur Folge, dass sie sich nicht mehr entspannen können. Sie finden keine Ruhe, haben das Gefühl 24 Stunden erreichbar zu sein. Es ist mittlerweile fast selbstverständlich geworden, geschäftliche E-Mails auf dem Smartphone zu empfangen und auch nach 22:00 Uhr, am Wochenende oder im Urlaub darauf zu antworten. Sie können den Blick von ihrem mobilen Endgerät nicht mehr lösen.

Diese Art der Belastung kann sich in den verschiedensten Symptomen bemerkbar machen. Schlafprobleme oder Konzentrationsschwierigkeiten sind nur ein Teil der möglichen psychischen Anfangssymptome. Stressbelastungen können auch den körperlichen Gesundheitszustand stark beeinträchtigen. Folgen wie Müdigkeit, hoher Blutdruck bis hin zu Burn-Out, Depressionen oder gar Herz- oder Hirninfarkten sind möglich.

Um dem entgegen zu wirken, haben sich in den vergangenen Jahren viele Unternehmen, Hochschulen, Universitäten, etc. mit diesem Thema bereits befasst. Volkswagen hat hierfür zum Beispiel, mit einer durch den Betriebsrat beschlossenen Betriebsvereinbarung festgelegt, dass nach Feierabend in der Zeit von 18:15 bis 7:00 Uhr vom Server keine E-Mails an Smartphones weitergeleitet werden dürfen.

Weiterhin werden vermehrt kleinere Sport- und Entspannungsübungen am Arbeitsplatz empfohlen, damit Mitarbeiter dem sofort entgegenwirken können.[405]

---

[404] Fokus, Stressfaktor Nummer 1 im Arbeitsleben. Zitiert nach: http://www.focus.de/gesundheit/experten/buergel/die-wahrheit-ueber-stress-teil-2-wieso-arbeitsstress-nicht-schlecht-sein-muss_id_4611994.html (Abrufdatum: 06.06.2016).

[405] Carta, Flexibilität in der Digitalisierung auf Kosten der Freiheit. Zitiert nach http://www.carta.info/78491/die-grosse-verfuehrung-flexibilitaet-auf-kosten-der-freiheit/ (Abrufdatum: 07.06.2016).

3.3.4 Fazit

Der Trend zur Digitalisierung, nicht nur im privaten Bereich, sondern auch im Arbeitsleben schreitet unaufhaltsam voran. Als Mitarbeiter in einem Team muss damit gerechnet werden, dass früher oder später auch der eigene Bereich davon betroffen ist.

Die Angst vor dieser bevorstehenden Veränderung, darf jedoch nicht Überhand nehmen. Dieser Wandel sollte vielmehr als Chance gesehen und genutzt werden, um neue ungeahnte Karrieremöglichkeiten zu ergreifen. Die Motivation ist die wichtigste und gleichzeitig auch die Grundlage für alle weiteren Eigenschaften. Der Mensch muss die Begeisterung aufbringen, sich mit dem digitalen Wandel auseinanderzusetzen und diesen verstehen. Er muss wissen, in wie weit sich das eigene Arbeitsumfeld verändert, denn nur dann kann er sich diese Veränderung zu Nutzen machen.

Damit einhergehend folgt die Volition, den kurzen Impuls der Begeisterung auch in schwierigen Situationen aufrecht zu erhalten. Der uneingeschränkte Wille, sein Wissen zu erweitern und zu verstehen, wie er die Theorie in der Praxis effektiv anwenden kann.

Das Zeitalter der Digitalisierung lässt die bisherige starre Arbeitswelt als veraltet erscheinen. Der erfolgreiche Mitarbeiter muss sich den schnellen Veränderungen anpassen. Flexibilität ist dabei unabdingbar.

Um schlussendlich den Herausforderungen des enormen technologischen Wandels dauerhaft gewachsen zu sein, ist individuelle und ständige Weiterbildung unumgänglich. Je schneller sich die Arbeitsumgebung verändert, desto schneller muss der Mensch sein Wissen erweitern.

4 Zusammenarbeit

4.1 Organisation und Prozesse

Peter Schug

Zusammenfassung

Durch die Digitalisierung wird die Zusammenarbeit in einem vorher nicht gekannten Ausmaß intensiviert. Sie ermöglicht den Abruf von Daten aus einem großen Fundus erfasster oder berechneter Werte und dem Informationsaustausch in Sekundenschnelle rund um den Globus. Es ist nicht entscheidend, wo auf der Welt sich ein Mitarbeiter oder Partner befindet. Dies hat zur Folge, dass bisherige Formen der Organisation überholt sind und dem digitalen Zeitalter angepasst werden müssen. Diesen Änderungen unterliegen auch die Geschäftsprozesse, die sich folglich neu erfinden müssen.

Schlüsselbegriffe

Kollaboration - Kooperation - Selbstorganisierende Teams - Prozesse

Zusammenkommen ist ein Beginn, zusammenbleiben ist ein Fortschritt,

zusammenarbeiten ist ein Erfolg.

Henry Ford

4.1.1 Einführung

Nachdem im vorangegangenen Kapitel dieses Buches Anforderungen an die Kompetenzen von Führungskräften und Mitarbeitern eines Unternehmens im Zeitalter der Digitalisierung betrachtet wurden, wird nun die Zusammenarbeit diskutiert. Ein essentieller Baustein der Zusammenarbeit ist – neben entsprechenden Kompetenzen – die Kommunikation. Sie ist Thema des Kapitels 5.

Abbildung 53: Kompetenzen und Kommunikation als wichtige Bausteine der Zusammenarbeit

Kapitel 4 beginnt mit dem Themengebiet „Organisation und Prozesse" im Hinblick auf die Zusammenarbeit (Kooperation und Kollaboration). Nachdem die Begrifflichkeiten erklärt sind, wird zunächst das Themengebiet Organisation und sodann die Veränderungen der Prozesse unter dem Gesichtspunkt der Digitalisierung betrachtet.

4.1.1.1 Bedeutung: Organisation und Prozesse

Moderne Unternehmen basieren auf dem Prinzip der Arbeitsteilung. Die Produkte werden zunehmend komplexer und die Anforderungen an die Mitarbeiter damit spezifischer. Der Begriff Organisation ist in zwei Richtungen zu betrachten: die Aufbauorganisation und die Ablauforganisation. Durch die Aufbauorganisation wird festgelegt, über welche Mitarbeiter und Bereiche eine Führungskraft Entscheidungskompetenzen besitzt. Diese Fragestellung wirkt sich auf die zweite Art der Organisation aus – die Ablauforganisation. Diese betrachtet die Ressourcennutzung und die Festlegung von Prozessen.[406] Als Prozess wird die Zusammenfassung einer wiederkehrenden Abfolge von Arbeitsschritten/Aktivitäten bezeichnet. Ein Prozess benötigt einen festgelegten Input und transformiert diesen zu einem definierten Output.[407] Definition und Anwendung von Prozessen erlauben eine einheitliche Herangehensweise bei Vorgängen innerhalb des Unternehmens. Dadurch werden Qualitätsschwankungen durch unterschiedliche Bearbeiter minimiert und die Abhängigkeit von bestimmten Mitarbeitern verringert. Die nun folgende Abbildung 54 zeigt den Zusammenhang zwischen den beiden Formen der Organisation.

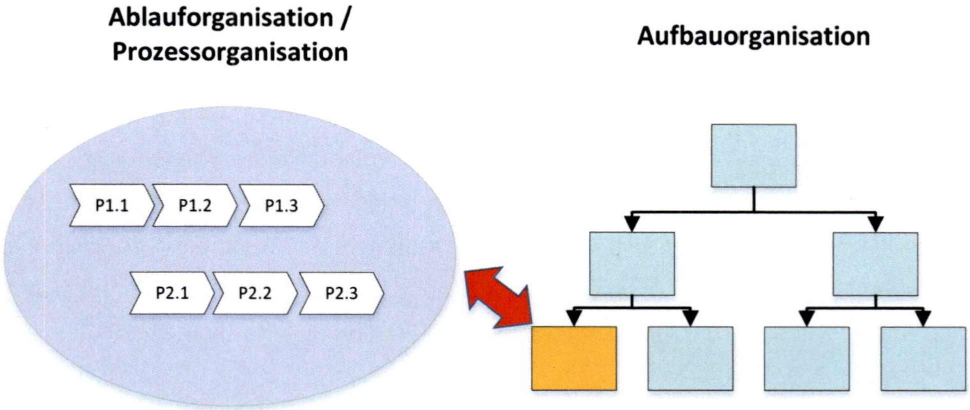

Abbildung 54: Zusammenhang Ablauforganisation und Aufbauorganisation

Die Unterscheidung zwischen der Ablauf- und Aufbauorganisation lässt sich mit den Fragestellungen „wer macht was?“ und „wie wird es gemacht?“ beantworten. Aus der ersten Frage folgt die Aufbauorganisation. Aus der Fragestellung nach dem „Wie?“ entsteht die Ablauforganisation. Häufig laufen Prozesse innerhalb einer Einheit der Aufbauorganisation ab, dies ist auch in Abbildung 54 entsprechend dargestellt. Dies bedeutet nicht, dass Prozesse keine Verbindungen und Verknüpfungen zu anderen Ebenen und Gliedern der Aufbauorganisation haben können. Im Gegenteil: Die Digitalisierung der Unternehmen drängt regelrecht zur Vernetzung und Zusammenarbeit. Dies verdeutlicht Kapitel 4.1.3 durch die Einteilung eines Unternehmens in mehrere Ebenen. Je ausgeprägter der Digitalisierungsgrad ist, desto entscheidender wird die Definition und Implementierung von Prozessen.

---

[406] Vgl. Haufe Gruppe: Ablauforganisation. In: https://www.haufe.de/unternehmensfuehrung/profirma-professional/ablauforganisation_idesk_PI11444_HI1954193.html (Aufrufdatum: 04.08.2016).

[407] Vgl. Gabler Wirtschaftslexikon: Geschäftsprozess. In: wirtschaftslexikon.gabler.de/Archiv/5598/35/Archiv/5598/geschaeftsprozess-v11.html (Aufrufdatum: 04.08.2016).

4.1.1.2 Kooperation und Kollaboration

Nachdem bereits die Begrifflichkeiten der Organisation und Prozesse behandelt wurden, soll an dieser Stelle die Zusammenarbeit betrachtet werden. Je nach Ausprägung der Zusammenarbeit und der Zielsetzung, spricht man von einer Kooperation oder einer Kollaboration. Nicht selten werden die Begriffe Kooperation und Kollaboration jedoch synonym verwendet, oder abhängig von der literarischen Quelle unterschiedlich definiert. Bei einer Kooperation verfolgt jede Gruppe die eigenen Ziele, die durch diese Zusammenarbeit erreicht werden sollen. Die Kollaboration hingegen bezeichnet das gemeinsame Verfolgen eines Ziels unter gemeinsamer Verwendung von Ressourcen.[408] Eine andere Quelle bezeichnet die Kooperation als das parallele Bearbeiten von verschiedenen Teilaufgaben jeweils einzelner Gruppen. Eine Gruppe ist folglich nicht am kompletten Entstehungsprozess beteiligt - im Gegensatz zur Kollaboration. Denn hierbei wird sequentiell gearbeitet, also die gleichzeitige, gemeinsame Bearbeitung eines Teils mit verschiedenen Personen oder Gruppen – Sequenz für Sequenz.[409] Eine weitere Quelle bezeichnet die Kooperation als „Miteinander" und die Kollaboration als „Füreinander".[410]

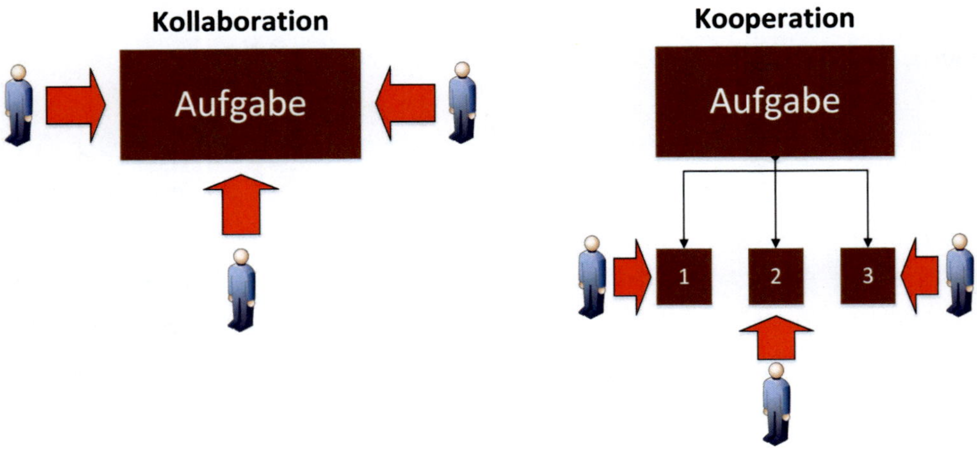

Abbildung 55: Vergleichende Darstellung zu Kollaboration/ Kooperation

Abbildung 55 dient der besseren Unterscheidung dieser zwei Begriffe. Zu erkennen ist, dass bei einer Kollaboration mehrere Personen oder Gruppen eine gemeinsame

---

[408] Vgl. Leimeister, J. M.: Collaboration Engineering. Berlin, Heidelberg, 1. Auflage, 2014, S. 3.
[409] Vgl. TWT: KOOPERATION VS. KOLLABORATION: DAS SIND DIE ZENTRALEN UNTERSCHIEDE. In: https://www.twt.de/news/detail/kooperation-vs-kollaboration-das-sind-die-zentralen-unterschiede.html (Aufrufdatum: 04.08.2016)
[410] Vgl. Sprenger, B.; Novotny, T. In: Der Weg aus dem Leadership Dilemma. Berlin, Heidelberg, 1. Auflage, 2016, S. 197.

Aufgabe bearbeiten. Ihr gemeinsames Ziel ist die Bearbeitung und der Abschluss ihrer gemeinsamen Arbeit. Genauso wie die Kollaboration, ist auch bei einer Kooperation das übergeordnete Ziel der Abschluss einer Aufgabe. Doch die Art, wie diese zum Abschluss gebracht wird, unterscheidet sich grundlegend. Sie wird nicht gemeinsam bearbeitet, sondern wird aufgeteilt und den einzelnen Personen oder Gruppen zugewiesen. Dies ist in der Abbildung mit kleineren, nummerierten Teilaufgaben dargestellt. Folglich hat jede Gruppe ihr eigenes Ziel, nämlich das Bearbeiten und Erledigen der ihnen zugeordneten Teilaufgabe.[411] Dieses Gruppenziel kann als Teilmenge des übergeordneten Ziels gesehen werden.

Ein typisches Beispiel für eine Kooperation ist der Technologieaustausch zweier Unternehmen, um ihre individuellen Ziele erreichen zu können. Eine Zusammenarbeit, insbesondere in Form einer Kollaboration, erfordert von den Akteuren abgestimmte Vorgehensweisen und klar definierte Inputs und Outputs, wie bereits im Kapitel 4.1.1.1 dargelegt worden ist. Als Beispiel für die Zusammenarbeit innerhalb eines Unternehmens lässt sich der Volkswagen-Konzern heranziehen. Innerhalb dieses Konzerns werden, unter verschiedenen Marken, Fahrzeuge entwickelt und produziert. Bei Volkswagen wird der „modulare Querbaukasten" – kurz: MQB entwickelt, der die Basis für viele Fahrzeuge verschiedener Konzernmarken bildet, wie etwa für den Audi A3 und den VW Golf.[412] Gemäß der oben genannten Beschreibung, erfolgt innerhalb von Volkswagen eine Kollaboration, da gemeinsam an einem Ziel – dem MQB – gearbeitet wird. Innerhalb des Volkswagen-Konzerns kann aber eher von einer Kooperation gesprochen werden, da jede Unternehmensgruppe für sich ihre eigenen Ziele verfolgt. Die Thematik der Zusammenarbeit spielt insbesondere in der Digitalisierung eine bedeutende Rolle und wird daher in den nachfolgenden Kapiteln genauer untersucht.

4.1.2 Organisation

Wie bereits in der Einführung erwähnt, gibt es einen Zusammenhang zwischen Prozessen und der Organisation eines Unternehmens (vgl. Abbildung 54). In diesem Kapitel wird auf die Organisation genauer eingegangen.

---

[411] Vgl. Clement, R; Schreiber, D: Internet-Ökonomie. Berlin, Heidelberg, 3. Auflage, 2016, S. 290.
[412] Vgl. Auto, Motor und Sport: Zehn Antworten zum MQB. In: http://www.auto-motor-und-sport.de/news/modularer-querbaukasten-von-vw-zehn-antworten-zum-mqb-4367514.html (Aufrufdatum: 04.08.2016).

4.1.2.1 Die Organisation im Wandel

Sie ist kaum aus einem Grundlagenbuch der Betriebswirtschaftslehre wegzudenken – Chandlers These „Structure follows strategy“ aus dem Jahre 1962. Übersetzt ins Deutsche bedeutet es, die Organisation ist nach der Strategie festzulegen.[413] In der Tat werden Unternehmensstrategien regelmäßig den aktuellen Gegebenheiten und den zu erwartenden Veränderungen angepasst. Ebenso unterliegen Organisationen einem regelmäßigen Wandel. Bisherige Formen der Aufbauorganisation sind, für die Koordination sich wiederholender und bekannter Aufgaben, optimiert worden. Für neue oder einmalige Aufgaben sind die Aufbauorganisationen um das Projektmanagement ergänzt worden.[414] Doch auch diese Form wandelt sich. Unternehmen, die ihre Strategie der Digitalisierung anpassen, werden sodann ihre Organisation anpassen müssen. Ganze Hierarchieebenen stehen zur Disposition. Treiber dieser neuen Organisationsformen ist die Geschwindigkeit, die einerseits digitale Datenübermittlungen in Sekundenschnelle ermöglicht, andererseits aber nun auch aus dem Umfeld erforderlich wird.

Diesem Wandel ist aber nicht jedes Unternehmen gleichmäßig ausgesetzt. Abhängig von der Branche, dem Unternehmen und der Führung, unterscheidet sich der Bedarf einer Organisationsentwicklung. Bevor eine bestehende Organisationsform in eine Digitalgesellschaft transformiert wird, sind bestimmte Kriterien zu erfüllen. Diese sind Bestandteil der Unternehmensstrategie und betonen somit Chandlers These. Dennoch ist festzuhalten, dass bestehende Organisationsstrukturen auch Auswirkungen auf mindestens taktische, oft auch strategische Entscheidungen, also Unternehmensentscheidungen, die einen Zeitraum von mehr als 5 Jahren umfassen, haben. Ob eine Organisationsentwicklung erforderlich ist und in dem Unternehmen der dazu nötige Wille vorhanden ist, beschreibt Schütt über drei Fragestellungen.[415] Dabei ist zunächst zu prüfen, welche Bedeutung Wissen auf den Unternehmenserfolg hat. Im Anschluss sind das Umfeld des Unternehmens und des Marktes zu betrachten. Wird hieraus ein Wandel erforderlich? Schließlich erfordert die Organisationsentwicklung die Erkenntnis, den Willen, und die Unterstützung der Geschäftsführung.[416] Diese drei Fragestellungen sind in Abbildung 56 in ein Ablaufdiagramm einbezogen worden.

[413] Vgl. Beck, M.: Structure follows Strategy. In: http://www.prof-beck.net/veroeffentlichungen/news_74.htm (Aufrufdatum: 04.08.2016).
[414] Vgl. Klimmer, M. In: Unternehmensorganisation. Mannheim, 1. Auflage, 2007, S. 63.
[415] Vgl. Schütt, P. In: Der Weg zum Digitalen Unternehmen. Ehningen, 2. Auflage, 2015. S. 85.
[416] Vgl. ebd., S. 85.

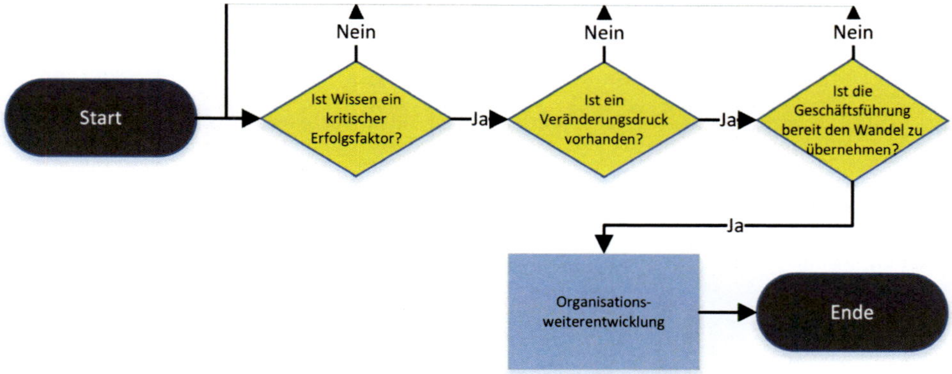

Abbildung 56: Prüfung der Organisationsentwicklung[417]

Wird eine dieser Fragestellungen des Ablaufdiagramms aus Abbildung 56 verneint, gibt es einen Pfad zurück zum Beginn der Überprüfung. Einmal initialisiert, wird also in einer Schleife regelmäßig geprüft, ob eine Entwicklungsmaßnahme erforderlich ist. Wird Handlungsbedarf festgestellt, muss die Organisation entwickelt werden. Ein substantieller und zugleich sehr kritischer Punkt ist es, die Belegschaft eines Unternehmens von bevorstehenden Organisationsveränderungen zu informieren, zu überzeugen, und anschließend aktiv miteinzubeziehen. Es ist klar, dass der Unternehmenskultur an diesem Punkt eine entscheidende Rolle zukommt. Veränderungen werden nur dann erfolgreich verlaufen, wenn die Kultur offen gegenüber Neuerungen ist. Darüber hinaus sollte es selbstverständlich sein, dass bei Beendigung dieses Transformations-Prozesses, weitere Entwicklungsmöglichkeiten durch kontinuierliche Verbesserungsprozesse genutzt werden müssen. Einer großen Transformation folgen viele weitere kleine.

Doch wie sieht eine solche neue Organisationsform aus? Das nachfolgende Unterkapitel zeigt, wie eine agile Organisation aufgebaut ist. Diese Form mit selbstorganisierenden Teams eignet sich ausgezeichnet für digitale Unternehmen.

[417] In Anlehnung an Schütt, P. In: Der Weg zum Digitalen Unternehmen. Ehningen, 2. Auflage, 2015, S. 85–86.

4.1.2.2 Die agile Organisation

Das Wort „agil“ stammt vom lateinischen Wort „agilis“ ab, was so viel bedeutet, wie „gewandt, rasch und schnell“.[418] Mit dieser Übersetzung kommt man dem Grundprinzip einer agilen Organisation bereits sehr nahe. Den Kern bildet eine Fokussierung auf den Kunden und dessen Bedürfnisse. Eine agile Organisation „bewegt sich immer schneller als die Kundenbedürfnisse wachsen können und denkt, was sich der Kunde noch gar nicht vorstellen kann“[419].

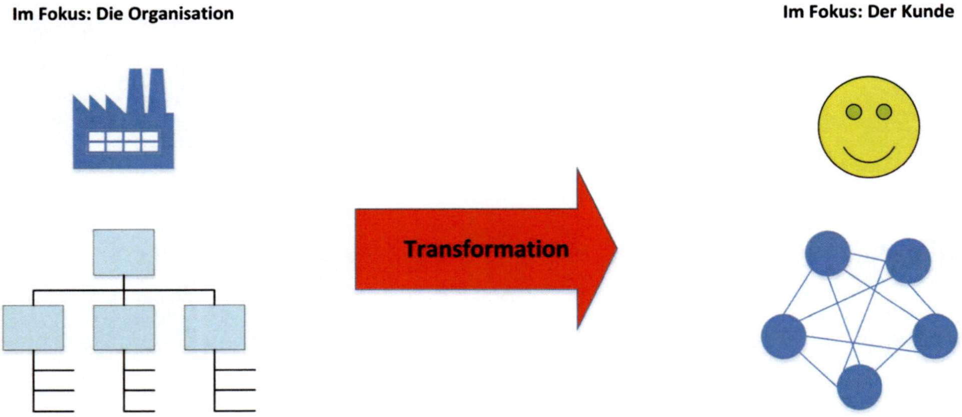

Abbildung 57: Transformation hin zur agilen Organisation (rechts)[420]

Bisherige Unternehmensformen sind auf Effizienz optimiert. Das bedeutet, Mitarbeiter und Prozesse werden regelrecht hochgezüchtet. Agile Unternehmen arbeiten anders. Vom Kunden ausgehend, wird die gesamte Wertschöpfung betrachtet.[421]

Ein weiteres Merkmal ist die funktionsübergreifende Selbstorganisation der Teams. Dies ist auch in Abbildung 57 skizziert, die den Schritt der Transformation aufzeigt. Aus festen, starren Hierarchien werden vernetzte Teams, die selbstorganisiert ihre gemeinsamen Ziele verfolgen.

Nun stellt sich verständlicherweise die Frage, ob Führungskräfte überflüssig geworden sind, wenn sich Teams selbst organisieren. Es ist in der Tat ein Missverständnis, wenn davon ausgegangen wird, dass selbstorganisierte Teams komplett führungslos arbeiten. Selbstverständlich werden Führungskräfte weiterhin benötigt, doch die Art

[418] Frag-caesar.de: Agilis. In: http://www.frag-caesar.de/lateinwoerterbuch/agilis-uebersetzung.html (Aufrufdatum: 04.08.2016).
[419] Gloger, B.; Margetich J. In: Das Scrum-Prinzip. Stuttgart, 1. Auflage, 2014, S. 10.
[420] In Anlehnung an: ebd., S. 11, Abbildung 1.
[421] Vgl. ebd., S. 11.

und Ausprägung sind anders, als man es bisher gewohnt war.[422] „Gebraucht werden Manager, die den Menschen in der Krise beistehen und für sie Räume schaffen, in denen sie autonom, selbstverantwortlich und mit Leidenschaft arbeiten können. Manager, die tatsächlich führen – die brauchen wir"[423]. Doch eine Anleitung mit Schritt-für-Schritt-Anweisungen für die perfekte Führungskraft, sucht man hier vergebens. Zu verschieden sind die Persönlichkeiten und Führungsstile, zu verschieden sind die Teams und Aufgaben. Vielmehr muss das Bewusstsein vorhanden sein, ein selbstorganisiertes Team zu führen. Im Klartext bedeutet dies eine Abkehr von reinen Top-Down-Befehlen und zur Koordination statt Delegation. Wertschätzung und Vertrauen müssen vorgelebt werden. Neben den bisher genannten Aufgaben für Führungskräfte selbstorganisierender Teams, wird es nötig sein, eine Gruppe von Mitarbeitern zu einem Team zu formen, welches ihr gemeinsames Ziel – ausgehend vom Kunden – erreicht.[424] Die agile Führungsphilosophie ist im Kapitel 1.2 behandelt worden.

Erlauben Sie uns, noch einmal die Einleitung in Erinnerung zurückzurufen. Hier wurde zwischen den Begrifflichkeiten der Kooperation und Kollaboration unterschieden. Bei der Betrachtung der Abbildung 55 wird klar, dass eine agile Organisation mit selbstorganisierten Teams auf Kollaboration aufbaut. Als Beispiel werden in Kapitel 4.1.2.4 die selbstorganisierenden Teams des chinesischen Haushaltsgeräteherstellers Haier aufgezeigt.

Ein Team, bestehend aus Experten ihres jeweiligen Bereichs, arbeitet gemeinsam auf ein Ziel hin. Mit diesen Erkenntnissen ist es nun nachvollziehbar, dass eine agile Organisation besondere Anforderungen an die Teammitglieder stellt, um überhaupt ihrer Funktion gerecht zu werden.

Es gehören eine Menge Disziplin und der gegenseitige Respekt zu den Grundvoraussetzungen, ebenso wie gegenseitiges Vertrauen. Da dieses Themenfeld äußerst essentiell für diese Organisationsform ist, werden im nachfolgenden Kapitel 4.1.2.3 die Rahmenbedingungen für gute Zusammenarbeit im Team behandelt.

---

[422] Vgl. Gloger, B. In: Petry, T. (Hrsg.): Digital Leadership. Wiesbaden, 1. Auflage, 2016, S. 201.
[423] Ebd., S. 201.
[424] Vgl. ebd., S. 202.

4.1.2.3 Gute Zusammenarbeit im Team

Das Internetunternehmen Google hat in einem Projekt mit dem Titel „Aristotle“ erforscht, was ein gutes Team auszeichnet. Der wichtigste Schlüssel für ein gutes Team, ist demnach gute Kommunikation. Jeder aus der Gruppe soll zu Wort kommen.[425] Ebenso von Bedeutung ist, dass das Team eine gemeinsame Vision hat und ein passender Informationsfluss herrscht. Projekte brauchen eine entsprechende Koordination und Hierarchiestrukturen, die zwar die Richtung aufzeigen, aber zugleich viel Eigenverantwortung erfordern.[426] Zusammengefasst sind es also alles Anforderungen, die idealtypisch für agile Organisationsformen sind.

Insbesondere der anfangs genannte Punkt der Kommunikation, ist meiner Erkenntnis nach wichtig. Gruppen funktionieren besonders dann gut, wenn jeder Beteiligte miteinbezogen wird. Dazu gehört, dass die Beteiligten über die notwendigen Informationen verfügen und zum anderen, dass ihnen die Möglichkeit gegeben wird, ihre gewonnenen Erfahrungen, Erkenntnisse und Meinungen mitzuteilen. Der Punkt Kommunikation umfasst ebenso konstruktive Rückmeldungen und zielgerichtete Besprechungen. Werfen wir noch einmal einen Blick in die Einleitung. Bereits in Abbildung 53 wird ersichtlich, dass Kommunikation (siehe hierzu auch Kapitel 4.1.1) ein entscheidendes Werkzeug für eine gute Zusammenarbeit ist.

4.1.2.4 ZZJYT des Haushaltsgeräteherstellers Haier

Der chinesische Haushaltsgerätehersteller Haier ist in seiner jetzigen Form 1984 gegründet worden und heute der Weltmarktführer auf dem Gebiet der Haushaltsgeräte.[427] Im Jahr 2005 hat der Manager von Haier bemerkt, dass sein Unternehmen an Problemen leidet, wie Zeitverzögerungen bei der Auslieferung und Nacharbeiten in der Produktion. Er war der Auffassung, dass diese Probleme gar nicht existierten, wenn man sich näher beim Kunden befände und mit ihm mehr kommuniziere. Um diesen Problemen zu begegnen, ist die bisherige Organisationsstruktur durch selbstorganisierte Arbeitsgruppen mit dem Namen *zi zhu jing ying ti* (Übersetzt heißt es so viel wie: unabhängige Arbeitsgruppen) ersetzt worden.[428] Die

---

[425] Vgl. The New York Times Magazine: What Google Learned From Its Quest to Build the Perfect Team. In: http://www.nytimes.com/2016/02/28/magazine/what-google-learned-from-its-quest-to-build-the-perfect-team.html?_r=0 (Aufrufdatum: 04.08.2016).
[426] Vgl. Grosse Klönne, L.: DAS PERFEKTE TEAM. In: t3n, H. 44 Q3/2016, S. 91.
[427] Vgl. Haier: About Haier. In: http://www.haier.net/en/about_haier/ (Aufrufdatum: 04.08.2016).
[428] Vgl. strategy+business: The Haier Road to Growth. In: http://www.strategy-business.com/article/00323?gko=c8c2a (Aufrufdatum: 04.08.2016).

drei kritischsten Bereiche Marketing, Entwicklung und Fertigung arbeiten von nun an eng mit den Kunden zusammen. Führungskräfte dieser ZZJYTs agieren jetzt als Dienstleister für die Gruppe. Sie statten die Gruppen mit den benötigten Ressourcen aus und führen, wo es erforderlich ist. Das hat folgenden Vorteil: In den höheren Führungsebenen minimiert dies die zu treffenden Entscheidungen und hilft, sich auf die wesentlichen zu konzentrieren.[429] Das Konzept ist erfolgreich und heute Standard bei Haier. Ein Team besteht aus 10 bis 20 Personen, entweder lokal oder virtuell. Jedes Team ist für seinen unternehmerischen Erfolg verantwortlich. Auch Mitarbeiter werden vom Team eingestellt und freigestellt.[430] Dieses Beispiel zeigt, dass selbstorganisierende Teams keine Fiktion sein müssen, sondern in manchen Unternehmen gelebte Realität sind.

4.1.2.5 Raumorganisation im Unternehmen

Als Abschluss dieses Unterpunkts, werden neuartige Konzepte der Raumorganisation gezeigt. Ändern sich die Organisationsstrukturen und die Arbeitsweisen, ist es nur verständlich, dass auch die bisherige Raumorganisation überdacht wird. Dies wird nachfolgend anhand von den zwei Beispielen Credit Suisse und Daimler aufgezeigt.

Die Mitarbeiter und alle Führungskräfte der Credit Suisse in Zürich besitzen keinen festen Büroarbeitsplatz, sondern suchen sich jeden Tag einen geeigneten Platz aus, abhängig von der zu erledigenden Arbeit. So gibt es kommunikative Plätze, die an ein Café erinnern und welche, die zum konzentrierten, geräuscharmen Arbeiten geeignet sind. Schließlich gibt es noch inspirierende Plätze, wie einen Garten inmitten des Gebäudes, oder Arbeitsplätze mit einem freien Blick über die Stadt.[431] Immer mehr Unternehmen entdecken, dass die Digitalisierung mehr Flexibilität in der Raumorganisation bietet. So auch der Automobilkonzern Daimler, der nun vielen seiner Mitarbeiter das Arbeiten von Zuhause aus ermöglichen will.[432] Bereits in der Einführung ist verdeutlicht worden, dass Organisation und Prozesse wie zwei Zahnräder ineinandergreifen. Grund genug also, um nachfolgend die Prozesse im Hinblick auf die Transformation genauer zu betrachten.

---

[429] Vgl. strategy+business: The Haier Road to Growth. In: http://www.strategy-business.com/article/00323?gko=c8c2a (Aufrufdatum: 04.08.2016).
[430] Vgl. ebd. (Abrufdatum: 04.08.2016).
[431] Vgl. Hanisch, R.: Das Ende des Projektmanagements, Wien, 2013, S. 108.
[432] Vgl. Süddeutsche Zeitung: In Raum und Zeit flexibel. In: http://www.sueddeutsche.de/karriere/mobiles-arbeiten-bei-daimler-in-raum-und-zeit-flexibel-1.3100685?reduced=true (Abrufdatum: 04.08.2016).

4.1.3 Prozesse

Der vorausgegangene Teil hat sich mit der agilen Organisation befasst, die als die Organisationsform digitaler Unternehmen gesehen wird. Betrachtet man den historischen Hintergrund von Scrum, einem „Werkzeugkoffer" zur Agilität, stellt man fest, dass deren Ursprünge in der Softwareentwicklung liegen und auf das Projektmanagement ausgedehnt wurden.[433]

Ein Team, welches sich selbst organisiert, Vorgesetzte, die als Partner auftreten und dem Team weitgehend Freiheit gewähren, sind Schlagwörter, die nachdenklich stimmen, ob Prozesse in einem modernen Unternehmen noch benötigt werden. Sind diese also überflüssig geworden? Die Antwort lautet ganz klar: Nein! Es ist natürlich richtig, dass einige Abläufe überflüssig werden, doch andere kommen dagegen hinzu oder ersetzen bestehende. Da sich die Prozesse in ihrer Form unterscheiden, sollte man sie hier getrennt voneinander betrachten.

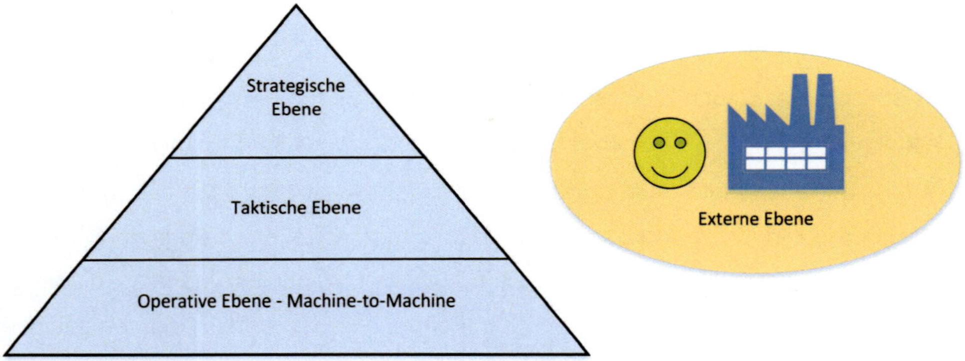

Abbildung 58: Die Prozesspyramide eines Unternehmens und die externe Ebene

Wie in Abbildung 58 gemäß der Prozesspyramide zu erkennen ist, wird unterschieden zwischen einer strategischen-, taktischen- und operativen Machine-to-Machine-Ebene. Aus der Breite der Pyramide ist die Anzahl der Prozesse zu erkennen. Das bedeutet, es gibt sehr viele Prozesse innerhalb der operativen Machine-to-Machine-Ebene, aber deutlich weniger innerhalb der strategischen Ebene. Im kommenden Unterabschnitt wird die Transformation der Prozesse in Zeiten der Digitalisierung betrachtet. Anschließend werden die drei Ebenen innerhalb eines Unternehmens der Prozesspyramide erläutert. Diese drei Ebenen werden unter dem Gesichtspunkt

[433] Vgl. Gloger, B.; Margetich J. In: Das Scrum-Prinzip. Stuttgart, 1. Auflage, 2014. S. 3.

Kommunikation auch in Kapitel 5.2 erläutert. Abschließend wird die externe Ebene betrachtet, die nicht interner Teil der Prozesspyramide ist, aber Unternehmensprozesse verändern wird.

4.1.3.1 Die Transformation der Prozesse

Prozesse sind sich regelmäßig wiederholende Schritte. Damit unterscheiden sie sich grundlegend von Projekten, da diese einen einmaligen Charakter haben. Gerade weil sich Prozesse wiederholen und festgelegten Inputs und Outputs folgen, spielen sie eine besondere Rolle im Zeitalter der Digitalisierung. Prozesse werden eingesetzt, um Outputs in einheitlicher Qualität zu generieren. Es gibt einen entscheidenden Zusammenhang zwischen der Aufbauorganisation und der Prozessorganisation, auch Ablauforganisation genannt. Bisherige Aufbauorganisationsformen benötigen klar geregelte Arbeitsabläufe der Mitarbeiter, damit das Unternehmen zwischen den Hierarchieebenen miteinander agiert. Bei digitalen Unternehmen ist die Aufbauorganisation anders geregelt, es werden weniger strikte Prozesse für die Mitarbeiter benötigt, da viele schlicht von Maschinen übernommen werden. Es wird deutlich mehr Prozesse geben, die ihre Inputs und Outputs mit Maschinen teilen. Durch künstliche Intelligenzen und eine riesige Datensammlung (Big Data), können Entscheidungen herbeigerufen werden, wie ausführlich in Kapitel 2.4 erläutert. Auch fernab der Büroarbeit, wird die Digitalisierung Prozesse in Bereichen wie dem Service und der Fertigung verändern. Sind Maschinen miteinander vernetzt, können Sensoren feststellen, wenn eine Maschine aufgrund von Verschleiß zu warten ist. Sie bestellen automatisch das auszutauschende Bauteil und informieren das Wartungspersonal. Bisher hat es feste Zyklen gegeben, wann das Personal die Maschinen wartet. Sind die Maschinen zusätzlich mit den Auftragsbüchern vernetzt, kann der ideale Zeitpunkt bestimmt werden, wann das Bauteil gewechselt werden sollte. Wie an diesem Beispiel zu erkennen ist, gibt es weiterhin eine Vielzahl von Prozessen, die allerdings für das Personal kaum sichtbar sind. Für die Wartungsmitarbeiter bedeuten diese Umstände weniger eigene zu bearbeitende Prozesse, da viele Schritte nun im Verborgenen, der operativen Machine-to-Machine-Ebene, ausgeführt werden. Daher ist die Annahme, dass Prozesse durch die Digitalisierung überflüssig werden, widerlegt. Sie verändern sich lediglich.

4.1.3.2 Machine-to-Machine Ebene

In der tiefsten Ebene der Prozesspyramide (siehe Abbildung 58) befindet sich die operative Machine-to-Machine Ebene. Entgegen der Bezeichnung gibt es hier – insbesondere in der Übergangsphase – durchaus auch menschliche Mitarbeiter. Die menschliche Arbeit wird in dieser Ebene allerdings abnehmen. Hier agieren Maschinen und Computer und kommunizieren mit ebendiesen untereinander. Diese Prozesse führen die Maschinen selbstständig durch. Sie müssen definiert, erstellt und implementiert werden. Mitarbeiter werden in Zukunft an ebendieser Stelle benötigt. Zentrales Organ ist dabei die Cloud, also ein oder mehrere miteinander vernetzte Server, die wie eine Wolke über allen beteiligten Maschinen und Anlagen schwebt, die aufsteigende Daten aufnimmt und benötigte Daten herabregnen lässt. Die Abbildung 59 zeigt dieses Prinzip schematisch auf.

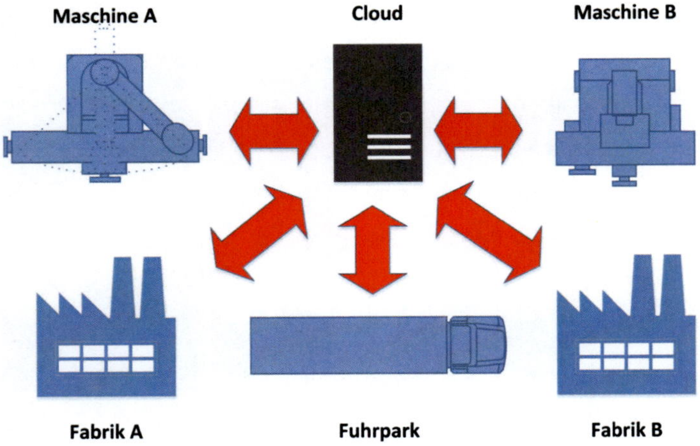

Abbildung 59: Machine-to-Machine Ebene: Maschinen sind miteinander vernetzt

Die operative Machine-to-Machine Ebene ist auch bekannt unter dem Schlagwort Industrie 4.0. Soweit die Theorie. Dass sie auch in der Praxis bereits erfolgreich eingesetzt wird, zeigt der deutsche Industriekonzern Siemens. Das Unternehmen fertigt in einem Werk in Ansbach (Mittelfranken, Bayern) Industriesteuerungsanlagen. Das Besondere hieran ist, dass Produkte und Maschinen miteinander kommunizieren. Die Produkte steuern die Maschinen, die das Produkt herstellen. Dies hat Siemens geholfen, sein Produktionsvolumen der letzten 20 Jahre, trotz gleicher Fläche und ähnlicher Mitarbeiterzahl, um den Faktor acht zu erhöhen.[434]

Führungskräfte können also durch die Chancen, die eine intelligente, digitale Fabrik bietet, profitieren. Doch mit den Chancen können auch Risiken auftreten, die Führungskräfte nicht außer Acht lassen dürfen. Wie fehleranfällig ein vernetztes System ist, ist eine Frage der Software. Die Software wiederum führt die zuvor festgelegten Prozesse aus. Das stellt Unternehmen vor eine zusätzliche Herausforderung, gut durchdachte Prozesse zu erarbeiten, die mögliche Eventualitäten berücksichtigen, um Fehler zu vermeiden. Fernab davon bieten digitale, vernetzte Fabriken eine Angriffsfläche für Hacker und Industriespione. Eine entsprechend geschützte Infrastruktur ist unerlässlich.

4.1.3.3 Taktische Ebene

Auf der taktischen Ebene werden Entscheidungen über einen Zeithorizont von etwa einem Jahr getroffen. In dieser kurzen Zeit müssen sie schnell und dennoch überlegt erfolgen. Hinter diesen Entscheidungen stecken Prozesse. Durch die enge Vernetzung der operativen Machine-to-Machine Ebene, werden sehr viele Daten des eigenen Unternehmens gesammelt. Eine hervorragende externe Datenquelle stellt das Internet dar. Über automatisierte Prozesse werden diese Informationen verarbeitet und Empfehlungen ausgesprochen. Das bedeutet, Mitarbeiter auf der taktischen Ebene werden in Zukunft keine eigene Recherche und Auswertung vornehmen müssen. Intelligente Softwarelösungen sprechen Handlungsempfehlungen aus. Da diese Empfehlungen laufend aktuellen Gegebenheiten angepasst werden, ergänzen sie bestens ein agil geführtes Unternehmen, wie in Kapitel 4.1.2.2 beschrieben. Dank neuer Möglichkeiten der Kommunikation, werden Abstimmungsprozesse deutlich schneller ablaufen. Dem Vertrieb stehen auf Grund der engen Vernetzung Daten aus der operativen Machine-to-Machine Ebene zur Verfügung und gewährleisten seinen Kunden somit eine wesentlich bessere Liefertreue. Ebenfalls in der taktischen Ebene zu finden ist das interne Crowdsourcing, also insbesondere Innovationsprozesse, an denen sich alle Mitarbeiter beteiligen können. In Kapitel 4.1.3.5, der externen Ebene, ist das externe Crowdsourcing beschrieben.

---

[434] Vgl. Siemens: Industrie 4.0: Was Sie über die Produktion der Zukunft wissen müssen. In: http://www.siemens.com/innovation/de/home/pictures-of-the-future/industrie-und-automatisierung/digitale-fabrik-industrie-4-0.html (Aufrufdatum: 04.08.2016).

4.1.3.4 Strategische Ebene

Ebenso wie die taktische Ebene, profitiert auch die strategische Ebene von der sofortigen Verfügbarkeit großer Datenmengen, die die moderne Software auswerten und auf Basis dieser Entscheidungsvorschläge anbieten kann. Auch Kommunikationsprozesse verändern sich. Videokonferenzen über das Internet können viele Geschäftsreisen ersetzen. Doch in der strategischen Ebene, in der Entscheidungen für einen langfristigen Zeithorizont getroffen werden, spielen automatisierte Prozesse weniger stark eine Rolle, als in den beiden anderen aufgezeigten Ebenen. Weiterhin wird die strategische Ebene in Zukunft kleiner ausfallen als bisher. Dies ist auf die Tatsache zurückzuführen, dass sich, durch geändertes Kundenverhalten, auch Anforderungen schneller ändern. Außerdem ermöglicht die Digitalisierung einen einfacheren Marktzugang. Folglich werden sich in Zukunft strategische Entscheidungen auf wenige wesentliche Punkte beschränken.

In der strategischen Ebene lauert auch die zugleich größte Gefahr. Wie bereits behandelt, hat die Digitalisierung auf die Prozesse der strategischen Ebene keine so starken Auswirkungen, wie auf die taktische oder operative Ebene. Doch der Schein trügt. Denn in der strategischen Ebene wird festgelegt, welche Richtung das Unternehmen in Zukunft ansteuern soll. Deshalb gilt der Appell an die Führungskräfte von heute, die richtigen strategischen Entscheidungen für morgen zu treffen und dabei das Umfeld und die Ebenen des Unternehmens genau im Blick zu behalten. Eine verschlafene Digitalisierung wird existenzbedrohende Folgen für das Unternehmen haben.

4.1.3.5 Externe Ebene

Neben diesen genannten Prozessen, die vorwiegend innerhalb des Unternehmens ablaufen, ermöglicht die Digitalisierung auch das Auslagern von Prozessen an Dritte. Durch Einkauf und Beschaffung können Produktionsprozesse und Entwicklungsprozesse aus dem Unternehmen ausgelagert werden. Konstruktionsdateien können elektronisch an den Lieferanten versendet und durch Online-Auktionen die vielversprechendsten Lieferanten ausgewählt werden. Doch dies ist auch früher so praktiziert worden, lediglich mit anderen Prozessen. Neu hinzugekommen ist eine besondere Form der Prozessauslagerung, das Crowdsourcing. Es ist eine Verknüpfung der Wörter „crowd“ und „sourcing“. Ins Deutsche übersetzt bedeutet das also die Beschaffung von der Menschenmasse.[435] Zwei sehr bekannte Crowd-Produkte sind die Online-Enzyklopädie Wikipedia und der Betriebssystem-Kernel Linux. Hier hat sich eine Gemeinschaft gebildet, die gemeinsam ihre Fähigkeiten einsetzt, um das Produkt weiterzuentwickeln. Ein Unternehmen, welches mit Crowdsourcing bereits Erfolge erzielt hat, ist der Kaffeeröster und Einzelhändler Tchibo. Mittels einer Plattform hat Tchibo Ideen für neue Produkte seiner Kunden gesammelt. Realisiert sind unter anderem ein Schneidbrett mit eingebauter Auffangschale, sowie ein Auto-Handtaschenhalter.[436] Damit Crowdsourcing-Prozesse funktionieren, müssen Anreize für die Crowdworker geboten werden. Weiterhin muss das Unternehmen ausreichend Ressourcen in die Prüfung der Ideen stecken.[437]

4.1.3.6 Vernetzte Prozesse mit Kollaborations-Software

Welche Möglichkeiten gibt es, Prozesse kollaborativ zu bearbeiten? Was haben Führungskräfte damit zu tun? Ist das nicht die Aufgabe der IT-Abteilung? In jeder kleinen Werkstatt fiele es einem Werkstattmeister auf, wenn seine Gesellen nicht effizient arbeiten, weil das Werkzeug fehlt. Er wird es beschaffen. In vielen Unternehmen fehlt die Erkenntnis, dass das Werkzeug der Mitarbeiter eines digitalisierten Unternehmens, Software ist. Im Beispiel von Haier in Kapitel 4.1.2.4 sind die ZZJYT-Manager Dienstleister, sie stellen den Mitarbeitern alle benötigten Ressourcen, die für ihre Arbeit benötigen, zur Verfügung. Zukünftige Führungskräfte müssen sich damit beschäftigen, welche Softwarelösungen bei kollaborativen Arbeiten Vorteile verschaffen.

Heutzutage werden Dokumente meist zwischen Mitarbeitern per E-Mail hin- und hergeschickt, bis das gewünschte Ergebnis erreicht ist. Es gibt aber Softwarelösungen, die die gleichzeitige, parallele Bearbeitung ermöglichen. Mit einem Schlag hat sich also der Prozess stark vereinfacht. Auch neue Kommunikationsformen (siehe dazu Kapitel 5) ermöglichen schnellere und einfachere Abstimmprozesse.

---

[435] Vgl. Harvard Business Manager: Crowdsourcing?. In: http://www.harvardbusinessmanager.de/heft/artikel/a-658914.html (Aufrufdatum: 04.08.2016).
[436] Vgl. Richard, S.: Customer Co-Creation: Wenn Kunden mit Unternehmen gemeinsam Produkte herstellen. In: http://www.peter-apel.de/blog/customer-co-creation-wenn-kunden-mit-unternehmen-gemeinsam-produkte-herstellen/ (Aufrufdatum: 04.08.2016).
[437] Vgl. absatzwirtschaft: Durch Crowdsourcing kollektive Intelligenz einbeziehen. In: http://www.absatzwirtschaft.de/durch-crowdsourcing-kollektive-intelligenz-einbeziehen-35872/ (Aufrufdatum: 04.08.2016).

4.1.4 Fazit

Unternehmen müssen in Zukunft deutlich schneller auf Änderungen am Markt reagieren. Dazu gehören sowohl Kundenwünsche, als auch neue Marktteilnehmer. Die Digitalisierung bietet viele Chancen für alle Bereiche eines Unternehmens. Werden diese nicht genutzt, entstehen Wettbewerbsnachteile.

Es ist daher an der Zeit, das Unternehmen für die Zukunft neu zu organisieren. Dazu werden althergebrachte Aufbaustrukturen aufgelöst. Durch intelligente Informationsverarbeitungen werden ganze Hierarchieebenen überflüssig. Ja sie entfallen ganz, denn das Unternehmen muss in Zukunft rasch auf sein Umfeld reagieren können. Das Zauberwort hierfür lautet Agilität. Eine agile Organisation bedeutet selbstorganisierte Teams zu haben, die weitgehend autonom ihre Ziele verfolgen. Das verhilft dem Unternehmen, zügig die Richtung anzupassen und das Management muss weniger Einzelentscheidungen treffen. Das hilft, wichtige Entscheidungen gründlicher zu treffen. Nicht außer Acht gelassen werden sollte dabei die Tatsache, dass Führungskräfte der Zukunft als Dienstleister der Teams anzusehen sind. Es werden weiterhin besonders hohe Anforderungen an die Teammitglieder gestellt, damit kollaboratives Arbeiten in einem selbstorganisierenden Team erfolgreich ist.

Neben der Aufbauorganisation ist auch die Ablauforganisation dem Wandel ausgesetzt. Prozesse können in vielen Fällen komplett digitalisiert werden. Maschinen sind miteinander vernetzt und tauschen Informationen aus. In diesen Bereichen werden in Zukunft deutlich weniger Mitarbeiter benötigt. Aber nicht nur die Produktion ist betroffen, auch Kommunikations- und Entscheidungsprozesse werden digital. Durch die eigens ermittelten Daten und über das Internet ergibt sich eine riesige Menge an Informationen. Intelligente Software kann diese verarbeiten und somit der taktischen- und strategischen Ebene des Unternehmens Vorschläge unterbreiten. Ebendiese Prozesse sind es, die Wettbewerbsvorteile verschaffen, wenn die Konkurrenz über weniger stark digitalisierte Prozesse verfügt.

Die Digitalisierung der Unternehmen ist nicht aufzuhalten. Aus diesem Grund seien Sie agil und smart - nutzen Sie die Chancen, die Ihnen die Digitalisierung bietet!

4.2 Wie sieht die Zukunft des Projektmanagements aus?

Sabrina Kobl

Zusammenfassung

Die Digitalisierung von Geschäftsprozessen, als auch die Durchdringung in den privaten Sektor, ist nicht mehr aufzuhalten. Die Folgen dieses Wandels sind überall zu spüren. Im Zuge der Bewältigung der damit einhergehenden Herausforderungen, wird vor allem auch der Projektarbeit eine besondere Bedeutung zugesprochen. Doch die bewährten Methoden des klassischen Projektmanagements stoßen in Zeiten der Digitalisierung immer wieder an ihre Grenzen. Die Frage, die sich aufgrund dessen stellt und die in diesem Kapitel beantwortet werden soll, lautet: Wie sieht die Zukunft des Projektmanagements aus?

Schlüsselbegriffe

Klassisches & Agiles Projektmanagement - Selbstorganisierende Teams - Hybride Vorgehensmodelle - Vernetzung - Transparenz & Offenheit - Projektführung - Projektkommunikation – Digitalisierung

"Die meisten Führungskräfte zögern, ihre Leute mit dem Ball laufen zu lassen, aber es ist erstaunlich, wie schnell ein informierter und motivierter Mensch laufen kann."

Lee Iacocca, US-amerikanischer Manager

4.2.1 Die Digitalisierung und das Projektmanagement

Die Digitalisierung betrifft sowohl Märkte, Produkte, Geschäftsmodelle als auch die Menschen selbst. Sie beeinflusst damit alle Lebensbereiche des Menschen. Dies führt zu neuen wirtschaftlichen Entwicklungen, mit denen sich die Unternehmen auseinandersetzen müssen, um ihre Wettbewerbsfähigkeit und Existenz zu sichern.[438] Die hohe Dynamik hinsichtlich Märkte und Produkte, die Forderung nach stärkerer Vernetzung, die Verkürzung der Innovationszyklen und die zugleich steigende Komplexität, die durch die digitale Transformation hervorgerufen werden, sind dabei nur einige Punkte, mit denen die Unternehmen zu kämpfen haben[439].

Im Zuge der Bewältigung dieser Herausforderungen wird vor allem auch der Projektarbeit eine besondere Bedeutung zugesprochen. Doch die sich in der Vergangenheit bewährten Methoden des klassischen Projektmanagements, stoßen in Zeiten der Digitalisierung immer wieder an ihre Grenzen, wodurch Projekte oftmals scheitern. Ein neues Denken bzw. eine neue Führung auch innerhalb des Projektmanagements ist erforderlich und wird eingefordert.[440]

Ansätze agiler Methoden, wie zum Beispiel Scrum oder Kanban, finden bereits Einzug in das Projektmanagement und werden genutzt. Einzelne Elemente, wie die Selbstorganisation der Teams, die permanente Abstimmung bzw. Kommunikation, die Flexibilität oder die Anpassungsfähigkeit, die agiles Projektmanagement ausmachen, zeigen für bestimmte Projekttypen Erfolge und lassen sich mit den von Buhse und Grabmeier definierten Erfolgsfaktoren der digitalen Transformation (Offenheit, Vernetzung, Partizipation, Agilität), vereinbaren[441].

---

[438] Vgl. Walg, C.; Kalvelage, P.: Produkt statt Projekt. Klassisches Projektmanagement scheitert. 2015. In: http://www.cio.de/a/klassisches-projektmanagement-scheitert,3251258, (Aufrufdatum: 24.03.2016).
[439] Vgl. Buhse, W.; Grabmeier, S.: Neues Denken für das digitale Zeitalter. In: Personalwirtschaft, 03/2015, S. 57.
[440] Vgl. Walg, C.; Kalvelage, P.: Produkt statt Projekt. Klassisches Projektmanagement scheitert. 2015. In: http://www.cio.de/a/klassisches-projektmanagement-scheitert,3251258, (Aufrufdatum: 24.03.2016).
[441] Vgl. Buhse, W.; Grabmeier, S.: Neues Denken für das digitale Zeitalter. In: Personalwirtschaft, 03/2015, S. 58.

Doch ist der digitale Wandel wirklich das Ende des klassischen Projektmanagements, so wie wir es heute kennen? Wird agiles Projektmanagement die Zukunft sein? Und was wird sich noch alles in der Projektarbeit ändern? Ein möglicher Einblick in die Antworten dieser Fragen, soll in den nachfolgenden Kapiteln versucht werden.

4.2.2 Klassisches Projektmanagement und seine Grenzen

Die klassischen Methoden des Projektmanagements geraten, wie bereits erläutert, im Zeitalter der Digitalisierung öfters an ihr Limit. Im Zuge dieses Kapitels sollen zum einen die charakteristischen Merkmale des klassischen Projektmanagements aufgezeigt und zum anderen Gründe dargelegt werden, warum diese heutzutage und in Zukunft nicht mehr anwendbar sind.

4.2.2.1 Typisch für klassisches Projektmanagement

Vorgehensmodelle, wie das Wasserfallmodell bzw. V-Modell, sind typisch für das traditionelle Projektmanagement. Sie zeichnen sich durch lange, funktionsorientierte und sequenzielle Phasen, sowie einem starren Vorgehen aus. Der Fokus in den Projekten liegt auf Strukturen, langfristiger Planung und detaillierten Spezifikationen.[442]

Wenn man dabei das magische Zieldreieck des klassischen Projektmanagements betrachtet, sind die Anforderungen der feste Ausgangspunkt eines Projekts, auf Basis dessen Kosten und Termine geplant werden (siehe Abbildung 60)[443]. Ausgehend davon, ist jedoch abzuleiten, dass dies der Flexibilität hinsichtlich Änderungen von Anforderungen entgegenwirkt.

[442] Vgl. Mourgue d'Algue, H.; Seibert, S.: Projektphasen. In: Gessler, Michael (Hrsg.): Kompetenzbasiertes Projektmanagement (PM 3). Nürnberg, 2010, 3. Aufl., GPM Deutsche Gesellschaft für Projektmanagement, S. 1613.
[443] Vgl. ebd., S. 1616.

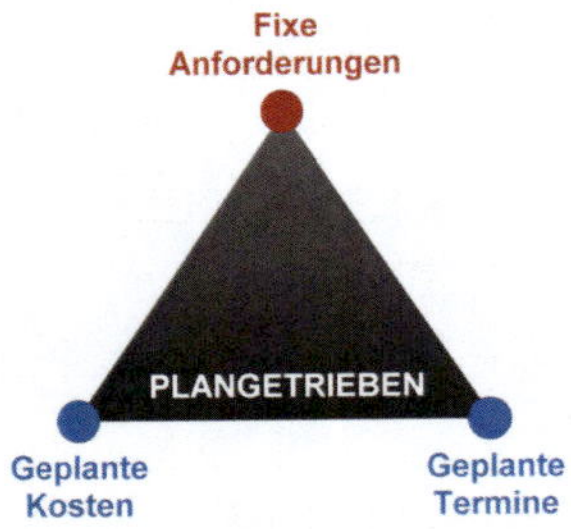

Abbildung 60: Magische Dreieck des klassischen Projektmanagements[444]

Die klare hierarchische Unternehmensstruktur, die sich heute in fast allen Unternehmen findet, spiegelt sich auch in der (traditionellen) Projektführung wieder. Der Projektleiter übernimmt die Verantwortung und die Entscheidungen hinsichtlich des Projekts und dessen Inhalte, koordiniert und plant das Projektteam und wird somit oft als "ein mehr oder weniger allwissender, heldenhafter und tayloristisch geprägter Projektmanager"[445] dargestellt. Patzak und Rattay beschreiben das Persönlichkeitsprofil eines klassischen Projektleiters, als eine Person mit hoher Durchsetzungs- und Entscheidungsfähigkeit, geringer Veränderungsbereitschaft und Delegationsfähigkeit, sowie einer mittelmäßigen Ausprägung hinsichtlich vertrauensbasiertem Zusammenarbeiten[446]. Das von ihm zusammengestellte und geführte Projektteam ist dabei in der Regel sehr groß und interdisziplinär, mit vielen Spezialisten, die räumlich verteilt sind und an mehreren Projekten gleichzeitig arbeiten. Dadurch ist es notwendig, viel Kommunikation zu betreiben, was vorwiegend über Dokumente oder lange und große Besprechungen erfolgt. Ein stark ausgeprägtes Teamgefühl kann dann teilweise nicht entstehen.[447]

4.2.2.2 Gründe für das Scheitern im digitalen Zeitalter

Es stellt sich nun die Frage, warum das sich seit jahrzehntelang bewährte Vorgehen zur Projektführung bzw. -steuerung mit seinen beschriebenen charakteristischen Merkmalen in Zeiten der Digitalisierung an seine Grenzen stößt. Hanisch sieht im Hinblick auf das Scheitern von Projekten, einige Aspekte als typische und

---

[444] Vgl. Mourgue d'Algue, H.; Seibert, S.: Projektphasen. In: Gessler, Michael (Hrsg.): Kompetenzbasiertes Projektmanagement (PM 3). Nürnberg, 2010, 3. Aufl., GPM Deutsche Gesellschaft für Projektmanagement, S. 1616.

[445] Raitner, M.: Agiles Projektmanagement: Ein Glücksfall. 2013. In: http://fuehrung-erfahren.de/2013/07/agiles-projektmanagement-ein-gluecksfall/, (Aufrufdatum: 01.05.2016).

[446] Vgl. Patzak, G.; Rattay, G.: Projektmanagement. Leitfaden zum Management von Projekten, Projektportfolios und projektorientierten Unternehmen. Wien, 2014, 6. überarb. Auflage, Linde Verlag Ges.m.b.H, S. 692.

[447] Vgl. Preußig, J.: Agiles Projektmanagement. Scrum, Use Cases, Task Boards et Co. Freiburg, 2015, 1. Aufl., Haufe-Lexware (TaschenGuide, 270), S. 42.

projektunabhängige Gründe an. Im Folgenden wird auf sieben davon näher eingegangen[448]:

- **Überforderung durch Komplexität:** Damit ist sowohl die Komplexität innerhalb des Projekts (z. B. das Managen der Teamgröße) gemeint als auch die stetig steigende Komplexität hinsichtlich der digitalen bzw. stärker vernetzten Produkte. Die Komplexität sollte gesehen und mit ihr bewusst gearbeitet werden, anstatt sie auszublenden.
- **Unsicherheitsbekämpfung durch Methoden:** Projektmanager versuchen oftmals, die Projekte in eine standardisierte, einfache Struktur zu pressen, um Unsicherheit und Komplexität zu bewältigen. Starre Strukturen wirken der natürlichen Zirkulation von Projekten entgegen. Jedes Projekt ist individuell unterschiedlich und muss daher auch anders geführt bzw. gemanagt werden.
- **Sich häufende Änderungen der Kundenanforderungen:** Kunden sind, heute und auch in der Zukunft, als aktive Mitgestalter der Produkte in den Projekten zu verstehen. Veränderungen in den Kundenanforderungen sind als Chancen zu sehen. Sie können daher agil gemanagt werden. Dies ist oft beim traditionellen Projektmanagement nicht vorgesehen.
- **Strikte und lange Zeitplanung:** Vernetzte Systeme lassen sich nur schwer durchplanen und Verzögerungen sind keine Ausnahmen. In der Regel sind Terminpläne, so wie wir sie heute kennen, schon nach deren Fertigstellung veraltet. Da die Vernetzung im digitalen Zeitalter zunimmt, sollten Projektmanager ihr Team bzw. die Projektaktivitäten nicht stur in Zeitpläne pressen.
- **Veralteter Führungsstil:** Die Führung spielt innerhalb eines Projekts eine entscheide Rolle hinsichtlich des Projekterfolgs. Gerade im digitalen Zeitalter, in der die jüngere Generation groß geworden ist (Digital Natives) und die allmählich in Unternehmen eintreten, ist eine andere Art der Führung notwendig. Jedoch ist immer noch die "alte" hierarchische Führungsphilosophie in den Projekten vorzufinden, die hier nur bedingt zielführend ist.
- **Gravierende Kommunikationsdefizite:** Der Kommunikation sollte in Projekten eine große Bedeutung zugesprochen werden. In großen interdisziplinären Projektteams wird häufig nur sehr sporadisch bzw. nicht ausreichend kommuniziert. Zudem entspricht die gewählte Art der Kommunikation in den Projekten, in Zeiten

---

[448] Vgl. Hanisch, R.: Das Ende des Projektmanagements. Wie die Digital Natives die Führung übernehmen und Unternehmen verändern. Wien, 2013, Linde international, S. 22–35.

von Smartphone und Social Network, nicht mehr der der sogenannten Digital Natives.

- **Kampf um Macht:** Der Machtkampf zwischen Linie und Projekt ist nicht neu. Fach- und Führungskräfte halten nur zu gern an der hierarchischen Linienorganisation fest und versuchen sie zu "schützen". Projekte werden als Sonderfälle betrachtet und man hüllt sich hinsichtlich Informationen, z. B. über die Ressourcenverfügbarkeit, in Schweigen. Transparenz und Flexibilität im Projektalltag werden dadurch erschwert, oder gar unmöglich und auch das Teamgefühl leidet darunter.

Wie Hanisch aufzeigt, gibt es eine Reihe von Gründe, warum "klassische" Projekte nicht mehr zufriedenstellend funktionieren. In einer zunehmend digitalen Projektwelt, in der Flexibilität, Vernetzung, schnelle Entscheidungen, Transparenz, Kommunikation, etc. von hoher Bedeutung sind, ist kein Platz für das sog. Silo-Denken in Abteilungshierarchien. Es erfordert neue Methoden in der Projektführung, in denen neben den bereits genannten Aspekten, Teams und flexibles Arbeiten gefördert werden. Der Silberstreifen am Horizont, verbunden mit dem Faktor Hoffnung, heißt daher für viele Unternehmen agiles Projektmanagement.

4.2.3 Agiles Projektmanagement - Nur ein Hype oder die Zukunft?

Das agile Projektmanagement ist in Zeiten der Digitalisierung für Unternehmen eine attraktive Alternative zum traditionellen Ansatz, der, wie im vorherigen Kapitel aufgezeigt, mit den veränderten Rahmenbedingungen sichtlich zu kämpfen hat. Doch hat der agile Ansatz eine reelle Chance in der digitalen Zukunft oder ist der Wirbel um die Vorteile bzw. Erfolge agiler Methoden nur "heiße Luft"?

4.2.3.1 Ursprung und Anwendung des agilen Projektmanagements

Über 20 Millionen Suchergebnisse liefert Google bei der Eingabe von "Agile Project Management" - ein eindeutiges Indiz dafür, wie populär das Thema inzwischen ist. Doch woher kommt überhaupt der agile Ansatz?

Erste Erprobungen agiler Methoden lassen sich bereits in den 1990er Jahren in IT-Projekten finden, denn die Software-Entwicklung hatte zu dieser Zeit längst mit den erläuterten Problemen der traditionellen Modelle zu kämpfen. Es entwickelten sich, auf

Basis dessen, eine Reihe verschiedener agiler Methoden, die sich hinter Begriffen, wie "Scrum", "IT-Kanban", "Extreme Programming", "Unified Process", etc. verbergen und sich alle auf dem "Agile Manifest", den übergeordneten agilen Prinzipien, berufen.[449]

Laut der Studie "Status Quo Agile" des BPM-Labors der Hochschule Koblenz, die mit über 600 Teilnehmern aus mehr als 30 Ländern durchgeführt wurde, ist dabei vor allem die agile Projektmanagement-Methode Scrum von zentraler Bedeutung für die meisten Unternehmen, gefolgt von IT-Kanban, Extreme Programming und Feature Driven Development[450]. Dies deckt sich überwiegend auch mit der Studie von Kluger Maag Cie, die eine Studie hinsichtlich agiler Methoden im Automotive-Bereich durchführte[451]. Die BPM-Studie offenbart weiterhin, dass die Anwendung des agilen Projektmanagements stetig zunimmt, wie Abbildung 61 veranschaulicht. Demnach sind die Unternehmen, vor allem in den letzten sechs Jahren, verstärkt auf agiles Projektmanagement aufmerksam geworden und haben es bei sich etabliert[452]. Der rapide Anstieg bzw. das Interesse bzgl. der Anwendung agiler Methoden in den letzten sechs Jahren, lässt stark vermuten, dass die voranschreitende Digitalisierung mit den weiter oben genannten Herausforderungen die Gründe dafür sind.

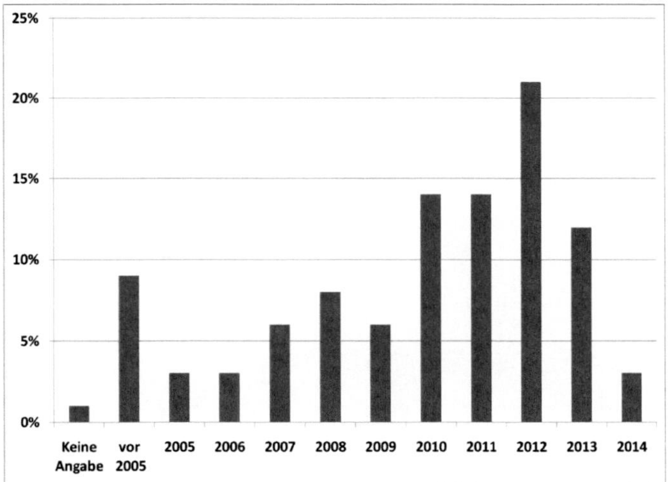

Abbildung 61: Zeitpunkt des erstmaligen Einsatzes von agilen Methoden[453]

[449] Vgl. Hanisch, R.: Das Ende des Projektmanagements. Wie die Digital Natives die Führung übernehmen und Unternehmen verändern. Wien, 2013, Linde international, S. 77ff.
[450] Vgl. Komus, Prof. Dr. A.: Ergebnisbericht Status Quo Agile 2014. Koblenz, 2014, Hochschule Koblenz BPM Labor, S. 32.
[451] Vgl. Kugler Maad Cie GmbH: Agile in Automotive - State of Practice 2015. In: http://www.kuglermaag.de/fileadmin/ 05_CONTENT_PDF/2-22_agile-automotive_survey-2015.pdf, S. 26, (Aufrufdatum: 05.06.2016).
[452] Vgl. Komus, Prof. Dr. A.: Ergebnisbericht Status Quo Agile 2014. Koblenz, 2014, Hochschule Koblenz BPM Labor, S. 18.
[453] Vgl. ebd., S. 18.

Dabei beschränkt sich die Anwendung agiler Methoden nicht nur auf den Bereich der Software-Entwicklung oder IT-nahen Themen, sondern wird dringt auch in Bereiche außerhalb der IT ein (siehe Abbildung 62)[454].

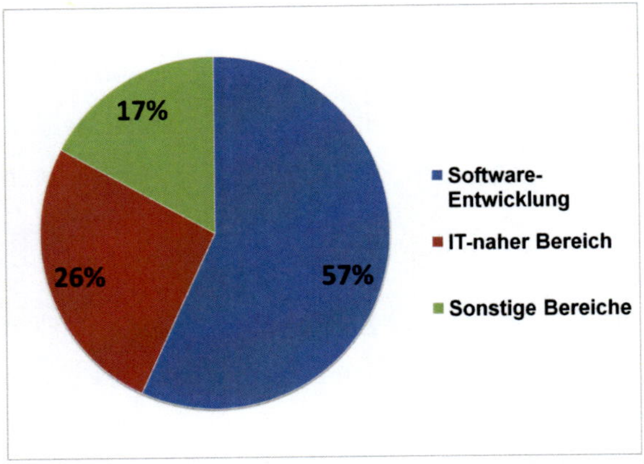

Abbildung 62: Bereiche, in denen agiles Projektmanagement Anwendung findet[455]

In der Automotive-Branche werden beispielsweise agile Methoden vorwiegend in den Bereichen Multimedia, Elektronik-Komponenten oder Antriebsstrang eingesetzt, wie die "Agile in Automotive – State of Practice 2015"-Studie zeigt[456].

Aufgrund der zunehmenden Anwendung agiler Methoden, stellen sich die Fragen: Wo liegt der Unterschied zum traditionellen Projektmanagement? Welche agilen Aspekte harmonieren besser mit der digitalen Welt? Wie wenden die Unternehmen die agilen Methoden in der Praxis an und warum? Drei Fragen, die in den folgenden Kapiteln geklärt werden sollen.

4.2.3.2 Typisch für agiles Projektmanagement

Im Gegensatz zum klassischen Ansatz, bei welchem die Teams in hierarchisch feste Rollen und Strukturen, fixe Zielvorgaben und Zeitpläne gepresst werden, liegt der Fokus agiler Projektmanagement-Methoden auf anderen Aspekten, was sich auch im magischen Dreieck wiederspiegelt (Abbildung 63): Sowohl Termine, als auch die Kosten, werden fix definiert, Ziele und Schritte zur Umsetzung sind jedoch auch während des Projektablaufs modifizierbar. Anders als beim traditionellen

[454] Vgl. Komus, Prof. Dr. A.: Ergebnisbericht Status Quo Agile 2014. Koblenz, 2014, Hochschule Koblenz BPM Labor, S. 19.
[455] Vgl. ebd., S. 19.
[456] Vgl. Kugler Maad Cie GmbH: Agile in Automotive - State of Practice 2015. In: http://www.kuglermaag.de/fileadmin/05_CONTENT_PDF/2-22_agile-automotive_survey-2015.pdf, S. 11, (Aufrufdatum: 05.06.2016).

Projektmanagement, sind auch die zu Beginn meist ungenauen (Kunden-) Anforderungen variabel, wodurch Flexibilität bzgl. Änderungswünschen seitens des Kunden gewährleistet wird.[457]

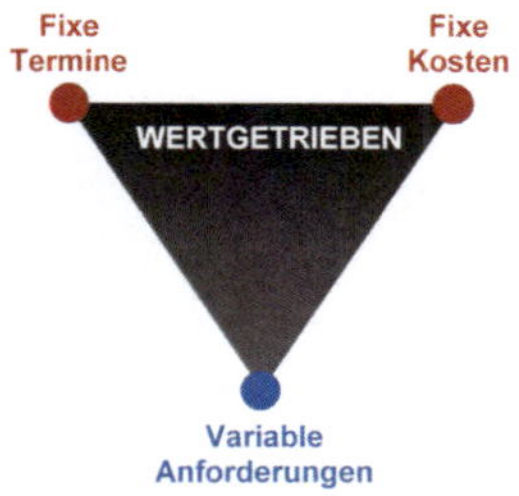

Abbildung 63: Magische Dreieck des agilen Projektmanagements[458]

In der agilen Vorgehensweise des Projektmanagements, wird das Endprodukt in Form von Iterationen entwickelt. Dabei wird der Kunde aktiv eingebunden, in dem er die jeweilige Iteration abnimmt und den aktuellen Stand der Entwicklung aus seiner Sicht bewertet. Dies ist, vor allem im digitalen Zeitalter, von hoher Bedeutung, da die steigende Dynamik schneller Änderungen hervorruft. Ein spezieller Fokus liegt im agilen Projektmanagement auf dem Projektteam. Das Team ist in der Regel klein, sitzt auf kleinem Raum zusammen und konzentriert sich nur auf das eine Projekt und seine Module. Machtspiele, oder eine zu geringe Ressourcenverfügbarkeit, sind damit weitgehend auszuschließen. Das Team organisiert sich selbst und trifft eigenverantwortlich Entscheidungen, z. B. hinsichtlich der Bearbeitung von Aufgaben oder Problemen, wodurch es eine hohe Verantwortung trägt. Innerhalb des Teams wird großer Wert auf Offenheit und Transparenz gelegt. Tägliche (Stand-up-)Meetings und einfache Visualisierung der Aufgaben, Ergebnisse oder Probleme, auf für alle einsehbaren digitalen oder physischen Boards, tragen dazu bei und fördern die Kommunikation unter den Teammitgliedern.[459]

Der klassische Projektleiter, wie beim traditionellen Projektmanagement erläutert, ist bei agilen Methoden nicht vorgesehen. Das Team wird von einem "inhaltsneutralen" Manager betreut bzw. gecoacht, z. B. in dem er dafür sorgt, dass das Team störungsfrei arbeiten kann. Dabei vermittelt er wiederholt, das gemeinsame Ziel. Im

---

[457] Vgl. Mourgue d'Algue, H.; Seibert, S.: Projektphasen. In: Gessler, Michael (Hrsg.): Kompetenzbasiertes Projektmanagement (PM 3). Nürnberg, 2010, 3. Aufl., GPM Deutsche Gesellschaft für Projektmanagement, S. 1616.
[458] Vgl. ebd., S. 1616.
[459] Vgl. Preußig, J.: Agiles Projektmanagement. Scrum, Use Cases, Task Boards et Co. Freiburg, 2015, 1. Aufl., Haufe-Lexware (TaschenGuide, 270), S. 41f.

beliebten Scrum-Ansatz ist diese Funktion dem sogenannten "Scrum-Master" zugeordnet.[460]

Laut Hanisch entspricht die agile Form des Projektmanagements, dem der Digital Natives am ehesten. Denn die fixen und hierarchischen Rahmenbedingungen des klassischen Projektmanagements, harmonieren nicht perfekt mit dem Wesen der Digital Natives[461]. Zudem lassen sich die aufgezeigten Merkmale des agilen Projektmanagements, mit den Erfolgsfaktoren der digitalen Transformation (Offenheit, Partizipation, Agilität, Vernetzung), sehr gut vereinbaren.

4.2.3.3 Die "Leuchttürme" einer neuen Zeit

Zwei wesentliche Fragen in diesem Kontext sind: Wie und warum wenden die Unternehmen die Methoden des agilen Projektmanagements in der Praxis an? Welche Erfolge konnten, bzw. können sie damit erzielen? Yahoo, Riot Games, Vodafone Turkey oder Mayflower GmbH sind nur einige Unternehmen, die seit mehreren Jahren bereits erfolgreich agile Methoden in ihren Projekten anwenden. Sie können als "Leuchttürme" des agilen Projektmanagements bezeichnet werden.

Viele Unternehmen, wie die BPM-Studie zeigt, nutzen die agile Methode Scrum. So auch die oben genannten Unternehmen Yahoo, Riot Games, Vodafone Turkey und Mayflower GmbH. Aufgrund des schnellen Wachstums von Yahoo, im Zeitraum von 1995 bis 2005, wurde deren Entwicklung immer mehr in den formalisierten Wasserfall-Prozess gezwängt. Doch wie sich schnell herausstellte, harmonisierte dieser nicht mit der "Startup-Kultur", die im Unternehmen vorzufinden war. Die Entwickler fühlten sich nicht wohl damit, wurden in ihrer Kreativität eingeschränkt und deren Arbeit verlangsamte sich. In der sich schnell wandelnden IT-Branche ein gravierender Nachteil. Dies führte 2005 zum Kick-Off des ersten agilen Pilot-Teams in der Yahoo-Entwicklung.[462]

Auch Vodafone Turkey hatte mit ähnlichen Herausforderungen zu kämpfen. Die Telekommunikationsbranche ist stark konkurrierend und erhöht damit den Druck hin zu immer kürzeren Time-to-Market. Mit der Anwendung des Wasserfallmodells gab es jedoch bei Vodafone Turkey signifikante Verzögerungen, hauptsächlich verursacht

---

[460] Vgl. Sidky, A.: 12#: Introducing Value Teams. In: http://dragile.com/videos.php#, (Aufrufdatum: 12.05.2016).
[461] Vgl. Hanisch, R.: Das Ende des Projektmanagements. Wie die Digital Natives die Führung übernehmen und Unternehmen verändern. Wien, 2013, Linde international, S. 79.
[462] Vgl. Mackie, K.: Lessons from a Yahoo Scrum Rollout. 2008. In: https://campustechnology.com/articles/2008/02/lessons-from-a-yahoo-scrum-rollout.aspx, (Aufrufdatum: 12.05.2016).

durch die getrennte Arbeit von Entwicklern und Testern. Die Produktivität sank und, durch die Kommunikationslücken in der Silo-Struktur, sah sich Vodafone Turkey aufgrund von Qualitätsdefiziten zunehmend Kundenbeschwerden gegenüber. Als Ausweg sah Vodafone Turkey ebenfalls die Einführung der agilen Projektmanagement-Methode Scrum.[463]

Bei der Umsetzung des agilen Projektmanagements ist es dabei egal, ob man Yahoo, Riot Games oder Mayflower GmbH betrachtet, alle weisen Gemeinsamkeiten auf, jedoch mit kleinen Unterschieden. Denn die Umsetzung sollte so erfolgen, dass das agile Projektmanagement zum individuellen Unternehmen passt.

Das Projektteam steht dabei bei allen im Mittelpunkt. Jeder, der für die Entwicklung des Produktes gebraucht wird, wird laut Ahmed Sidky, dem Entwicklungsleiter von Riot Games, ins Team geholt[464]. Und wie bereits im vorherigen Kapitel erläutert, konzentrieren sich die Teammitglieder nur auf dieses Projekt und sitzen in der Regel räumlich zusammen. Das Team organisiert sich selbst und trifft eigenverantwortlich Entscheidungen, weshalb der klassische Projektmanager bei allen genannten Unternehmen "überflüssig" geworden ist.

Dem Team steht eine Führungskraft zur Seite, der sie coacht, was Yahoo mit dem Motto "Coach. Don't Dictate" aufgreift. Yahoo etablierte ein internationales Coaching Team, das den jeweiligen agilen Entwicklungsteams während des gesamten Projekts zur Seite steht. Die Yahoo-Coaches sind beispielsweise bei den täglichen Treffen des Projektteams anwesend und bieten ihre Hilfe und Unterstützung im Falle von Problemen an, bzw. helfen bei der richtigen Anwendung der agilen Praktiken.[465] Ähnlich beschreibt auch Ahmed Sidky die Rolle der agilen Führungskraft im Projekt[466].

Die Kommunikation innerhalb des Projektteams verbesserte sich drastisch. Mit Hilfe von tägliche Meetings, den sog. Daily Scrum, kommunizieren die Projektmitglieder, woran sie gerade arbeiten, mit welchen Herausforderungen sie zu kämpfen, oder was sie erreicht haben und sind somit immer auf dem aktuellsten Stand. Bei Yahoo dauern

---

[463] Vgl. Yitmen, M. et al.: Delighting Vodafone Turkey's Customers via Agile Transformation. 2014. In: https://www.scrum.org/Portals/0/Documents/Community%20Work/AgileTransformationVodafoneTR.pdf#zoom=100, (Aufrufdatum: 14.05.2016).
[464]Vgl. Sidky, A.: 12#: Introducing Value Teams. In: http://dragile.com/videos.php#, (Aufrufdatum: 12.05.2016).
[465] Vgl. Mackie, K.: Lessons from a Yahoo Scrum Rollout. 2008. In: https://campustechnology.com/articles/2008/02/lessons-from-a-yahoo-scrum-rollout.aspx, (Aufrufdatum: 12.05.2016).
[466] Vgl. Sidky, A.: 12#: Introducing Value Teams. In: http://dragile.com/videos.php#, (Aufrufdatum: 12.05.2016).

diese kurzen täglichen Besprechungen 15 Minuten[467], beim Unternehmen Intel wurde sogar eine volle Stunde dafür angesetzt[468].

Eine offene Kommunikation während dieser täglichen Besprechungen ist Voraussetzung. Björn Schotte, eine agile Führungskraft innerhalb der Mayflower GmbH, die Scrum auch im Marketing etablierte, konnte diesbezüglich Hemmnisse feststellen, vor allem wenn die Führungskraft am Daily Scrum teilnahm. Verbesserung erzielte er, in dem er sich eher an den Rand des Stand-Up-Meetings stellte und dem Team damit das Gefühl gab, unter sich zu sein.[469]

Neben den kurzen täglichen Besprechungen verhilft ebenfalls das für alle Teammitglieder einsehbare Scrum-Board oder Kanban-Board. Dies sind wichtige agile Tools für Offenheit und Transparenz im Projekt. Wie bereits unter 4.2.3.2 erwähnt, werden mit diesen Boards, die noch ausstehenden, in Bearbeitung befindlichen bzw. abgeschlossenen Aufgaben des Projekts, dargestellt. Wie auch Riot Games oder Vodafone Turkey, entschied sich das Marketing-Team der Mayflower GmbH für ein physisches Board, das in den Räumlichkeiten der Teams aufgestellt wird. Zusätzlich dazu etablierten sie ein elektronisches Tool zur Unterstützung. Der Grund dahinter ist einfach: Telearbeit, Geschäftstermine oder sonstige Abwesenheit der Teammitglieder, würden verhindern, dass alle Teammitglieder jederzeit auf dem aktuellen Stand sind. Mit Hilfe des elektronischen Tools ist dies ausgeschlossen und es sorgt so für ständige Vernetzung, welche im digitalen Zeitalter Grundvoraussetzung ist.[470]

Zudem werden agile Projekte nicht in strikte Zeitpläne gezwängt. Die Entwicklung eines Produktes erfolgt in mehreren Iterationen, bei der Methode Scrum in den sogenannten Sprints. Bei Vodafone Turkey umfassen diese beispielsweise eine Zeitdauer von zwei Wochen[471]. Im Voraus eines jeden Sprints, priorisiert das Team zusammen mit dem Kunden bzw. einem Vertreter (bei Scrum der Product Owner), die offenen Aufgaben (User Stories) und legt fest, welche davon im Sprint erledigt werden sollen. Nach jedem Sprint erfolgt eine Retrospektive mit dem Kunden, in dem er das bisher Entwickelte bewertet und Änderungswünsche äußert, soweit notwendig.

[467] Vgl. Mackie, K.: Lessons from a Yahoo Scrum Rollout. 2008. In: https://campustechnology.com/articles/2008/02/lessons-from-a-yahoo-scrum-rollout.aspx, (Aufrufdatum: 12.05.2016).
[468] Vgl. Elwer, P.: Agile Project Development at Intel: A Scrum Odyssey. 2008, S. 6. In: http://danube.com/docs/case_studies /Intel_case_study.pdf, (Aufrufdatum: 10.05.2016).
[469] Vgl. Glass, B.: Scrum im Marketing. Geht nicht? Doch, das geht!. 2013. In: https://varosys.wordpress.com/2013 /07/12/scrum-beyond-software-scrum-erfahrung-in-marketing-vertrieb/, (Aufrufdatum: 14.05.2016).
[470] Vgl. Glass, B.: Scrum im Marketing. Geht nicht? Doch, das geht!. 2013. In: https://varosys.wordpress.com/2013 /07/12/scrum-beyond-software-scrum-erfahrung-in-marketing-vertrieb/, (Aufrufdatum: 14.05.2016).
[471] Vgl. Yitmen, M. et al.: Delighting Vodafone Turkey's Customers via Agile Transformation. 2014. In: https://www.scrum.org/Portals/0/Documents/Community%20Work/AgileTransformationVodafoneTR.pdf#zoom=100, (Aufrufdatum: 14.05.2016).

Ebenso werden in diesen Retrospektiven der Prozess und die Zusammenarbeit im Projekt regelmäßig beleuchtet und auf Basis dessen optimiert. Durch die Entwicklung in Iterationen, wird ein hohes Maß an Flexibilität erreicht, wodurch Änderungen keine Hindernisse mehr darstellen. In der volatilen digitalen Welt ein entscheidender Erfolgsfaktor.[472]

Auch Yahoo profitierte bereits von dieser Flexibilität. In ihrem Fall reagierten sie auf einen Wettbewerber, welcher für seine Nutzer einen höheren E-Mail-Speicherplatz ermöglichte. Durch die Flexibilität, die sie durch Scrum erlangten, antworteten sie sehr schnell mit einer ebenfalls höheren Speicherkapazität auf den Wettbewerber.[473]

Durch den Einsatz von agilem Projektmanagement haben die Unternehmen, im Vergleich mit dem klassischen Ansatz, signifikante Verbesserungen erzielt. Eine Auswertung von Yahoo zeigt, dass sich neben der Zusammenarbeit und Kooperation innerhalb des Teams, auch die Wertschöpfung und Produktivität, die Gesamtqualität sowie die Flexibilität verbesserten[474]. Alles Besserungen, die zur Bewältigung der anfangs genannten Herausforderungen einer digitalen Welt beitragen, wodurch daraus zu schließen ist, dass das agile Projektmanagement durchaus Zukunft hat.

Doch um solche Erfolge als Unternehmen zu erreichen, genügt es nicht, agile Praktiken nur sporadisch im Projekt anzuwenden. Wichtigste Voraussetzung ist dabei die Schaffung einer entsprechenden Kultur bzw. Denkweise im Unternehmen. Riot Games, die das derzeit größte Online-Spiel "League of Legends" mit agilen Projektmanagement-Methoden entwickelten, schufen mit Hilfe von Ahmed Sidky eine entsprechende agile Kultur, in der eine Konfrontation mit Unsicherheiten als Herausforderung genutzt wird, bzw. Veränderungen erwünscht sind. Weiterhin sind Fehler erwünscht, die Angst vor ihnen wird damit genommen, jeder wird dabei unterstützt, seinem natürlichen Drang zum Lernen freien Lauf zu lassen[475]. Von großer Bedeutung sind hier die Führungskräfte, die für diese neue Kultur einstehen und die Kultur ihren Kollegen bzw. Mitarbeitern vorleben.

Trotz der vielen "Lobpreisungen" des agilen Projektmanagements in der Literatur und der Erfolge von Unternehmen, wie Yahoo oder Riot Games, werden auch vermehrt

---

[472] Vgl. Patzak, G.; Rattay, G.: Projektmanagement. Leitfaden zum Management von Projekten, Projektportfolios und projektorientierten Unternehmen. Wien, 2014, 6. überarb. Auflage, Linde Verlag Ges.m.b.H, S. 675f.
[473] Vgl. Mackie, K.: Lessons from a Yahoo Scrum Rollout. 2008. In: https://campustechnology.com/articles/2008/02/lessons-from-a-yahoo-scrum-rollout.aspx, (Aufrufdatum: 12.05.2016).
[474] Vgl. Benefield, G.: Rolling out Agile in a Large Enterprise. 2008, S. 2ff. In: https://www.computer.org/csdl/proceedings /hicss/2008/3075/00/30750461.pdf, (Aufrufdatum: 10.05.2016).
[475] Vgl. Global Peter Drucker Forum: The Creative Economy Enabled by Technology?. Speaker: Sidky, Ahmed, 2015. In: https://www.youtube.com/watch?v=0CdXzYwC4sM, (Aufrufdatum: 05.06.2016).

Zweifel darüber geäußert. Große Konzerne bzw. Unternehmen, welche nicht in der IT-Branche tätig sind und verstärkten Reglements unterliegen, stehen der Anwendung eines Projektmanagements mit rein agilen Methoden oft skeptisch gegenüber. Doch muss man sich als Unternehmen zwischen klassischem und agilen Projektmanagement entscheiden oder ist eine Mischform möglich? Und passt ein solch hybrides Vorgehen vielleicht sogar besser zum digitalen Zeitalter?

4.2.4 Hybrides Vorgehensmodell als würdige Alternative?

Hybrides Vorgehen - Der Lösungsweg, wenn Unternehmen noch an den klassischen Ansätzen festhalten (müssen) oder Skepsis gegenüber dem reinen agilen Ansatz zeigen? Die hybride Form, also die Mischung aus agilen und klassischen Methoden, soll das Beste aus beiden Ansätzen vereinen. Die Frage, die in diesem Kapitel daher im Vordergrund steht und beantwortet werden soll, ist, ob dieser Ansatz besser zur digitalen Zukunft passt als die reine agile Form.

4.2.4.1 Das hybride Projektmanagement

Wie bereits erwähnt, gibt es nicht nur positive Resonanz hinsichtlich des agilen Projektmanagements. Durch beispielsweise mangelndes Verständnis für die neuen agilen Methoden, bzw. durch das immer noch vorhandene Silodenken, werden die gewünschten effizienten Verbesserungen nicht erreicht. Auf der anderen Seite gibt es Unternehmensfelder, in denen klassische Projektmanagement-Methoden und strikte Dokumentation noch immer eine Notwendigkeit darstellt. Dies betrifft vor allem Unternehmen in stark reglementierten Branchen. Ein Ausweg stellt der hybride Ansatz aus beiden, agilem und klassischem Projektmanagement, dar.[476]

Wie Abbildung 64 verdeutlicht, wurde in der BPM-Studie festgestellt, dass eine durchgängige agile Vorgehensweise nur bei 21 Prozent der befragten Unternehmen verfolgt wird. Mit 39 Prozent, und damit dem größten Anteil, liegt die Mischform aus agilem und klassischen Methoden an erster Stelle, gefolgt vom selektiven Ansatz, bei dem, je nach Eignung die Projekte, entweder agil oder klassisch durchgeführt werden[477].

---

[476] Vgl. Thun, H.: Von Innovationen getrieben. Hybrides Projektmanagement steigert die Effizienz. 2014. In: http://www.computerwoche.de/a/hybrides-projektmanagement-steigert-effizienz,3068228, (Aufrufdatum: 28.05.2016).
[477] Vgl. Komus, Prof. Dr. A.: Ergebnisbericht Status Quo Agile 2014. Koblenz, 2014, Hochschule Koblenz BPM Labor, S. 17.

Dadurch zeigt sich, dass der hybride Weg für viele Unternehmen anscheinend die passendere Methode ist.

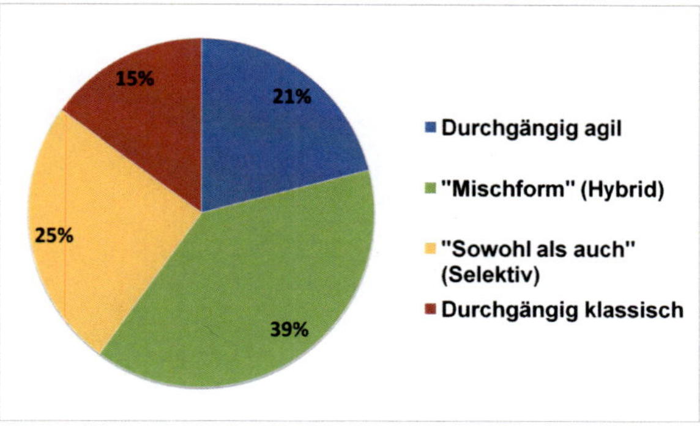

Abbildung 64: Art der Projektmanagement-Methode, die in Unternehmen Anwendung finden[478]

Der hybride Ansatz vereint, wie bereits erwähnt, beide Vorgehensweisen. Abbildung 65 zeigt hierbei eine Möglichkeit für eine hybride Projektorganisation. In der Regel wird dabei ein Projekt in mehrere Subprojekte unterteilt, die zumeist eine agile Projektform mit den unter 4.2.3.2 und 4.2.3.3 erläuterten Merkmalen anwenden. Übergreifend steht der Projektmanager, der das Gesamtprojekt auf klassische Weise führt. Über definierte Schnittstellen und Berichtswege erfolgt die Kommunikation zum Projektmanager und zu den benachbarten klassischen Projektfunktionen, wie zum Beispiel dem Marketing. Wichtig ist laut Thun, dass die Stakeholder und Subprojektleiter an den Meetings der agilen Projektorganisation und andersherum die "Scrum Master" an den regelmäßigen Meetings der klassischen Projektorganisation teilnehmen, sodass eine erhöhte Transparenz, die in der digitalen Welt wichtig geworden ist, sichergestellt wird.[479]

[478] Vgl. Komus, A.: Ergebnisbericht Status Quo Agile 2014. Koblenz, 2014, Hochschule Koblenz BPM Labor, S. 17.
[479] Vgl. Thun, H.: Von Innovationen getrieben. Hybrides Projektmanagement steigert die Effizienz. 2014. In: http://www.computerwoche.de/a/hybrides-projektmanagement-steigert-effizienz,3068228, (Aufrufdatum: 28.05.2016).

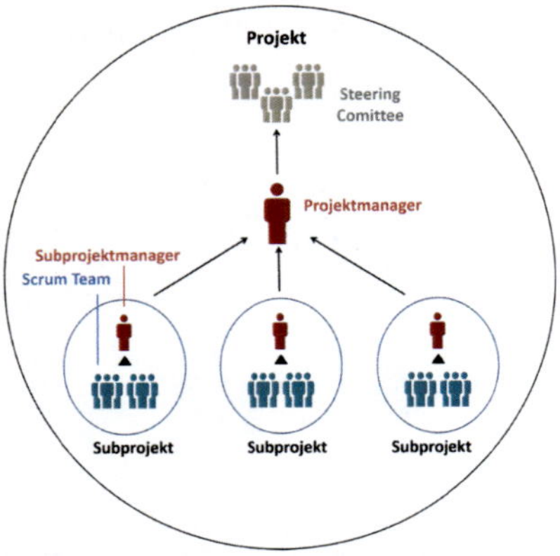

Abbildung 65: Beispiel für hybride Projektorganisation[480]

Die Anwendung einer hybriden Projektorganisation, würde beispielsweise in der Automobilindustrie Sinn ergeben, da diese strengen Standards bzw. gesetzlichen Regelungen unterliegt und dadurch die Dokumentation von hoher Bedeutung ist. Die Entwicklung eines neuen Fahrzeugs stellt ein großes Projekt mit erheblichem Aufwand dar, das in Teilprojekte unterteilt wird. Statt die Teilprojekte, wie zum Beispiel die Entwicklung eines Fahrerassistenzsystems für das neue Fahrzeug, nach den klassischen Projektmethoden zu bearbeiten, bietet sich die agile Form an. Das Gesamtprojekt, also die Fahrzeugentwicklung, würde jedoch übergreifend klassisch gehandhabt.

Organisationen, welche noch an den klassischen Methoden gebunden sind und somit den agilen Ansatz nicht vollständig im Unternehmen integrieren können, haben mit dem hybriden Projektmanagement-Ansatz eine gute Möglichkeit, den Herausforderungen der digitalen Transformation zu begegnen. Denn qualitätsgesicherte Zwischenprodukte sind bereits nach kürzester Zeit erstellt, wodurch Anpassungen aufgrund veränderter Kundenanforderungen schnell umsetzbar sind. Die Flexibilität ist trotz einer detaillierten Terminplanung gegeben und ermöglicht eine schnellere Markteinführung. Auch Transparenz und Vernetzung innerhalb eines Projektes, wird durch permanente Kommunikation und der Integration agiler Methoden gefördert.[481] Das hybride Projektmanagement ist somit eine gute Ergänzung hinsichtlich der hohen Taktung des digitalen Wandels.

---

480 Vgl. Thun, H.: Von Innovationen getrieben. Hybrides Projektmanagement steigert die Effizienz. 2014. In: http://www.computerwoche.de/a/hybrides-projektmanagement-steigert-effizienz,3068228, (Aufrufdatum: 28.05.2016).
481 Vgl. Vranken, J.: Hybrides Projektmanagement als Erfolgsfaktor für die digitale Transformation. 2015. In: https://joachimvranken.de/2015/07/14/hybrides-projektmanagement-als-erfolgsfaktor-fuer-die-digitale-transformation/, (Aufrufdatum: 30.05.2016).

4.2.4.2 Wann ist welcher Ansatz sinnvoll?

Wie anfänglich erläutert, zeigt die BPM-Studie, dass die meisten befragten Unternehmen, sowohl das klassische als auch das agile Projektmanagement, entweder als hybride oder selektive Form, im Unternehmen verankert haben. Dabei stellt sich die Frage, nach der Auswahl des bestmöglich geeigneten Ansatzes für ein Projekt. Nach Habermann sollte die Auswahl der Projektform nach Art der Anforderungen getroffen werden: rein komplex, rein kompliziert sowie komplex und kompliziert[482].

Komplizierte Produkte sind demnach Produkte, welche zwar schwierig zu verstehen seien, jedoch mit dem richtigen Know-How und den richtigen Fertigkeiten, jederzeit zerlegt und wieder in deren Ausgangslage zurückversetzt werden können, wie zum Beispiel eine Uhr. Komplexe Produkte bestehen aus einer Vielzahl von Elementen, die miteinander eng verflochten sind und durch Zeit und Raum, sowie den Akteuren, die den Zweck des Systems vereinbaren, beeinflusst werden. Komplexe Produkte lassen sich somit nicht einfach zerlegen und wieder rekonstruieren, ohne dass bestehende Verbindungen zerstört oder wichtige Informationen verloren gehen. Die Ausgangslage des ursprünglichen komplexen Systems lässt sich daher nicht Rekonstruieren. Ein Beispiel für ein komplexes System ist z.B. jedes Smartphone.[483]

Laut Habermann ist dabei das klassische Projektmanagement besser für die Umsetzung komplizierter Anforderungen geeignet, wohingegen der agile Ansatz geeigneter für komplexe Anforderungen erscheint. Bei einer Mischung der Anforderungen, also wenn sowohl komplexe als auch komplizierte Anforderungen vorliegen, wird das hybride Vorgehensmodell gewählt. In diesem Fall wird, wie Abbildung 66 zeigt, nochmals unterschieden, ob die komplexen Anforderungen (Agil plus klassisch) oder die komplizierten Anforderungen (Klassisch plus agil) überwiegen bzw. ob eine Balance herrscht.[484]

[482] Vgl. Habermann, F.: Hybrides Projektmanagement - agile und klassische Vorgehensmodelle im Zusammenspiel. In: HMD - Praxis der Wirtschaftsinformatik, Nr. 293, 2013, S. 98.
[483] Vgl. ebd., S. 95f.
[484] Vgl. ebd., S. 97f.

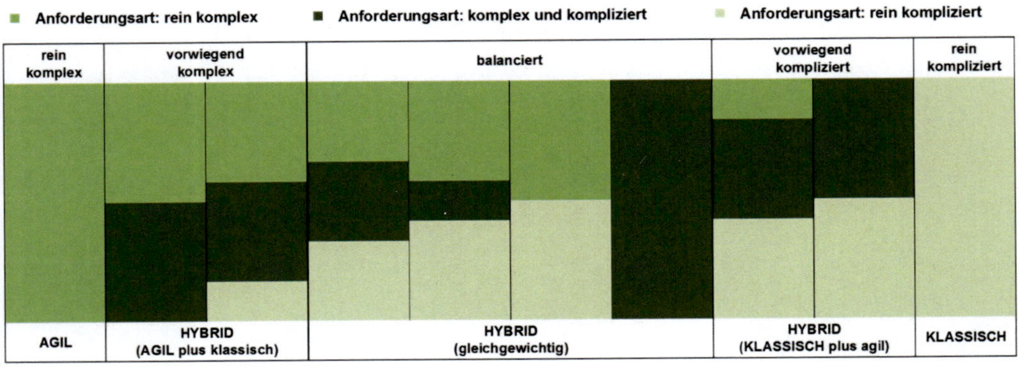

Abbildung 66: Kategorisierung der Projektform nach Anforderungsart[485]

Diese Kategorisierung nach Habermann, ist eine praktikable Lösung zur Entscheidung, welches Vorgehensmodell für das jeweilige Projekt zu wählen ist. Letztlich obliegt es jedoch den Unternehmen selbst, nach welchen Kriterien sie das Vorgehen für das Projekt auswählen. Im Zuge der Digitalisierung ist aber ein klar definiertes Auswahlverfahren von Vorteil, um sich zur Bewältigung der digitalen Herausforderungen für die bestmöglich passende Form des Projektmanagements zu entscheiden.

4.2.5 Fazit

Die Frage, wie sieht die Zukunft des Projektmanagements im digitalen Zeitalter aus, lässt sich daher nur schwer beantworten. Im Rahmen dieses Kapitels wurden drei Möglichkeiten aufgezeigt, nach denen Projekte gemanagt werden können: das klassische, das agile und das hybride Projektmanagement. Eines ist dabei deutlich geworden: Das klassische Projektmanagement wird auch in der digitalen Welt weiterhin eine Rolle spielen, jedoch nicht in seiner reinen Form. Die Zukunft wird in agilen bzw. hybriden Vorgehensmodellen liegen, denn diese können die aufkommenden Herausforderungen der Digitalisierung, wie zum Beispiel kürzere Innovationszyklen, die hohe Änderungshäufigkeit oder die steigende Komplexität, deutlich besser bewältigen, als das klassische Projektmanagement. Unternehmen müssen dabei selbst entscheiden, welcher Ansatz für sie der Richtige ist und welcher besser zum Unternehmen passt. Entscheidend dabei ist zum einen, das

[485] Vgl. Habermann, F.: Hybrides Projektmanagement - agile und klassische Vorgehensmodelle im Zusammenspiel. In: HMD - Praxis der Wirtschaftsinformatik, Nr. 293, 2013, S. 98.

Entscheidungsvorgehen, also wann welcher Ansatz eingesetzt werden soll, genau festzulegen.

Zum anderen muss bei der Einführung einer neuen Art des Projektmanagements beachtet werden, dass dafür eine entsprechende Kultur und Umgebung einzurichten ist. Sowohl Führungskräfte als auch Mitarbeiter müssen offen für diese neuen Methoden und Führungsprinzipen sein, denn andernfalls bleiben die gewünschten Ergebnisse, die mit dem agilen oder hybriden Projektmanagement erzielt werden sollen, nämlich nur eines - Wunschdenken.

4.3 Innovationsmanagement

Kathrin Walch

Zusammenfassung

Durch die Digitalisierung haben sich die Innovationsprozesse geändert. Die Innovationszyklen verkürzen sich. Dieses Kapitel befasst sich mit den Anforderungen, die dadurch entstanden sind. Es wird vor allem auf die Methoden zur Bewältigung eingegangen. Zudem werden Firmen genannt, die mit diesen Methoden heute schon arbeiten. Außerdem werden die Themen disruptive Technologie und Systeminnovation näher betrachtet.

Schlüsselbegriffe

Innovationsmanagement – klassisch, neu – TED – disruptive Technologie – Systeminnovation – Open Innovation – Crowdsourcing – TRIZ

„An der Innovation – also dem Erfindergeist einerseits und an der verantwortlichen und nutzbringenden Anwendung andererseits – entscheidet sich unsere Zukunftstauglichkeit."

Bundeskanzler Gerhard Schröder, 26.01.2004

4.3.1 Definition

Innovationen sind für jedes Unternehmen lebensnotwendig. Der Begriff Innovation (lateinisch: novus „neu") bedeutet wörtlich, „erneuern" oder „Neuerung" eines Produktes, Prozesses oder einer Dienstleistung. Die Erfindung an sich nennt man dabei Invention. Erst nach der wirtschaftlichen erfolgreichen Anwendung einer Invention, spricht man von einer Innovation. Bestimmte Probleme können durch die neuen fortschrittlichen Innovationen gelöst werden.[486]

Innovationen lassen sich in verschiedene Arten unterteilen, wie zum Beispiel Produkt- und Prozessinnovationen. Zudem gibt es radikale Innovationen (disruptive Innovationen), die einen ganzen Markt beeinflussen und kleinere Innovationen, die vom Markt kaum wahrgenommen werden.

Das „Innovationsmanagement ist eine betriebliche Kerntätigkeit, die im Wesentlichen an den Eigenschaften einer Innovation ausgerichtet ist und damit Managementaspekte verbindet."[487] Ziel ist, neue Produkte, Dienstleistungen und/oder Prozesse in den Markt einzuführen. Das Innovationsmanagement hat die Aufgabe, das Unternehmen wettbewerbsfähig zu machen. Dies kann durch eine neue Verknüpfung von Mitteln und Zwecken geschehen.[488]

Nachfolgende Abbildung zeigt den Innovationszyklus und den Marktzyklus eines Produktes, mit den zugehörigen Phasen. Der Innovationszyklus umfasst die Definitionsphase, Entwicklungsphase und Marktvorbereitung. Der Marktzyklus zeigt die Entwicklung der Innovation über einen bestimmten Zeitraum. Dabei durchläuft die

---

486 Vgl. Granig, P., Persuch, S.: Innovationsrisikomanagement im Krankenhaus – Grundlagen des Innovationsmanagements, 2012, S. 21.
487 Gabler Wirtschaftslexikon: Innovationsmanagement. In: http://wirtschaftslexikon.gabler.de/Definition/innovationsmanagement.html (Aufrufdatum: 04.04.2016).
488 Vgl. ebd.

Innovation die Phasen der Einführung, des Wachstums, der Reife und zum Schluss des Verfalls.

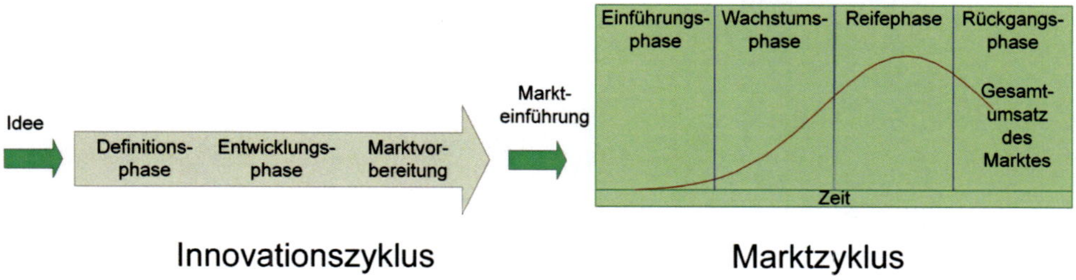

Abbildung 67: Innovationsstrategie[489]

4.3.2 Innovationsmanagement im digitalen Zeitalter

„Digitalisierung ist Megatrend und Innovationstreiber des 21. Jahrhunderts. Betroffen sind alle gesellschaftlichen und wirtschaftlichen Lebensbereiche. Der digitale Wandel verändert Geschäftsmodelle, Wertschöpfungsprozesse aller Branchen und hat Auswirkung auf Kommunikation, Mobilität und Forschung."[490]

Die Art, wie Unternehmen neue Ideen generieren und Innovationen umsetzen, ist dabei, sich radikal zu verändern. Das klassische Innovationsmanagement, das sich sehr auf prozessorientierte Denkansätze stützt, wird durch das neue Innovationsmanagement abgelöst. Das klassische Innovationsmanagement geht oftmals nicht über lineare Weiterentwicklung hinaus. Produkte werden verbessert, aber nicht neu erfunden.[491]

Unternehmen brauchen einen genauen Plan, wie sie Innovationen generieren und umsetzen. Vor allem müssen sie Wert auf Prozesse legen, die Innovationen insgesamt beschleunigen. Das neue Innovationsmanagement nutzt moderne IT-Tools und Cloud-Lösungen. Der Austausch mit externen Einflüssen muss gefördert werden.[492]

---

[489] Vgl. HPI: Innovationsmanagement-Toolbox, 2015, In: http://image.slidesharecdn.com/hpiinnovationsmanagement-toolboxde-150614174221-lva1-app6891/95/hpi-innovationsmanagement-toolboxde-75-638.jpg?cb=1434304591 (Aufrufdatum 04.04.2016).
[490] Ihk-berlin.de: Die Wirtschaft wird digital. In: https://www.ihk-berlin.de/produktmarken/branchen/IT-Wirtschaft/Brancheninformationen/Digitalisierung (Aufrufdatum 02.04.2016).
[491] Vgl. Die Ideeologen: Innovationsmanagement. In: http://innovationsmanagement.ideeologen.de/innovationsmanagement/was-ist-innovation (Aufrufdatum 02.04.2016).
[492] Vgl. Handelsblatt: Welche Hierarchien braucht eine digitale Kultur? In: http://www.handelsblatt.com/technik/hannovermesse/digitale-transformation-welche-hierarchien-braucht-eine-digitale-kultur/13468062-3.html (Aufrufdatum: 02.04.2016).

„Das Innovationsmanagement der Zukunft prägen zwei wesentliche Richtungen:

- Die wachsende Bedeutung der Innovationsfähigkeit von Unternehmen.
- Die zunehmende Öffnung von Innovationsprozessen".[493]

Auf den Punkt „Öffnung von Innovationsprozessen" wird in Kapitel 4.3.3.4 näher eingegangen.

Innovationen im digitalen Zeitalter sollen Marktteilnehmer verdrängen und neuen Nutzen durch neue Technologien schaffen. Die Welt der Nutzer zu verändern, ist dabei Nebensache. Das Modell „Sweet Spot for Innovation" (siehe Abbildung 68) beschreibt die Konstellation von günstigen Kriterien.

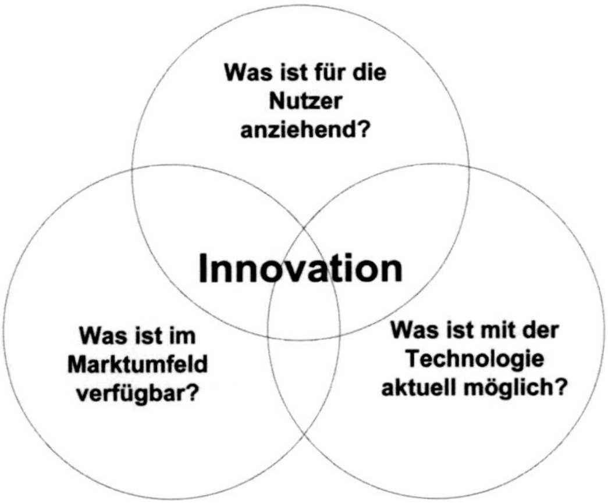

Abbildung 68: „Sweet Spot"[494]

Zuerst stellt sich die Frage, ob die Innovation die Nutzer anzieht. Gibt es Beweise, dass die Innovation attraktiv für die Zielgruppe ist? Weiterhin stellt sich die Frage, was mit der aktuellen Technologie möglich ist. Viele Innovationen werden erst erfolgreich, nachdem die Technologie weiter ausgereift ist, wie z.B. iPads, die erst nachdem sich Batterie- und Bildschirmtechnologie weiterentwickelt hatten, erfolgreich wurden. Der Newton zuvor war nicht erfolgreich. Die letzte Frage lautet, was bereits auf dem Markt verfügbar ist. Viele Innovationen sind nur erfolgreich durch die Integration in ein bereits bestehendes Marktumfeld (wie z.B. der iPod, der nur möglich war, weil Musik als mp3 bereits verfügbar war).[495]

[493] Meyer, J.-U.: Forscher fordern neue Innovationskultur. In: http://www.harvardbusinessmanager.de/blogs/das-klassische-innovationsmanagement-hat-ausgedient-a-1039258.html, 2015 (Aufrufdatum 02.04.2016).
[494] Vgl. ebd.
[495] Vgl. Quantic Academy: Digitales Innovationsmanagement: Aufbau und Funktionsweise. In: http://www.quantic-academy.de/insider-artikel/2015/12/9/digitales-innovationsmanagementaufbau-und-funktionsweise, 9.12.2015 (Aufrufdatum: 04.04.2016).

4.3.3 Anforderungen an schnelle Innovationszyklen

4.3.3.1 Einführung

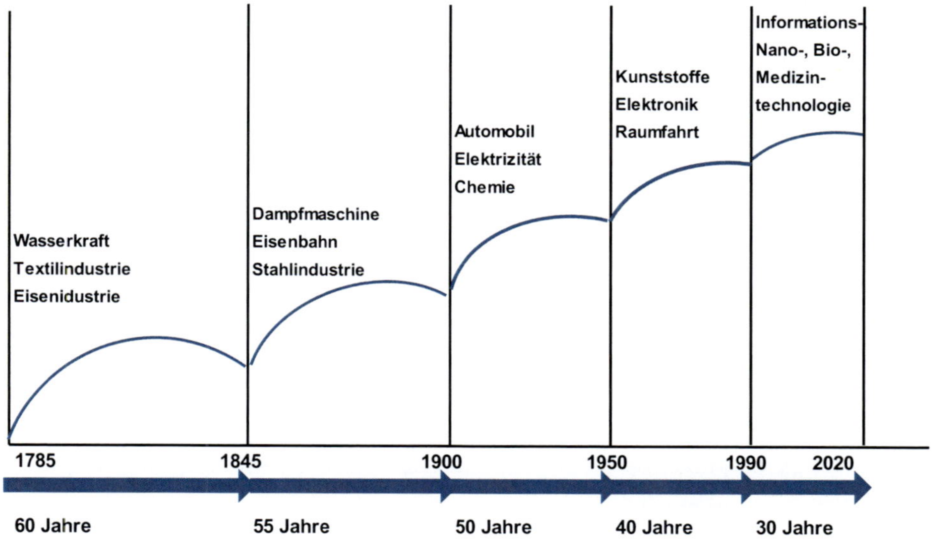

Abbildung 69: Innovationszyklen[496]

Im Zuge der Digitalisierung haben sich die wirtschaftlichen Rahmenbedingungen für Unternehmen wesentlich verändert. Vorhandene Marktbedingungen wechseln sehr häufig. Käuferansprüche können sich von heute auf morgen radikal verändern. Neue „Player" erobern Märkte und verdrängen vermeintlich etablierte Unternehmen. Zudem existiert ein schneller technologischer Wandel, durch den die Innovationszyklen und Produktlebenszyklen schneller bzw. kürzer werden[497] (siehe Abbildung 69). Das bedeutet für Unternehmen, die sich nicht flexibel und zügig an die neuen Rahmenbedingungen anpassen, ein Verlust ihrer Innovationskraft. Unternehmen müssen heute sehr schnell sehr viele Innovationen nachschieben. Hierbei geht der Trend zur Systeminnovation (siehe Kapitel 4.3.3.2). Nicht mehr einzelne Produkte stehen im Mittelpunkt, sondern Plattformen. Es reicht heute nicht mehr aus, neue Produkte und Prozesse zu entwickeln, sondern es müssen neue Geschäftsmodelle/Methoden entwickelt werden, und zwar systematisch und in Serie.

---

[496] Vgl. bdp aktuell: Innovationszyklen, In: http://www.bdp-aktuell.de/112/images/innovationszyklen_XXL.png (Aufrufdatum 04.04.2016).
[497] Vgl. bitkom: Digitalisierung verändert die gesamte Wirtschaft, 2015, In: https://www.bitkom.org/Presse/Presseinformation/Digitalisierung-veraendert-die-gesamte-Wirtschaft.html (Aufrufdatum: 06.08.2016).

Hierbei spielen die Führungskräfte eine große Rolle, da sie diese Modelle/Methoden in den bestehenden Unternehmensalltag integrieren müssen (siehe Kapitel 4.3.3.4).[498]

Die Auswirkungen von kürzeren Innovationszyklen zeigen sich, unter anderem, in der Automobilindustrie. Diese ist weltweit zu kürzeren Innovationszyklen gezwungen. Ziel ist, die Entwicklungszeit zu verringern. Das Einsparpotential, von der Konzeption bis zur Markteinführung, kann bis zu 30 % betragen. Die Flut von Modellen und Varianten setzt die Entwicklungsabteilungen unter Druck, da diese immer mehr Projekte und Neuanläufe meistern müssen. „Mit den eingefahrenen Prozessen traditioneller deutscher Ingenieurskunst alleine kommen die Hersteller nicht mehr weiter – sie müssen neue Wege finden, der rasanten technologischen Entwicklung zu folgen und dabei das Ohr am Kunden zu haben, sagt Wilhelm Goschy, Auto-Experte und Vorstand der Staufen AG." Durch die enge Zusammenarbeit mit den Kunden verringert sich die Gefahr, an den Marktbedürfnissen vorbei zu entwickeln und die Entwicklungszeiten können verkürzt werden.[499] Die Verwirklichung der engeren Zusammenarbeit mit den Kunden und die Verkürzung der Entwicklungszeiten wird in Kapitel 4.3.3.4 erläutert.

4.3.3.2 Disruptive Technologie und Systeminnovation

Viele Unternehmen scheuen das Risiko einer neuen/radikalen Innovation. Sie setzen auf das Altbekannte und entwickeln ihre vorhandenen Produkte nur weiter (lineare Weiterentwicklung). Die lineare Weiterentwicklung des schon Bekannten, beschäftigt sich jedoch nur mit der funktionellen Aufgabenstellung und bewegt sich innerhalb der traditionellen Systemgrenze. Auf diese Weise entstehen hinsichtlich der Funktion immer bessere Produkte. Nutzen diese auch den Kunden? Allerdings hat eine lineare Weiterentwicklung des immer Gleichen irgendwann ein Ende. Lineare Weiterentwicklungen erfolgen in Zyklen, deren Ende durchaus absehbar ist. Ein Ende ist dann erreicht, wenn der Aufwand, ein Produkt zu verbessern, höher ist als der tatsächliche Wert eines Produktes.[500]

Das Ende einer linearen Weiterentwicklung lässt sich mit Hilfe des S-Kurven-Modells darstellen (siehe Abbildung 70). Auf der x-Achse wird die Zeit abgebildet und auf der

[498] Vgl. Piller, F.: Von Branche zu Branche. In: Brandeins: Innovation, Heft 4, März-Mai 2016, S. 35.
[499] Vgl. Automotive IT: Toyota zeigt es deutschen Autoherstellern, Innovationszyklen können viel kürzer werden. In: http://www.automotiveit.eu/toyota-zeigt-es-deutschen-autoherstellern-innovationszyklen-konnen-viel-kurzer-werden/news/id-0040072 (Aufrufdatum: 04.04.2016).
[500] Vgl. Weisshaupt, B.: SystemInnovation, Die Welt neu entwerfen, 2006.

y-Achse die Leistungsfähigkeit der Technologie. Das „S“ symbolisiert die Laufzeit einer Technologie. Dabei lässt sich das Entwicklungspotenzial bis zu der Grenze der Technologie zum heutigen Stand abbilden. Das technische Potential der neuen Technologie zum heutigen Stand ist dabei um einiges höher als das der alten Technologie. Jede alte Technologie wird irgendwann an ihre technologische Leistungsgrenze stoßen und damit durch eine neue Technologie abgelöst.

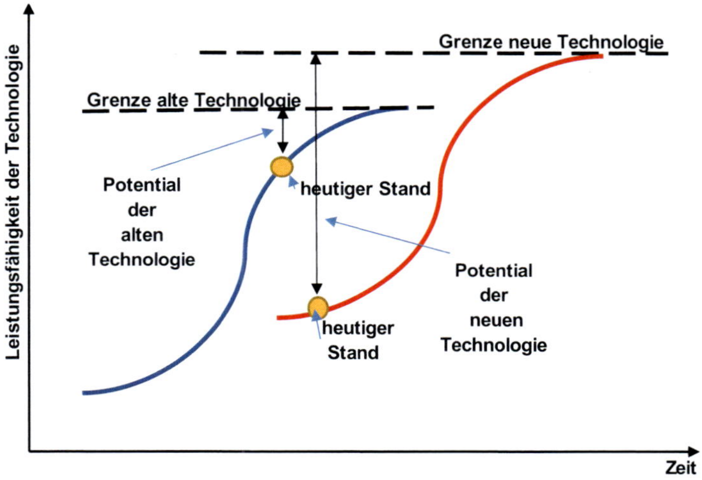

Abbildung 70: S-Kurven Modell[501]

Das Ende einer Technologie kann man gerade in der Automobilbranche erkennen. Der Aufwand für Unternehmen, Abgas-, Verbrauchs- und Sicherheitsnormen einzuhalten, steigt. Auf der anderen Seite steht auch der Wettbewerb zu den Konkurrenten. Der Preisdruck steigt kontinuierlich. Dies ist ein logisches Ergebnis einer linearen Weiterentwicklung des Produktes. Damit steht die Automobilbranche vor dem Ende dieses Entwicklungszyklus.[502]

Durch die Strategie der linearen Weiterentwicklung, werden Unternehmen auf Dauer scheitern. Im Zuge der Digitalisierung werden radikale Innovationen wichtiger, da sich, von heute auf morgen, ganze Branchen ausschalten lassen. Kunden werden immer schneller auf neue Innovationen aufmerksam.

Clayton Christensen hat diese Situation mit dem „Innovators Dilemma“ gut beschrieben. Etablierte Unternehmen wollen in ihrer Branche Spitzenreiter bleiben.

[501] Vgl. Saurugg, H.: Resilienz und Anpassung, In: http://www.saurugg.net/wp/wp-content/uploads/2014/11/entwicklung-von-technologien-s-kurven.png (Aufrufdatum: 15.06.2016).
[502] Vgl. Weisshaupt, B.: SystemInnovation, Die Welt neu entwerfen, 2006.

Dabei setzten sie nur auf die Weiterentwicklung Ihrer vorhandenen Produkte. Sie vertrauen auf ihre derzeitigen Kunden. Dabei vergessen sie die Kunden von morgen. Clayton Christensen verwendet hierbei den Begriff „Disruptive Technology". Disruptive Technologien starten in zunächst unbedeutenden Märkten. Bei Einführung einer neuen Technologie entsprechen die Qualitätsanforderungen (siehe Abbildung 71) meist noch nicht den Kundenansprüchen wie bei einer bestehenden Technologie. Dennoch besteht eine große Gefahr, dass die neuen Technologien über ein hohes Potential verfügen, diverse Mankos gegenüber bestehenden Technologien in rascher Zeit aufholen zu können.

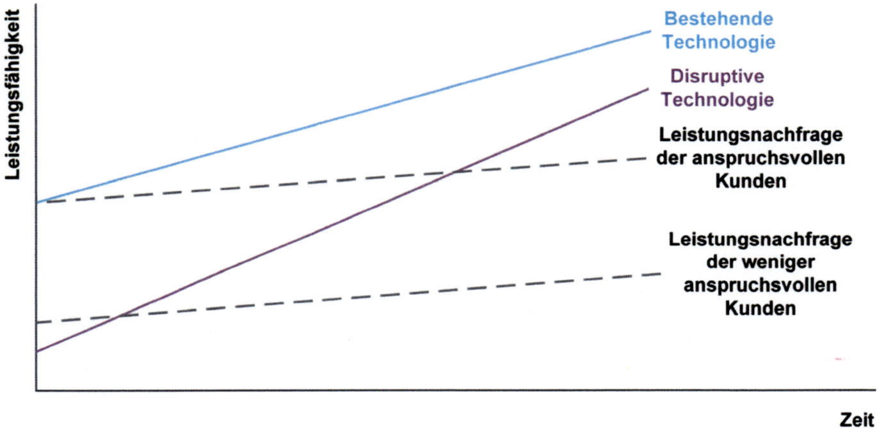

Abbildung 71: Bestehende vs. disruptive Technologien[503]

Ein Beispiel, wie eine disruptive Technologie eine bestehende Technologie verdrängt hat, sieht man an der Kamera-Branche (siehe Abbildung 72). Zu Beginn konnte die Digitalkamera (disruptive Technologie) noch keine großen Verkäufe erzielen. Die Analogkamera (bestehende Technologie) konnte zu dieser Zeit die meisten Verkäufe generieren. Innerhalb von 6 Jahren hat die Digitalkamera jedoch die Analogkamera überholt und die Verkaufszahlen stiegen stetig. Die Analogkamera verlor immer mehr an Kunden.

Heute wird die Digitalkamera jedoch bereits durch eine neue disruptive Technologie abgelöst, das Smartphone. Die integrierten Kameras der Handys werden immer besser. Ebenso ist die Funktionalität überzeugend. Man hat verschiedene Funktionen

[503] Vgl. Abid, Z.: Technology, Disruptive Technology Biography, 2013, In: http://technologyscince.blogspot.de/2013/02/disruptive-technology.html (Aufrufdatum: 28.05.2016).

wie Panoramafunktion, Sound Foto, 4K-Video, etc. Zudem ist das Smartphone immer griffbereit. Digitalkameras sind jedoch noch nicht komplett vom Markt verschwunden.

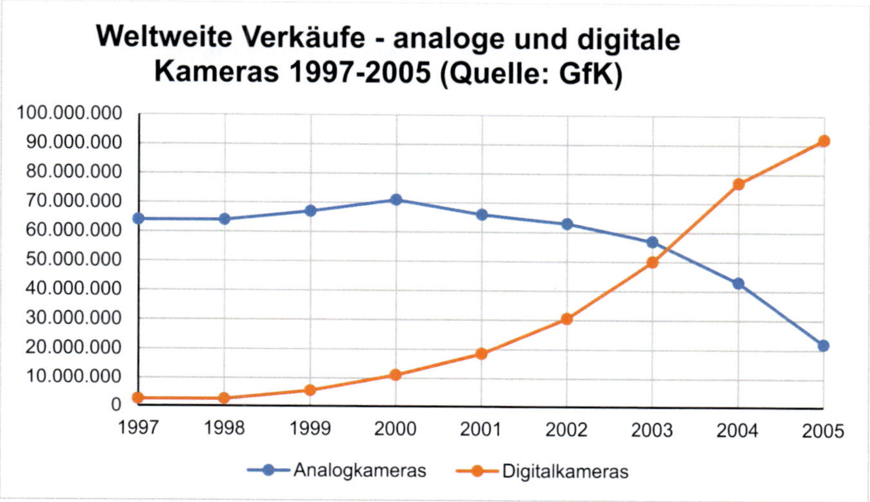

Abbildung 72: Digitale und analoge Kameras/weltweite Verkäufe (GfK)[504]

Um heutzutage als einzelnes Unternehmen/einzelne Branche erfolgreich eine disruptive Innovation zu platzieren, kann es sein, dass eine Systeminnovation entwickelt werden muss.

Eine Systeminnovation hat mit einer linearen Weiterentwicklung nichts zu tun. Die Systeminnovation löst sich von der rein funktionalen, technischen Sicht, auf das Produkt. Sie bricht System- und Strukturgrenzen auf und nimmt einen neuen Blickwinkel ein: Den des Kunden und den des Marktes. Solange man sich in gewohnten Strukturen bewegt, wird sich am Gesamtzusammenhang nichts bis wenig ändern. Eine Systeminnovation orientiert sich weder an vorgegebenen Strukturen, noch an vorgegebenen Lösungen. Somit kann man die Rolle des Kunden, des Nutzers und des Konsumenten einnehmen und seine Bedürfnisse verstehen. „Was will der Kunde?“ und „Wie können wir ihn dabei unterstützen?“. Es steht also nicht mehr die Technik im Mittelpunkt, sondern die vernetzten Bedürfnisse des Kunden. Damit ist ein Paradigmenwechsel in die Organisation des Fortschritts notwendig. Bisher fand Innovation fast ausschließlich in der Forschungs- und Entwicklungsabteilung statt.

[504] Vgl. MTS: Digitalkameramarkt: Ende des Wachstums in Sicht, DSLRs weiter gefragt, 2006, In: http://www.photoscala.de/Artikel/Digitalkameramarkt-Ende-des-Wachstums-in-Sicht-DSLRs-weiter-gefragt (Aufrufdatum: 06.08.2016).

Systeminnovation ist jedoch von einem neuen Marktverständnis und Marktsegment geprägt.[505]

Oftmals sind Systeminnovationen mit übergreifenden globalen Themen, wie zum Beispiel dem weltweiten Abkommen zum Klimaschutz, verbunden.[506] Um eine Systeminnovation zu platzieren, kann in verschiedenen Bereichen auch eine ganze „Infrastruktur" notwendig sein. Einzelne Bereiche sind dabei auf andere Bereiche angewiesen. Die „Infrastruktur" der Elektromobilität sieht man in Abbildung 73.

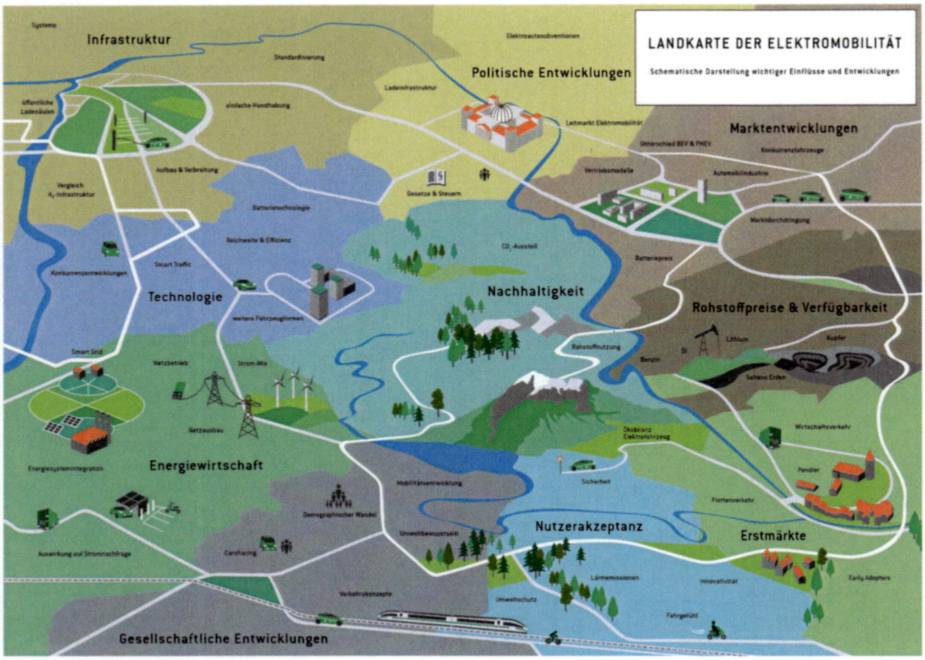

Abbildung 73: Landkarte der Elektromobilität[507]

Die Automobilbranche steht vor dem Umstieg auf E-Mobilität. Dabei sind verschiedene Bereiche der Wirtschaft ebenfalls betroffen. Die Hersteller können somit den Umstieg alleine nicht meistern. Bereiche wie Energiewirtschaft, politische Entwicklung, Nachhaltigkeit, etc. sind ebenfalls notwendig, um den Umstieg zu bewältigen. Um also die Systeminnovation zu verwirklichen, müssen alle Bereiche zusammenarbeiten. Geschieht dies nicht ausreichend, kann es zu einer Ineffizienz kommen. Kunden

---

505 Vgl. Weisshaupt, B.: SystemInnovation, Die Welt neu entwerfen, 2006.

506 Vgl. Richter, M.; Seidel, U.; Wangler, L.: SystemInnovationen-Handlungsoptionen für zukunftsfähige Spitzentechnologien. In: Working Paper of the Institute for Innovation and Technology, Nr. 17, S. 01.

507 Fraunhofer ISI: Gesellschaftspolitische Fragestellungen der Elektromobilität, 2011.

werden z.B. Elektroautos nur nachfragen, wenn ihnen die notwendige Ladeinfrastruktur zur Verfügung steht. „Damit kann die Elektromobilität als disruptive Technologie zu einschneidenden ökonomischen und gesellschaftlichen Veränderungen führen."[508]

Schlüsselfaktoren wie Infrastruktur, Konsum und Nutzergewohnheiten, Aus- und Weiterbildung, Standardisierung und Normung sowie der Rechtsrahmen können zum Erfolg von Systeminnovationen beitragen.[509]

Nach der erfolgreichen Umsetzung einer Systeminnovation kann diese zu einer disruptiven Innovation führen.

In nächster Zukunft erwarten uns folgende disruptiven Innovationen:

- „Der 3D-Drucker wird viele Bereiche der Produktion verändern. Anstatt wie heute eine Schüssel zu kaufen, die in einer Fabrik hergestellt wurde, bezahle ich für die Nutzung eines attraktiven Designs, das ich in meinen 3D-Drucker zu Hause eingebe".
- Das Mobile Internet wird viele heute noch existierende Geschäftsmodelle verändern. Kreditkarten werden zum Beispiel nicht mehr benötigt, wenn die sichere Bezahlung mit dem Smartphone möglich wird.
- Roboter werden Fähigkeiten haben, die viele neue Anwendungen ermöglichen, zum Beispiel in der Chirurgie.
- Autonome Fahrzeuge werden Verkehr und Logistik transformieren. Möglicherweise entfallen in Zukunft viele Berufe wie Pilot, Zugführer oder LKW-Fahrer.
- Energiespeicher werden die Energieversorgung erleichtern für die 1,2 Milliarden Menschen, die derzeit keine haben.
- Cloud-Computing wird große Bereiche der Informationstechnologie einnehmen. Schon jetzt ist es für ein Unternehmen dreimal billiger, einen Cloud-Dienst zu benutzen, als einen eigenen Server zu betreiben."[510]

---

[508] Richter, M.; Seidel, U.; Wangler, L.: SystemInnovationen-Handlungsoptionen für zukunftsfähige Spitzentechnologien. In: Working Paper of the Institute for Innovation and Technology, Nr. 17, S. 06.
[509] Vgl. ebd.
[510] Horton, G.: Beispiele für disruptive Technologien. In: http://www.zephram.de/blog/innovation/beispiel-disruptive-technologien/ (Aufrufdatum: 22.04.2016).

4.3.3.3 TED

„Nur Führungskräfte, die über die Grenzen der eigenen Organisation hinaus einen systemischen Fokus für das große Ganze entwickeln, werden künftig erfolgreich agieren.“[511]

Mit dem Gedanken an die Anforderungen an schnellen Innovationszyklen, hat sich unter anderem die Firma TED auseinandergesetzt. TED befasst sich mit dem Phänomen des kollektiven Lernens, das im Zuge der Industrie 4.0 entstanden ist. Intensiv vernetzte und kommunizierende Gruppen, weisen eine deutlich schnellere Lernkurve auf und entwickeln innovativere Lösungen. Es entstehen schneller Innovationen. TED befasst sich vor allem mit dem Thema WEB-Videos. „Videos können eingesetzt werden, um Denkprozesse zu initiieren, die zu neuen Ideen führen. Weiterhin können Themen aus unterschiedlichen Blickwinkeln betrachtet werden und erweitern so „das Spielfeld“, auf dem sich die Beteiligten bewegen.“[512]

4.3.3.4 Methoden

Um den schnellen Innovationszyklen, die in den vorherigen Kapiteln beschrieben wurden, gerecht zu werden, gibt es verschiedene Methoden, die Führungskräfte im Unternehmen einführen können. Allgemein gesagt ist es die Aufgabe der Führungskräfte, Raum für Kreativität zu schaffen.

In nachfolgenden Kapitel werden diese Methoden erläutert. Zudem werden jeweils Best-Practice Unternehmen genannt.

Open Innovation

Um vom klassischen Innovationsmanagement hin zum neuen Innovationsmanagement zu gelangen, gibt es die Methode der „Open Innovation“, die 2003 Henry Chesbrough an der Harvard Business School entwickelte.[513] Offene Innovationsprozesse können das Problem der rasanten Marktentwicklung und individuellen Kundenbedürfnisse meistern. Man kann nun auf Marktentwicklungen flexibler reagieren und neue Produkte können näher an den Kundenbedürfnissen entwickelt werden. Open Innovation konnte erst im Zuge der Digitalisierung realisiert

---

[511] Edelkraut, F.; Balzer, S.: Inspiring! Kommunizieren im TED Stil, 2016, S. 21.
[512] Ebd.
[513] Vgl. Leopold, J.: Open Innovation und Crowdsourcing: Neue Perspektiven des Innovationsmanagements, S. 15.

werden, da der technische Fortschritt und Online-Technologien dazu führen, dass Innovationspotenzial durch das gemeinsame Entwickeln und Teilen von Wissen gesteigert werden kann. Es werden ganze Innovationsnetzwerke eingerichtet. Ein großer Vorteil ist die Zeitersparnis bei der Produktplatzierung im Markt.[514]

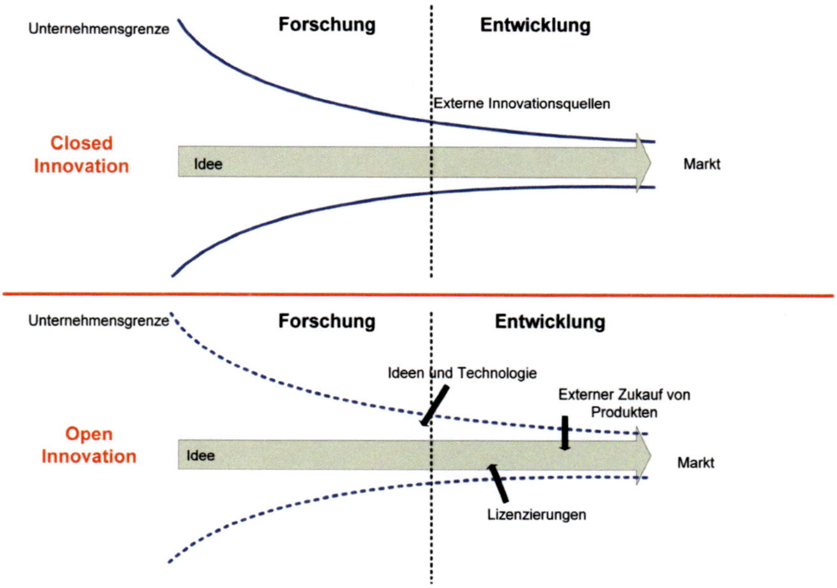

Abbildung 74: Closed vs. Open Innovation[515]

Abbildung 74 zeigt den Unterschied zwischen Closed und Open Innovation auf. Bei der Closed Innovation gehen die Ideen nicht über die Unternehmensgrenze hinaus. Externe Informationsquellen werden nicht genutzt. Open Innovation hingegen geht über die Unternehmensgrenze hinaus und nutzt Ideen und Technologien von externen Partnern, externen Zukauf von Produkten und Lizensierungen.

Crowdsourcing

Im Sinne von Open Innovation können Unternehmen das Prinzip des Crowdsourcing verwenden. Crowdsourcing wurde von Jeff Howe im Jahr 2006 ins Leben gerufen.[516] Unter dem Begriff Crowd (Menschen) und (out)sourcing (auslagern) versteht man das

[514] Vgl. Die Ideeologen: Innovationsmanagement für Weiterspringer. In: http://innovationsmanagement.ideeologen.de/ (Aufrufdatum: 20.04.2016).
[515] Vgl. Jaeger, M.: Open Innovation: Erfolgsstrategie oder Hype in der App-Entwicklung?, 2012, In: http://www.mobile-zeitgeist.com/wp-content/uploads/2012/11/OpenInno-vs-ClosedInno, 22.11.2012 (Aufrufdatum: 29.04.2016).
[516] Vgl. Leopold, J.: Open Innovation und Crowdsourcing: Neue Perspektiven des Innovationsmanagements, S. 16.

Auslagern von Arbeitsprozessen nach außen. Externe Fachbereiche, wie Kunden, Geschäftspartner, Branchenexperten und Querdenker beteiligen sich an den ausgelagerten Aufgaben. Grundvoraussetzung für das Crowdsourcing ist das Internet. Durch die moderne Art der Kommunikation können die Internetnutzer unabhängig von Ort und Zeit Wissen austauschen.[517]

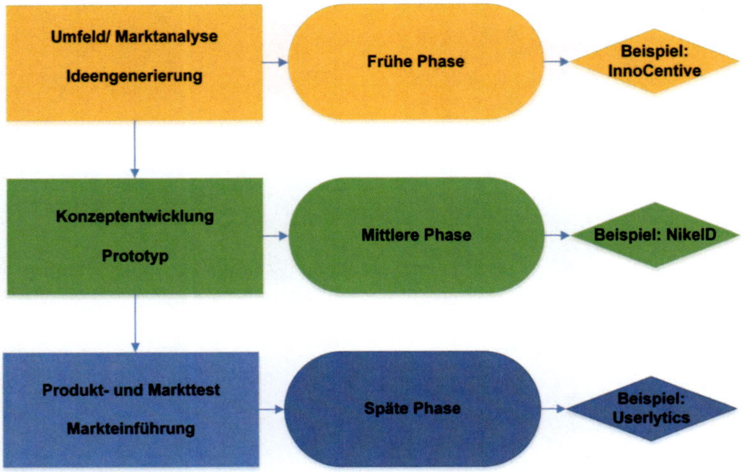

Abbildung 75: Crowdsourcing in der Innovationsentwicklung[518]

Abbildung 75 zeigt den Innovationsprozess mit Hilfe von Crowdsourcing. Dieser wird hierbei in drei Phasen unterteilt, die frühe, die mittlere und die späte Phase. Die frühe Phase befasst sich mit der Umfeld- und Marktanalyse sowie mit der Ideengenerierung. Ein Beispiel dafür ist „InnoCentive“. Über dieses Webportal helfen Forscher aus aller Welt, Entwicklungsprobleme zu lösen. Für eine fettarme Schokoglasur z.B., bekommt der Entwickler 40.000 USD. Bei den meisten Aufgaben reicht den Auftraggebern ein Konzept auf dem Papier. Der Biotechnologie-Konzern Dow Agrosciences (Stand 2008) stellte seit 2003 jeden Monat eine ungelöste Forschungsfrage online.[519]

Die mittlere Phase entwickelt zunächst ein Konzept und dann einen Prototyp. NikeID ist die erfolgreiche Umsetzung von Nike für diese Phase. Auf dieser Plattform können Kunden ihren Turnschuh nach ihren Wünschen selbst gestalten. NikeID verwendet

[517] Vgl. Die Ideeologen: Innovationsmanagement für Weiterspringer. In: http://innovationsmanagement.ideeologen.de/ (Aufrufdatum: 20.04.2016).
[518] Vgl. Leimeister, J. M., Klebe, T., Zogaj, S.: Digital Working und Crowd Working: Neue Arbeits- und Beschäftigungsformen heute und für die Zukunft S. 110.
[519] Vgl. Handelsblatt: Ideenbörse für Innovationen. In: http://www.handelsblatt.com/technik/forschung-innovation/internetportal-innocentive-ideenboerse-fuer-innovationen/2922412.html (Aufrufdatum: 20.05.2016).

damit das Prinzip des Mass Customization mit der Voraussetzung, der späten kundenindividuellen Differenzierung eines Standardproduktes in kundenspezifische Varianten durch Verschiebung des Kundenentkopplungspunktes. Kunden erhalten somit trotz der kundenindividuellen Zusammenstellung des Produktes dieses relativ schnell, da bereits eine kundenneutrale Vorfertigung erfolgt ist.

Die späte (und somit letzte) Phase, umfasst den Produkt-/Markttest und die Markteinführung. Userlytics ist eine Website, auf der Entwickler Ihre Ideen online stellen, um diese von den Nutzern bewerten zu lassen. Bewertungen können dabei anhand von Videos, Audio Aufzeichnungen oder Kommentaren erfolgen. Für Entwickler gestaltet sich dies als ein umfangreicher Produkt-/Markttest. Crowdsourcing setzt somit das Prinzip von Open Innovation um, außerhalb der eigenen Unternehmensgrenze Innovationsprozesse zu entwickeln. Nutzer und Kunden zählen dabei zu den Entwicklern von „externen Innovationsquellen" (siehe Abbildung 75).

Beispiele für Open Innovation – Projekte

Ein Beispiel für eine erfolgreiche Implementierung von Open Innovation in ein Unternehmen ist die Marke „Manhattan". Diese hat gemeinsam mit ihren Facebook-Fans 2011 eine 20-teilige Nagellack-Kollektion zur Marktreife entwickelt. Facebook wurde hierbei zur Generierung der externen Innovatoren genutzt, die Verwaltung wurde auf einer eigenen Plattform umgesetzt. Das Unternehmen bezeichnet das Projekt als wirtschaftlich sehr erfolgreich.[520]

Ein weiteres Beispiel ist die Firma Dell, die 2007 die Plattform „Dell Idea Storms" eröffnete. Diese Open Innovation-Plattform ist eine der weltweit ersten und erfolgreichsten. Dabei steht der Dialog im Mittelpunkt. Kunden werden zu „Storming Sessions" eingeladen, in denen Dell verschiedene Themen vorgibt und die Kunden um konkrete Ideen bittet. Die Erfolgsbilanz bis 2011 waren:

- 742.344 Abstimmungen
- 91.882 Kommentare
- 15.592 eingereichte Ideen
- 438 umgesetzte Ideen[521]

---

[520] Vgl. Förderland: WIE UNTERNEHMEN HEUTE OPEN INNOVATION ERFOLGREICH UMSETZEN. In: http://www.foerderland.de/news/fachbeitraege/beitrag/wie-unternehmen-heute-open-innovation-erfolgeich-umsetzen/management-unternehmensfuehrung/ (Aufrufdatum 14.05.2016).

[521] Vgl. 3M: Drei Mal Open Innovation: clever, praktisch und messbar. In http://die-erfinder.3mdeutschland.de/best-practice/drei-mal-open-innovation-clever-praktisch-und-messbar (Aufrufdatum: 14.05.2016).

Das Projekt „Peoples Car Projekt" des Volkswagens-Konzerns in China, gilt als Musterbeispiel für Open Innovation in einem Projekt. Innerhalb eines Jahres besuchten 33 Millionen Chinesen die Projekt-Website mit dem Namen „Ein Auto bauen" und hinterließen 119.000 Ideen. Bis heute wurden mehrere interessante Prototypen dadurch entwickelt, jedoch keine Serienproduktion. Volkswagen selbst äußerte sich dazu, dass sie durch dieses Projekt wertvolle Einblicke in die Kundenwünsche erhielten. Trotz dieses Erfolgs basiert das Geschäftsmodell weiterhin auf Closed statt Open Innovation. Die Erkenntnis, die VW möglicherweise mit diesem Versuch der Open Innovation erlangt hat, besteht darin, dass die Betrachtung der externen Innovatoren (Kunden) nicht notwendigerweise zum wirtschaftlichen Erfolg führt.[522]

Starbucks generiert seit März 2008 über ihre Website „My Starbucks Idea", Ideen, Kundenwünsche und Antworten auf Fragen der Nutzer. Es gibt verschiedene Kategorien, in denen Kunden ihre Ideen einreichen, diskutieren und bewerten können. Dabei umfasst dies die Themen Getränke bis hin zur Einrichtung von Coffee Shops. Unternehmensinterne Experten, sogenannte „Ideen-Partner", prüfen die Vorschläge und stehen zum Austausch mit den Kunden zur Verfügung. Ein Blog und ein Twitter-Chanel halten die Kunden auf dem neuesten Stand.

Die Erfolgsbilanz beläuft sich seit 2008 bis 2011 auf:

- 109.985 eingereichte Ideen
- 621 umgesetzte Ideen (324 Produkte)
- 22.667 Follower auf Twitter[523]

TRIZ

Eine weitere Methode um Raum für Kreativität zu schaffen, stellt TRIZ dar. TRIZ steht für die „Theorie des erfinderischen Problemlösen". TRIZ wurde vor ca. 50 Jahren von Genrich Saulowitch Altschuller in der ehemaligen UdSSR mit dem Grundgedanken konzipiert, technisch-wissenschaftliche Probleme ohne Kompromisse zu lösen. Heute erlebt TRIZ ein Revival. TRIZ hilft Führungskräften und Entscheidungsträgern neue Produktideen umzusetzen und neue, patentfähige Konzepte und Detaillösungen, zu

---

[522] Vgl. Förderland: WIE UNTERNEHMEN HEUTE OPEN INNOVATION ERFOLGREICH UMSETZEN. In: http://www.foerderland.de/news/fachbeitraege/beitrag/wie-unternehmen-heute-open-innovation-erfolgeich-umsetzen/management-unternehmensfuehrung/ (Aufrufdatum 14.05.2016).

[523] Vgl. 3M: Drei Mal Open Innovation: clever, praktisch und messbar. In: http://die-erfinder.3mdeutschland.de/best-practice/drei-mal-open-innovation-clever-praktisch-und-messbar (Aufrufdatum: 14.05.2016).

realisieren. TRIZ soll als Philosophie verstanden werden, um Denkblockaden zu überwinden und eine Lösungssuche gezielter, schneller und auf höherem Niveau zu gestalten. TRIZ ist jedoch keine Allzweckwaffe. Durch die Analyse von 40.000 Patenten erkannte Altschuller, dass egal welche Wirtschaftsbereiche man betrachtet, sich Problemstellungen und deren Lösung immer wiederholen. Ebenso verläuft die Evaluation technischer Systeme nach bestimmten Tendenzen. Zudem erkannte er, dass Innovationen sich oft nur durch wissenschaftliche Erkenntnisse von außen, außerhalb des eigenen Tätigkeitsfeldes, hervorbringen lassen. "TRIZ ist also eine Methode, die Entwicklern ein Wissens- und Erfahrungskonzentrat inklusive Benutzungsleitfaden zur Verfügung stellt, welches hochgradig geeignet ist, Erfolge zu provozieren."[524]

Zu den Vorteilen von TRIZ zählen, dass man schneller, innovativer und kreativer ist, es kürzere Entwicklungszeiten gibt, eine verlässlichere Zukunftsplanung gestellt werden kann und es zu einem Innovationsverstärker wird.[525]

TRIZ ist somit eine weitere Methode, um den Innovationsprozess zu öffnen und Wissen und Ideen außerhalb des eigenen Tätigkeitsfeldes zu nutzen. Dies geschieht im Gegensatz zu Crowdsourcing, das Innovationsquellen außerhalb der Unternehmensgrenze nutzt, ausschließlich durch die eigenen Mitarbeiter in einem Unternehmen. Gegebenenfalls kann ein TRIZ-Master zur Hilfe und Unterstützung herangezogen werden (jedoch lediglich um die Regeln und Herangehensweise der Methode TRIZ durchzuführen und keine eigenen Ideen mit einzubringen).

Beispielfirmen für TRIZ

Siemens hat mit Hilfe von TRIZ 2003 das Projekt „Dichtung von Bauteilen in der Ringbrennkammer einer Gasturbine" realisiert. Die Firma Bosch hat mit Hilfe von TRIZ das Projekt „schneiden klebriger Zuckermasse/Kugeleinlegestation" realisieren können. Für beide Firmen hat sich die Anwendung von TRIZ in der Problemfindung als positiv gestaltet. Beide Firmen arbeiten weiterhin mit der TRIZ Methode.[526]

---

[524] Vgl. TRIZ-Online: Home, Geschichte. In: http://www.triz-online.de/ (Aufrufdatum 14.05.2016).
[525] Vgl. TRIZ Akademie: Vorteile von TRIZ. In: http://triz-akademie.de/innovationsmanagement-mit-triz/vorteile-von-triz/ (Aufrufdatum: 14.05.2016).
[526] Vgl. TRIZ-Online: best-practice. In: http://www.triz-online.de/ (Aufrufdatum: 14.05.2016).

4.3.4 Fazit

Führungskräfte im Innovationsmanagement müssen sich darüber bewusst sein, dass sich, durch die Digitalisierung, der Prozess zu einer erfolgreichen Innovation geändert hat. Bestehende Märkte können von heute auf morgen von der „Bildfläche" verschwinden. Zudem werden Kunden schneller auf neue Innovationen aufmerksam. Außerdem werden Unternehmen dazu gezwungen, schneller neue Innovationen auf den Markt zu bringen, was zur Folge hat, dass die Innovationszyklen kürzer werden. Um den damit entstehenden Anforderungen gerecht zu werden, sind unter anderem die Innovationsprozesse zu öffnen. Die Methode des Open Innovation ist hierfür von hoher Bedeutung. Dabei werden über die Unternehmensgrenze hinaus Innovationen entwickelt. Durch Open Innovation können die Wünsche und Meinungen der Kunden oder externen Partner mit in den Innovationsprozess integriert werden. Dies spielt für den Erfolg einer Innovation eine große Rolle. Außerdem gibt es die Methode TRIZ. Diese ist hilfreich, um schneller, innovativer und kreativer zu sein. Somit können die Entwicklungszeiten, die eine weitere Anforderung an schnelle Innovationszyklen darstellt, reduziert werden. Zudem kann TRIZ dabei helfen, sich außerhalb des eigenen Tätigkeitsfeldes zu bewegen. Dies geschieht jedoch, im Gegensatz zu Open Innovation, nur innerhalb der eigenen Unternehmensgrenze durch die eigenen Mitarbeiter des Unternehmens.

Wichtig ist es auch, dass man nicht nur bestehende Innovationen weiterentwickelt, da diese mit hoher Wahrscheinlichkeit irgendwann ein Ende finden werden. Man sollte versuchen, disruptive Innovationen zu entwickeln, die eine bestehende Innovation nach einer gewissen Zeit ablösen. Dabei ist es wichtig, dass man Systeminnovationen umfassend betrachtet. Heutzutage stehen nicht mehr einzelne Produkte einer Branche im Mittelpunkt, sondern eine komplette „Infrastruktur" kann notwendig sein, um eine disruptive Innovation zu implementieren.

4.4 Change Management in der Transformation

Andrea Binder

Zusammenfassung

Das Kapitel beschäftigt sich mit dem Thema Change Management im Zeitalter der Digitalisierung und der damit einhergehenden Transformation. Unternehmen, die sich bereits erfolgreich transformiert haben, werden vorgestellt. Die Digitalisierung gewinnt an Tempo und Change Management-Prozesse gewinnen an Bedeutung. Führungskräfte sind für solche Prozesse wichtig, da diese den Wandel vollziehen. Aus diesem Grund soll untersucht werden, welche veränderten Anforderungen an Führungskräfte zu stellen sind und wie sie den ständigen Change aus psychologischer Sicht verkraften.

Schlüsselbegriffe

Digitale Transformation – Zahnrad der Transformation – Refreezing - Achterbahn der Emotionen – Kommunikation – Erschöpfungszustände

Auf der Welt gibt es nichts, was sich nicht verändert,
nichts bleibt ewig so wie es einst war.
Aristoteles, 384 – 322 v. Chr.

4.4.1 Change - Management - Begriffsdefinition

Unter Change Management sind Veränderungsprozesse auf Unternehmens- und persönlicher Ebene zu verstehen, die sowohl geplant, begleitet als auch kontrolliert werden, sodass der Weg von einem Ist- zu einem definierten Soll-Zustand hinführt.[527] [528] Radikale, grundlegende Veränderungen, wie durch die Digitalisierung hervorgerufen, entsprechen einer umfassenderen Variante der Veränderung und werden Transformation genannt.[529]

4.4.1.1 Ziele von Change Management

Das Ziel von Change Management ist, sowohl die planmäßige mittel- bis langfristig wirksame Veränderung, als auch die Fähigkeit zielgerichtete Prozesse und Kommunikationsstrukturen zu optimieren. Für diesen Zweck ist es erforderlich, die Organisation ganzheitlich zu betrachten, denn der Erfolg der Veränderung hängt unter anderem davon ab, inwieweit die einzelnen Mitarbeiter in den kompletten Veränderungsprozess involviert werden. Change Management ist elementar für erfolgreiches unternehmerisches Handeln.[530]

4.4.1.2 Notwendigkeit von Change Management

Die zunehmende Digitalisierung in der heutigen Zeit erfordert einen grundlegenden, permanenten, radikalen Wandel.[531] Es kommt zu neuen Organisationen und

---

[527] Vgl. Kostka, C.; Mönch, A.: Change Management. München, 4. Auflage, 2009, S. 10.
[528] Vgl. Kratel, C.: Effektives Change Management in Zeiten von Globalisierung und Digitalisierung, 2014. In: http://www.strategy-transformation.com/Change Management/#sthash.pP93qMQC.dpuf (Aufrufdatum: 5.5.16).
[529] Vgl. Heitger, B.; Doujak, A.: Harte Schnitte – neues Wachstum. Wandel in volatilen Zeiten. Die Macht der Zahlen und die Logik der Gefühle im Change Management. München, 2. Auflage, 2014, S. 19.
[530] Vgl. Kostka, C.; Mönch, A.: Change Management. München, 4. Auflage, 2009, S. 10.
[531] Vgl. Brower-Rabinowitsch, G.: Die Stunde der Strategen. 2015, S.1. In: http://www.handelsblatt.com/my/unternehmen/management/konzernchefs-die-stunde-der-strategen/11779674.html (Aufrufdatum: 4.5.16).

Prozessen sowie Innovationen, die neben einem effektiven Projektmanagement ein gut funktionierendes Change Management benötigen.

Der vorherrschende Wandel wird Transformation genannt und löst viele einzelne Projekte aus, die einen Change Management Prozess durchlaufen. Symbolisch kann dies, wie in Abbildung 76 zu sehen, als Zahnräder in einem Getriebe dargestellt werden.

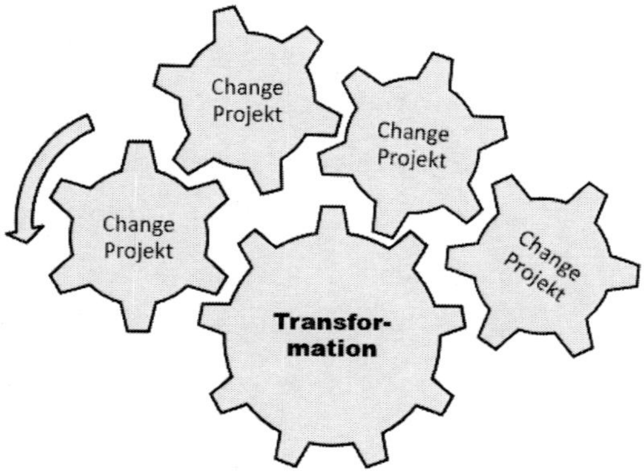

Abbildung 76: Zahnrad der Transformation

Unternehmen werden somit herausgefordert, sich unbekannten Problemen beziehungsweise Schwierigkeiten zu stellen, da die Digitalisierung die Wirtschaft revolutioniert. Der kontinuierliche Fortschritt und das hohe Tempo in Bezug auf die Digitalisierung lassen sich nicht stoppen.[532] Dieses hohe Tempo kann mitunter dadurch erklärt werden, dass durch die Digitalisierung Märkte entstehen, die dem Prinzip „the winner takes it all" folgen.[533] Außerdem werden durch digitale Technologien und die unendliche Verfügbarkeit des Internets, operative Prozesse, wie z.B. Lieferketten beschleunigt, sowie effizienter und kostengünstiger.[534]

Die enorme Schnelligkeit, die der stetige Wandel mit sich bringt, lässt sich als Schlüsselfaktor für den Erfolg der Unternehmen darstellen.[535]

---

532 Vgl. Brower-Rabinowitsch, G.: Die Stunde der Strategen, 2015, S. 1. In: http://www.handelsblatt.com/my/unternehmen/management/konzernchefs-die-stunde-der-strategen/11779674.html (Aufrufdatum: 4.5.16).

533 Vgl. Hungerland, F; et al.: Strategie 2030 – Digitalökonomie, 2015, S. 8. In: http://www.hwwi.org/fileadmin/hwwi/Publikationen/Partnerpublikationen/Berenberg/Berenberg_HWWI_Digitaloekonomie_ONLINE_De.pdf (Aufrufdatum: 4.5.16).

534 Vgl. o. V.: Digitale Revolution. 2012, (Hrsg.) Capgemini Consulting, S. 9 In: https://www.de.capgemini-consulting.com/resource-file-access/resource/pdf/change_management_studie_2012_0.pdf (Aufrufdatum:9.5.16).

535 Vgl. Hungerland, F; et al.: Strategie 2030 – Digitalökonomie, 2015, S. 8. In: http://www.hwwi.org/fileadmin/hwwi/Publikationen/Partnerpublikationen/Berenberg/Berenberg_HWWI_Digitaloekonomie_ONLINE_De.pdf (Aufrufdatum: 4.5.16).

Daraus folgt, dass zukunftsfähiges Change Management den genannten Aspekt berücksichtigen und ebenfalls an Geschwindigkeit gewinnen muss, wodurch sich neue Herausforderungen ergeben.

4.4.2 Change Management zur Steuerung von Veränderungsprozessen

Es sind mehrere Personenkreise notwendig, um Change Management Projekte zu realisieren. Zum einen benötigen sie verantwortliche Personen, die den Wandel initialisieren und zum anderen Führungskräfte und die Unterstützung durch ihre Mitarbeiter.[536] „Bewegung" der Mitarbeiter wird benötigt, denn nur durch ihre Handlungen kann Veränderung stattfinden. Das qualitative Resultat der Veränderung ist von zweierlei Aspekten abhängig, zum einen von der Veränderungsbereitschaft und zum anderen von der Veränderungsfähigkeit der Mitarbeiter. Diese müssen nicht nur vom Nutzen der Veränderung überzeugt sein, sondern auch die erforderlichen Kenntnisse besitzen.[537]

Menschen sind der elementare Bestandteil jedes Change Management Prozesses. Somit dürfen ihre Emotionen und der richtige Umgang mit diesen Gefühlsregungen bei den Beteiligten nicht vernachlässigt werden. Diese spielen eine wichtige Rolle im Veränderungsmanagement.[538]

Um den Fortgang der psychologischen Phasen der Akteure zu verstehen, soll im folgenden Unterkapitel die Sachebene des Change Managements geklärt werden. Daraufhin werden theoretisch die sechs psychologischen Phasen erläutert.

4.4.2.1 Soll- Ablauf von Change Management

Um eine Veränderung durchzuführen, muss zu Beginn der Wandel vorbereitet, geplant und das zu bewältigende Problem identifiziert werden. Daraufhin wird die Situation anhand von verschiedenen Hilfsmitteln, wie der Stakeholder- oder SWOT-Analyse, analysiert, um anschließend ein entsprechendes Konzept zu erarbeiten, welches

---

[536] Vgl. o. V.: Digitale Revolution, 2012, (Hrsg.) Capgemini Consulting, S.5 In: https://www.de.capgemini-consulting.com/resource-file-access/resource/pdf/change_management_studie_2012_0.pdf (Aufrufdatum 7.5.16).
[537] Vgl. Kratel, C.: Effektives Change Management in Zeiten von Globalisierung und Digitalisierung, 2014. In: http://www.strategy-transformation.com/Change Management/#sthash.pP93qMQC.dpuf (Aufrufdatum: 5.5.16).
[538] Vgl. Bornemann, S.: Emotionen spielen eine große Rolle im Change Management, 2014. In: http://www.lead-conduct.de/2014/05/27/Change Management-emotionen-lewin/ (Aufrufdatum: 14.5.16).

implementiert werden soll. Dabei sind sowohl klare Zeitvorgaben, als auch der fortlaufende Fortschrittsbericht und die Kommunikation der Probleme, besonders wichtig. Im letzten Schritt steht die Kontrolle im Vordergrund, in der geprüft wird, ob Nachjustierungen benötigt werden.[539]

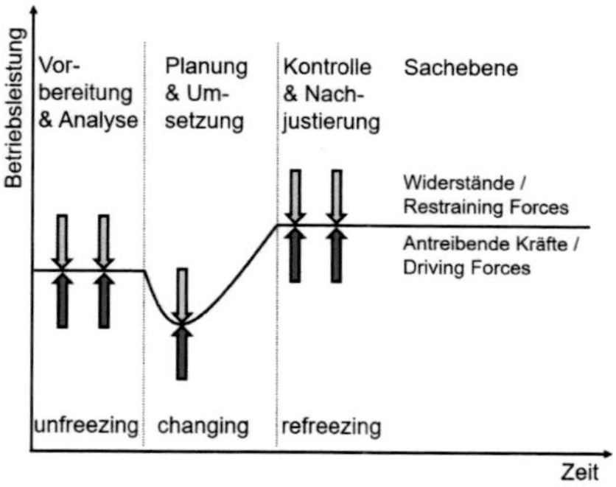

Abbildung 77: Der konventionelle Verlauf der Betriebsleistung während eines Veränderungsprozesses[540]

Das simple 3-Phasen Modell von Kurt Lewin in Abbildung 77 zeigt eine erste Leitlinie in Change Management Prozessen. Dabei hilft es, ein grundsätzliches Verständnis der komplexen Thematik zu erzeugen, da es eine strukturierte Handlungsweise liefert.[541] Das Modell zeigt „Driving forces" sowie „Restraining forces". Dies sind Kräfte, die den Wandel antreiben, beziehungsweise diesem entgegenwirken. Ziel ist es, die antreibenden Kräfte durch das Change Management zu stärken, um Veränderungen zu generieren. Die genannten Kräfte gehen von den einzelnen Mitarbeitern aus. Deshalb hat dieser Schritt Priorität und steht am Anfang in des Prozesses. Nur durch Überzeugung werden die Mitarbeiter ebenfalls zur treibenden Kraft.[542]

Phase 1: „Unfreezing"

In der „Auftauphase" werden starre Strukturen und Prozesse durch die den Prozess realisierenden Personen „aufgeweicht". In dieser Phase muss das Bewusstsein für den Nutzen des Wandels geschärft werden.[543] Dies kann wie vorher bereits erwähnt, durch Analysen und offene Kommunikation erfolgen.

---

[539] Vgl. Bornemann, S.: Auftauen, ändern, stabilisieren: Change Management nach Kurt Lewin, 2014. In: http://www.lead-conduct.de/2014/05/25/Change Management-kurt-lewin/ (Aufrufdatum: 14.5.16).
[540] Vgl. Bornemann, S.: Auftauen, ändern, stabilisieren: Change Management nach Kurt Lewin, 2014. In: http://www.lead-conduct.de/2014/05/25/Change Management-kurt-lewin/ (Aufrufdatum: 14.5.16).
[541] Vgl. Grammes, F.: Change Management: Kurt Lewins 3-Phasen-Modell, 2015. In: http://www.mittelstand-die-macher.de/management/personal/kurt-lewins-Change Management-3-phasen-modell-6720 (Aufrufdatum: 15.5.16).
[542] Vgl. Bornemann, S.: Auftauen, ändern, stabilisieren: Change Management nach Kurt Lewin, 2014. In: http://www.lead-conduct.de/2014/05/25/Change Management-kurt-lewin/ (Aufrufdatum: 14.5.16).
[543] Vgl. ebd.

Phase 2: „Changing“

In der zweiten Phase werden Veränderungen implementiert, wodurch zu Beginn die Leistungskurve des Betriebs sinkt, da die Mitarbeiter sich erst an die neuen Gegebenheiten gewöhnen müssen.[544]

Die Veränderungen sollen vorangetrieben und der Leistungsabfall kompensiert werden, indem Verantwortlichkeiten verteilt und Trainings angeboten werden.[545]

Phase 3: „Refreezing“

In der letzten Phase hat die Veränderung bereits stattgefunden, um das vorherige Leistungsniveau wieder zu erreichen. Ziel ist es, dass das Leistungsniveau höher ist als zuvor. Es soll beachtet werden, dass die neue Routine eingehalten wird und alte Verhaltensmuster sowie Strukturen abgestellt werden.[546]

4.4.2.2 Die Achterbahn der Emotionen

Während des Wandels durchlaufen sowohl Führungskräfte als auch Mitarbeiter eine emotionale Achterbahn der Gefühle. Diese trifft nicht nur auf Einzelpersonen, sondern auch auf ganze Gruppen zu. Mit dem unten dargestellten Modell (Abbildung 78) können die Reaktionen und der Ablauf bis zu einem gewissen Grad hervorgesagt werden, sodass der Umgang mit diesen Emotionen im gewissen Rahmen des Planbaren bleibt.[547]

Das Modell dient als Grundlage den Kapiteln 4.4.4.2 und 4.4.4.3.

---

[544] Vgl. Grammes, F.: Change Management: Kurt Lewins 3-Phasen-Modell, 2015. In: http://www.mittelstand-die-macher.de/management/personal/kurt-lewins-Change Management-3-phasen-modell-6720 (Aufrufdatum: 15.5.16).
[545] Vgl. Bornemann, S.: Auftauen, ändern, stabilisieren: Change Management nach Kurt Lewin, 2014. In: http://www.lead-conduct.de/2014/05/25/Change Management-kurt-lewin/ (Aufrufdatum: 15.5.16).
[546] Vgl. Grammes, F.: Change Management: Kurt Lewins 3-Phasen-Modell, 2015. In: http://www.mittelstand-die-macher.de/management/personal/kurt-lewins-Change Management-3-phasen-modell-6720 (Aufrufdatum: 15.5.16).
[547] Vgl. Groth, A.: Führungsstark im Wandel. Frankfurt am Main, 2011, S.26f.

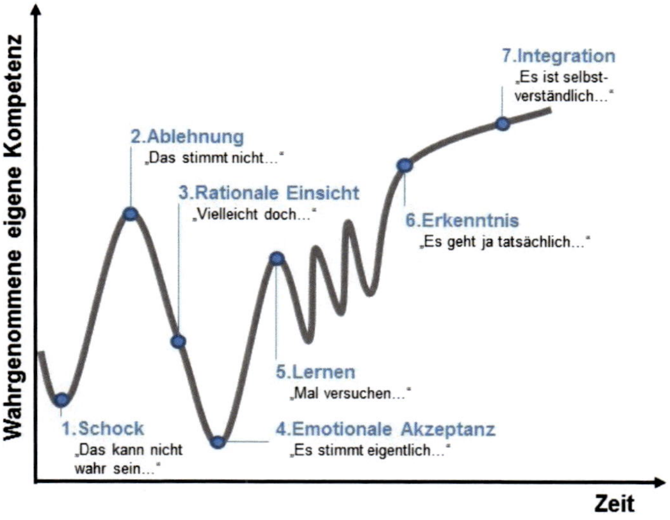

Abbildung 78: Die Achterbahn der Emotionen[548]

1. Schock

In dieser Phase findet eine Auseinandersetzung mit neuen Herausforderungen statt, Es wird wahrgenommen, dass sich die eigenen Handlungsentwürfe für die neuen Bedingungen nicht eignen.[549]

2. Ablehnung

Hier wird die Überzeugung gestärkt, dass eine Veränderung nicht nötig ist. Die Kompetenz steigt an, denn die veränderten Rahmenbedingungen werden nicht zum Anlass genommen, die eigenen Handlungsweisen zu ändern.[550]

3. Rationelle Einsicht

Es wird erkannt, dass die Veränderung notwendig ist, dennoch fehlt noch der Wille eigene Verhaltensweisen zu ändern.[551]

4. Emotionale Akzeptanz

In dieser Phase verbergen sich sowohl Chancen als auch Risiken. Insofern die Bereitschaft zur Infragestellung der eigenen Verhaltensweise geweckt wird, können ungenutzte Potentiale erschlossen werden. Wenn dies nicht gelingt, kann dies erneut

[548] In Anlehnung an Grolman, F; Zelesniack, E.: Die besten Change Management-Modelle im Vergleich: Emotionale Reaktionen in Change Management-Prozessen. In: https://organisationsberatung.net/Change Management-modelle-im-vergleich/#Gemeinsamkeiten_und_Unterschiede (Aufrufdatum: 15.5.16).
[549] Vgl. Kostka, C.; Mönch, A.: Change Management. München, 4. Auflage, 2009, S. 14.
[550] Vgl. ebd.
[551] Vgl. ebd.

in die Ablehnungsphase führen, sodass der Veränderungsprozess verlangsamt oder sogar gestoppt wird.[552]

5. Lernen

Falls die vorher genannte Phase erfolgreich überwunden wurde, wird die Bereitschaft für einen neuen Lernprozess geweckt. Neue Verhaltensweisen werden ausprobiert und geübt. Die wahrgenommene eigene Kompetenz steigt durch stetiges Üben.[553]

6. Erkenntnis

Neue Informationen werden durch das Üben gesammelt und geben Auskunft darüber, wann die neuen Verhaltensweisen angebracht sind, was wiederum zu der Erweiterung des Bewusstseins führt. Dies ermöglicht eine höhere Verhaltensflexibilität, sodass die Kompetenz über das Niveau der Veränderung steigt.554

7. Integration

Die neuen Verhaltensweisen werden durch die Menschen völlig integriert. Es wird selbstverständlich, diese anzuwenden.[555]

4.4.3 Erfolgreiche Transformationsprojekte

Die digitale Transformation ist in der heutigen Zeit überlebensnotwendig. Dies unterstreicht die Aussage „adapt or die" von Karl H. Land, Geschäftsführer der neuland GmbH & Co.KG. Das Aussterben von Unternehmen, die die digitale Transformation verpasst haben, hat bereits begonnen. Ein prominentes Beispiel ist Kodak, welches bereits ausführlich im Kapitel 4.3 erläutert wurde. Es gibt jedoch auch Gewinner aus der Branche, wie CeWe, welches im Laufe des Kapitels analysiert wird.[556] CeWe wird zudem als Beispiel herangezogen, da das Unternehmen bereits fast komplett transformiert ist (Kapitel 4.4.3.2).

4.4.3.1 Handlungsfelder der digitalen Transformation

Nachdem die digitale Transformation unumkehrbar ist, vergeben die WirtschaftsWoche und die neuland GmbH & Co.KG den „Digital Transformation

---

[552] Vgl. Kostka, C.; Mönch, A.: Change Management. München, 4. Auflage, 2009, S. 14.
[553] Vgl. ebd.
[554] Vgl. ebd.
[555] Vgl. Kostka, C.; Mönch, A.: Change Management. München, 4. Auflage, 2009, S. 14.
[556] Vgl. Azhari, P.; et al.; Digital Transformation Report 2014, 2014, (Hrsg.) neuland, S. 10. In: http://www.wiwo.de/downloads/10773004/1/dta_report_neu.pdf (Aufrufdatum: 6.6.16).

Award“. Mit diesem Preis werden digitale Vorzeigeprojekte ausgezeichnet um den Dialog in Bezug auf die Digitalisierung in Gang zu bringen.[557]

Digitale Projekte für den Award reichten z.B. CeWe (Kapitel 4.4.3.2), Adidas und Marquardt ein. Die Themen der Projekte betrafen hierbei unterschiedliche Bereiche des Unternehmens. Adidas stellte beispielsweise das Projekt „Kunde 4.0“ vor. Marquardt hingegen präsentierte virtuelles „Shopfloor Management“.[558]

Die genannten Beispiele zeigen, dass die Digitalisierung keine Grenzen hinsichtlich Branchen oder Unternehmensbereiche kennt.

Um die digitale Transformation zu messen, kommt das Bewertungsverfahren „Digital Maturity Model“, welches auf strukturierten Interviews beruht, zum Einsatz. Dies dient der Beurteilung der digitalen Reife aus Sicht verschiedener Stakeholder und bietet die Möglichkeit sowohl Handlungsfelder als auch Optimierungspotenziale zu identifizieren sowie zu bewerten.[559]

Es gibt keinen Standard für die Umsetzung der digitalen Transformation. Trotzdem lassen sich aus dem Vorgehen und bekannten Modellen, Empfehlungen ableiten.

Nachdem jedoch das „Digital Maturity Model“ (Abbildung 79) vom „Digital Transformation Award“ innerhalb des Wettbewerbs mit Praxisbeispielen untermauert wird, wird dieses im Folgenden als Referenz genutzt.

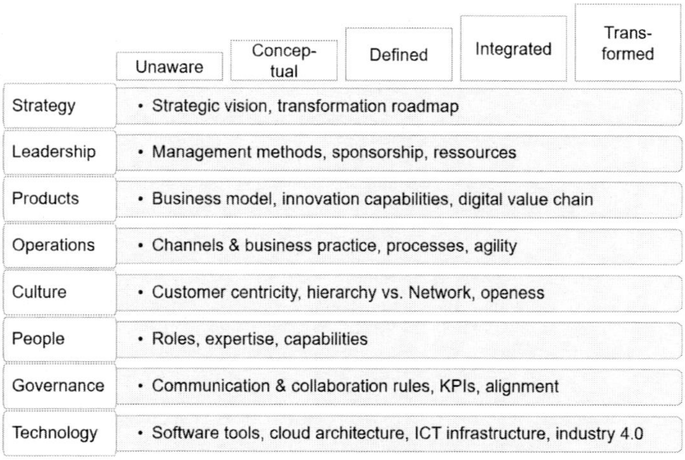

Abbildung 79: Digital Maturity Model[560]

---

[557] Vgl. Azhari, P.; et al.; Digital Transformation Report 2014, 2014, (Hrsg.) neuland, S. 10. In: http://www.wiwo.de/downloads/10773004/1/dta_report_neu.pdf (Aufrufdatum: 6.6.16).
[558] Vgl. ebd., S. 94f & S. 102f.
[559] Vgl. Azhari, P.; et al.; Digital Transformation Report 2014, 2014, (Hrsg.) neuland, S. 10. In: http://www.wiwo.de/downloads/10773004/1/dta_report_neu.pdf (Aufrufdatum: 6.6.16).
[560] Vgl. Azhari, P.; et al.; Digital Transformation Report 2014, 2014, (Hrsg.) neuland, S. 10. In: http://www.wiwo.de/downloads/10773004/1/dta_report_neu.pdf (Aufrufdatum: 6.6.16).

Die vertikale Spalte zeigt die acht Handlungsfelder der digitalen Transformation und die horizontale die Reifegradstufen. „Unaware“ sagt aus, dass keine Strategie für den digitalen Wandel vorhanden ist und dieser auch kein Thema im Führungssystem ist. Erste digitale Projekte sind im Reifegrad „Conceptual“ erkennbar. Im Reifegrad „Defined“ werden anhand erster Pilotprojekte Erfahrungen gesammelt und Organisationen entwickeln ein erstes Grundbewusstsein zur Transformation. Im Zustand „Integrated“ gibt es ein Management Commitment. Die Digitalisierung erreicht damit Kernprozesse, Produkte und Dienstleistungen im Unternehmen. Der kulturelle Wandel gewinnt an Dynamik. Im letzten Reifegrad entstehen neue Geschäfts- und Betriebsmodelle durch die Integration der Digitalisierung in Kernprozessen.[561]

In der Abbildung 80 werden die acht Handlungsfelder kurz erklärt.

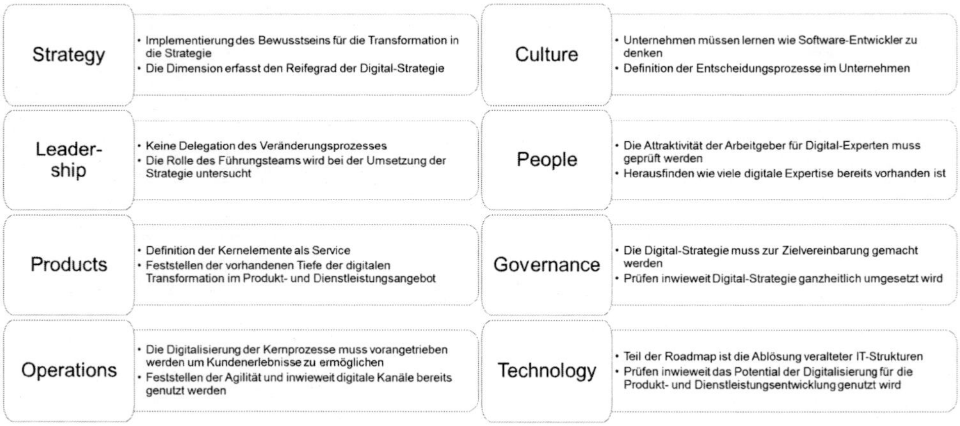

Abbildung 80: 8 Handlungsfelder für die digitale Transformation[562]

4.4.3.2 Erfolgsbeispiel CeWe

CeWe hat bereits in den 90er Jahren erkannt, dass analoge durch digitale Produktionsprozesse erst ergänzt und daraufhin ersetzt werden sollen. Im Jahr 1997 gründete das Unternehmen die CeWe Digital GmbH. Diese Gründung war die Antwort auf die Digitalisierung in der Fotobranche, hervorgerufen durch die höhere Nachfrage nach Equipment (Digitalkameras) und den dadurch verändertem Verhalten der Anwender. In diesem Jahr entwickelte CeWe ebenfalls eine digitale

[561] Vgl. Azhari, P.; et al.; Digital Transformation Report 2014, 2014, (Hrsg.) neuland, S. 10ff. In: http://www.wiwo.de/downloads/10773004/1/dta_report_neu.pdf (Aufrufdatum: 6.6.16).
[562] Vgl. Azhari, P.; et al.; Digital Transformation Report 2014, 2014, (Hrsg.) neuland, S. 11 & S. 39. In: http://www.wiwo.de/downloads/10773004/1/dta_report_neu.pdf (Aufrufdatum: 6.6.16).

Bildannahmestation für den Handel. Bereits 1998 wurde die erste Online-Bestellmöglichkeit für digitale Bilddaten in Europa entwickelt. Mit einem eigenen System für Foto-Indexe wurde CeWe hier zum ersten industriellen Anbieter in diesem Markt. Hierbei verzichteten sie auf die Hilfe führender Hersteller analoger Drucker. Weiterhin konnte die Nachbestellung von Negativstreifen vereinfacht werden, wodurch ein Wettbewerbsvorteil gegenüber anderen Marktbegleiter erzielt wurde. Zu dieser Zeit gab es noch keinen digitalen Drucker, der die digitalen Daten auf Fotopapier belichten konnte, weswegen CeWe einen eigenen entwickelte und Dienstleistungen im 4-Farb-Digitaldruck anbot. Das Unternehmen entwickelte ebenso Annahmegeräte für digitale Daten, die dann in ihre Produktion übertragen werden konnten.[563] [564]

Es lässt sich erkennen, dass CeWe stark in der Umsetzungskraft ist. Sie leben den Grundsatz, dass Ideen, insofern diese nicht umgesetzt werden, Ideen bleiben und nicht zu Innovationen werden können. [565] Nach der erfolgreichen Wandlung konnte CeWe den Rückgang verkaufter Filme durch den Aufbau digitaler Geschäfte kompensieren.[566] Die Digitaltransformation im Fotofinishing wurde vom „Digital Transformation Award", wie in Abbildung 81 zu sehen, bewertet.

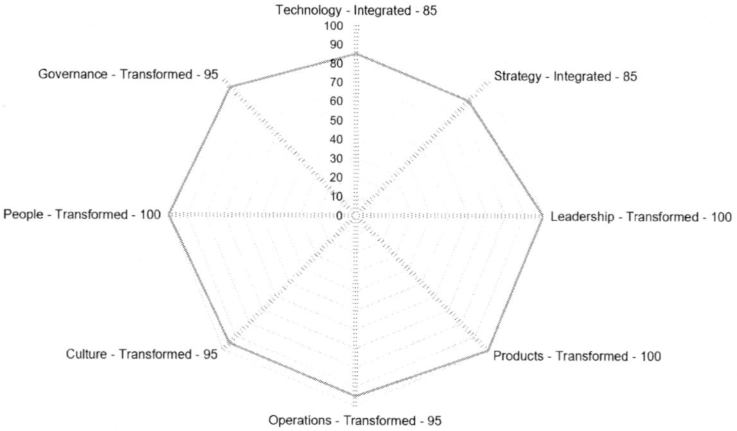

Abbildung 81: Scoring-Modell von CeWe[567]

---

[563] Vgl. Azhari, P.; et al.; Digital Transformation Report 2014, 2014, (Hrsg.) neuland, S. 86. In: http://www.wiwo.de/downloads/10773004/1/dta_report_neu.pdf (Aufrufdatum: 6.6.16).
[564] Vgl. o.V.; CEWE best in print. In: http://company.cewe.de/de/ueber-uns/cewe-unternehmensgruppe.html (Aufrufdatum: 6.6.16).
[565] Vgl. ebd.
[566] Vgl. ebd.
[567] Vgl. ebd., S. 87.

Integrated Strategy: Bei CeWe ist eine Strategie mit dem Fokus der Digitalisierung unternehmensweit verankert. Innerhalb wöchentlicher Meetings, wie der „Montag-Digital-Runde", wird die Strategie aktualisiert, diskutiert und umgesetzt.[568]

Transformed Leadership: Die Strategieumsetzung und -gestaltung wird von allen Führungskräften getragen. Aufgabenfelder, die die Digitalisierung betreffen, sind auf Top Management Ebene verankert. Open Leadership Prinzipien werden bei Themen wie Lean und Fast Innovation eingesetzt.[569]

Transformed Products: Die Digitalisierung umfasst alle wichtigen Wertschöpfungsstufen. Im Geschäftsmodell führen neue Produkte und Dienstleistungen zur Transformation. Im Bereich Social Media wird beispielsweise Facebook genutzt um ein Fotobuch per Mausklick zu gestalten.[570]

Transformed Operations: Es werden externe Stakeholder, wie beispielsweise Kunden mit Crowdsourcing genutzt, um die funktionsübergreifende Zusammenarbeit zu festigen. Im Tagesgeschäft werden intern digitale Konferenzen und Digital-Aktivitäten genutzt.[571]

Transformed Culture: Bei CeWe entsteht eine transparente Organisation, wobei Entscheidungen gemeinsam getroffen werden sollen. Zudem wird kontinuierlich die Unternehmensstrategie diskutiert. Führungskräfte werden aus operativen Prozessen herausgehalten, um sich um Coachings zu kümmern. Dies kann anhand dynamischer Entscheidungsmodelle verwirklicht werden. Nachdem ein Hauptaugenmerk auf den digitalen Wandel bei CeWe gelegt wird, wird Change als Routine aufgefasst.[572]

Transformed People: Für den Unternehmenswandel werden digitale Experten eingesetzt. Diese bilden sich im Bereich Digitalisierung sowohl in die Breite als auch in die Tiefe weiter und erwerben darin Kompetenzen.[573]

Transformed Governance: In diesem Bereich sind Multiple Strategien und Steuerungsgremien erkennbar. Digital-Aktivitäten, wie Global- und Cross-Channel-Governance-Lösungen sind bereits umgesetzt.[574]

---

568 Vgl. o.V.; CEWE best in print. In: http://company.cewe.de/de/ueber-uns/cewe-unternehmensgruppe.html (Aufrufdatum: 6.6.16).
569 Vgl. ebd.
570 Vgl. ebd.
571 Vgl. Azhari, P.; et al.; Digital Transformation Report 2014, 2014, (Hrsg.) neuland, S. 87. In: http://www.wiwo.de/downloads/10773004/1/dta_report_neu.pdf (Aufrufdatum: 6.6.16).
572 Vgl. ebd.
573 Vgl. ebd.
574 Vgl. ebd.

Integrated Technology: Der Reifegrad in dieser Kategorie wurde bereits zu 85 % erreicht. Einzelne Beispiele werden hierzu im Folgenden genannt.

CeWe nutzt zur Minimierung von Fehlern die automatische Kommunikation zwischen Druckmaschinen. Im Tagesgeschäft werden Webanalysen, ERP und CRM zur Unternehmens- und Prozessteuerung genutzt. Im digitalen Fotofinishing ersetzt eine Software die analogen Logistikprozesse. Ebenso ist eine softwarebasierte Produktentwicklung, genauso wie eine Selbstwartung von Komponenten vorhanden.[575]

Zusammenfassend lässt sich sagen, dass CeWe die digitale Transformation erfolgreich überstanden hat. Dieser Weg benötigte eine Entwicklungszeit von mehr als zehn Jahren. Dabei investierte das Unternehmen mehr als 350 Millionen Euro. Aufgrund der erfolgreichen Digitalisierung konnte CeWe seine Marktposition ausbauen und festigen.[576]

Wie bereits in Kapitel 4.4.1.2 erwähnt, löst der Wandel zur Digitalisierung viele einzelne Change - Management Projekte in diversen Bereichen aus. Dies lässt sich durch das Beispiel CeWe bestätigen. Anhand des Beispiels lässt sich folgern, dass einerseits eine Digitalstrategie, an der eine Orientierung stattfindet notwendig ist und andererseits die Führungskräfte aller Hierarchieebenen dies tragen müssen. Um den Wandel zu vollziehen, erfolgt eine Entlastung der Führungskräfte in den operativen Prozessen. Ebenso wird Mitarbeitern die Möglichkeit gegeben, sich aktiv am Wandel zu beteiligen, da diese in Entscheidungsprozesse involviert werden. Mitarbeiter sind damit motiviert, um den Wandel mitzutragen und diesen als zukünftige Routine zu sehen. Ein weiterer Punkt der für die Motivation spricht, sind neue Führungsstile, wie Open Leadership Prinzipien. Um neue Ideen für den Wandel zu generieren, sollen beispielsweise Kunden miteinbezogen werden. Dies bietet den Vorteil neue Technologien zu entwickeln und sich am Markt von Wettbewerbern abzugrenzen. Damit Mitarbeiter veränderungsfähig sind, ist es wichtig, diese entsprechend zu qualifizieren.

---

[575] Vgl. Azhari, P.; et al.; Digital Transformation Report 2014, 2014, (Hrsg.) neuland, S. 87. In: http://www.wiwo.de/downloads/10773004/1/dta_report_neu.pdf (Aufrufdatum: 6.6.16).
[576] Vgl. Azhari, P.; et al.; Digital Transformation Report 2014, 2014, (Hrsg.) neuland, S. 87. In: http://www.wiwo.de/downloads/10773004/1/dta_report_neu.pdf (Aufrufdatum: 6.6.16).

4.4.4 Erwartungen an die Führungskraft im Change-Prozess

Kein anderer Megatrend treibt die Veränderung sowohl in Wirtschaft, als auch in der Gesellschaft, so stark an wie die Digitalisierung. Deshalb ist es kaum verwunderlich, dass nicht nur das Top – Management, sondern Führungskräfte aller Hierarchieebenen, Veränderungsprozesse gestalten müssen. Business Intelligence, Big Data, Data Science und so weiter, dürfen für diesen Personenkreis keine Anglizismen mehr sein. Es ist viel wichtiger, selbst zum Treiber, Gestalter, hinter den einzelnen Prozessen zu werden. Ebenso unerlässlich ist die Fähigkeit der Empathie, um die Gefühls- und Bedürfnislage der einzelnen Mitarbeiter zu verstehen. Nur mit dieser Kompetenz sind Führungskräfte über die gesamte Projektdauer dazu befähigt, die Standpunkte, Ängste und Motivationen der Beteiligten zu verstehen und demensprechend reagieren zu können.[577]

Aus den genannten Gründen tragen Führungskräfte in Change Management Prozessen eine besondere Rolle. Sie gelten als Dreh- und Angelpunkt im digitalen Wandel, weswegen die Erwartungen an sie groß sind.[578]

Deswegen werden in diesem Kapitel die unterschiedlichen Erwartungen an die Führungskräfte genannt.

4.4.4.1 Führen in veränderten Situationen

In der Change Management Studie von Capgemini mit dem Titel „Digitale Revolution“, wurden Führungskräfte und Change Management Experten aus Deutschland, Österreich und der Schweiz, aus unterschiedlichen Branchen zum Thema Führung in Veränderungsprojekten befragt. Hierbei sollten diese die Bedeutung von Aufgaben von Führungskräften bei Veränderungsprojekten einschätzen. Anhand der fünf wichtigsten Erwartungen wird deutlich, dass Führungskräften hier eine Schlüsselrolle zufällt. Diese wurden in ihrer Vorbild- und Kommunikationsrolle bestätigt.[579]

Die fünf wichtigsten Erwartungen werden im Folgenden näher erläutert.

---

[577] Vgl. Penning, S.: Wie Manager "Change" bewältigen, 2016. In: http://www.manager-magazin.de/unternehmen/artikel/change-wie-manager-den-digitalen-wandel-richtig-managen-a-1069718.html (Aufrufdatum 28.5.16).
[578] Vgl. o.V.: Digitale Revolution, 2012, (Hrsg.) Capgemini Consulting, S.33. In: https://www.de.capgemini-consulting.com/resource-file-access/resource/pdf/change_management_studie_2012_0.pdf (Aufrufdatum 7.5.16).
[579] Vgl. ebd.

Vorbildfunktion: Während der Veränderungsfunktionen stehen Führungskräfte im Mittelpunkt der Aufmerksamkeit. Die Erwartung an sie liegt darin, dass diese Veränderungen erklären und vorleben, worauf es in der Zukunft ankommt. Führungskräfte sollen in der Lage sein, Mitarbeitern Halt und Orientierung zu geben.[580]

Kommunikation: Trotz des digitalen Zeitalters, die die Möglichkeit bietet, verschiedene digitale Kommunikationsmittel zu nutzen, favorisieren Mitarbeiter die persönliche Konversation. Dadurch, dass sie als Menschen spürbar werden, erlangen sie bei den beteiligten Personen Vertrauen sowie Glaubwürdigkeit, da sie ansprechbar sind und authentisch wirken. Dadurch steigt die Arbeitsbelastung immens an.[581]

Selbstreflexion: Wie bereits in Kapitel 4.4.4 erwähnt, ist die Kompetenz der Empathie in Veränderungssituationen wichtig. Nur mit dieser Fähigkeit wird gewährleistet, rechtzeitig und angemessen auf die Stimmungen anderer zu reagieren. Voraussetzung für den Perspektivenwechsel ist die Selbsterkenntnis und das Bewusstsein der eigenen Motive, sowie die Emotionen der Führungskraft.[582]

Entscheidungsklarheit: Im Gegensatz zu der Befragung aus dem Jahr 2010, hat die Entscheidungsklarheit im Jahr 2011 zwar 18 % eingebüßt, dennoch ist die Erwartung immer noch unter den Top 5. Der Rückgang lässt dadurch erklären, dass es in Zeiten der Digitalisierung schwerer wird, klare Entscheidungen zu treffen.[583]

Überzeugungsarbeit: Durch Überzeugungsarbeit werden die „Restraining forces", also Kräfte, die dem Wandel entgegenwirken, minimiert. Allerdings ist die Einschätzung, ob ein Wandel positiv zu verzeichnen ist, von der Perspektive des Einzelnen abhängig. Ist beispielsweise der Arbeitsplatz des Beteiligten betroffen, kann dies für das Unternehmen positiv sein, da Kosten eingespart werden können. Der Mitarbeiter sieht dies anders. Die Kunst in der Führung liegt darin, die Perspektiven gleichberechtigt zu betrachten und zu kommunizieren, sodass Mitarbeiter auf ihrem Weg begleitet werden, um eine nicht gewollte Veränderung zu akzeptieren.[584]

---

[580] Vgl. o. V.: Digitale Revolution, 2012, (Hrsg.) Capgemini Consulting, S.33. In: https://www.de.capgemini-consulting.com/resource-file-access/resource/pdf/change_management_studie_2012_0.pdf (Aufrufdatum 7.5.16).
[581] Vgl. ebd.
[582] Vgl. o.V.: Digitale Revolution, 2012, (Hrsg.) Capgemini Consulting, S.33f. In: https://www.de.capgemini-consulting.com/resource-file-access/resource/pdf/change_management_studie_2012_0.pdf (Aufrufdatum 27.5.16).
[583] Vgl. ebd.
[584] Vgl. Groth, A.: Führungsstark im Wandel. Frankfurt am Main, 2011, S.39f.

4.4.4.2 Zurückfallen der Mitarbeiter in bereits erlebte Emotionen

Führungskräften muss bewusst sein, dass Mitarbeiter in alte Verhaltensmuster und den damit verbundenen Emotionen, zurückfallen. Das heißt, dass ein Teil der Achterbahn der Gefühle wieder neu erlebt wird. Von Führungskräften wird erwartet, dass sie ihre Mitarbeiter wieder aus dem Dilemma führen. Dies kann für Führungskräfte überraschend und anstrengend sein, da viel Kommunikation notwendig ist. Anhand der Benennung von Fakten soll der Weg aus der Phase aufgezeigt werden. Es ist wichtig, Mitarbeitern Mut zuzusprechen.[585]

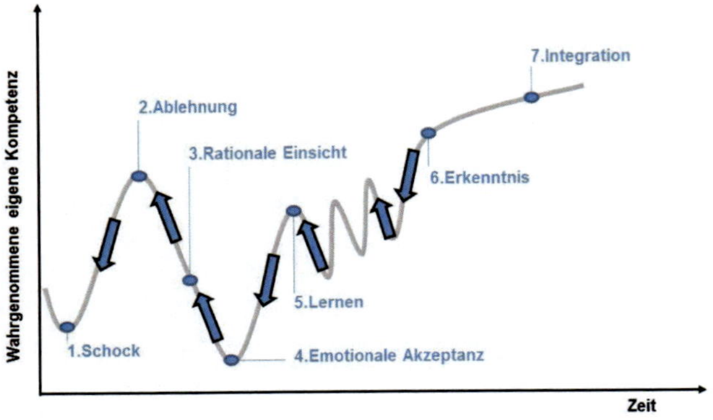

Abbildung 82: Zurückfallen in vorherige Phasen der Emotionen[586]

4.4.4.3 Steckenbleiben der Mitarbeiter in einer Phase

Ein weiterer Aspekt, der Führungskräften bekannt sein muss, ist, dass Mitarbeiter in Phasen der Emotionen stecken bleiben können. Hierbei wird von der Führungskraft erwartet, dass diese die Initiative ergreift, um die Mitarbeiter aus der Situation zu befreien.

Die Ablehnungsphase erledigt sich meist von alleine, da der Wandel nicht aufhört, sondern voranschreitet. Auch hier ist der Schlüssel zum Erfolg die Kommunikation. Ein persönliches Gespräch mit dem Mitarbeiter soll ihm bewusst machen, wie die Führungskraft diesen wahrnimmt und welche langfristigen Konsequenzen das Verhalten des Mitarbeiters hat. Insofern vom Mitarbeiter die Ausrichtung und Kultur des Unternehmens nicht mitgetragen werden kann, muss sich das Unternehmen gegebenenfalls von diesem trennen. Dies sollte jedoch die allerletzte Konsequenz

---

[585] Vgl. Groth, A.: Führungsstark im Wandel. Frankfurt am Main, 2011, S.39f.
[586] Vgl. ebd.

darstellen. Vorher sollte versucht werden, den Mitarbeiter wieder an „Bord“ zu holen und ihn für die Sache zu gewinnen.[587]

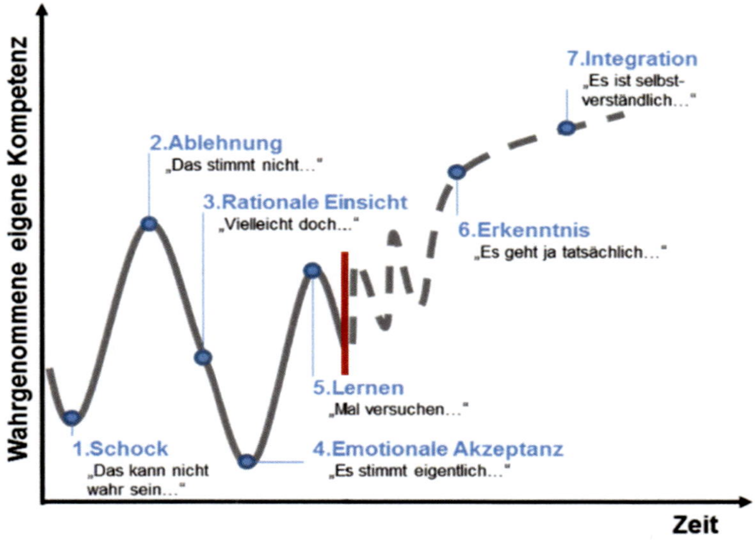

Abbildung 83: Steckenbleiben der Mitarbeiter in einer Phase[588]

4.4.5 Kontinuierlicher Change – Überlastung der Führungskräfte/Mitarbeiter?

In diesem Kapitel geht es um die psychologischen Belastungen, die Führungskräfte und Mitarbeiter während dem permanenten Wandel der Digitalisierung ausgesetzt sind.

4.4.5.1 Erschöpfungszustände durch Einflüsse im Change

Führungskräfte sind durch den kontinuierlichen Change besonders stark belastet, da zum täglichen Tagesgeschäft Umstrukturierungsaufgaben hinzukommen und eine dauerhafte Mehrbelastung durch eine hohe Zahl verschiedener Projekten gegeben ist.[589] [590] Das führt dazu, dass Projekte nicht mehr zum Abschluss kommen, bevor das

---

[587] Vgl. Groth, A.: Führungsstark im Wandel. Frankfurt am Main, 2011, S. 41.
[588] In Anlehnung an: Groth, A.: Führungsstark im Wandel. Frankfurt am Main, 2011, S. 41.
[589] Vgl. Kley, T.; Kriegesmann, B: Arbeitswelt: Ständiger Wandel schlaucht In: http://www.boeckler.de/impuls_2015_01_6.pdf (Aufrufdatum 24.5.16).
[590] Vgl. o.V.: Digitale Revolution, 2012, (Hrsg.) Capgemini Consulting, S.38. In: https://www.de.capgemini-consulting.com/resource-file-access/resource/pdf/change_management_studie_2012_0.pdf (Aufrufdatum 24.5.16).

nächste Projekt begonnen wird. Die Erholungs- beziehungsweise „Refreezingphase“ wird somit nicht mehr erlangt.[591]

Des Weiteren sind Führungskräfte dafür verantwortlich, Mitarbeiter während des Wandels zu begleiten. Essentiell sind auch die ständige Beobachtungen der emotionalen Achterbahn der Gefühle der einzelnen Mitarbeiter und die dadurch einhergehende Präventionspolitik, damit Mitarbeiter nicht überlastet werden.[592]

Diese Mehrbelastung führt zu Stress, welcher erst einmal eine Aktivierungs- und Anpassungsreaktion des Körpers auf Veränderungen ist. Dieser dient zu Beginn dazu, dass körperliche und geistige Ressourcen mobilisiert werden, sodass Handlungen vollzogen werden können. Allerdings führt kontinuierlicher, negativer Stress zum „Tunnelblick“, wodurch Menschen mental belastet werden und Wohlbefinden sowie Leistungsfähigkeit abnimmt. Dieses Problem verselbstständigt sich, wodurch Menschen krank werden.[593]

Innerhalb der Untersuchung von Kriegsmann & Kley ging hervor, dass lediglich 25 % der 133 befragten Führungskräfte aus unterschiedlichen Hierarchieebenen im emotionalen grünen Bereich sind. Weitere 50 % zeigen Anzeichen für moderate Erschöpfung. Circa 23 %, geben an, stark erschöpft zu sein. Hierbei äußern sich bei den Befragten Symptome wie Müdigkeit und Ohnmachtsgefühle durch den Wandel.[594]

Es stellt sich die Frage, ob **verschiedene Einflussfaktoren** der Führungskräfte in Bezug auf den Wandel eine Rolle spielen, um den Zustand der Erschöpfung zu beeinflussen?

Diese Fragestellung kann laut der Untersuchung mit „ja“ beantwortet werden.

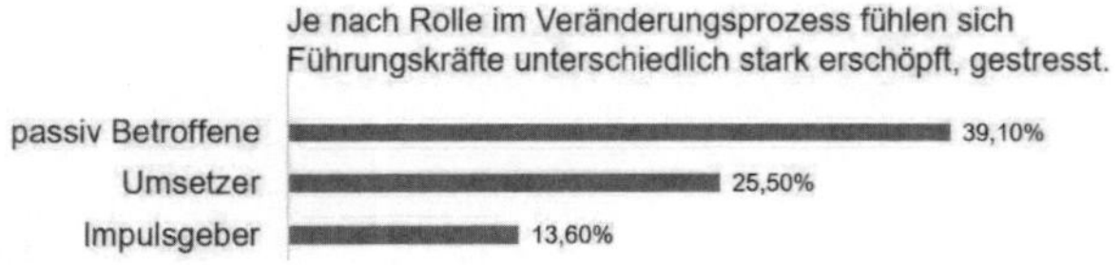

Abbildung 84: Stressfaktor in Abhängigkeit von Rollen in Veränderungsprozessen[595]

---

[591] Vgl. o.V.: Digitale Revolution, 2012, (Hrsg.) Capgemini Consulting, S.38. In: https://www.de.capgemini-consulting.com/resource-file-access/resource/pdf/change_management_studie_2012_0.pdf (Aufrufdatum 24.5.16).
[592] Vgl. Kley, T; Kriegesmann, B: Arbeitswelt Ständiger Wandel schlaucht In: http://www.boeckler.de/impuls_2015_01_6.pdf (Aufrufdatum 24.5.16).
[593] Vgl. Bürgel, I.: Lassen Sie sich nicht alles von sich selbst gefallen!,2016. In: http://www.manager-magazin.de/unternehmen/karriere/Change Management-wie-wir-besser-mit-veraenderungen-umgehen-a-1092934-3.html (Aufrufdatum: 6.6.16).
[594] Vgl. ebd.
[595] Vgl. Kley, T; Kriegesmann, B: Arbeitswelt Ständiger Wandel schlaucht In: http://www.boeckler.de/impuls_2015_01_6.pdf (Aufrufdatum 24.5.16).

„Impulsgeber“, also Führungskräfte, die den Wandel initialisieren, sind weniger erschöpft. Dies kann dadurch begründet werden, dass diese die Möglichkeit haben, den Wandel aktiv zu gestalten und Entscheidungen zu treffen. Am meisten gestresst sind laut der Untersuchung Betroffene, die lediglich am Wandel passiv beteiligt sind. Dieser Personenkreis ist frustriert, da sie vor vollendete Tatsachen gestellt werden. Hinzu kommt, dass Projektziele vom Top Management nicht klar definiert werden.[596]

4.4.5.2 Belastungen durch die Endlosschleife negativer Emotionen

Nach der Veränderung ist meist vor der Veränderung. Das schafft in Unternehmen bei Führungskräften und Mitarbeitern Veränderungsmüdigkeit sowie Sehnsucht nach Stabilität.[597] Zu viel Wandel innerhalb kurzer Zeit führt zu Ablehnungs- sowie Erschöpfungszuständen. Wo genau liegt hierbei das Problem?

Im Normalfall wird die Akzeptanz- und Integrationsphase als positiv erlebt. Im kontinuierlichen Wandel zeigt die Phase allerdings nicht mehr die aufbauende Wirkung, die benötigt wird. Folglich findet keine Erholung mehr statt, da Mitarbeiter gleich in neue Projekte involviert werden. In diesem Projekt gelangen sie wieder in die Phase der Ablehnung und durchlaufen deshalb einen unangenehmen Wandel. Insofern dies kontinuierlich erfolgt, kommt es zu einer Endlosschleife (Abbildung 85) aus Verneinung, Zorn, Depression, Verneinung, Zorn und so weiter.[598]

---

[596] Vgl. Kley, T; Kriegesmann, B: Arbeitswelt Ständiger Wandel schlaucht In: http://www.boeckler.de/impuls_2015_01_6.pdf (Aufrufdatum 24.5.16).
[597] Vgl. o.V.: Change Management Studie 2014/2015: Agility – überlebensnotwendig für Unternehmen in unsicheren und dynamischen Zeiten. 2015, (Hrsg.): Kienbaum Management Consultants, S. 4.
[598] Vgl. Groth, A.: Führungsstark im Wandel. Frankfurt am Main, 2011, S. 41.

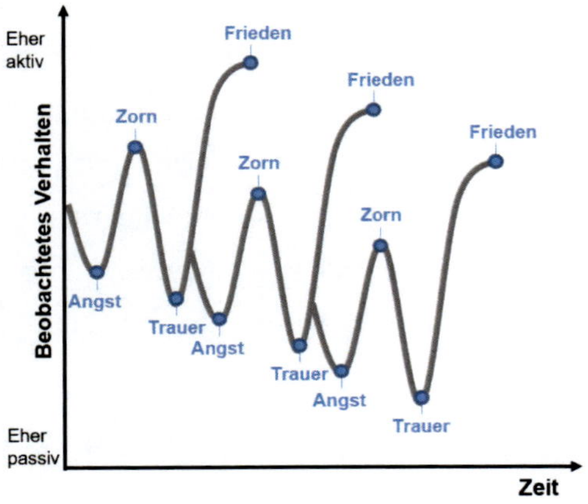

Abbildung 85: Endlosschleife negativer Emotionen[599]

Die Abbildung zeigt, dass zu viel Wandel Menschen dazu bewegt, ihr Verhalten nach außen hin zu unterdrücken und diese den Wandel, im negativen Sinne, hinnehmen. Es lässt sich folgern, dass diese gegenüber dem kontinuierlichen Wandel resignieren. Das beobachtbare Verhalten belastet sowohl Mitarbeiter als auch Führungskräfte, was wiederum zu psychischen Erkrankungen führen kann.

Der Ökonom Michael Dahl kommt innerhalb seiner Studie („Organizational Change and Employee Stress") zu dem Ergebnis, dass zu viel und ständiger Wandel nicht nur zu Unmut führt, sondern krank macht. Er stellt fest, dass bei einem internen Wandel die Anzahl der Mitarbeiter steigt, die auf Medikamente gegen Schlafstörungen oder Depressionen zurückgreifen. Der Effekt ist umso größer, je radikaler der Wandel ist. Der Forscher argumentiert nicht gegen den Wandel, sondern lediglich darauf hinweisen, dass mit Bedacht vorgegangen werden soll und es aufgrund des Wandels zu versteckten Kosten kommen kann, da beispielsweise Arbeitsunfähigkeitstage der Mitarbeiter verzeichnet werden müssen. Das Management sollte daher sorgfältig die Vor- und Nachteile abwägen.[600]

[599] Vgl. Groth, A.: Führungsstark im Wandel. Frankfurt am Main, 2011, S. 43
[600] Vgl. Storbeck, O.: Zu viel Wandel macht Mitarbeiter krank, 2011. In: http://www.handelsblatt.com/politik/konjunktur/oekonomie/wissenswert/depressionen-zu-viel-wandel-macht-mitarbeiter-krank/5750110.html (Aufrufdatum: 5.6.16). S. 1f

4.4.6 Fazit

Die Digitalisierung schreitet schneller voran, was neue Innovationen sowie Organisationen und Prozesse nach sich zieht. Die neuen vorherrschenden Rahmenbedingungen, werden sich in absehbarer Zeit nicht mehr ändern, weswegen Change Management fest etabliert werden muss. Dabei ist es jedoch wichtig, Überlastung, Überforderung, was Stress und seelische Erkrankungen hervorrufen kann, entgegenzuwirken. Was Führungskräfte belastet, belastet ebenso Mitarbeiter, weswegen diesen ebenfalls die Möglichkeit angeboten werden soll, sich aktiv am Wandel zu beteiligen, um Stress entgegenzuwirken. Eine Möglichkeit besteht darin, regelmäßige, kurze Meetings zu implementieren, um funktionsübergreifend Ideen zum Thema Digitalisierung zu generieren und Ergebnisse zu diskutieren. Hilfreiche Methoden zur Ideengenerierung sind beispielsweise das Brainstorming oder die 6-3-5 Methode. Ebenso wichtig ist es, die Ideen zu priorisieren, damit die wichtigsten und effizienten zuerst bearbeitet werden, um Transparenz herzustellen. Zudem wird der Parallelbearbeitung von diversen Projekten entgegengesteuert, wodurch die Endlosschleife negativer Emotionen durchbrochen wird. Ein weiterer Gedanke, der mit dem Change Management verzahnt werden kann, kommt aus dem Lean Management: Eliminierung von nicht wertschöpfender Tätigkeit. Sowohl Führungskräfte als auch Mitarbeiter sollen von diesen befreit werden. Gemeint sind beispielsweise endlose Meetings, die zu keinem effektiven Resultat führen. Ebenso sinnvoll ist es, Führungskräfte nicht doppelt zu belasten. Dies bedeutet, dass diese nicht neben dem konventionellen Tagesgeschäft, Veränderungsprozesse durchführen sollen. Um die Motivation während dem Change Projekt aufrecht zu erhalten, sollen Ergebnisse beziehungsweise Erfolge regelmäßig aufgezeigt und gewürdigt werden. Somit wird der Sinn hinter dem Projekt kontinuierlich vermittelt. Zudem wird dadurch die Möglichkeit geboten, die Reflexion zu steuern und transparente Entscheidungen zu treffen.

Zum Projektende ist es unerlässlich „Lessons Learned“ durchzuführen, da es kontinuierlich zu Digitalisierungsprojekten in der Zukunft kommen wird und so die gemachten Erfahrungen für zukünftige Projekte genutzt werden können. Außerdem wird Menschen die Möglichkeit gegeben, bewusst Abschied von alten Projekten zu nehmen.

5 Kommunikation

5.1 Kommunikationsstrategien mit Social Business Plattformen

Christoph Büchl

Zusammenfassung

Die Transformation zur digitalen Gesellschaft bringt viele neue Kommunikationswege mit sich. Zum einen gibt es die Art der Kommunikation über Videoplattformen, die als das Kommunikationsformat der Zukunft gehandelt wird, da sie das menschliche Bedürfnis, möglichst viel über den anderen zu erfahren, ideal bedient. Zum anderen gibt es Plattformen, auf denen die Zusammenarbeit auf der Ebene von korrespondierenden Teams und Communitys stattfindet, die primär darauf abzielen, die Funktionalität des sogenannten Enterprise 2.0 für Geschäftskunden bereitzustellen. Inwieweit letztere Kommunikationsformate die Zusammenarbeit im Unternehmen verändern werden, soll anhand von Fallbeispielen in diesem Kapitel beleuchtet werden.

Schlüsselbegriffe

Kommunikationsstrategie – Social Business – IBM Connections – Yammer – Jive – Enterprise 2.0 – TED

"Leaders that ignore the Social Business Revolution will be replaced. If you don't buy into it, your competitors will – they'll take your job, your company, and your place in history."

Daniel Kraft, President and CEO at Sitrion[601]

5.1.1 Hinführung zum Thema

Anwendungen wie Facebook, YouTube oder Twitter sind aus der digitalen Welt nicht mehr wegzudenken. Die Kommunikation mit Bekannten, Freunden oder auch in Unternehmen im Jahre 2016, wäre ohne derartige Tools nur noch schwer vorstellbar. Die Kommunikation darüber ist unkompliziert und schnell. Für die meisten Menschen ist es mittlerweile ein fester Bestandteil des Alltags, ihre sozialen Beziehungen über diese Dienste zu pflegen. Dazu gehören auch Beziehungen zu Marken und Unternehmen. Laut der BITKOM-Studie „Trends im E-Commerce" aus dem Jahr 2013, sind 13 Millionen Menschen in Deutschland „Fan" einer Marke. Bei den unter 30-Jährigen liegt der Anteil bei fast 50 Prozent.[602]

Auch Mitarbeiter eines Unternehmens wünschen sich soziale Vernetzungen in der Arbeit, da sie eine Erleichterung im Arbeitsalltag darstellen. Laut einer BITKOM-Befragung aus dem Jahr 2013 nutzen bereits 71 Prozent der Informations- und Telekommunikationsunternehmen Social-Software-Lösungen wie interne soziale Netzwerke, Wikis oder Blogs.[603]

Diesen Trend verfolgen immer mehr Unternehmen und haben das Thema Social Media auf ihrer Agenda ganz oben stehen. Sie betrachten Social Media nicht länger nur aus der Sicht der Kommunikation, sondern aus unternehmerischen Gesichtspunkten.[604] Inwieweit die Nutzung von Social Media in Unternehmen Einfluss auf die Zusammenarbeit von Mitarbeitern hat, soll in diesem Kapitel erläutert werden.

In Kapitel 5.1.2 werden zunächst die Begriffe des Web 2.0, Social Business und der Kommunikationsstrategie näher definiert. Der darauffolgende Abschnitt beschreibt,

---

[601] Kraft, D.: 7 Habits of Highly Effective Social Leaders (06/2013). In: http://insights.wired.com/m/blogpost?id=6544125%3ABlogPost%3A32630 (Abrufdatum 28.07.2016).

[602] Vgl. o. V.: Trends im E-Commerce (2013). In: https://www.bitkom.org/Publikationen/2013/Studien/Trends-im-ECommerce/BITKOM-E-Commerce-Studienbericht.pdf, S. 42 (Abrufdatum: 28.07.2016).

[603] Vgl. o. V.: Einsatz und Potenziale von Social Business für ITK-Unternehmen (2013). In: https://www.bitkom.org/Publikationen/2013/Studien/Einsatz-und-Potenziale-von-Social-Business-fuer-ITK-Unternehmen/Studie-SocialBusiness-Potenziale.pdf, S. 6, (Abrufdatum: 28.07.2016).

[604] Vgl. Mack, D.; Vilberger, D.: Social Media in KMU – Der Leitfaden mit allen Grundlagen, Strategien und Instrumenten, Wiesbaden, 1. Auflage, 2016, S. 2.

welche Veränderungen sich für Führungskräfte durch die Nutzung von Social Business ergeben. In Kapitel 5.1.4 wird auf die drei Enterprise Social Networks IBM Connections, Yammer und Jive näher eingegangen. Abschnitt 5.1.5 gibt einen Überblick über drei Fallstudien, die den erfolgreichen Einsatz von Enterprise Social Networks in Unternehmen beschreiben. Das letzte Kapitel 5.1.6, beschreibt die Plattform TED, die Mitarbeitern die Chance bietet, ihre Ideen über Kurzvorträge zu verbreiten.

5.1.2 Grundlagen und Begriffsbestimmungen

Mit der Versionsnummer 2.0 wird bei Computerprogrammen normalerweise ein größerer Entwicklungssprung assoziiert.[605] Unter dem Begriff „Social Business", wahlweise auch „Enterprise 2.0 (E2.0)" oder „Enterprise Social Networks (ESN)" genannt, entstehen, besonders in wirtschaftlichen Zusammenhängen, neue Dynamiken und weiterhin ein verändertes Nutzungsverhalten. Um diese Dynamiken besser verstehen zu können, wird im Kapitel 5.1.2.1 die Bedeutung des Web 2.0 erläutert, das die Grundlage für Social Business liefert. In den Kapiteln 5.1.2.2 und 5.1.2.3 werden die Begriffe des Social Business und der Kommunikationsstrategie näher beleuchtet. Die Festlegung einer Kommunikationsstrategie ist wichtig, um Enterprise Social Networks sinnvoll in die Unternehmenskommunikation integrieren zu können.

5.1.2.1 Begriff des Web 2.0

Der Begriff des Web 2.0 wurde erstmals von Tim O'Reilly, Gründer und CEO des O'Reilly Verlages, im Jahr 2005 verwendet. Die mit dem Terminus in Verbindung gebrachten Ansätze, stellen grundsätzlich keine neuen Ideen dar, sondern stehen für die Weiterentwicklung des Internets. Der Anwender konsumiert nicht mehr nur Inhalte, er stellt auch neue Inhalte in das Web.[606] Nach Godau und Ripanti steht Web 2.0 „für eine dezentrale und an den Interessen der Nutzer orientierten Nutzung des

---

[605] Vgl. Klotz, U.: Schöne neue Arbeitswelt 2.0? In: Eberspächer, J.; Holtel, S. (Hrsg.): Enterprise 2.0: Unternehmen zwischen Hierarchie und Selbstorganisation, Heidelberg, 1. Auflage, 2010. S. 1.

[606] Vgl. Schmidt-Hertha, B.; Kuwan, H.; Dworschak, B.: Ausgangslage und Zielsetzung des Forschungsprojektes „web2skills". In: Schmidt-Hertha, B.; Kuwan, H.; Gidion, G.; Waschbüsch, Y.; Strobel, C. (Hrsg.): Web 2.0 – Neue Qualifikationsanforderungen in Unternehmen, Bielefeld, 1. Auflage, 2011, S. 13.

Internets"[607], die durch Social Software ermöglicht wurde. Abschließend kann festgehalten werden, dass das Web 2.0 keine neuen Technologien beschreibt, sondern eine veränderte Nutzung des Internets.

5.1.2.2 Begriff des Social Business

Der Begriff des Social Business wird zum einen auf den Friedensnobelpreisträger Muhammad Yunus zurückgeführt[608], zum anderen wurde dieser darüber hinaus in den letzten Jahren von IBM geprägt.[609]

Nach der Definition von Yunus, dem Begründer des Social-Business-Gedankens, ist der Zweck eines Unternehmens demnach nicht die Gewinnmaximierung, sondern allein die Lösung von gesellschaftlichen Problemen. Social Business ist zugleich ein reales Unternehmen, weil es wirtschaftlich und ökologisch nachhaltig arbeiten muss. Die Mitarbeiter erhalten faire Gehälter und die erzielten Einkünfte werden nicht als Dividende an die Kapitalgeber ausgeschüttet, sondern reinvestiert.[610]

Im Januar 2011 hat IBM auf der Lotusphere, der Anwenderkonferenz seiner Notes-Kunden, dem Begriff des Social Business eine neue Richtung gegeben. Der Konzern versteht darunter eine neue Ära der Unternehmensführung zum Zwecke einer besseren Kommunikation und effektiveren Zusammenarbeit. Mit dem Einsatz professioneller Internetanwendungen, der Entwicklung neuer Arbeitskonzepte und neuen Software- bzw. Service-Komponenten mit sogenannten „Social Features", sollen dabei eine Steigerung der Effizienz und Kommunikationsqualität im Geschäftsbereich sichergestellt werden. Die Gewinnmaximierung gilt dabei als oberstes Ziel hinter diesem Konzept.[611]

Abschließend lässt sich sagen, dass unter Social Business in diesem Buchkapitel die Kommunikation über Plattformen verstanden wird, welche Web 2.0 Werkzeuge wie Blogs, Foren oder Wikis vereinen, um die Zusammenarbeit im Unternehmen effektiver zu gestalten. Um dies zu realisieren, ist es wichtig, im Kontext zum Social Business

---

[607] Godau, M.; Ripanti, M.: Online Communitys im Web 2.0 – So funktionieren im Mitmachnetz Aufbau, Betrieb und Vermarktung, Göttingen, 1. Auflage, 2008, S. 48.
[608] Vgl. Gottwald, F.-T.; Sailer, K.; Sprinkart, Karl Peter.: Fair Business: Wie Social Entrepreneurs die Zukunft gestalten: Ein Begleitbuch für Zukunftsunternehmer und Zukunftsentscheider, Regensburg, 1. Auflage, 2013, S. 226.
[609] Vgl. Thielke, S.: Social Business, Enterprise 2.0 und Social Collaboration. Wortwelten und Abgrenzung. (02/2015). In: https://www.munich-digital.com/fachartikel/social-business/social-business-wortwelten-und-abgrenzung (Abrufdatum 28.07.2016).
[610] Vgl. Yunus, M.: Social Business: Von der Vision zur Tat, München, 1. Auflage, 2010, S. 10 ff.
[611] Vgl. Müller, D.: Das genau ist Social Business (11/2013). In: http://ibmexperts.computerwoche.de/a/das-genau-ist-social-business,3207046 (Abrufdatum 03.06.2016).

eine geeignete Kommunikationsstrategie mit seinen Stakeholdern festzulegen. Was darunter genau verstanden wird, erklärt Kapitel 5.1.2.3.

5.1.2.3 Begriff der Kommunikationsstrategie

Um seine Kommunikationsziele zu erreichen, ist es erforderlich, einen Plan dafür auszuarbeiten. Doch bevor man die Konkretisierung der Kommunikationsstrategie weiter vorantreibt, ist es notwendig, sich zunächst ein umfassendes und inhaltliches Begriffsverständnis über die Kommunikationsstrategie anzueignen. Ein klarer Ziel- und Zeitbezug sowie die Strategieumsetzung und -kontrolle, kennzeichnen eine gute Strategie.[612]

Die Analyse von Marktgegebenheiten, des Umfeldes und des Wettbewerbs, bilden vor dem Hintergrund der Beschaffenheit des Geschäfts und der eigenen Kompetenzen, die Basis zur Entwicklung einer Strategie. Nach Porter kommt es bei der Wahl der Strategie darauf an, anders oder besser zu sein als die Konkurrenz und seine eigenen Ressourcen bestmöglich einzusetzen.[613] Der erste Schritt bei der Entwicklung einer Kommunikationsstrategie ist es, die relevanten Zielgruppen für die Kommunikationsstrategie zu identifizieren und auf Grundlage dessen im Anschluss den Instrumenteneinsatz und die Maßnahmenplanung durchzuführen.[614]

Eine Kommunikationsstrategie ist demnach ein Plan für die Verbreitung von Unternehmensbotschaften, mit denen man bestimmte Zielgruppen erreichen will. Weiterhin schafft eine Kommunikationsstrategie vor allem Transparenz bei der Steuerung des Geschäftserfolgs, um bestehende Kundenbeziehungen zu festigen, weitere profitable Kunden zu gewinnen oder mit anderen relevanten Zielgruppen in Kontakt zu treten.[615]

Weitere wichtige Gruppen neben dem Kunden sind die Mitarbeiter und Führungskräfte eines Unternehmens. Das nächste Kapitel soll deshalb klären, welche Rolle diesen beiden Parteien im Social Business zukommt.

---

[612] Vgl. Welge, K.; Al-Laham, A.: Strategisches Management, Wiesbaden, 5. Auflage, 2008, S. 186.
[613] Vgl. Porter, M.: Wettbewerbsvorteile – Spitzenleistungen erreichen und behaupten, Frankfurt, 4. Auflage, 1996, S. 64.
[614] Vgl. Bruhn, M.: Kommunikationspolitik – Systematischer Einsatz der Kommunikation für Unternehmen, München, 5. Auflage, 2013, S. 203.
[615] Vgl. Bastian, M.: Kommunikationsstrategie – was ist das und wofür brauche ich das? (11/2013). In: http://ebusiness-info.de/blog/e-business/kommunikationsstrategie-was-ist-das-und-wof%C3%BCr-brauche-ich-das (Abrufdatum: 01.06.2016).

5.1.3 Leadership im Social Business

Das neue Konzept von Social Business hat auch Einflüsse auf den Bereich Leadership. Hierarchieordnungen verlieren an Bedeutung, Mitarbeitern wird mehr Verantwortung übertragen, das Kommunikationsverhalten verändert sich und Führungskräfte werden vor neue Herausforderungen gestellt.

Komplexe Angelegenheiten im Kontext zum Social Business werden im Geschäftsalltag durch eine zum Teil selbst auferlegte Organisationstruktur gelöst, anstatt wie bisher auf die Einhaltung von Hierarchien und festen Verantwortlichkeiten festzuhalten. Anders gesagt: Man erlaubt den Mitarbeitern, sich die Bälle zuzuspielen, um gegenseitig voneinander zu lernen.[616] So kann sich aus einer „Einweg-Kommunikation“ eine „Zweiwege-Kommunikation“ entwickeln, wenn man den Mitarbeitern die Chance gibt, Feedback auf die Entscheidungen ihrer Führungskräfte zu geben.[617]

Ein wichtiges Kommunikationsinstrument zum Informationsaustausch bieten dabei soziale Medien, die im Gegensatz zur Top-Down Verteilung via E-Mail, weitgehend befreit sind von sämtlichen Hierarchieordnungen.[618] Die Nutzung solcher Kommunikationsplattformen hat nicht nur Folgen für die Unternehmenskultur, sondern eröffnet diesem auch neue Chancen und stellt zudem Führungskräfte vor neue Herausforderungen.[619]

Heutzutage können sich Manager in einer Social Business Organisation nicht mehr durch einen Informationsvorsprung hervorheben, den man üblicherweise in einem hierarchisch strukturierten Unternehmen besaß. Das wird in der heutigen Zeit aber auch nicht mehr erwartet, da Informationen überall und fast zu jeder Zeit abrufbar sind. In diesem Kontext versteht sich Führung deshalb zunehmend als die Steuerung der Aufmerksamkeit der eigenen Mitarbeiter.[620]

[616] Vgl. Schütt, P.: Der Weg zum Social Business: Mit Social Media Methoden erfolgreicher werden. Berlin Heidelberg, 1. Auflage, 2013, S. 101.
[617] Vgl. Klein, P.: Führung mit Enterprise 2.0: Die Vorteile digitaler Kommunikationstools (06/2012). In: http://www.unternehmer.de/management-people-skills/133435-fuehrung-mit-enterprise- 2-0-die-vorteile-digitaler-kommunikationstools (Abrufdatum: 18.05.2016).
[618] Vgl. Schütt, P.: Der Weg zum Social Business: Mit Social Media Methoden erfolgreicher werden, Berlin Heidelberg, 1. Auflage, 2013, S. 101 f.
[619] Vgl. Kirschenbauer, A.: Neuformierung von Arbeit und Leben durch Informatisierung? Wischermann, U.; Kirschenbauer, A. (Hrsg.): In: Geschlechterarrangements in Bewegung, Bielefeld, 1. Auflage, 2015, S. 80.
[620] Vgl. Schütt, P.: Der Weg zum Social Business: Mit Social Media Methoden erfolgreicher werden, Berlin Heidelberg, 1. Auflage, 2013, S. 102.

Konkret umfasst das Thema „Führen“ in einem Social Business folgende Punkte:

- Eckpunkte der zukünftig angestrebten Kultur aktiv vorleben („Leading by Example“).
- Corporate Identity, das „Wir“ Gefühl der Firma, stärken, indem man per sozialer Medien auch in verteilten Organisationen virtuell enger zusammenrückt.
- Eigentliche Steuerung geschieht über Werte, die klar kommuniziert werden, also nicht mehr „Command & Control“.
- Besonders wichtig ist fortlaufendes Stiften von Motivation, sich als Mitarbeiter noch intensiver für das Unternehmen zu engagieren.

Aufmerksamkeit der Mitarbeiter zu lenken, also gewünschte Zielrichtungen und Abgrenzungen vorzugeben.[621]

Um dies alles verwirklichen zu können, muss die Führungsetage für Veränderungen bereit sein und sich vom Prinzip des Herrschaftswissens befreien. Führungskräfte, die sich dabei als Coach sehen und eine offene Kommunikation mit ihren Mitarbeitern anstreben, sind wichtige Grundpfeiler, um ihr Team zu neuen Höchstleistungen zu treiben.

Im Enterprise 2.0 verlieren hierarchische Strukturen an Bedeutung, Arbeitnehmer bekommen mehr Eigenverantwortung und Führungskräfte arbeiten öfter auf einer Stufe mit ihren Mitarbeitern zusammen.[622] Trotz allem bleiben die bestehenden Führungs- und Entscheidungsprinzipien von Bedeutung, lediglich die Kommunikationsstruktur und die Wechselbeziehungen nehmen neue Hierarchieformen an. Merkmale dieser „neuen“ Kultur sind eine direktere Kommunikation, eine höhere Entscheidungs- und Informationstransparenz, eine offenere Führung sowie eine größere Motivation, Wissen zu teilen.[623]

Auch die Erwartungen an eine Führungskraft, die von seinen Mitarbeitern ausgehen, befinden sich in einem Veränderungsprozess. In einer Onlinestudie aus dem Jahre 2014, hat Petry dazu 235 Führungskräfte und Personalverantwortliche zum Thema „Führung 2.0“ befragt. Untersucht werden sollte vor allem, welche konkreten

---

[621] Vgl. Schütt, P.: Der Weg zum Social Business: Mit Social Media Methoden erfolgreicher werden, Berlin Heidelberg, 1. Auflage, 2013, S. 102.

[622] Vgl. Kirschenbauer, A.: Neuformierung von Arbeit und Leben durch Informatisierung? Wischermann, U.; Kirschenbauer, A. (Hrsg.): In: Geschlechterarrangements in Bewegung, Bielefeld, 1. Auflage, 2015, S. 80.

[623] Vgl. Petry, T.; Schreckenbach, F.: Enterprise 2.0 Transformation: Social Media unternehmensintern nutzen (2013). In: Zeitschrift Führung und Organisation (zfo) Nr. 4/2013, 82. Jg., 237–244 , S. 238.

Erwartungen sich aus den zuvor dargestellten Einflussfaktoren auf eine „Führungskraft 2.0" ergeben.

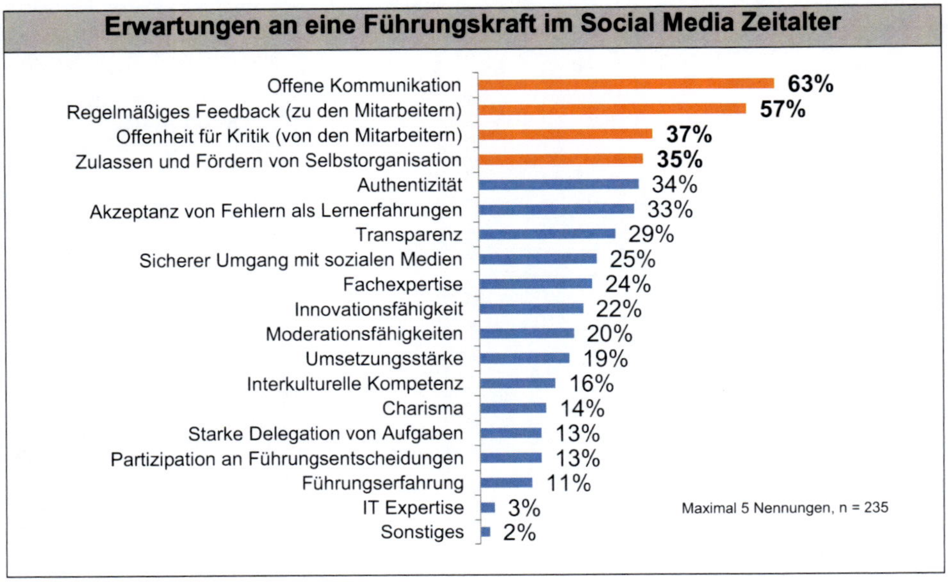

Abbildung 86: Erwartungen an eine Führungskraft im Social Media Zeitalter[624]

Wie Abbildung 86 zeigt, liegen die Erwartungen an eine Führungskraft vor allem in den folgenden Bereichen: Offen kommunizieren, regelmäßiges offenes Feedback an die Mitarbeiter geben und vor allem selbst offen für Kritik sein. Ein weiterer wichtiger Punkt umfasst die Selbststeuerung und -organisation. Das heißt konkret, dass sich die Mitarbeiter mehr Freiheiten wünschen und in dieser Hinsicht auch von den Führungskräften Unterstützung erfahren wollen.[625] Der sichere Umgang mit sozialen Medien steht mit 25 % im Mittelfeld der Erwartungen und damit nicht an oberster Stelle.

Abschließend lässt sich sagen, dass sich mit der Einführung von Social Business Plattformen der Aufgabenbereich der Führungskräfte verändern wird. Sie werden weiterhin Entscheidungen treffen, jedoch werden alte Funktionen wegfallen und neue Aufgabengebiete hinzukommen. Erheblichen Einfluss darauf werden auch die wachsenden Ansprüche der Arbeitnehmer haben. Die Themen Transparenz und

[624] Vgl. Petry, T.: Web 2.0, Enterprise 2.0…Führung 2.0? (05/2013). In: https://www.saatkorn.com/web-2-0-enterprise-2-0-fuhrung-2-0-eine-aktuelle-studie-zu-veranderten-erwartungen-an-fuhrung/ (Abrufdatum: 20.05.2016).

[625] Vgl. Petry, T.: Web 2.0, Enterprise 2.0…Führung 2.0? (05/2013). In: https://www.saatkorn.com/web-2-0-enterprise-2-0-fuhrung-2-0-eine-aktuelle-studie-zu-veranderten-erwartungen-an-fuhrung/ (Abrufdatum: 20.05.2016).

Feedback werden in Zukunft einen größeren Stellenwert bei der Kommunikation einnehmen und Führung damit anspruchsvoller machen.[626] „Kommunizieren, einbinden, überzeugen. Das sind die neuen Führungsprinzipien".[627]

Eine weitere Erkenntnis ist, dass durch die Verwendung einer Social Business Plattform Automatismen für Manager wegfallen. Die Führungskräfte müssen sich die Informationen aktiv beschaffen, z.B., wenn sie über den Stand eines Projekts Bescheid wissen wollen, da die Kommunikation der Teams weitgehend über die Enterprise Social Networks stattfindet. Nach Daniel Kraft sollten die Manager sich auf Social Business einlassen, ansonsten werden sie durch andere Führungskräfte abgelöst.

5.1.4 Enterprise Social Networks

Nachfolgend wird ein Überblick über die drei Enterprise Social Networks IBM Connections, Yammer und Jive gegeben.

5.1.4.1 IBM Connections

IBM Connections ist eine Social Software für Social Collaboration innerhalb einzelner Unternehmen, welche 2007 zunächst unter dem Namen Lotus Connections vorgestellt wurde. Mit der Version 3.0.1 wurde es im Jahr 2011 in IBM Connections umbenannt.[628] Die Kernfunktion dieser Plattform bilden die Communities, in denen virtuelle Teams konzentriert an ihren Projekten arbeiten können. Dateien werden dort zentral abgelegt, was das schnelle Auffinden erleichtert. Ein Activity Stream fasst alle relevanten Informationen für jeden Nutzen zentral zusammen. Mitarbeiter können dadurch kontextorientiert arbeiten und Statusmeldungen im Stream zudem kommentieren, teilen und liken. Wikis, Blogs, Foren und Lesezeichen ermöglichen die zentrale und transparente Speicherung von Wissen, um damit die Effizienz bei der Projektbearbeitung zu erhöhen und Innovationen beschleunigen zu können. Welcher Nutzen und Mehrwert aus den oben aufgeführten Punkten resultiert, wird im Folgenden beschrieben.[629]

---

[626] Vgl. Kirschenbauer, A.: Neuformierung von Arbeit und Leben durch Informatisierung? Wischermann, U.; Kirschenbauer, A. (Hrsg.): In: Geschlechterarrangements in Bewegung Bielefeld, 1. Auflage, 2015, S. 84 f.
[627] Vgl. Bund, K.; Heuser U.: Führungsfrauen – Verändern Sie die Welt? (29.11.2012). In: http://www.zeit.de/2012/49/Frauen-Fuehrungsposition-Wirtschaft (Abrufdatum: 20.05.2016).
[628] Vgl. o. V.: IBM Connections (o. J.). In: http://www.edcom.de/ttacms.nsf/id/ibm-connections-de (Abrufdatum 30.07.2016).
[629] Vgl. o. V.: IBM Connections – das Enterprise Social Network (o. J.). In: http://www.communardo.de/home/ibm-connections/ (Abrufdatum 05.06.2016).

Das System schafft eine offene und transparente Kommunikation. Die engere Vernetzung der Mitarbeiter führt zu einem stetigen Informationsaustausch und fördert damit die Entwicklung neuer Ideen. Communities dienen als zentraler, virtueller Raum für Teams, um die Interaktion verteilter Mitarbeiter zu vereinfachen. Außerdem wird damit die Zusammenarbeit bei Projekten und Teams verbessert. Die zentrale Speicherung von Wissen im Social Intranet verringert den E-Mail - Verkehr und erleichtert die Integration neuer Mitarbeiter ins Unternehmen. IBM Connections ist eine umfassende Social Software, die alle Funktionen für eine erfolgreiche Social Collaboration besitzt.[630]

5.1.4.2 Yammer

Yammer ist ein weiteres Enterprise Social Network für Unternehmen, welches seit dem Jahr 2008 in Betrieb ist. 2012 wurde der Dienst für 1,2 Milliarden Dollar durch Microsoft übernommen.[631] Die Software der Plattform enthält ähnliche Funktionen, wie das soziale Netzwerk Facebook und der Microbloggingdienst Twitter. Das Angebot von Yammer bietet verschiedene Funktionen, die sich aber nicht an Einzelpersonen, sondern an Unternehmen richten.[632] Gruppen stellen Teams einen flexiblen und gemeinsamen Arbeitsbereich zur Verfügung, um überall und zu jeder Zeit zusammenarbeiten zu können und damit eine organisationsübergreifende Projektorganisation zu ermöglichen. Zudem ist es möglich, Microsoft-Produkte wie SharePoint und Office 365 zu integrieren.[633] Mitarbeiter können über das Netzwerk gezielt nach Profilen von Experten suchen, Anfragen an Kollegen stellen, Informationen teilen oder Geschäftskontakte pflegen. Yammer ist ein cloudbasiertes, geschlossenes Netzwerk und wurde für eine offene Kommunikation entwickelt. Die Plattform findet nach eigenen Angaben bei mehr als 200.000 Unternehmen Verwendung.[634]

---

[630] Vgl. o. V.: IBM Connections – das Enterprise Social Network (o. J.). In: http://www.communardo.de/home/ibm-connections/ (Abrufdatum: 05.06.2016).

[631] Vgl. Wyllie, D.: Die besten Social Enterprise-Tools für KMU (04/2013). In: http://www.computerwoche.de/a/die-besten-social-enterprise-tools-fuer-kmu,2531516 (Abrufdatum: 31.07.2016).

[632] Vgl. Schröder, T.: Facebook für Firmen (06/2012). In: http://www.fr-online.de/wirtschaft/soziales-netzwerk-yammer-facebook-fuer-firmen,1472780,16477036.html (Abrufdatum: 31.07.2016).

[633] Vgl. o. V.: Info über Yammer – Funktionen (o. J.). In: https://products.office.com/de-de/yammer/yammer-features (Abrufdatum 31.07.2016).

[634] Vgl. o. V.: Microsoft gewinnt neue Nutzer für Social-Media-Dienst-Yammer (04/2013). In: http://www.kn-online.de/News/Nachrichten-Wirtschaft/Aktuelle-Nachrichten-Wirtschaft-aus-der-Welt/Microsoft-gewinnt-neue-Nutzer-fuer-Social-Media-Dienst-Yammer (Abrufdatum: 31.07.2016).

5.1.4.3 Jive

Jive ist eine Social-Business-Anwendung des im Jahre 2001 gegründeten kalifornischen Unternehmens Jive Software. Die Plattform konzentriert sich auf Kommunikations- und Kollaborationslösungen in Unternehmen und stellt Lösungen für das Wissensmanagement zur Verfügung.[635] Mit der Software ist es möglich, Communities in Form von virtuellen Gruppen und persönliche Netzwerke für einen effektiveren Informationsaustausch aufzubauen. Interaktionen der Nutzer sind auf dem Netzwerk global sichtbar und ermöglichen damit transparente und effektive Arbeitsabläufe. Mitarbeiter haben zahlreiche Möglichkeiten, über die Plattform mit ihren Kollegen in Kontakt zu treten. Beispiele hierfür sind das Erstellen von Diskussionen oder das Teilen von Dokumenten und Blogs. Die Angestellten können ihre Ideen und ihr Wissen sowohl firmenintern als auch unternehmensübergreifend austauschen und bei Problemen die entsprechenden Experten heranziehen. Jive Software zählt neben Microsoft und IBM zu den führenden Anbietern im Bereich von Social-Business-Lösungen.[636]

5.1.5 Beispiele von Unternehmen für den Einsatz von Social Business

In den folgenden Abschnitten 5.1.5.1 bis 5.1.5.3 werden drei Fallstudien aufgezeigt, die den erfolgreichen Einsatz von Enterprise Social Networks in Unternehmen beschreiben.

5.1.5.1 Fallbeispiel: Robert Bosch GmbH

Robert Bosch gründete im Jahr 1886 die Robert Bosch GmbH. Das Unternehmen ist tätig als Automobilzulieferer, Hersteller von Gebrauchsgütern und Industrie- und Gebäudetechnik. Weiterhin ist Bosch führend in der automatisierten Verpackungstechnik. Im Jahr 2015 erwirtschafteten die weltweit rund 375.000 Mitarbeiter an knapp 260 Standorten, einen Umsatz von circa 70 Mrd. Euro.[637]

---

[635] Vgl. Hackmann, J.: Die besten Social-Business-Tools (06/2012). In: http://www.computerwoche.de/a/die-besten-social-business-tools,2505315 (Abrufdatum 01.08.2016).
[636] Vgl. Gonev, M.: Enterprise 2.0 mit JIVE Social Business Software (o. J.). In: http://www.martingonev.de/enterprise-2-0-mit-jive-social-business-software/ (Abrufdatum: 01.08.2016).
[637] Vgl. o. V.: Bosch weltweit (o. J.). In: http://www.bosch.com/de/com/bosch_group/boschgroup.html (Abrufdatum: 14.06.2016).

Im Jahr 2009 wurde man erstmals auf das Thema Enterprise Social Networks bei der Robert Bosch GmbH aufmerksam. Zwei Abteilungsleiter aus den Zentralbereichen der Unternehmenskommunikation und der Organisationsentwicklung, tauschten sich in einem Gespräch über das Thema „Web 2.0“ aus.[638]

Schon kurze Zeit später fanden sich weitere Unterstützer aus den Reihen der Mitarbeiter, darunter auch einige Bereichsleiter aus dem oberen Führungskreis, die sich aus Überzeugung dem Konzept des Enterprise 2.0-Ansatzes anschlossen.[639]

Im Jahr 2011 ergriff der Bosch-Geschäftsbereich AA (Automotive Aftermarket) als erster Bereich aus eigener Hand die Initiative zur internen Vernetzung. Der Pilotversuch sprach sich sehr schnell im Konzern herum und es entstand eine ungeahnte Eigendynamik daraus. Es folgten Anfragen aus weiteren Geschäftsbereichen und aus den anfänglich geplanten 100 Mitarbeitern auf der Pilot-ESN-Plattform wurden schnell 500. Da noch sehr wenig bis kein firmeneigenes Wissen bezüglich Enterprise 2.0 vorhanden war, baute der Leiter der Informationstechnik daraufhin ein eigenes E2.0 Team auf, bestehend aus erfahrenen Bosch-Angestellten und neuen Mitarbeitern. Neben der rasanten Entfaltung des E2.0 Netzwerks innerhalb des Unternehmens entwickelten sich, durch das starke Interesse anderer Geschäftsbereiche, erste organisationsübergreifende Netzwerke von Kollegen, die vorher miteinander noch nichts zu tun hatten, jetzt aber an einem gemeinsamen Thema arbeiteten. Nach nicht allzu langer Zeit wurde bereits klar, dass dieses Netzwerk den Kern der E2.0 Bewegung bilden würde, der heute mehrere hundert Mitarbeiter aus zig Bereichen der Organisation umschließt.[640]

Im Spätsommer 2011 wurde, auf Wunsch der Geschäftsführung, ein interdisziplinäres Team aus Anwendern und IT-Experten zusammengestellt. Da der Zeitrahmen für die Pilotphase begrenzt war, wurde das Team damit beauftragt, unterschiedliche Software-Plattformen zu evaluieren, die für einen konzernweiten Einsatz mit weit über 250.000 Menschen geeignet wären. Nachdem ein Team wochenlang verschiedene Systeme untersucht hatte, entschied man sich letztendlich für den konzernweiten Einsatz von IBM Connections als ESN, intern als „Bosch Connect“ (BC) bezeichnet.[641]

---

[638] Vgl. Rossmann, A.; Stei, G.; Besch, M.: Enterprise Social Networks, Wiesbaden, 1. Auflage, 2016, S. 249.
[639] Vgl. ebd. (2016), S. 250.
[640] Vgl. ebd. (2016), S. 253.
[641] Vgl. ebd. (2016), S. 254.

5.1.5.2 Fallbeispiel: COMET Group

Die COMET Group ist ein weltweit führendes Schweizer Technologieunternehmen im Bereich der Röntgen, Hochfrequenz- und E-Beam Technologie. COMET bietet maßgeschneiderte Lösungen und hochwertige Dienstleistungen für seine Kunden an, um die Qualität und Effizienz ihrer Produkte und Prozesse weiter zu verbessern. Im Jahr 2015 erzielten die rund 1100 Mitarbeiter einen Umsatz von 282.3 Mio. CHF.[642]

Die COMET Group konnte in den letzten Jahren sowohl den Umsatz, als auch die Mitarbeiterzahl steigern. Das Unternehmen ist an 12 Standorten in 7 Ländern dezentral vertreten.[643] Die damalige Intranetlösung war nicht mehr zeitgemäß und gab der Geschäftsleitung damit keine Möglichkeit, die über die einzelnen Länder ansässigen Mitarbeiter des Unternehmens gleichzeitig anzusprechen. Des Weiteren konnten unternehmensinterne Neuigkeiten nur per E-Mail versendet, nicht aber über eine Plattform zentral zur Verfügung gestellt werden. Ziel war es, die Unternehmenskommunikation zwischen den Standorten unkomplizierter zu gestalten.[644]

In einer Projektlaufzeit von nur 3 Monaten wurden die Anforderungen der COMET Group durch die Einführung von Yammer umgesetzt. Die Anbindung der Standorte an die Plattform gestaltete sich als unkompliziert, da lediglich ein Internetzugang Voraussetzung für die Nutzung des cloudbasierten Netzwerks war. Probleme durch verschiedene Domänen und Hardware, die die Einführung anderer Kollaborationsnetzwerke erschweren könnten, erübrigten sich mit Yammer.[645]

5.1.5.3 Fallbeispiel: Swiss Re AG

Die Swiss Re Gruppe mit Sitz in Zürich, wurde im Jahre 1863 gegründet und ist eines der weltweit größten Rückversicherungsunternehmen. Swiss Re bietet ein breites Spektrum an Lösungen für seine Kunden an, die von Standardprodukten bis zu kundenspezifischen Versicherungsdeckungen für jegliche Geschäftsbereiche

[642] Vgl. o. V.: COMET Group – Über uns (o. J.). In: http://www.comet-group.com/ueber-uns (Abrufdatum 02.08.2016).
[643] Vgl. o. V.: Unsere Standorte weltweit (o. J.). In: http://www.comet-group.com/standortuebersicht (Abrufdatum 02.08.2016).
[644] Vgl. Grossniklaus, P.: Fallstudie: Einführung von Yammer bei der COMET Group (o. J.). In: http://www.isolutions.ch/Referenzen/Seiten/Einfuehrung-von-Yammer-bei-der-COMET-Group.aspx (Abrufdatum: 02.08.2016).
[645] Vgl. Grossniklaus, P.: Fallstudie: Einführung von Yammer bei der COMET Group (o. J.). In: http://www.isolutions.ch/Referenzen/Seiten/Einfuehrung-von-Yammer-bei-der-COMET-Group.aspx (Abrufdatum: 02.08.2016).

reichen.[646] Die ca. 12.700 Mitarbeiter erwirtschafteten im Jahr 2015 einen Umsatz von ca. 30 Mrd. $.[647]

Die Fallstudie beschäftigt sich damit, wie die Zusammenarbeit von weltweit verteilten Teams effektiver organisiert werden kann. Das Ziel war es, ein festgefahrenes Projekt innerhalb kürzester Zeit wieder auf Vordermann zu bringen. Bisher fand die Kommunikation der beteiligten Teams über E-Mail oder Spreadsheets statt. Peter Füllemann, damaliger Leiter des Bereichs Client & Business Intelligence bei der Swiss Re und Projektverantwortlicher, brachte das Projekt wieder auf den richtigen Kurs, indem er den Fokus auf die Projektkollaboration legte. Er entschied sich für die Nutzung von Ourspace, wie die auf Jive basierende Plattform bei Swiss Re genannt wird.[648]

Die Anforderung an das Projekt war, Kundenvernetzungen der Swiss Re auf Basis von SAP CRM darzustellen, wie es bei sozialen Netzwerken wie XING oder LinkedIn der Fall ist, um das Kundenmanagement weiter zu optimieren. Peter Füllemann war Umsetzungstreiber für das Projekt und saß im zugehörigen Steuerungsausschuss. Die geschäftsseitige Projektleitung befand sich in Zürich, die IT-Verantwortlichen und der Sponsor waren in New York ansässig, die Entwicklung lag in Riga, die Tests fanden in Indien statt und die Kunden bzw. Projekt-Stakeholder waren auf der ganzen Welt verteilt. 17 Leute an neun Standorten waren zum Zeitpunkt des Projektabschlusses beteiligt.[649]

Die Besonderheit des Projekts war, dass der Projektauftrag aus einer strategischen Initiative zu Stande kam, die einen sehr strammen Zeitrahmen festlegte. Dies stellte die Projektleitung und das Team vor Herausforderungen. Füllemann entschloss sich dazu, das ins Stocken geratene Projekt zu übernehmen. Sein Plan war es, sich auf die Projektkollaboration zu konzentrieren und vorübergehend mit Ourspace zu arbeiten. Unter seiner Leitung und der Benutzung von Ourspace konnte das Projekt im Sommer 2011 in kurzer Zeit erfolgreich abgeschlossen werden.[650]

---

[646] Vgl. o. V.: Swiss RE – Über uns (o. J.). In: https://www.xing.com/companies/swissre (Abrufdatum 02.08.2016).
[647] Vgl. o. V.: Financial Information (o. J.). In: http://www.swissre.com/investors/financial_information/ (Abrufdatum: 02.08.2016).
[648] Vgl. Back, A.; Gronau, N.; Tochtermann, K.: Web 2.0 in der Unternehmenspraxis: Grundlagen, Fallstudien und Trends zum Einsatz von Social Software, München, 3. Auflage, 2012, S. 294.
[649] ebd (2012), S. 294.
[650] ebd (2012), S. 295.

Fazit zu den Fallbeispielen

Betrachtet man die drei Fallbeispiele, so lässt sich Folgendes festhalten: Der Einsatz von Social Business Plattformen wie IBM Connections, Yammer oder Jive bei verteilten Teams, scheint sinnvoll. Bei Bosch ist man zufällig auf das Thema Enterprise 2.0 aufmerksam geworden, als sich zwei Abteilungsleiter in einem Gespräch darüber austauschten. Die Einführung der Plattform IBM Connections war erfolgreich, was wahrscheinlich daran lag, dass sich umgehend viele weitere Befürworter in den Reihen der Mitarbeiter fanden. Für eine erfolgreiche Einführung einer Social Business Plattform ist es von Vorteil, wenn bei den Mitarbeitern eine gewisse Akzeptanz dafür vorhanden ist.

Das zweite Fallbeispiel, die Einführung von Yammer bei der COMET Group zeigte, dass die Intranetlösung nicht mehr den aktuellen Ansprüchen der Geschäftsleitung entsprach. Mit der Kommunikationsplattform war ein reibungsloser Informationsaustausch unter der Belegschaft nicht mehr möglich. Hier sah die Firmenleitung Handlungsbedarf und entschied sich für den Einsatz von Yammer. Das Resultat daraus war, dass die Mitarbeiter an den verschiedenen Standorten schneller und einfacher kommunizieren konnten.

Die letzte Fallstudie von Swiss Re zeigt auf, dass der Einsatz von Enterprise Social Networks ebenso auf einzelne Projekte anwendbar ist und nicht immer das ganze Unternehmen betreffen muss.

Zusammenfassend lässt sich sagen, dass es wichtig ist, hinsichtlich der Einführung einer Social Business Plattform Akzeptanz bei den Mitarbeitern zu erlangen. Eine optimale Kommunikation und Zusammenarbeit über so eine Plattform funktioniert, wenn sich alle Mitglieder der Teams daran beteiligen. Weiterhin lässt sich anhand des Fallbeispiels der Swiss Re erkennen, dass Mitarbeiter mehr Verantwortung übernehmen.

In diesem Kapitel wurde anhand von Fallbeispielen gezeigt, inwieweit der Einsatz von Enterprise Social Networks in Unternehmen die Zusammenarbeit verändert. Im nächsten Abschnitt 5.1.6 wird auf die Plattform TED eingegangen, die Mitarbeitern die Chance bietet, ihre Ideen über Kurzvorträge zu verbreiten.

5.1.6 TED

TED steht für die Verbreitung von Ideen in Form von Vorträgen (18 Minuten oder weniger), die durch ausgewählte Sprecher vorgetragen werden. Ab dem Jahre 1984 wurde TED ursprünglich als Konferenz für Technology, Entertainment und Design in Amerika abgehalten und hat sich seitdem rasant auf der ganzen Welt verbreitet. Heute finden die TEDx Veranstaltungen, die ein Ableger von der ursprünglichen TED-Konferenz sind, über sämtliche Themenbereiche in über 100 Sprachen statt.[651] Auf diesen Plattformen kommen aufgeschlossene Menschen zusammen, um über neue Ideen und technologische Innovationen zu diskutieren und diese zu verbreiten:[652] Im Kontext zum Social Business, kann TED zum regen Wissensaustausch unter den Mitarbeitern genutzt werden.

In der nachfolgenden Fallstudie soll der erfolgreiche Einsatz von TED im Unternehmen beschrieben werden.

5.1.6.1 Fallbeispiel: Deutsche Telekom AG

Die Deutsche Telekom AG ist weltweit eines der führenden Dienstleistungs-Unternehmen im Bereich der Telekommunikations- und Informationstechnologie. Im Jahr 2015 erwirtschafteten die rund 225.000 Mitarbeiter einen Umsatz von circa 70 Milliarden Euro und einen Gewinn von 3,3 Milliarden Euro. Der Konzern ist international ausgerichtet und in rund 50 Ländern vertreten.[653]

Seit einigen Jahren befindet sich die Deutsche Telekom AG in einem sehr dynamischen Prozess kontinuierlicher interner und externer Veränderungen. Gründe hierfür sind der jahrelange Preisverfall in der Telekommunikationsbranche bei steigenden Infrastrukturkosten und einem sich ändernden Technologieanspruch der Kunden. Innovationen und Mitarbeiterbeteiligung spielen bei der Telekom deshalb seit Jahren eine wichtige Rolle, um diesem Anspruch gerecht zu werden. In einem Management-Meeting im Winter 2014/2015 wurde erstmals versucht, die Logik der TED-Talks in der Führungskommunikation einzusetzen. Die Resonanz war positiv, sodass in kurzer Zeit weitere Organisationseinheiten und ausländische Tochtergesellschaften, Mitarbeiter und Führungskräfte nach dem Prinzip der TED-

[651] Vgl. o. V.: Our organization (o. J.). In: http://www.ted.com/about/our-organization (Abrufdatum: 08.06.2016).
[652] Vgl. Jeschke, C.: Was ist TED? (08/2011). In: http://www.tedxvienna.at/blog/was-ist-ted/ (Abrufdatum: 08.06.2016).
[653] Vgl. o. V.: Das Konzernprofil (o. J.). In: http://www.telekom.com/ (Abrufdatum: 08.06.2016).

Kommunikation geschult wurden. Infolgedessen wurden derartige Talks als Telekom-Talks beschrieben.[654]

Die Telekom-Talks kamen kurze Zeit später auf dem internen Guiding Principles Day (GPD) zum Einsatz. Um die Leitprinzipien im Arbeitsalltag erlebbar zu machen, werden am GPD zwei der Unternehmenswerte in den Vordergrund gerückt. Die Angestellten sind dazu aufgerufen, sich mit den Leitlinien und Ihrer Umsetzung im Alltag auseinanderzusetzten. Im Jahr 2015 wurden die Mitarbeiter aufgefordert, ihre Ideen und Anregungen zur Leitlinie „Integrität und Wertschätzung leben“, in Form von zehnminütigen Telekom-Talks darzustellen. Die Redner erhielten einen Leitfaden zur Erstellung ihres Telekom-Talks und hatten mehrere Wochen Zeit, ihren Vortrag auszuarbeiten. Alle Vorträge wurden mit Kameras aufgezeichnet und anschließend als Videos ins Intranet eingestellt. So können alle Mitarbeiter des Konzerns diese Inhalte heute noch wahrnehmen.[655]

Das Beispiel des Guiding Principles Day der Telekom zeigt, dass neben den Führungskräften auch die Mitarbeiter davon profitieren können, ihre Ideen zu selbst ausgewählten Themen anderen mitzuteilen. Für die Zuhörer wiederum erhielten die Leitwerte des Unternehmens neue und überraschende Facetten.[656]

5.1.6.2 TED@IBM

TED@IBM ist eine Partnerschaft zwischen dem TED Institut und dem IBM Konzern.

Zusammen veranstalten die beiden Parteien ein TED Event, auf dem sowohl Experten von IBM als auch Partner, Kunden und Menschen vertreten sind, deren Arbeiten besonders gewürdigt werden. Die eintägige Veranstaltung findet jährlich statt und beschäftigt sich mit dem Zusammenhang zwischen Technologie und Menschheit.

Die zweite Auflage des TED@IBM fand am 15. Oktober 2015 unter dem Motto „Notwendigkeit und Erfindung“ statt. Hierbei wurde die allgemeine Einstellung zu dem Thema infrage gestellt, um einen differenzierteren Blick auf die zur Problemlösung und kreativen Arbeit benötigten Funktionalitäten seitens der Anwender zu werfen.

[654] Vgl. Edelkraut, F.; Balzer S.: Inspiring! Kommunzieren im TED-Stil. Wiesbaden, 1. Auflage, 2016, S. 126.
[655] Vgl. ebd., S. 126.
[656] Vgl. ebd., S. 126 f.

Am 15. November 2016 wird das dritte TED@IBM in San Francisco stattfinden. Thema wird dabei „the Spark“ (der Funke) sein.[657]

5.1.7 Fazit und Ausblick

In der heutigen Arbeitswelt ist die schnelle und einfache Verbreitung von Wissen zu einem kritischen Erfolgsfaktor geworden. Hierbei spielen Enterprise Social Networks eine wichtige Rolle, da Mitarbeiter über diese Plattformen ihre Ideen schnell und einfach kommunizieren können. Zum einen wird dadurch innerhalb des Unternehmens die Effektivität und Effizienz bei der Zusammenarbeit gesteigert, zum anderen kann das Potential für die Entdeckung neuartiger Innovationen ausgeschöpft werden. Der Mitarbeiter rückt stärker in den Mittelpunkt, da diese eigenverantwortliche Inhalte auf die Plattform stellen können. Daraus ergeben sich auch Veränderungen für die Führungs- und Unternehmenskultur. Die zentrale, hierarchische Steuerung der Mitarbeiter durch Manager, verliert an Bedeutung und wird durch eine dezentrale, unabhängige Selbststeuerung der Teams ersetzt. Aus diesem Grund ist es wichtig, dass das Konzept des Social Business von den Führungskräften aktiv vorgelebt und so die Akzeptanz dafür auf allen Unternehmensbereichen geschaffen wird.

Im Kontext zu den Social Enterprise Networks wird auch TED bei der internen Vernetzung in Organisationen einen großen Beitrag leisten. Unternehmen werden die TED Talks nutzen, um ihre Mitarbeiter auf diesen Veranstaltungen zusammenzubringen und gemeinsam neue Ideen zu entwickeln. Derartige Tagungen bieten die Chance, abseits des Arbeitsalltags tiefe Einblicke in die Gedanken anderer Mitarbeiter zu erlangen und sich davon inspirieren zu lassen. Die Telekom hat dies bereits erkannt und nutzt das Redeformat dafür, um die Innovationskultur des Konzerns weiter voranzutreiben. Es ist deshalb wichtig, dass alle Betroffenen den einhergehenden Veränderungen offen gegenüberstehen und sich nicht versperren, da sonst das Konstrukt eines Unternehmens 2.0 nicht funktionieren wird.

[657] Vgl. o. V.: FAQ (o. J.). In: https://www.ibm.com/social-business/us/en/ted/faq.html (Abrufdatum: 06.06.2016).

5.2 Vereinbarungskultur: Kooperation ersetzt Koordination

Benedikt Hintermeier

Zusammenfassung

Der erste Teil beleuchtet die strategische Ebene und erläutert systematisch, wie sich die Bedeutung von Verträgen verringern wird und anstelle selbiger sog. soft factors deren Platz einnehmen. Der zweite Teil, die taktische Ebene, beschäftigt sich mit Crowd Working. Weiterhin wird in diesem Teil die zukünftige Stellung des Projektvertrags erläutert, bevor die Entscheidungsarchitektur der Zukunft skizziert wird. Das letzte Kapitel befasst sich mit der Machine-to-Machine Ebene, in der die Kooperation und Interaktion mit Cognitive Computing und Industrie 4.0 genauer beschrieben wird.

Schlüsselbegriffe

Netzwerke – Governance – Soft factors – Crowd Working – Cognitive Computing – Entscheidungsarchitektur – Data Science – Industrie 4.0

„Imagine organizations in which bosses give employees enormous freedom to decide what to do and when to do. Imagine electing your own bosses and voting directly on important company decisions. Imagine organizations in which most workers aren't employees at all, but electronically connected freelancers living wherever they want to. And imagine that all this freedom in business lets people get more of whatever they really want in life – money, interesting work, the chance to help others, or time with their families"

Thomas W. Malone

5.2.1 Strategische Ebene

5.2.1.1 Neuer Kapitalismus – Arbeiten in Netzwerken

Der Kapitalismus des 20. Jahrhunderts war unter anderem durch hierarchische Systeme in Organisationen gekennzeichnet. Um die Jahrtausendwende vollzog sich allerdings eine Entwicklung hinsichtlich der Strukturen. Moderne Organisationen sind heutzutage im organisatorischen Kontext, nicht mehr starr hierarchisch angeordnet. Netzwerke, in denen Gleichberechtigung eine immer größere Bedeutung gewinnt, sind die neue Form betriebswirtschaftlicher Organisation.[658]

Im soziologischen als auch ökonomischen Kontext können Netzwerke auch als „‚projektbasierte Polis'"[659] aufgefasst werden.3 Die Mitgliedschaft in Netzwerken ist grundsätzlich nicht limitiert. Lediglich die temporäre Begrenzung durch die Projektbetonung dieser Interpretation, limitiert die Zugehörigkeit. Die Folge ist ein allgemeines System mit neuen Wertigkeits- und Wertschätzungsverhältnissen. Außerdem sind als neue Systemmerkmale Flexibilität und die Bedeutung von Beziehungen auszumachen. Mit anderen Worten handelt es sich hierbei um eine durch Mobilität gekennzeichnete Welt, mit einer ganz eigenen sozialen Dynamik.[660]

---

[658] Vgl. Priddat, B.P.; Kabalak A.: Netzwerk und Management, In: Priddat, B.P., Organisation als Kooperation, Wiesbaden, 2010, S. 55

[659] Priddat, B.P.; Kabalak A.: Netzwerk und Management, In: Priddat, B.P., Organisation als Kooperation, Wiesbaden, 2010, S. 55

[660] Vgl. Priddat, B.P.; Kabalak A.: Netzwerk und Management, In: Priddat, B.P., Organisation als Kooperation, Wiesbaden, 2010, S. 55 - 56

5.2.1.2 Die neuen Führungskonzepte – governance structures

Unternehmensorganisationen, und somit auch Netzwerke, entstehen immer dann, wenn die Kosten für eine Organisation niedriger sind als die Marktbenutzungskosten. Entscheidend hierfür sind also der Preismechanismus von Märkten sowie die Transaktionskosten. Da Unternehmen auf den Preismechanismus keinen Einfluss haben, müssen die Transaktionen möglichst effizient organisiert werden. Oder anders formuliert: Anreizstrukturen und Sicherungsmaßnahmen, sog. **governance structures,** müssen so gestaltet werden, dass sie an Umweltveränderungen anpassungsfähig sind und eine möglichst hohe Effizienz erzielen. Kriterien für die Ausgestaltung von governance structures sind der Grad der Spezifität, Unsicherheit und Häufigkeit von Transaktionen.[661] [662]

Governance structures benötigen **governance**. Hierbei ist anzumerken, dass governance nicht eindeutig und klar zu übersetzen ist. Der Begriff governance ist ein Sammelsurium aus Führung/Leitung/Regime/Steuerung/Ordnung. Governance beinhaltet eine größere Bandbreite, was Führungs- und Steuerungsformen anbelangt. Gegenüber eindeutiger Führung abzugrenzen ist governance hinsichtlich der Aufgeschlossenheit gegenüber indirekter Formen von Steuerung und Leitung.[663]

Zudem gilt es die Rolle von Verträgen zu berücksichtigen, da Unternehmensorganisationen nichts anderes als ein System aus Verträgen darstellen. Somit haben Verträge mit ihren formalen und informellen Faktoren Bedeutung für governance structures.

5.2.1.3 Die Bedeutung relationaler Verträgen für governance structures

Grundsätzlich können zwei verschiedene, für governance structures relevante, Vertragsarten, welche den Zusammenhang einer Unternehmensorganisation ausmachen, unterschieden werden.

---

[661] Vgl. Priddat, B.P.; Kabalak A.: Netzwerk und Management, In: Priddat, B.P., Organisation als Kooperation, Wiesbaden, 2010, S. 60.
[662] Vgl. Priddat, B.P.; Kabalak A.: Netzwerk und Management, In: Priddat, B.P., Organisation als Kooperation, Wiesbaden, 2010, S. 56 – 57.
[663] Vgl. Priddat, B.P.; Kabalak A.: Netzwerk und Management, In: Priddat, B.P., Organisation als Kooperation, Wiesbaden, 2010, S. 58.

Neoklassische Verträge und Relationale Verträge[664]

Neoklassische Verträge sind nicht vollkommene Verträge. D. h. es gibt Gegebenheiten, in denen neoklassische Verträge nicht verwirklicht werden. In diesen Situationen sind außenstehende Dritte notwendig. Bei den genannten Dritten handelt es sich in der Regel um rechtliche Stellen.[665]

Hingegen sind relationale Verträge systematisch unvollkommene Verträge, d. h., relationale Verträge sind Kooperationsvereinbarungen mit glaubwürdigen Zusagen.[666]

Durch diese Unterscheidung können die Vertragsarten wie folgt beschrieben werden:

- Der neoklassische Vertrag stellt einen **Koordinationsprozess** dar.
- Der relationale Vertrag hingegen stellt einen **Kooperationsprozess** dar.[667]

Wie in Kapitel 5.2.1.1 bereits dargestellt wurde, kennzeichnet Netzwerke ein Projektcharakter, d.h., die zeitlich limitierte Kooperation steht bei Projekten im Vordergrund. Das Netzwerkkonstrukt kann somit durch Kooperationsprozesse beschrieben werden. Der relationale Vertrag wird dadurch zur bestimmenden Vertragsform in Netzwerken und somit auch für governance structures.[668]

5.2.1.4 Governance – Von Koordination zu Kooperation

Führungsarchitekturen in Hierarchien konzentrieren sich auf die **Koordination** des Leistungserstellungsprozesses, um ein Optimum bezüglich eines Gesamtergebnisses zu erzielen. Im Vordergrund stehen hierbei sowohl die Optimierung von Information, sowie der Leistungserstellung.[669]

Governance ist jedoch, wie bereits erwähnt, sehr viel weiter zu fassen, insbesondere bei Netzwerken. Netzwerke hantieren mit indirekter governance und verlangen nach einem gewissen Maß an Selbstständigkeit der beteiligten Parteien und Personen. Außerdem werden in Netzwerken nur die, durch die vorherrschende Marktdynamik hervorgerufenen offenen Anteile gesteuert, welche nicht durch bestehende Kompetenzen abgedeckt werden können. Die Managementleistung von governance

---

[664] Vgl. Priddat, B.P.; Kabalak A.: Netzwerk und Management, In: Priddat, B.P., Organisation als Kooperation, Wiesbaden, 2010, S. 59.
[665] Vgl. ebd.
[666] Vgl. ebd.
[667] Vgl. ebd.
[668] Vgl. Priddat, B.P.; Kabalak A.: Netzwerk und Management, In: Priddat, B.P., Organisation als Kooperation, Wiesbaden, 2010, S. 60.
[669] Vgl. Priddat, B.P.; Kabalak A.: Netzwerk und Management, In: Priddat, B.P., Organisation als Kooperation, Wiesbaden, 2010, S. 60–61.

besteht somit in der ergänzenden Steuerung. Governance schließt die Lücke, welche die beteiligten Parteien und Personen nicht selbstständig in der Lage sind zu schließen bzw. tritt dort zum Vorschein, wo Koordinations- und Kooperationsdefizite vorzufinden sind. Governance wird somit selbst zu einem Prozess mit indirekter Steuerung, welche im Fortgang erlischt, bzw. sich sogar in eine selbststärkende Organisation verwandelt.[670]

Aufgabe von governance wird damit die **Kooperation** und nicht mehr die Koordination. Governance grenzt sich somit von Führung bzw. Leadership ab und umfasst das ganze Spektrum des Kooperationsprozesses. Sobald Netzwerke sich dahingehend emanzipieren und es schaffen, Eigenständigkeit mit Kooperation auszugestalten, reduziert sich der Aufwand bezüglich Aufgaben des Managements.[671] Die Folge ist eine Reduzierung der Transaktionskosten. Allerdings gilt dies nur für Netzwerke, die sich eine eigenständige Steuerung angeeignet haben. Managementkompetenzen müssen allerdings auch weiterhin zur Verfügung stehen, um in Zeiten erhöhter Marktdynamiken, die unverzichtbaren Lenkungs- und Führungsaufgaben bereit zu stellen. Letztendlich bleibt governance allerdings weit mehr als Koordination.[672]

Wie bereits in Kapitel 5.2.1.2 dargestellt, können Netzwerke und Organisationen im Allgemeinen als ein System aus Verträgen beschrieben werden. Allerdings wäre es kontraproduktiv, sämtliche Kooperationen in Netzwerken mit relationalen Verträgen abzusichern. Die Folge wäre ein exorbitanter Anstieg der Transaktionskosten. Dennoch braucht es einen Modus für governance structures und der inhärenten governance, welcher Kooperationen gelingen lässt. Hier kommen neue Managementfähigkeiten – sogenannte soft factors – ins Spiel, welche die Bedeutung relationaler Verträge in den Hintergrund treten lassen.[673]

5.2.1.5 Die neue Managementkompetenz – Soft factors

Aufgrund der Unzweckmäßigkeit relationaler Verträge, arbeiten governances mit Gratifikations- und Motivationsentwicklung. Dadurch wird den soft factors eine übergeordnete Rolle zugesprochen. Governances beschränken sich nicht nur auf den

[670] Vgl. Priddat, B.P.; Kabalak A.: Netzwerk und Management, In: Priddat, B.P., Organisation als Kooperation, Wiesbaden, 2010, S. 61.
[671] Vgl. ebd.
[672] Vgl. ebd.
[673] Vgl. Priddat, B.P.; Kabalak A.: Netzwerk und Management, In: Priddat, B.P., Organisation als Kooperation, Wiesbaden, 2010, S. 62.

Objektcharakter von Organisationen, sondern setzen diesen mit einem Subjektcharakter gleich und versuchen Anreize und Motivation zu erzeugen. Governance setzt somit voll und ganz auf die in Netzwerken interagierenden Personen, deren Kompetenz und Motivation. Es handelt sich hierbei also um die neue Managementkompetenz der **Vertrauensbildung**. Nur durch diese Kompetenz kann Motivation erzeugt werden, welche sich verstärkend auf Selbstständigkeit und Leistung auswirkt.[674]

„Es geht nicht mehr um Optima, sondern Führung wird zu einer laufenden Kompensationsarbeit an unvollständigen Verträgen, die, über Motivierung, Leistungsüberschüsse erzeugen soll, die die Organisation flexibilisieren in Hinblick auf die immer wieder neuen Probleme und Anforderungen. Hier haben die soziologischen Organisationstheorien Analysen geliefert, die die Ökonomie wahrzunehmen beginnt."[675]

5.2.1.6 Schlussfolgerungen auf strategischer Ebene

Zum einen ist zu den governance structures anzumerken, dass für die Ausgestaltung selbiger, zwar Kriterien vorhanden sind, diese allerdings wenig Aufschluss geben, was sich konkret hinter Anreizstrukturen und Sicherungsmaßnahmen verbirgt. Die Ausgestaltung nach Kriterien wie Grad der Spezifität, Unsicherheit und Häufigkeit der Transaktionen, wie in Kapitel 5.2.1.2 beschrieben, scheint äußerst plausibel. Jedoch bleiben Fragen offen welche wohl der inhärenten Unschärfe von Zukunftsprognosen geschuldet ist:

- Welche konkreten Ressourcen, Kompetenzen und Fähigkeiten sind für Planung, Implementierung und dem Nachhalten von governance structures notwendig?
- Gibt es universalgültige governance structures, die jederzeit Anwendung finden müssen bzw. können?
- Gibt es governance structures, die sich durch überdurchschnittliche Effektivität und Effizienz auszeichnen und dadurch angestrebt werden sollten?
- Haben Faktoren wie beispielsweise Unternehmensgröße oder Branchenzugehörigkeit Auswirkung auf governance structures?

---

[674] Vgl. Priddat, B. P.; Kabalak, A.: Netzwerk und Management, In: Priddat, B.P., Organisation als Kooperation, Wiesbaden, 2010, S. 62 - 63.
[675] Priddat, B. P.; Kabalak, A.: Netzwerk und Management, In: Priddat, B.P., Organisation als Kooperation, Wiesbaden, 2010, S. 63.

Weiterhin wurde die genaue Funktion von governance erläutert, welche sich im Optimalfall durch ihre Passivität und indirekten Ausdrucksweise in Zeiten reduzierter Marktdynamik und durch ihre aktive Präsenz in Zeiten erhöhter Marktdynamik auszeichnet. Es stellt sich somit die Frage des richtigen Zeitpunkts, bis wann governance passiv bleibt, bzw. ab wann governance aktiv eingreifen muss? Aufgrund der geforderten Selbstständigkeit und hohen Eigeninitiative der Mitarbeiter, dürfte sich die Distanz zwischen governance und operativen Tätigkeiten erhöhen. Somit wird es für governance gleichwohl diffiziler, den richtigen Eingriffszeitpunkt zu bestimmen. Demzufolge bleibt es entweder Aufgabe der Mitarbeiter mit operativer Verantwortung, governance nach eigenem Ermessen zu aktivieren, im Sinne einer aktiven Einforderung (welche somit als Teil von Selbstständigkeit und Eigeninitiative vorausgesetzt werden müsste). Oder governance schafft es, geeignete Indikatoren für erhöhte Marktdynamiken im Sinne eines Frühwarnsystems ausfindig zu machen um eigenständig und rechtzeitig aktiv zu werden.

Aufgrund der geforderten hohen Selbstständigkeit und Eigenständigkeit stellt sich zudem die Frage, welche Eigenschaften, Kompetenzen und Fähigkeiten wie beispielsweise Persönlichkeit, Belastbarkeit, Integrität, Moral und Werte, emotionale Intelligenz usw., zukünftige Arbeitnehmer mitbringen müssen. Durch die weitreichenden Kompetenzen und Befugnisse, die den Mitarbeitern in operativer Verantwortung zugesprochen werden, scheint es zudem unerlässlich, diese hinsichtlich Compliance auch weiterhin zu sensibilisieren und noch weitreichender zu schulen. Außerdem erscheint eine zunehmende Abhängigkeit der Unternehmen von ihren Mitarbeitern aufgrund der weitreichenden Verschiebung von Kompetenzen und Befugnissen plausibel. Mitarbeiterbindung, Verhinderung von Abfluss von Knowhow und Wissenssicherung innerhalb der Organisation, werden somit zu weiteren Herausforderungen.

Auf strategischer Ebene ergeben sich neuartige Anforderungen, sowohl an das Management, als auch an die Mitarbeiter. Der Fokus der näheren Zukunft für Unternehmen, dürfte somit wohl bei dem Erwerb der neuen Fähigkeiten und Kompetenzen, sowie dem Vertrauensaufbau in kurzer Zeit, sowohl intern als auch extern liegen. Zudem könnte dem organisationalen Lernprozess in Zukunft eine zentrale Rolle zukommen. Unternehmen, die schneller Lernen als die Konkurrenz, werden, wohl in Zukunft, ihre Position verteidigen oder sogar ausbauen.

5.2.2 Taktische Ebene

5.2.2.1 Digital Working und Crowd Working

Digital Working und Crowd Working als neue Arbeitsform

Das Internet und die Digitalisierung haben unmittelbar Auswirkungen auf die betriebliche Leistungserstellung. So werden auch heutzutage schon vermehrt Tätigkeiten an Einzelpersonen verteilt, ohne dass diese in einem klassischen Arbeitsverhältnis mit dem Auftraggeber (Crowdsourcer) in Verbindung stehen. Ein Konzept, welches durch die fortschreitende Digitalisierung an Bedeutung gewinnt.[676]

Der größte Vorteil für Unternehmen besteht bei dieser Form der Wertschöpfung in dem Potenzial der Einzelpersonen, dem sogenannten **Crowdsourcing**. Neueste Informations- und Kommunikationstechnologien ermöglichen es, quasi jede Person weltweit an der Leistungserstellung teilhaben zu lassen. In diesem Zusammenhang zu unterscheiden sind die Begrifflichkeiten Digital Working, Digital Worker und Crowd Working.[677]

Digital Working beschreibt dabei die Arbeitsform der Einzelpersonen, welche sich in der Regel virtuell durch das Internet an der Aufgabenerledigung beteiligen. Als **Digital Worker** wird die Einzelperson an sich bezeichnet, welche die einzelnen Tätigkeiten ausführt. **Crowd Working** beschreibt die kollektive Leistungserstellung mehrerer Digital Worker.[678] Weiterhin zu unterscheiden ist zwischen internen und externen Crowdsourcing. Beim internen Crowdsourcing sind die Mitarbeiter, die in einem konkreten Arbeitsverhältnis beschäftigt sind, am Crowd Working beteiligt. Hingegen beteiligen sich beim externen Crowdsourcing Personen, die nicht in Verbindung mit dem Unternehmen stehen. Die Abstimmung der Inhalte zwischen den beteiligten Parteien erfolgt dabei online durch digitale Plattformen wie z. B. TopCoder oder uTest.[679]

---

[676] Vgl. Leimeister, J. M. et al.: Digital Working und Crowd Working: Neue Arbeits- und Beschäftigungsformen heute und für die Zukunft, In: Schlick, C., Arbeit in der digitalisierten Welt – Beiträge der Fachtagung des BMBF 2015, Frankfurt am Main, 2015, S. 107.
[677] Vgl. ebd.
[678] Vgl. ebd.
[679] Vgl. Leimeister, J. M. et al.: Digital Working und Crowd Working: Neue Arbeits- und Beschäftigungsformen heute und für die Zukunft, In: Schlick, C., Arbeit in der digitalisierten Welt – Beiträge der Fachtagung des BMBF 2015, Frankfurt am Main, 2015, S. 107–108.

Arbeitsformen des Crowd Working

Im Allgemeinen können zwei verschiedene Formen der Arbeit auf digitalen Crowdsourcing-Plattformen unterschieden werden. In Abbildung 87 sind die beiden Arbeitsformen **wettbewerbsbasierter** und **zusammenarbeitsbasierter Ansatz** zu erkennen. Dabei unterteilt sich der wettbewerbsbasierte Ansatz wiederum in eine **ergebnisorientierte** und **zeitorientierte** Version.[680]

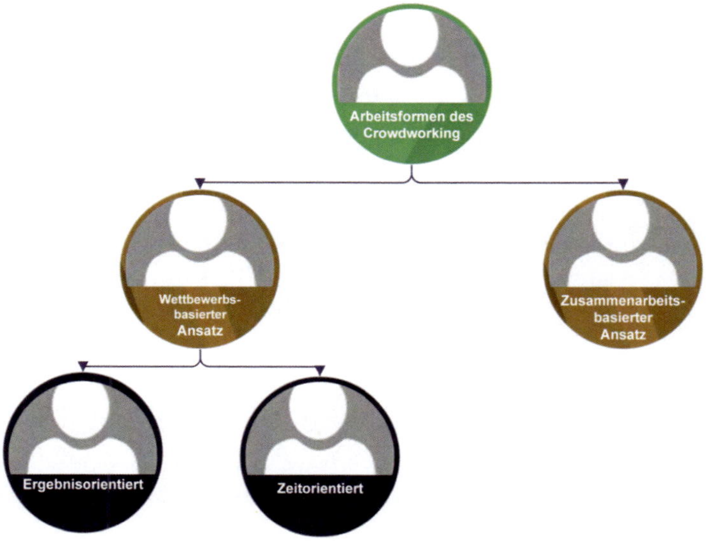

Abbildung 87: Wettbewerbs- und zusammenarbeitsbasierter Ansatz des Crowdsourcing[681]

Beim **wettbewerbsbasierten Ansatz** arbeiten die Digital Worker unabhängig von anderen Teilnehmern und kreieren individuelle Ergebnisse. Sie stehen somit zueinander im Wettbewerb. Das initiierende Crowdsourcing-Unternehmen sucht sich aus den eingegangenen Vorschlägen das bzw. die für sich passenden Ergebnis(-se) aus.[682]

Den **ergebnisorientierten Wettbewerbsansatz** kennzeichnet der im Voraus definierte Zeithorizont, binnen dessen die Ergebnisse auf der digitalen Plattform vorliegen müssen. Die Anforderungen hinsichtlich der Ergebnisdarstellung können dabei, mit sehr informellen bis formellen Ansprüchen, variieren. Nachdem alle Ergebnisse eingereicht wurden, erfolgt die Prämierung der selektierten Ergebnisse

[680] Vgl. Leimeister, J. M.; Zogaj, S.: Arbeitspapier 287 - Neue Arbeitsorganisation durch Crowdsourcing. In: http://www.boeckler.de/pdf/p_arbp_287.pdf (Aufrufdatum: 16.05.2016).
[681] Vgl. ebd.
[682] Vgl. ebd.

durch Geld- oder Sachpreise. Die Prämierung wird dabei vor Start des Crowdsourcings festgelegt. Praktische Anwendung erfährt der ergebnisorientierte Wettbewerbsansatz häufig bei Innovationsaufgaben.[683]

Der **zeitorientierte Wettbewerbsansatz** unterscheidet sich vom ergebnisorientierten Wettbewerbsansatz hinsichtlich des zeitlichen Wettbewerbs. Nicht die optimale Lösung wird prämiert, sondern der Crowd Worker, der sich als erster der Aufgabe annimmt, erhält den Zuschlag. Alternativ wird auch der Crowd Worker prämiert, welcher als Erster ein den Anforderungen entsprechendes Ergebnis abliefert. Sollte die Lösung nicht ausreichen, so erfolgt auch keine Prämierung seitens des Unternehmens. In diesem Fall beginnt das Crowdsourcing von neuem. Praktiziert wird dieser Ansatz überwiegend durch Plattformbetreiber.[684]

Zu den wettbewerbsbasierten Ansätzen abzugrenzen ist der **zusammenarbeits-basierte Ansatz**. Hierbei erarbeiten mehrere Crowd Worker im Kollektiv ein Ergebnis und stehen nicht zueinander im Wettbewerb. Möglich wird dies durch Veränderungen bzw. Erweiterungen von bereits eingestellten Beiträgen durch andere Crowd Worker. Die Veränderungen bzw. Erweiterungen erfolgen mittels Kommentaren, durch die die Beiträge diskutiert werden können. Diese Vorgehensweise erfordert allerdings geeignete Entscheidungsschemata. Hierfür werden sogenannte Five-Star-Ratings bzw. Promote-Demote-Mechanismen (gefällt mir bzw. gefällt mir nicht) zur Seite gestellt. Veränderungen bzw. Erweiterungen mit den besten Bewertungen, können dadurch weiterverfolgt werden. Ziel dieses Ansatzes ist es, eine möglichst hohe Emergenz zu erzielen. Emergenz beschreibt die Beobachtung, dass bessere Ergebnisse erzielt werden, je mehr Personen an einer Aufgabe arbeiten und je höher die Heterogenität der Kompetenzen ist.[685]

Nachdem die unterschiedlichen Arbeitsformen des Crowd Working dargestellt wurden, stellt sich nun die Frage, wie die Crowd Working Aktivitäten zu steuern und kontrollieren sind.

Crowd governance

Der Begriff Crowd governance beschreibt **Steuerungs- und Kontrollprozesse** für Crowd Working Aktivitäten. Crowd governance gilt als eine der bedeutendsten

---

683 Vgl. Leimeister, J. M.; Zogaj, S.: Arbeitspapier 287 - Neue Arbeitsorganisation durch Crowdsourcing. In: http://www.boeckler.de/pdf/p_arbp_287.pdf (Aufrufdatum: 16.05.2016).
684 Vgl. ebd.
685 Vgl. ebd.

Aufgaben innerhalb des Crowdsourcing-Prozesses. Begründet ist dies durch potentielle negative Konsequenzen infolge inadäquater Steuerungs- und Kontrollprozesse. Zu nennen wären hierbei die Nichteinhaltung des zeitlichen Rahmens, bzw. unzureichende Aufgabenerledigung. Entscheidend für die Crowd Working Effizienz ist somit ein geeignetes Management hinsichtlich Maßnahmen und Vorgehensweisen zur Steuerung und Kontrolle der Crowd Working Aktivitäten. Abbildung 88 gibt einen Überblick über Steuerungs- und Kontrollmechanismen für Crowd Working Aktivitäten.[686]

Steuerungs- und Kontroll-prozesse	Erläuterung
Aufgaben-konstruktion	• Unterstützung der Crowd Worker durch entsprechende Strukturen • Klare und eindeutige Aufgabendefinition • Zerlegung der Gesamtaufgabe in Partialaufgaben • Zusammenführung der Partiallösungen zu Gesamtlösung
Konstruktive Rückmel-dungen	• Feedback bzgl. der Tätigkeit an sich, Aufgaben oder zu allgemeinen Gegebenheiten für Crowd Worker von Crowdsourcer und/oder Plattformbetreiber • Ziel: Motivation, Vertrauensbildung, Produktivitätssteigerung
Motivation	• Motivationssteigerung durch geeignete Strukturen und Maßnahmen wie bspw. Wertschätzung oder Geld, welche auf die Motive der Crowd Worker ausgerichtet sind
Ergebnis-bewertung und Sicher-stellung der geforderten Qualität	• Abgleich Ergebnisse mit zuvor definierten Anforderungen durch Crowdsourcer • Evaluierung der Ergebnisse durch Bewertungsschemata (z. B. 5-Star-Rating) durch das Kollektiv der Crowd Worker • Einsatz von irrelevanten Prüfaufgaben parallel zu den relevanten Aufgaben um die Eignung der Crowd Worker zu prüfen • Plausibilitätschecks durch Prüfung ob mehrere Crowd Worker unabhängig voneinander gleiche bzw. gleichartige Ergebnisse erzielen
Koordinie-rung der Zusam-menarbeit	• Einsatz von online Communities und Möglichkeit der Einarbeitung • Kommunikation zwischen Crowd Worker, Crowdsourcer und Plattformbetreiber • Auswahl geeigneter Crowd Worker

Abbildung 88: Steuerungs- und Kontrollmechanismen für Crowd Working Aktivitäten[687]

[686] Vgl. Leimeister, J. M.; Zogaj, S.: Arbeitspapier 287 - Neue Arbeitsorganisation durch Crowdsourcing. In: http://www.boeckler.de/pdf/p_arbp_287.pdf (Aufrufdatum: 16.05.2016).
[687] Vgl. ebd.

Chancen und Risiken des Crowd Working

Das neuartige Konzept Crowdsourcing für die betriebliche Leistungserstellung birgt wie so vieles andere Chancen und Risiken. Die gilt sowohl für die Crowd Sourcer als auch für die Crowd Worker (siehe).

Chancen Crowdsourcer	Risiken Crowdsourcer
• Nutzung des Potenzials der Crowd Worker • Erwerb innovativer Lösungen • Effiziente Erledigung von Partialaufgaben • Geringere Kosten da niedrigere Bezahlung • Flexibilitätssteigerung • Möglichkeit der verstärkten Konzentration auf Kernkompetenz • Verstärkte Kundenakzeptanz der Ergebnisse	• Hoher Aufwand zur Konkretisierung der Aufgabe(n) • Komplexere Kostenkalkulation • Evtl. chaotische Aufgabenerledigung • Aufwendungen zur Motivationsschaffung • Evtl. Verlust von Knowhow • Evtl. Blockade durch Stammpersonal
Chancen Crowd Worker	**Risiken Crowd Worker**
• Entlastung Stammpersonal • Aufgabenvielfalt • Verstärkte Unabhängigkeit • Flexibilitätssteigerung • Verbesserte Kommunikation durch Plattform	• Niedrigere Bezahlung • Erhöhter Konkurrenzdruck • Evtl. Monotonie durch Partialaufgaben • Gefahr des gläsernen Mitarbeiters • Ausbeutung

Abbildung 89: Chance und Risiken für die Beteiligten des Crowdsourcing-Prozesses[688]

Festzuhalten gilt es, dass es sich hierbei um erste Erkenntnisse aus den bisherigen Erfahrungen des Crowdsourcings handelt. Wie sich das Chancen-Risiko-Verhältnis für beide Partien in Zukunft entwickeln wird, bleibt noch offen. Es bleibt ungewiss, ob bisher noch unentdeckte Chancen und Risiken folgen werden.[689]

Letztendlich wird sich Crowd Working auf die uns geläufigen Beschäftigungsformen auswirken (siehe Kapitel 5.2.2.2). Nach einer eher abstrakten Schilderung des Crowdsourcing-Konzepts folgt nun ein Beispiel aus der Softwareentwicklung.

[688] Vgl. Leimeister, J. M. et al.: Crowdsourcing und Crowd Work - ein Zukunftsmodell der IT-gestützten Arbeitsorganisation?. In: http://pubs.wi-kassel.de/wp-content/uploads/2014/07/JML_471.pdf (Aufrufdatum: 13.05.2016).
[689] Vgl. ebd.

Crowd Working am Beispiel der IT- und Softwareentwicklung

In Abbildung 90 wird ein Beispiel für Crowd Working in der IT- und Softwareentwicklung dargestellt. Zu den jeweiligen Aktivitäten sind zusätzlich Beispiele für Crowdsourcing-Plattformen angegeben. Das in Abbildung 90 dargestellte Beispiel beginnt mit der Budgetallokation, welche durch Crowdfunding realisiert werden kann. Im Anschluss erfolgt die Anforderungserhebung durch Crowdbefragungen. Der nächste Schritt beinhaltet die Gestaltung und den Entwurf der Software via Open Innovation Plattformen. Bei der Implementierung kommen im Anschluss Plattformen wie TopCoder oder CrowdCode zum Einsatz, der Softwaretest kann im Weiteren durch Plattformen wie testCloud, uTest, testHub sowie PassBrains erfolgen.[690]

Die abschließenden Aktivitäten Dokumentation sowie Betrieb und Wartung, können ebenfalls durch Plattformen erledigt werden.[691]

Abbildung 90: Crowd Working am Beispiel der IT- und Softwareentwicklung[692]

[690] Vgl. Leimeister, J. M.; Klebe, T.: Digital Working und Crowd Working: Neue Arbeits- und Beschäftigungsformen jetzt und für die Zukunft – BMBF-Fachtagung „Arbeit in der digitalisierten Welt“. In: http://www.hugo-sinzheimer-institut.de/fileadmin/user_data_hsi/Veroeffentlichungen/Vortraege_des_HSI/BMBF-Tagung_Session_3_Leimeister_Klebe.pdf (Aufrufdatum: 26.05.16).

[691] Vgl. ebd.

[692] Vgl. ebd.

5.2.2.2 Der Projektvertrag löst den Arbeitsvertrag ab

Parallel zu den Änderungen, die mit der Digitalisierung einhergehen, kann ein Wertewandel in der Gesellschaft beobachtet werden. Für viele Arbeitnehmer stellt Zeit einen immer wichtiger werdenden Faktor dar. Zudem werden Unternehmen im Zuge der Digitalisierung und der damit einhergehenden beschleunigten Agilität gezwungen, ein höheres Maß an Flexibilität und Reaktionsfähigkeit zu erreichen. Diese zwei wesentlichen Änderungen führen vermehrt zu befristeten Arbeitsverhältnissen in Form von Projektverträgen.[693]

Der Anteil an wissensintensiven Aufgaben nimmt dabei zu. Arbeitnehmer sind u.a. auch dadurch nicht mehr an einen fixen Ort gebunden und können die ihnen übertragenen Aufgaben ort- und zeitunabhängig erledigen. Sie transformieren sozusagen zu selbstständigen Wissensdienstleistern, die nicht mehr an ein einziges Unternehmen gebunden sind, sondern sich für mehrere Unternehmen gleichzeitig engagieren.[694] Als Konsequenz werden unbefristete Arbeitsverhältnisse nur noch selten anzutreffen sein. Unternehmen werden somit flexibler und reaktionsfähiger. Zudem sinken die Fixkosten der Firmen.[695]

Derartige Entwicklungen wirken sich somit auch auf die Interaktion der Beteiligten hinsichtlich Kommunikation und Abstimmungsprozesse aus. Vertrauen, Zuverlässigkeit sowie die eigenen fachlichen und sozialen Kompetenzen, gepaart mit einer unabdingbaren konstruktiven Streitkultur, stellen somit die neuen erfolgsrelevanten Faktoren in dieser Kooperationsform dar. Außerdem ergibt sich dadurch die Notwendigkeit, einer geeigneten und an diese Änderungen angepassten Ausbildung für die zukünftigen selbstständigen Arbeitnehmer sowie für die Führungskräfte auf Seiten der Unternehmen. Letztendlich stellt sich auch die Frage, wie Entscheidungsarchitekturen für diese Kooperationsform auszusehen haben, um eine möglichst hohe Effizienz erzielen zu können.

---

[693] Vgl. Cachelin, J. L.: Die Zukunft des Arbeitsmarktes – These 4: Der Arbeitsvertrag wird zum Projektvertrag. In: https://wissensfabrik.ch/pdfs/t4.pdf (Aufrufdatum: 24.05.16)
[694] Vgl. ebd.
[695] Vgl. ebd.

5.2.2.3 Entscheidungsarchitekturen im digitalen Zeitalter[696]

Der bis hierher aufgezeigte Wandel von Kooperation und Abstimmung infolge der Digitalisierung, bedingt die Klärung von geeigneten Entscheidungsarchitekturen. Eine beispielhafte Entscheidungsarchitektur für die Zukunft ist in Abbildung 91 dargestellt. Durch den stetig ansteigenden Zeitdruck werden Unternehmen gezwungen sein, mehr Entscheidungen in kürzerer Zeit zu treffen. Hierzu bietet sich eine Entscheidungsarchitektur an, welche es erlaubt, beispielsweise innerhalb eines Tages alle notwendigen Entscheidungen zu fällen. Die Eskalationspfade dieser Entscheidungsarchitektur können wie folgt beschrieben werden:

- Das Scrum Team muss für weitere Aktivitäten im Zuge des Daily Scrum Meeting eine oder mehrere Entscheidungen fällen. Kann sich das Team nicht einigen, werden die Entscheidungen den Scrum Mastern übereignet.
- Können sich die Scrum Master ebenfalls nicht auf eine Entscheidung einigen (da es sich z.B. um Entscheidungen handelt welche alle Scrum Teams tangieren), so werden die Entscheidungen wiederum den Product Ownern übereignet.
- Gelingt auf dieser Ebene ebenfalls keine Entscheidung, so obliegt die Entscheidungsgewalt in letzter Instanz dem CEO.

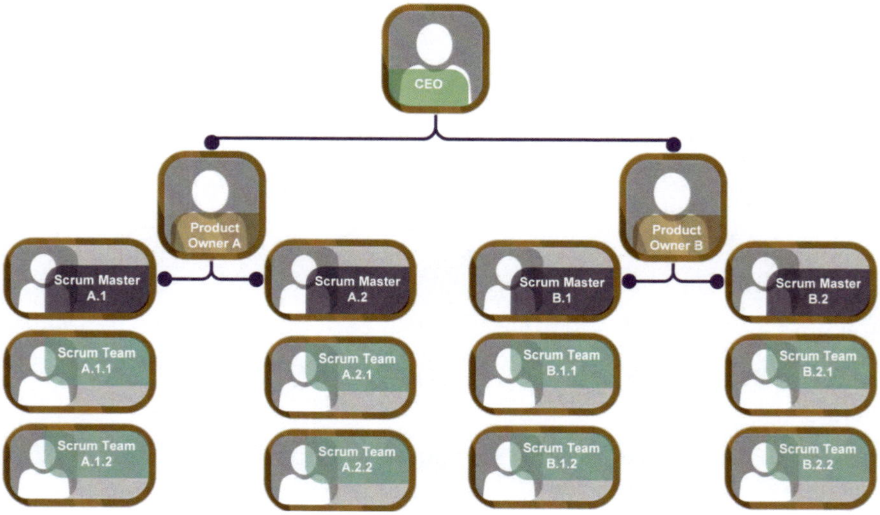

Abbildung 91: Entscheidungsarchitektur im digitalen Zeitalter

696 Vgl. Sutherland J.: Vortrag auf dem Management 3.0 Treffen, München, 08.02.2016.

Die notwendige Entscheidungsqualität kann dabei durch Soft factors, governance und governance structures, wie in Kapitel 5.2.1 beschrieben, sichergestellt werden.

5.2.2.4 Schlussfolgerungen auf taktischer Ebene

Die Teilnahme an Crowd Working bedingt auf Seiten der Crowd Worker zum einen Investitionen in aktuellste Informations- und Kommunikationstechnik und zum anderen ein entsprechendes Bildungs- und Qualifikationsniveau, um den Aufgaben und Anforderungen, welche stetig wissensintensiver werden, gerecht zu werden. Beide Aspekte sind u. a. auch abhängig von der sozialen Herkunft. Daher drängt sich die Frage auf, ob und inwieweit die hier aufgezeigte mögliche Zukunft des Arbeitsmarkts gerechter ist, als die uns bekannte?

Der Abstimmungs- und Kommunikationsaufwand in Folge von Crowd Working steigt dabei stark an. Hier wird sich zeigen, ob die dafür zur Verfügung stehende Informations- und Kommunikationstechnologien, für eine große Anzahl an zwischenmenschlichen Interaktionen geeignet sind, oder ob weiche Faktoren der Kommunikation wie Gestik, Mimik usw. nicht doch eine wesentlich wichtigere Rolle in Abstimmungsprozessen spielen.

Weitere Punkte, die es zu beachten gilt, sind Motivationssteigerung und Vertrauensbildung (s. a. Kapitel Crowd governance). Um möglichst viel des Potenzials von Crowd Working, welches ohne Zweifel vorhanden ist, nutzen zu können, ist bspw. Feedback unerlässlich. Allerdings wird durch die Notwendigkeit, Feedback einer Vielzahl von Personen zu geben, sich der Aufwand dafür enorm steigern.

Bezüglich des zeitorientierten Wettbewerbsansatzes des Crowd Working, muss sich erst zeigen, ob dieser auch zu den besten Ergebnissen führt. Der zusammenarbeitsbasierte Ansatz scheint hier aufgrund von Emergenzen (siehe Kapitel 5.2.2.1) überlegen. Letztendlich scheint es eine Frage des Schwerpunktes zu sein. Steht eine möglichst kurze time-to-market oder die Ergebnisqualität im Vordergrund? Zudem scheint es nicht unwahrscheinlich, dass der wettbewerbsbasierte Ansatz den Konkurrenzdruck stark erhöht. Dadurch dürfte die sich heute schon weit verbreitete Burnout-Thematik nur verschärfen. Es dürften somit vermehrt Kosten auf das Gesundheitssystem zukommen. Inwieweit das derzeitige Gesundheitssystem dafür gerüstet ist, wird sich zeigen. Jedoch könnten hier auch verstärkt die Unternehmen in die Pflicht genommen werden, um etwaige Finanzierungslücken decken zu können.

Nicht zuletzt stellt auch ein etwaiger Knowhow Verlust (siehe Kapitel Chancen und Risiken des Crowd Working) ein Problem dar. Hier muss sich noch zeigen, wie viel unternehmensinternes Wissen/Knowhow bspw. Plattformbetreibern zur Verfügung gestellt werden muss.

Für Unternehmen bieten sich zudem weitere Vorteile. So besteht beispielsweise die Möglichkeit, die aus Sicht der Unternehmen geeignetsten Köpfe an sich zu binden, auch wenn in Zukunft tendenziell weniger Stammpersonal (s. Kapitel 5.2.2) und Führungskräfte (s. Kapitel 5.2.1) benötigt werden. Themen wie Führungskräfte-entwicklung, -nachfolge und –aufbau, bleiben trotzdem auch weiterhin erfolgsrelevant.

Ein weiterer Nebeneffekt dürften Auswirkungen auf die Karrieren von Arbeitskräften sein. Heute sind Fach-, Führungs- und Projektkarrieren, gerade in großen Unternehmen, nicht unüblich. In Zukunft dürften allerdings verstärkt Fach- und Projektkarrieren infolge flacherer Hierarchien an Bedeutung gewinnen. Dies dürfte nicht ohne Folgen für das Bildungssystem sein, welches sich ebenfalls mit den neuen Anforderungen durch die Digitalisierung der Arbeitswelt auseinandersetzen muss. Nicht zuletzt wird dadurch die Thematik des lebenslangen Lernens weiter an Bedeutung gewinnen. Auch denkbar wären hierbei verstärkte Bildungs- und Schulungsangebote seitens der Unternehmen, da tendenziell mehr Fach- und Spezialwissen notwendig werden dürfte. Ein staatliches Bildungssystem kann diesen Anforderungen hinsichtlich Tiefe und Breite von Wissen evtl. nicht mehr genügen.

Außerdem ist mit weiteren Herausforderungen bezüglich Crowd governance zu rechnen. Durch den sich wohl verschärfenden Konkurrenzdruck könnte es verstärkt zu zwischenmenschlichen Konflikten kommen. Für diesen Fall scheint zum einen ein an diese Veränderungen angepasstes effizientes Konfliktmanagement unerlässlich. Zum anderen liegt es auch in der Verantwortung der Plattformbetreiber, eine geeignete Konfliktkultur zu entwickeln, sowie bei Konflikten mit Mediation zur Seite zu stehen.

Letztendlich fehlt derzeit noch ein gesellschaftlicher Diskurs, ob und inwieweit wir mit den zuvor skizzierten Veränderungen hin zu mehr Flexibilität und der damit einhergehenden Zunahme von Unsicherheit, leben wollen oder unter Umständen sogar müssen. Sollte die hier aufgezeigte Zukunft Realität werden, so ist zu befürchten, dass nicht jeder den Wandel hin zur eigenständigen Wissensarbeit schaffen wird. Somit könnte bspw. das bedingungslose Grundeinkommen an

Bedeutung gewinnen, welches bekanntlich derzeit u.a. auch an Finanzierungsvorbehalten mehrheitlich abgelehnt wird. Auch hier werden Unternehmen einen Beitrag leisten müssen – der Preis für Flexibilität und reduziertes Fixkostenrisiko infolge von Globalisierung und Digitalisierung.

5.2.3 Machine-to-Machine Ebene

5.2.3.1 Cognitive Computing

Cognitive Computing – Die neue Form der Wissensarbeit

Der Begriff Cognitive Computing beschreibt Computersysteme, welche mit künstlicher Intelligenz ausgestattet sind. 92 zeigt Kriterien, inwieweit bestehende Systeme dem Cognitive Computing zuzurechnen sind. Diese Systeme besitzen lernfähige Software, mit denen sie sich sozusagen fortbilden, indem sie mit Informationen gespeist werden. Cognitive Computing Systeme sind in der Lage in kurzer Zeit große Datenmengen zu verarbeiten, daraus Schemata abzuleiten, den Kontext zu berücksichtigen und Rückschlüsse zu ziehen. Ein Trend, welcher wohl nicht mehr aufzuhalten sein wird und sich unmittelbar auf die Wissensarbeit an sich, die Unternehmenspraxis und die Organisation auswirken wird.[697] [698]

Kennzeichen	Beschreibung
Anpassungsfähigkeit	• Lernfähigkeit • Mit Unsicherheit umgehen können, Echtzeitfähigkeit und Mehrdeutigkeiten auflösen
Interaktivität	• Benutzerfreundlichkeit • Möglichkeit der Interaktion mit anderen Systemen
Rückmeldung und Erinnerungsfähigkeit	• Automatische Rückmeldung und Unterstützung bei Unsicherheiten und Problemen • Unterstützung durch Bereitstellung geeigneter Informationen zurückliegender Anwendungen
Einbezug des Kontexts	• Berücksichtigung von Kontext, z.B. Syntax, Prozesse, Ziele etc. • Schlussfolgerungen und Rückschlüsse sowohl aus Informationsquellen als auch aus Messdaten

Abbildung 92: Beurteilungskriterien inwieweit Systeme dem Cognitive Computing angehören[699]

[697] Vgl. Führmann, U.: Cognitive Computing und die interne Kommunikation: „Watson, übernehmen Sie die interne Kommunikation!". In: http://www.ik-blog.de/cognitive-computing-und-die-interne-kommunikation/ (Aufrufdatum: 27.05.16).
[698] Vgl. Rauner, M.; Schröder, T.: Künstliche Intelligenz – Die Cogs kommen. In: http://www.zeit.de/zeit-wissen/2015/02/kuenstliche-intelligenz-cognitive-computing-cogs/seite-4 (Aufrufdatum: 27.05.16).
[699] Vgl. Holtel, S.: Andere Denkmaschinen für andere Denkarbeiter: Wissensarbeit mit Cognitive Computing, In: https://www.bitkom.org/Publikationen/2015/Leitfaden/Kognitive-Maschinen/150213-Kognitive-Maschinen-11Febr2015.pdf (Aufrufdatum: 02.06.2016).

Eines scheint schon heute klar zu sein: Die Kombination aus Cognitive Computing und intelligenter Verbindung mit dem Menschen wird die Produktivität der Wissensarbeit steigern.[700]

Data Science - Kooperationsform zwischen Mensch und Cognitive Computing

Data Science beschreibt die wirtschaftliche Perspektive von Big Data. Im Allgemeinen wird darunter die Kompetenz zwischen den Schnittstellen der Computerwissenschaft, Mathematik, künstlicher Intelligenz, Design und Wirtschaftswissenschaft verstanden. Um wirtschaftliches Kapital aus Big Data schlagen zu können, ist derzeit der Einsatz von Expertenteams, bestehend aus sogenannten Data Scientists, immer noch erforderlich. Cognitive Computing unterstützt die Data Scientists und automatisiert Prozesse der Data Science fortwährend. Dadurch wandelt sich die Kooperationsform zwischen Data Science und Cognitive Computing (siehe Abbildung 93).[701]

Data Science in der Gegenwart	Data Science der Zukunft
Entwickler • Wissen über Daten, Mathematik, Statistik und Entwicklung von Anwendungen	**Professioneller Anwender** • Wissen über Dateneingabe und –definition sowie der Funktionalitäten
Entdecker • Erfahrung und Können um aus Daten Kapital schlagen zu können	**Interpreter** • Brauchbar machen der Ergebnisse • Erkennung von Fehlern
Manager • Brücken schlagen zwischen Big Data und Unternehmertum • Erschaffung von Datenprodukten	**Unterstützer** • Unterstützung der Datenoperationen • Experte für Maschinen mit künstlicher Intelligenz

Abbildung 93: Der Wandel der Data Science durch den Einsatz von Cognitive Computing[702]

Der Data Scientist muss sich vom Entwickler zu einem professionellen Anwender fortentwickeln und den erfolgreichen Umgang mit automatisierter Data Science lernen. Zudem müssen sich Data Scientists darauf einstellen, mehr zu Interpreter der Daten zu werden. Wo heute noch 20 % des Aufwandes für Analyse und Interpretation der Ergebnisse investiert werden, wird sich dieser Anteil auf 70 % nur für Interpretation

---

[700] Vgl. Holtel, S.: Andere Denkmaschinen für andere Denkarbeiter: Wissensarbeit mit Cognitive Computing, In: https://www.bitkom.org/Publikationen/2015/Leitfaden/Kognitive-Maschinen/150213-Kognitive-Maschinen-11Febr2015.pdf (Aufrufdatum: 02.06.2016).
[701] Vgl. Bollhöfer, K. W.: Data Science im Zeitalter von Cognitive Computing. In: https://www.bitkom.org/Publikationen/2015/Leitfaden/Kognitive-Maschinen/150213-Kognitive-Maschinen-11Febr2015.pdf (Aufrufdatum: 02.06.2016).
[702] Vgl. ebd.

erhöhen. Außerdem wandelt sich der Data Scientist vom Manager zum Unterstützer. Heutzutage müssen noch enorme Anstrengungen vollbracht werden, um Big Data wirtschaftlich in Unternehmen nutzen zu können. Dies wird sich in Zukunft dahingehend wandeln, als dass Data Science Experten zu Unterstützer transformieren und vermehrt an Bedeutung an der Schnittstelle zwischen Mensch und Maschine erlangen.[703]

5.2.3.2 Industrie 4.0

Das sozio-technische System der Industrie 4.0

Der Wandel des Produktionssystems hin zur Industrie 4.0 geht unweigerlich mit personellen und organisatorischen Veränderungen einher. Insbesondere ergeben sich dadurch neue Interaktionsmuster, hinsichtlich der Aufgabenverteilung einerseits innerhalb eines technischen Systems und andererseits zwischen einem technischen System und der menschlichen Ausführung, welche sich im Wesentlichen durch folgende Charakteristika unterscheiden lassen:

- Parallelität statt Sequentialität der Problembearbeitung.
- Selbstorganisation statt hierarchische Vorstrukturierung.
- Lose Kopplung integrierter Elemente anstelle fester Verflechtung von Prozessschritten.
- Situationsabhängige Verteilung von Aktivitäten auf Handeln, Technik, Programme und menschliches Handeln.
- Interaktiv gesteuerte Mensch-Maschine-Umwelt-Beziehungen statt Programmierung durch fixe Parameter.[704]

Das Produktionssystem der Industrie 4.0 muss somit als ein sozio-technisches System (siehe Abbildung 94) mit wechselseitigen Abhängigkeiten aufgefasst werden.[705]

---

[703] Vgl. Bollhöfer, K. W.: Data Science im Zeitalter von Cognitive Computing. In: https://www.bitkom.org/Publikationen/2015/Leitfaden/Kognitive-Maschinen/150213-Kognitive-Maschinen-11Febr2015.pdf (Aufrufdatum: 02.06.2016).
[704] Vgl. Hirsch-Kreinsen, H.: Wandel von Produktionsarbeit – „Industrie 4.0“. In: http://www.wiso.tu-dortmund.de/wiso/is/de/forschung/ soz_arbeitspapiere/AP-SOZ-38.pdf (Aufrufdatum: 25.05.2016).
[705] Vgl. ebd.

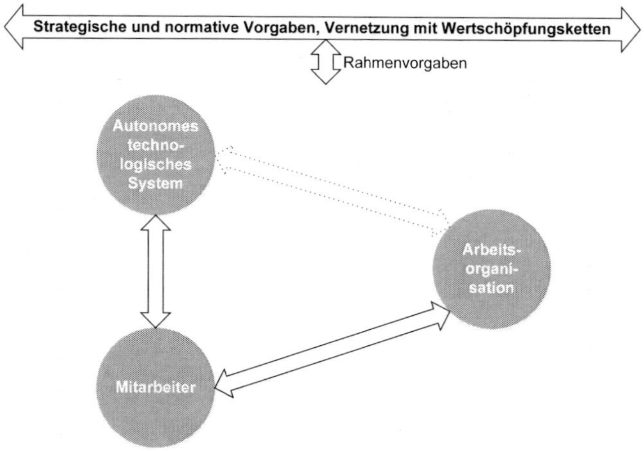

Abbildung 94: Das sozio-technische System der Industrie 4.0[706]

Mensch-Maschine Interaktion in der Industrie 4.0

Zum heutigen Zeitpunkt steht außer Frage, dass eine Industrie 4.0 ohne Mensch-Maschine-Interaktionen, aus technologischen und wirtschaftlichen Gründen nicht denkbar ist. Dadurch ist zu klären, auf welche Fähigkeiten es für die Interaktion zwischen Mensch und Maschine, die die Abstimmung auf der Machine-to-Machine-Ebene darstellt, ankommt. Die bestimmende Herausforderung, die es zu bewältigen gilt, ist die Kontrolle über das Produktionssystem Industrie 4.0. Begründet wird dies durch die Distanz zwischen Mensch und Maschine, da davon ausgegangen wird, dass der Mensch das System hauptsächlich überwacht und nur in Ausnahmefällen evtl. auch physisch eingreifen muss. Dem Menschen fehlt dadurch der sinnliche Bezug zu den Produktionsprozessen. Als Folge sind u. U. Fehlentscheidungen und –Entscheidungen hinsichtlich Prozesseingriffe denkbar.[707]

Da durch die steigende technische Komplexität sich auch die Störanfälligkeit erhöht, werden aufseiten des Menschen folgende weiche Kompetenzen für den Umgang mit autonomen Systemen an Bedeutung gewinnen:[708]

---

[706] Vgl. Hirsch-Kreinsen, H.: Wandel von Produktionsarbeit – „Industrie 4.0“. In: http://www.wiso.tu-dortmund.de/wiso/is/de/forschung/ soz_arbeitspapiere/AP-SOZ-38.pdf (Aufrufdatum: 25.05.2016).
[707] Vgl. ebd.
[708] Vgl. ebd.

- Erfahrung
- Intuition
- Gespür
- Gefühl
- Empathie

Ein außerindustrielles Beispiel für die Mensch-Maschine-Interaktion, stellt die Rolle des Piloten im Flugverkehr dar. Trotz einer bereits bestehenden weitgehenden Automatisierung des Flugverkehrs, bleiben die weichen Kompetenzen von Piloten weiterhin unerlässlich.[709]

Um die Stabilität des sozio-technischen Systems der Industrie 4.0 zu gewährleisten, sind Systemauslegung und –gestaltung hinsichtlich Mensch und Maschine notwendig. Im Vorfeld zum Einsatz kommen könnten Modellierungen und Simulationen sozio-technischer Prozesse.[710]

5.2.3.3 Schlussfolgerungen auf Machine-to-Machine Ebene

Bezüglich Cognitive Computing könnte Datenschutz bzw. drohender Know-how Verlust aufgrund der stetig zunehmenden Vernetzung, zum Problem werden. Weiterhin scheint es sinnvoll, auch in Zukunft den Bezug zum eigentlichen Kerngeschäft, der eigenen Branche sowie den Kunden, nicht zu verlieren. Physische Zwischen- und Endprodukte werden auch weiterhin notwendig sein, auch wenn die Bedeutung von Datenprodukten zunehmen wird. Außerdem dürfte es als Führungskraft bzw. Manager sinnvoll sein, sich ein grundsätzliches Verständnis von künstlicher Intelligenz und Cognitive Computing und deren Funktionalität anzueignen, um deren Potenziale und Grenzen einordnen zu können. Daten werden auch weiterhin im industriellen Kontext an Bedeutung gewinnen. Je früher sich Unternehmen mit Cognitive Computing auseinandersetzen, desto wahrscheinlicher erscheint auch eine erfolgreiche Implementierung und Nutzung der neuen Technologien im täglichen Geschäft der Zukunft.

Zur Thematik des sozio-technischen Systems der Industrie 4.0 ist ergänzend hinzuzufügen, dass bei dieser neuartigen Form der industriellen Produktion, auch

[709] Vgl. Hirsch-Kreinsen, H.: Wandel von Produktionsarbeit – „Industrie 4.0“. In: http://www.wiso.tu-dortmund.de/wiso/is/de/forschung/ soz_arbeitspapiere/AP-SOZ-38.pdf (Aufrufdatum: 25.05.2016).
[710] Vgl. ebd.

weiterhin mechanische und elektronische Komponenten in nicht unerheblichem Maße die Basis bilden. Demzufolge dürften Ausfallwahrscheinlichkeiten und die Gesamtverfügbarkeit von Produktionssystemen, auch weiterhin eine nicht zu unterschätzende Rolle spielen. Somit scheint es plausibel, dass sich die Anzahl an klassischen Fertigungsmitarbeitern verringern wird. Jedoch werden der Argumentation folgend, Service- und Instandhaltungskräfte evtl. sogar in verstärktem Ausmaß benötigt. Ein weiteres Argument dafür, dass sich industrielle Fertigung ohne den Menschen nur schwer vorstellen lässt.

5.2.4 Fazit

Die Verbreitung der Digitalisierung in Wirtschaft und Gesellschaft wird unsere Vorstellung von Koordination und Kooperation, interner und externer Abstimmungsprozesse sowie Besprechungs- und Vereinbarungskultur, grundlegend ändern.

Auf strategischer Ebene wird sich ein fundamentaler Wandel vollziehen. Hierarchien werden obsolet. Die Netzwerkorganisation ist die neue, bestimmende Organisationsform. Folglich bedingt dies neue Denk- und Arbeitsweisen. Führung zeichnet sich fortan nicht mehr durch Koordination aus, sondern erfordert Kooperation zwischen und innerhalb von Unternehmen. Hierfür sind weiche Kompetenzen erforderlich, welche ein grundsätzliches Umdenken in den Köpfen erfordert. Vertrauen und Vertrauensbildung werden zu den bestimmenden Faktoren erfolgreicher Führung. Verträge haben ausgedient.

Die taktische Ebene wird von digitaler Kooperation geprägt sein. Digital Working und Crowd Working erschließen für Unternehmen bisher unbekanntes und ungenutztes Potenzial auf breiter Ebene. Unzählige Arbeitnehmer beteiligen sich über das Internet an der Leistungserstellung und werden zu flexiblen Arbeitern, ausgestattet mit temporär begrenzten Projektverträgen. Entscheidungen werden innerhalb kürzester Zeit getroffen, um den zeitlichen Anforderungen gerecht zu werden.

Des Weiteren werden Arbeitsinhalte zunehmend wissensintensiver. Cognitive Computing mit seiner künstlichen Intelligenz, wird hierbei die Arbeitnehmer unterstützen aber nicht verdrängen. Als erfolgskritisch wird sich hierbei die Kooperationsform Data Science erweisen. Das persönliche Wissen und die menschliche Intelligenz müssen für die Führung von Data Science eingesetzt werden. Neben Cognitive Computing, wird die Industrie 4.0 die Machine-to-Machine Ebene revolutionieren. Jedoch wird auch Industrie 4.0 den Menschen aus Produktionshallen nicht verdrängen. Vielmehr gestaltet sich die Balance zwischen der neuen hochtechnologischen Fertigung und der Kooperation mit dem Menschen, als erfolgsrelevant. Ohne Einbeziehung des Menschen in die Gestaltung des sozio-technischen Gesamtsystems der Industrie 4.0, wird diese nicht zu realisieren sein.

Thomes W. Malones Vision könnte tatsächlich Realität werden.

5.3 Konfliktmanagement im Zeitalter der Digitalisierung

Christian Schobert

Zusammenfassung

Das nachstehende Kapitel beschäftigt sich mit dem Thema Konfliktmanagement im Zeitalter der Digitalisierung. Die zentrale Frage dabei lautet: "Brauchen wir in Zukunft überhaupt noch ein Konfliktmanagement?". In Anbetracht neu entstandener Organisationsformen ist es fraglich, ob die bisher gültigen Tools, Verfahren und Prinzipien des Konfliktmanagements aktuell noch gültig sind. Die folgenden Abschnitte zeigen, wo Konflikte entstehen, wie sie vermieden und gelöst werden können. Im Fokus steht dabei die Organisationsform des "virtuellen Projektteams".

Schlüsselbegriffe

Konflikt - vier Grundformen des Konfliktmanagements - Virtuelle Projektteams - Konfliktpotential - Maßnahmen - mediengestützte Kommunikation - interkulturelle Konflikte - unterschiedliche Machtpositionen

„Letzten Endes kann man alle wirtschaftlichen Vorgänge auf drei Worte reduzieren: Menschen, Produkte und Profite. Die Menschen stehen an erster Stelle. Wer kein gutes Team hat, kann mit den beiden anderen nicht viel anfangen.“

*Lee Iacocca, *15. Oktober 1924, amerikanischer Topmanager, 1979-92 Vorstandsvors. Chrysler Corp.*

5.3.1 Einleitung

Der Begriff Digitalisierung definiert im erweiterten Kontext die Möglichkeit, zu jeder Zeit Daten mit Hilfe des Internets abzurufen und zu nutzen. Zurückzuführen auf die Weiterentwicklung des Internets und dessen Komponenten, zeigt die Digitalisierung neue technologische Möglichkeiten auf, die in immer mehr Bereichen des gesellschaftlichen Lebens, in Wirtschaftsprozessen und Unternehmen an Bedeutung gewinnen. Wird der Begriff im Unternehmenskontext verwendet, so kann er als „Veränderung von Geschäftsmodellen durch die Verbesserung von Geschäftsprozessen aufgrund der Nutzung von Informations- und Kommunikationstechniken“[711] verstanden werden. Diese Veränderungen haben dabei neuartige Begriffe wie agiles Projektmanagement, oder auch virtuelle Projektteams entstehen lassen, die mehr und mehr in den Mittelpunkt der Gesellschaft rücken.[712] Die Frage ist nun: "Gibt es bei diesen neuartigen Geschäftsmodellen überhaupt noch Konflikte, Probleme oder Missverständnisse?" Die Grundvoraussetzungen dieser Art von Zusammenarbeit sind Selbstorganisation, eigenständige Problemlösung, sowie Vertrauen innerhalb des Teams. Werden diese beherzigt, so dürften der Theorie nach keine Konflikte mehr entstehen.

Dieses Kapitel des Buchs beschäftigt sich mit dem Thema "Konfliktmanagement in virtuellen Teams". Die spezifische Frage hierbei lautet: Kann das heute bekannte Konfliktmanagement mit seinen allgemein gültigen Methoden, Prinzipien und Verfahren, in virtuellen Teams überhaupt noch greifen?

---

711 Deloitte: Digitalisierung im Mittelstand. in: http://www2.deloitte.com/content/dam/Deloitte/de/Documents/Mittelstand/Digitalisierung-im-Mittelstand.pdf, S. 9 (Aufrufdatum: 24.05.2016).

712 Vgl. WKO: Digitalisierung der Wirtschaft. in: https://www.wko.at/Content.Node/Interessenvertretung/ Standort-und-Innovation/2015-05-Dossier-Digitalisierung-der-Wirtschaft.pdf, S. 3 (Aufrufdatum: 24.05.2016).

5.3.2 Konfliktmanagement

5.3.2.1 Was ist ein Konflikt?

Bevor wir die Begrifflichkeit "Konfliktmanagement" überhaupt definieren können, ist es zunächst wichtig zu verstehen, was grundsätzlich unter einem "Konflikt" gemeint ist. Sei es in den täglichen Medien oder in der Alltagssprache, wir hören und lesen Tag für Tag von Konflikten.

Der Begriff Konflikt hat seinen Ursprung im Lateinischen. Er leitet sich von dem Wort „conflictus"[713] ab, welches übersetzt, Zusammen-, Aneinanderschlagen und Zusammenstoß bedeutet.[714]

Angewendet im täglichen Leben, kann es sich hierbei um eine Inkompatibilität von EDV-Programmen handeln oder eine bewaffnete Auseinandersetzung, bis hin zu Differenzen zwischen mehreren Personen, Gruppen oder Interessengemeinschaften bei der Verfolgung eines gemeinsamen Ziels, Interesses oder Wertvorstellung.

Schon hier wird deutlich, dass der Begriff je nach Kontext unterschiedlich zu interpretieren ist.

Im täglichen Leben stellt ein Konflikt ein soziales Phänomen dar. Haben zwei Parteien entgegengesetzte Interessen, entwickelt sich hieraus oft eine Differenz, die bei der Verfolgung eines eigentlich gemeinsamen Ziels, zu gegenseitigen Blockierungen führt. Es handelt sich dabei allerdings noch nicht um einen tatsächlichen Konflikt, sondern lediglich um eine angespannte Situation oder Verschlechterung der Atmosphäre.[715] Tritt nun neben einem Sachproblem zusätzlich ein

- Beziehungsproblem ein, (wird hervorgerufen, wenn eine Person die andere missachtet, verletzt und/oder demütigt, sowie durch Angst, Frustration, Neid, Enttäuschungen und Missverständnissen) und/oder
- ein Interessenproblem (tritt auf, wenn anstelle der Fakten, die Interessen des Einzelnen im Vordergrund stehen und so unterschiedliche Sichtweißen entstehen) und/oder
- ein Werteproblem (entsteht, beim Aufeinanderprallen von unterschiedlichen Prinzipien, Grundsätzen und Wertvorstellungen) und/oder

---

[713] Vgl. Duden: Konflikt. in: http://www.duden.de/rechtschreibung/Konflikt (Aufrufdatum: 15.05.2016).
[714] Vgl. Pons: conflictus. in: http://de.pons.com/%C3%BCbersetzung?q=conflictus&l=dela&in=&lf=la (Aufrufdatum:15.05.2016).
[715] Vgl. Proksch, S.: Konfliktmanagement im Unternehmen - Mediation und andere Methoden für Konflikt- und Kooperationsmanagement am Arbeitsplatz. Berlin 2014, S. 2.

- ein inneres Problem (tritt durch Entscheidungs- und Rollenkonflikte auf und ist grundsätzlich auf die Gedanken- und Gefühlswelt von Personen zurückzuführen)

auf, kann diese Verbindung als tatsächlicher Konflikt bezeichnet werden.[716] Bei der Analyse des Konflikts ist es daher notwendig, aus den eben fünf genannten Problemarten die Relevanten zu ermitteln, um so den eigentlichen Konflikt bearbeiten bzw. lösen zu können.[717]

Nach Paul Watzlawick findet die Kommunikation zum Großteil auf der Beziehungsebene statt.[718] Aus diesem Grund ist ein zwischenmenschlicher Konflikt in der Arbeitswelt, häufig auf ein Sachproblem in Kombination mit einem Beziehungsproblem zurückzuführen.

Alle Konflikthandlungen sind in der Regel durch folgende Punkte gekennzeichnet:

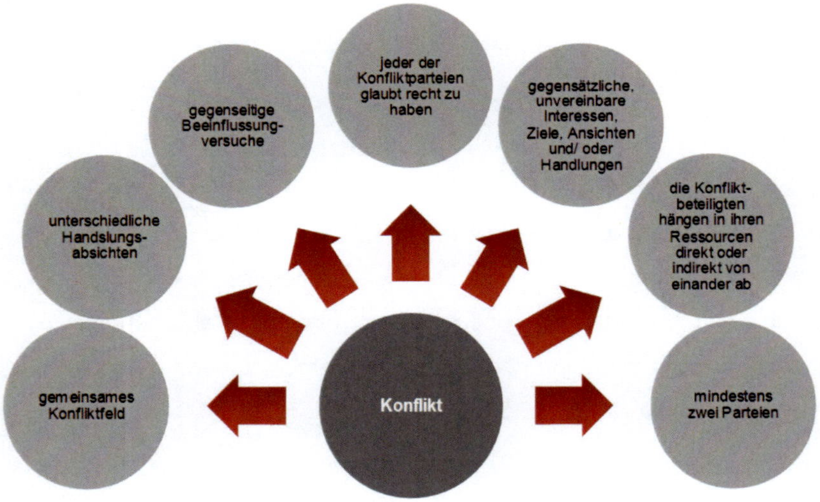

Abbildung 95: Konfliktmerkmale [719] [720] [721]

---

[716] Vgl. Berkel, K., Prof. Dr.: Konflikttraining - Konflikte verstehen, analysieren, bewältigen. Hrsg.: Prof. Dr. Crisand, E.; Prof. Dr. Raab, G.. Hamburg 2011, S. 22.

[717] Vgl. Proksch, S.: Konfliktmanagement im Unternehmen - Mediation und andere Methoden für Konflikt- und Kooperationsmanagement am Arbeitsplatz. Berlin 2014, S. 5.

[718] Vgl. Watzlawick, P.; Bavelas, J. H.; Jackson, D. D.: Menschliche Kommunikation - Formen, Störungen, Paradoxien. Bern 2011, S. 61.

[719] Eigene Darstellung in Anlehnung an Peterjohann Consulting: Projektmanagement (Konfliktmanagement). in: http://www.peterjohann-consulting.de/_pdf/peco-pm-konfliktmanagement.pdf, S. 9 (Aufrufdatum: 15.05.2016).

[720] Eigene Darstellung in Anlehnung an LAWMEDIA AG: Konfliktmanagement. in: http://www.konflikt-management.ch/konflikt-merkmale-2 (Aufrufdatum: 15.05.2016).

[721] Eigene Darstellung in Anlehnung an Glasl, F.: Konfliktmanagement - Ein Handbuch für Führungskräfte, Beraterinnen und Berater. Stuttgart 1999, S. 14.

5.3.2.2 Welche Konfliktsymptome gibt es?

Wenn ein Konflikt erst entstanden ist, leidet häufig die Teamchemie darunter. Daher ist es am Arbeitsplatz von besonders großer Bedeutung, die Entstehung eines Konflikts frühzeitig zu erkennen, um dem entgegenzuwirken. Eine große Herausforderung liegt im Erkennen eines Konflikts, da Konflikte meist nicht offen ausgetragen werden. Folgende Symptome können helfen einen Konflikt zu identifizieren:[722]

- Widerstand, Ablehnung
- Rückzug, Desinteresse
- Feindseligkeit, Gereiztheit, Aggressivität
- Intrigieren, Gerüchte
- Sturheit, Uneinsichtigkeit
- Formalität, Überkonformität
- körperliche Symptome, Krankheit

5.3.2.3 Wer ist am Konflikt beteiligt?

Nachdem ein Konflikt erkannt wurde, müssen im Anschluss die betroffenen Konfliktbeteiligten bzw. -parteien identifiziert werden. Dabei können folgende Fragen helfen:

1. „Wer ist im Konflikt beteiligt?“[13]
2. „Ist es eine einzelne Person oder sind mehrere Personen involviert?“[13]
3. „Ist/sind diese Person/en als Funktionsträgerin dem Konflikt beteiligt, agiert bzw. agieren sie also als Vertreter einer Gruppe, eines Unternehmens, oder als Akteur/e in eigener Sache abseits ihrer Funktion?“[13]
4. „Wenn beides eine Rolle spielt: Wo liegt das Schwergewicht?“[13]
5. „Welche Interessen hat die jeweilige Person [...]?“[13]
6. „Und wie stehe ich selbst zu dieser Person?“[13]
7. „Habe ich zu ihr grundsätzlich ein Vertrauensverhältnis oder ist unsere Beziehung bereits durch fehlendes Vertrauen vorbelastet?“[723]

[722] Vgl. Proksch, S.: Konfliktmanagement im Unternehmen - Mediation und andere Methoden für Konflikt- und Kooperationsmanagement am Arbeitsplatz. Berlin 2014, S. 3.
[723] Ebd., S. 7.

Die Beantwortung dieser sieben Fragen bildet die Grundlage, ausschließlich die Personen mit in den Lösungsprozess zu integrieren, die zur Behebung des bestehenden Konflikts beitragen können. So wird gewährleistet, dass die Arbeitsproduktivität und das Arbeitsklima nicht übermäßig strapaziert werden.

Gründe und Auslöser für Konflikte gibt es in der Arbeitswelt eine Menge. Abbildung 96 zeigt mögliche Beteiligte und deren Ursachen.

Beteiligte	Ursache
Konflikte mit Mitarbeitern	geringer Leistungserbringung
	unangepassten Mitarbeiterverhalten
	unterschiedliche Zielvorstellungen
Konflikte unter Mitarbeitern bzw. Chefs	Beziehungskonflikten
	Mobbing
	Kollegenanschwärzungen
Konflikte in Projektteams	Unstimmigkeiten
	Positionierungsstreitigkeiten
	stimmungs- & leistungshemmende Konflikte

Abbildung 96: Konfliktbeteiligte und potentielle Ursachen[724]

5.3.2.4 Was bedeutet Konfliktmanagement?

Der Begriff Konfliktmanagement setzt sich aus den Worten Konflikt und Management zusammen. Management heißt dabei so viel wie: Führung, Leitung, Verwaltung, Betreuung und Organisation.[725]

Das Konfliktmanagement wird folglich als eine Sammlung von Maßnahmen, Strategien und Methoden zur frühzeitigen Erkennung, sowie zum Verständnis von Konflikten definiert. Weiter beinhaltet es die sachgerechte Steuerung von bereits bestehenden Konflikten bzw. Interessensunterschieden, Techniken zur Verhinderung und zur Lösung einer Eskalation in der Organisation, sowie zur Vorbeugung von weiteren Konflikten.[726]

---

[724] Eigene Darstellung in Anlehnung an LAWMEDIA AG: Konfliktmanagement. in: http://www.konflikt-management.ch/konflikte-am-arbeitsplatz/konfliktarten (Aufrufdatum: 15.05.2016).
[725] Vgl. Duden: Management. in: http://www.duden.de/suchen/dudenonline/management (Aufrufdatum: 24.05.2016).
[726] Vgl. Wirtschaftslexikon 24: Konfliktmanagement. in: http://www.wirtschaftslexikon24.com/d/konfliktmanagement/konfliktmanagement.htm (Aufrufdatum: 15.05.2016).

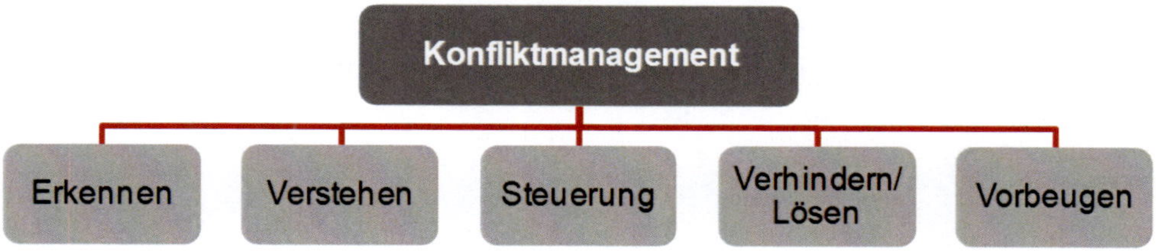

Abbildung 97: Aktivitäten des Konfliktmanagements [727]

Die Umsetzung des Konfliktmanagements fällt in der Regel in den Aufgabenbereich der Führungskräfte, die somit für die Aufrechterhaltung des Produktivitätsniveaus verantwortlich sind. Von entscheidender Relevanz ist daher die Fähigkeit, die Dynamik von Konflikten frühzeitig zu verstehen. Zur Lösung bzw. Bewältigung von Konflikten, stehen den Führungskräften eine große Zahl an Methoden und Werkzeuge zur Verfügung. Die eigentliche Herausforderung stellt dabei die Wahl der richtigen Maßnahmen zur Behebung des Problems dar. Die nachfolgende Abbildung klassifiziert die typischen Maßnahmen zur Konfliktbewältigung.

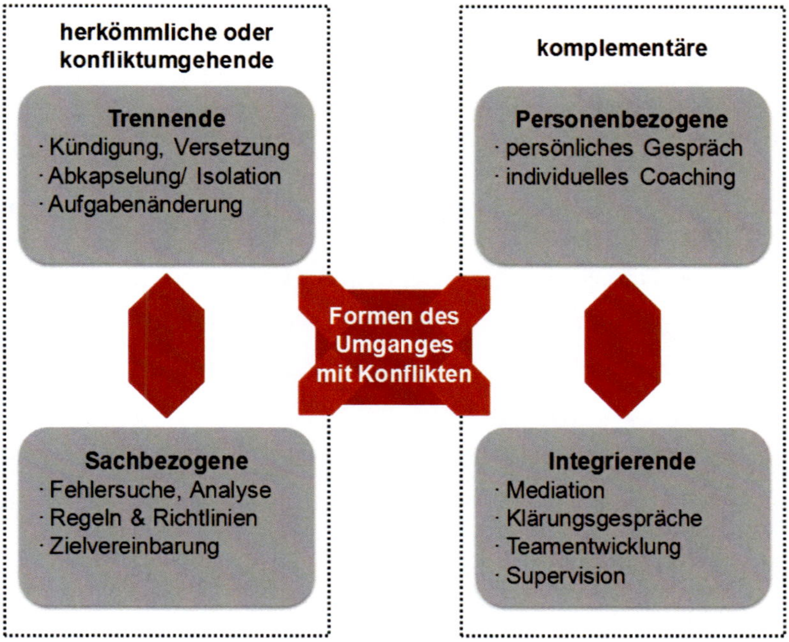

Abbildung 98: Vier Grundformen des Konfliktmanagements [728]

[727] Eigene Darstellung in Anlehnung an Peterjohann Consulting: Projektmanagement (Konfliktmanagement). in: http://www.peterjohann-consulting.de/_pdf/peco-pm-konfliktmanagement.pdf, S. 13 (Aufrufdatum: 15.05.2016).
[728] Eigene Darstellung in Anlehnung an Proksch, S.: Konfliktmanagement im Unternehmen - Mediation und andere Methoden für Konflikt- und Kooperationsmanagement am Arbeitsplatz. Berlin 2014, S. 27.

Trennende, sowie sachbezogene Maßnahmen, spiegeln konfliktumgehende Vorgehensweisen wieder. Der Konflikt besteht dabei nicht zwischen den Parteien selbst, sondern aufgrund von Rahmenbedingungen, die verändert werden müssen, um den Konflikt zu lösen.

Werden hingegen personenbezogene oder intergierende Maßnahmen angewendet, spricht man von komplementären Vorgehensweisen. Grund hierfür ist ein direktes Auseinandersetzen mit den Konfliktparteien.[729] Die einzelnen Inhalte der eben gezeigten Maßnahmen, werden in Kapitel 5.3.4.3 genauer erläutert.

Doch was bedeutet Konfliktmanagement in Verbindung mit der Digitalisierung? Wo entstehen hier überhaupt die Probleme, Missverständnisse bzw. Konflikte?

5.3.3 Virtuelle Projektteams - Was ist das?

Der Begriff "virtuelle Projektteams" versteht im Kern die Zusammenarbeit eines Teams, deren Mitglieder an verschiedenen Orten weltweit und häufig zeitlich versetzt, mittels moderner Kommunikation und Social Software miteinander in Kontakt stehen, um ein gemeinsames Ziel zu verfolgen.[730] Eine detaillierte Definition ist aus Kapitel 5.4.3 (Cross-Cultural Communication) zu entnehmen.

5.3.4 Konfliktmanagement in virtuellen Projektteams

Die Arbeit in interkulturellen virtuellen Teams bringt viele neue Aspekte mit sich, die zu unbekannten Problemen, Meinungsverschiedenheiten und nicht zuletzt zu einem Konflikt führen können. Eine besonders große Herausforderung liegt in der rechtzeitigen Erkennung von Konflikten, um möglichst frühzeitig Gegenmaßnahmen einleiten zu können. Die Vorgesetzten bzw. Leiter eines solchen Teams müssen daher über eine hohe Sensibilität verfügen, um Unstimmigkeiten entgegenzuwirken.[731]

---

[729] Vgl. Proksch, S.: Konfliktmanagement im Unternehmen - Mediation und andere Methoden für Konflikt- und Kooperationsmanagement am Arbeitsplatz. Berlin 2014, S. 26.

[730] Vgl. Projektmagazin: Virtuelles Projektteam. in: https://www.projektmagazin.de/glossarterm/virtuelles-projektteam (Aufrufdatum: 25.05.2016).

[731] Vgl. App, S.: Virtuelle Teams. Freiburg 2013, S. 205.

5.3.4.1 Wo besteht Konfliktpotential?

Der Grund für die Entstehung eines Konflikts innerhalb eines virtuellen Teams kann durch unterschiedliche Ursachen hervorgerufen werden.

Die Kommunikation in einem virtuellen Team findet zum Großteil über moderne Kommunikationswege, wie beispielsweise E-Mails, virtuelle Besprechungsräume, Videoübertragungen, Telefonate oder Chats, sowie Social Software, d.h. Facebook oder XING statt. Die medienunterstütze Kommunikation lässt daher ein neues Feld für Konfliktpotential entstehen.

Diese recht eingeschränkte Art der Kommunikation verzehrt häufig den nonverbalen Informationsaustausch, da die eigentlichen Elemente der Kommunikation wie Gestik, Mimik und die Körpersprache, nicht zur Verfügung stehen. Demnach erhöht sich die Gefahr von Missverständnissen zwischen den Teammitgliedern, weil Gestik und Mimik schlussendlich helfen, den Inhalt unseres Gesagten nochmals zu verdeutlichen bzw. zu unterstreichen.[732]

Besonders großes Konfliktpotential bietet die schriftliche Kommunikation, zumal sie viel Interpretationsspielraum zulässt. So führt beispielsweise ein ungewolltes Ignorieren einer Chat-Nachricht oder eines Anrufs, zu einer angespannten Situation zwischen den Projektpartnern. Diese falsche Interpretation trägt in den meisten Fällen zu einer Verschlechterung der Laune und Motivation bei, oder stellt sogar die Zuverlässigkeit des Ignorierenden in Frage.[733] Dadurch kann es zu Verzögerungen oder zu einem Vertrauensverlust kommen. Oftmals wird als Trotzreaktion bzw. Retourkutsche in der Folge nach dem "Wie du mir, so ich dir" - Prinzip gehandelt bzw. gearbeitet.

Neben der mediengestützten Kommunikation als Ursache für Konflikte, sind zudem interkulturelle Gegebenheiten bzw. Unterschiede, als ein potentieller Grund aufzuführen. Sprachliche Barrieren, unterschiedliche Wertesysteme und Vorurteile gegenüber anderen Kulturen führen leicht zu Missverständnissen.

In virtuellen Projektteams wird im Normalfall „Englisch als sogenannte Lingua franca, das heißt als gemeinsame Projektsprache, gewählt.“.[734] Daher gilt es als Grundvoraussetzung aller Projektmitglieder, verhandlungssicheres Englisch in Wort

---

[732] Vgl. Kreutzfeldt Coaching: Virtuelle Teams Vor- und Nachteile. in: http://www.kreutzfeldt-coaching. de/virtuelle-teams-vor-und-nachteile/ (Aufrufdatum: 25.05.2016).
[733] Vgl. App, S.: Virtuelle Teams. Freiburg 2013, S. 204.
[734] Ebd., S. 31.

und Schrift zu beherrschen. Dem ist jedoch nicht immer so. Dies zeigt sich besonders während Telefonaten oder Konferenzen mit Muttersprachlern, die aufgrund ihrer schnellen und undeutlichen Aussprache oft missverstanden werden. Aus solch einem unzureichenden Informationsaustausch resultiert häufig Frustration oder Enttäuschung, die grundsätzlich vermieden werden muss.[735]

Sprachliche Missverständnisse können zudem durch sogenannte "False Friends" - „Damit bezeichnet man ein Wortpaar aus der Muttersprache und einer Fremdsprache, das sehr ähnlich geschrieben oder ausgesprochen wird, aber jeweils eine vollkommen andere Bedeutung hat."[736] - hervorgerufen werden. Abbildung 99 zeigt einige Beispiele, die oftmals falsch übersetzt werden und so Probleme verursachen.

Deutsch	richtige englische Übersetzung	zu verwechselndes Wort	deutsche Übersetzung
hart	hard	hardly	kaum
Sinn	sense	sin	Sünde
Fehler	mistake	failure	Misserfolg, Versagen
Schmuck	jewelry (AE), jewellery (BE)	schmuck	Depp, Schwachkopf

Abbildung 99: False Friends Paare[737]

Aber nicht nur zwischen Fremd- und Muttersprachlern können in interkulturellen Projektteams sprachliche Missverständnisse auftreten. Häufig zeigt sich dieses Phänomen auch zwischen zwei Mitgliedern, die zwar dieselbe Muttersprache sprechen, jedoch aus verschiedenen Ländern bzw. Kontinenten stammen. Das beste Beispiel hierfür ist das deutsche Wort "Billion". Würden wir das Wort nun mit Hilfe dem britischen Englisch übersetzen, lautet die Übersetzung ebenso "billion". Nutzt man die amerikanische Übersetzung, so wird das Wort mit "trillion" übersetzen.[738] Aber nicht nur in Wort und Schrift, sondern auch in der Grammatik, gibt es Differenzen zwischen

[735] Vgl. Kreutzfeldt Coaching: Virtuelle Teams Vor- und Nachteile. in: http://www.kreutzfeldt-coaching. de/virtuelle-teams-vor-und-nachteile/ (Aufrufdatum: 25.05.2016).
[736] App, S.: Virtuelle Teams. Freiburg 2013, S. 98.
[737] Eigene Darstellung in Anlehnung an Englisch-Hilfen: False Friends. in: http://www.englisch-hilfen.de/words/false_friends.htm (Aufrufdatum: 27.05.2016).
[738] Vgl. ebd.

dem amerikanischen und britischen Englisch. Diese sprachlichen Unterschiede sind entscheidende Faktoren bzw. Auslöser, welche die Wahrscheinlichkeit für einen Konflikt innerhalb des Teams erhöhen.[739]

Interkulturelle Missverständnisse sind zudem in der schriftlichen Kommunikation vorzufinden. Hier werden gerne sogenannte Emoticons verwendet, die je nach Land und Kultur, eine unterschiedliche Bedeutung darstellen.[740] Sie haben grundsätzlich die Aufgabe, Gefühle zu vermitteln. Der Smiley :-) übermittelt im europäisch-amerikanischen Raum eine Emotion des Lachens, wohingegen in Japan das Emoticon (^_^) männliches Lachen und (^.^) weibliches Lachen symbolisiert.[741]

Weitere Ursachen für Konflikte können auf unterschiedliche Machtpositionen zurückgeführt werden.

Ein virtuelles Projektteam, dessen Mitglieder international verstreut sind, wird normalerweise von der Hauptzentrale des Unternehmens gesteuert. Die Zentrale steht im Regelfall für Fragen zur Verfügung und hat auch das letzte Wort bei der Realisierung einer Maßnahme bzw. des Projektes. Auch hier können Konflikte entstehen, da häufig keine länderspezifischen Rahmenbedingungen bei der Erarbeitung von Standards und Regeln, einbezogen werden. Ab und an können die Standards in einigen Ländern nicht eins zu eins umgesetzt werden und werden daher von den Betroffenen schlichtweg verweigert.

Auch können die weltweit unterschiedlichen Standorte ein Auslöser für Konflikte sein. Beispielsweise kann es bei der Terminierung von Konferenzen zu Benachteiligungen einzelner Mitglieder kommen, da sie je nach Standort einer Zeitverschiebung von bis zu 12 Stunden ausgesetzt sind. Das Nachsehen haben dabei oftmals die Minderheiten eines Projektteams.[742]

5.3.4.2 Welche Maßnahmen können helfen Konflikte zu vermeiden?

Zur Vermeidung der im vorhergehenden Kapitel beschrieben Konfliktursachen, können bzw. sollten einige Themen bzw. Maßnahmen berücksichtigt und angewendet

---

[739] Vgl. Cross Lingua: Worin unterscheiden sich britisches und amerikanisches Englisch?. in: http://www.crosslingua.de/de/sprachenblog-beitrag/Unterschied-britisches-amerikanisches-Englisch (Aufrufdatum: 25.05.2016).
[740] Vgl. App, S.: Virtuelle Teams. Freiburg 2013, S. 101.
[741] Vgl. DIGITALJOURNAL: Internationale Emoticons im Überblick. in: http://digitaljournal.zib21.com/internationale-emoticons/1084501/ (Aufrufdatum: 25.05.2016).
[742] Vgl. App, S.: Virtuelle Teams. Freiburg 2013, S. 208.

werden. Das kann helfen, ein angenehmes Arbeitsklima, eine hohe Arbeitsproduktivität, sowie ein gutes Arbeitsverhältnis zu erzeugen.

Wie bereits erläutert, ist die eingeschränkte Kommunikation, sowie falsche Interpretationen eine mögliche Ursache für Konflikte. Um nun das Konfliktpotential der mediengestützten Kommunikation zu reduzieren, wird folgendes geraten.

Um Falschinterpretationen, z. B. während einer Videokonferenz wahrzunehmen bzw. zu vermeiden, ist es besonders wichtig auf die vier Komponenten der Kommunikation zu achten. Auf diesem Weg kann eine Vielzahl von Unstimmigkeiten frühzeitig gelöst werden. Oftmals wird das Kommunizierte anders wahrgenommen als es ursprünglich gemeint war.

Komponente	Was steckt dahinter?
Verbal	Inhalt des Gesagten
Nonverbal	Gestik, Mimik, Körpersprache
Paraverbal	Stimmlage, Sprechtempo, Sprechpausen, Akzent in einer Fremdsprache, Sprachmelodie
Extraverbal	z.B. Möbel und Lichtverhältnisse im Meeting-Raum bei einer Videokonferenz

Abbildung 100: Die vier Komponenten der Kommunikation [743]

Weitere Informationen zu den vier Komponenten der Kommunikation sind ebenfalls in Kapitel 5.4.2.2 (Cross-Cultural Communication) zu finden.

Bei Telefonkonferenzen ist, aufgrund der technischen Gegebenheiten, primär auf die Komponenten "Verbal" und "Paraverbal" zu achten, da die übrigen zwei Komponenten nicht zur Verfügung stehen. Bei der schriftlichen Kommunikation durch E-Mail oder Chat, findet ausschließlich die verbale Komponente Anwendung. Sei es nun bei virtuellen Besprechungen, Telefon-Meetings oder Social Software Anwendungen, es ist wichtig, die vorhandenen Komponenten der Kommunikation richtig einzusetzen, um Fehlinterpretationen zu vermeiden.[744]

[743] Eigene Darstellung in Anlehnung an App, S.: Virtuelle Teams. Freiburg 2013, S. 106.
[744] Vgl. ebd., S. 33; 106; 109.

Aufgrund der vier Komponenten der Kommunikation, die dazu beitragen können, Konflikte vor der Entstehung zu identifizieren, ist es zusätzlich von Bedeutung, vor jedem Informationsaustausch das sinnvollste Übertragungsmedium auszuwählen. Jedes Medium, sei es das Telefon, die Videotelefonie, E-Mail oder Chat erfüllt seinen eigenen Zweck und bietet so die Möglichkeit das Konfliktpotential zu reduzieren.[745]

Um Missverständnisse innerhalb des Teams zu vermeiden, ist es ebenfalls ratsam, die Hintergründe bestimmter Handlungen zu hinterfragen. Jedoch sollte in undurchsichtige Situationen nichts hineininterpretiert werden, da beispielsweise ein ungewolltes Ignorieren bereits als persönlicher Angriff angesehen werden kann. Schnell entwickelt sich hieraus Verärgerung, die häufig zu ungewollten bzw. unbedachten Aktivitäten führen kann. Daher wird vor einer vorschnellen Handlung abgeraten.[746]

Um interkulturelle Konflikte, die maßgeblich durch die Arbeitssprache oder kulturelle Unterschiede verursacht werden, zu vermeiden, ist es sinnvoll vor dem Projektstart bzw. der Teambildung folgende Punkte zu beachten.

- Überprüfung der Sprachkenntnisse und –niveaus.
- Anbieten von Sprach-Crashkursen.
- Einheitliche Grundlage festlegen (britisch/amerikanisches Englisch).
- Anbieten von interkulturellen Coachings/Trainings.

Aber nicht nur vor dem Start des Projekts gibt es einige Sachen zu beachten, um das Konfliktpotential zu verringern, sondern auch während der Durchführung. So ist es ratsam, unvoreingenommen auf andere Sichtweisen und Ideen einzugehen, die nicht aus dem eigenen Kulturkreis stammen.[747] Auch das kann helfen, die Wahrscheinlichkeit für interkulturelle Konflikte zu reduzieren.

Nachstehend werden einige Themen erläutert, die helfen können Konflikte hinsichtlich unterschiedlicher Machtpositionen zu vermeiden.

Bei der Erstellung von Standards und Regeln ist es ratsam, dass die Hauptzentrale zusätzlich länderspezifische Faktoren anderer Standorte berücksichtigt und vereinheitlicht. Diese Modifikationen können helfen, Ärger und Frust innerhalb des virtuellen Teams zu vermeiden.

---

[745] Vgl. App, S.: Virtuelle Teams. Freiburg 2013, S. 112.
[746] Vgl. ebd., S. 206.
[747] Vgl. ebd., S. 206.

Es wird geraten, besonders Minderheiten im Projektteam zu achten, da diese in den meisten Fällen z. B. aufgrund von Zeitzonenunterschieden einen deutlichen Nachteil tragen.[748]

Auch ist es sinnvoll wöchentliche Einzelgespräche innerhalb des Teams zu führen. Dies kann helfen, verdeckte Konflikte rechtzeitig zu erkennen, sowie den persönlichen Kontakt zu pflegen und weiter Vertrauen aufzubauen. Sind persönliche Treffen nicht möglich, werden ausschließlich visuelle Treffen empfohlen, bei denen Gestik, Mimik und Körpersprache wahrgenommen werden können. Findet im ungünstigsten Fall ein Einzelgespräch via Telefon statt, sollte das Augenmerk besonders auf den "verbalen" und "paraverbalen" Teil der Kommunikation gelegt werden.[749]

In der Realität sind Konflikte nie zu 100 % zu verhindern. Die eben gezeigten Maßnahmen sollen jedoch helfen, Missverständnisse und Probleme in virtuellen Teams zu erkennen und zu lösen.

5.3.4.3 Methoden des Konfliktmanagements in virtuellen Projektteams

In Kapitel 5.3.2.4 wurden bereits die Grundformen des Konfliktmanagements vorgestellt. Nun stellt sich jedoch die Frage, ob die in Kapitel 5.3.4.1 gezeigten Konfliktpotentiale innerhalb virtueller Projektteams, mit Hilfe dieser Maßnahmen überhaupt bearbeiten und gelöst werden können?

Schauen wir uns zunächst die trennenden Maßnahmen an, die zu den herkömmlichen bzw. konfliktumgehenden Formen der Konfliktbehandlung zählen.

Trennende Maßnahmen beschäftigten sich, wie der Name verrät, mit der Trennung der Konfliktparteien bzw. -personen, um so dem Konflikt die Grundlage zu entziehen. Dies kann beispielsweise eine Kündigung oder eine Versetzung sein. Mit dieser Form der Konflikthandhabung ist es möglich, schnell und effektiv Konflikte aus der Welt zu schaffen.[750]

In der Realität allerdings werden die Teammitglieder nach ihrer Kompetenz, Know-how und weiteren Kriterien ausgewählt. Die Versetzung einzelner Personen wäre hier durchaus denkbar. Jedoch ist dies häufig mit hohen Folgekosten und -aufwand

---

[748] Vgl. App, S.: Virtuelle Teams. Freiburg 2013, S. 209.
[749] Vgl. ebd., S. 131.
[750] Vgl. Proksch, S.: Konfliktmanagement im Unternehmen - Mediation und andere Methoden für Konflikt- und Kooperationsmanagement am Arbeitsplatz. Berlin 2014, S. 27.

verbunden. Auch kann es aufgrund der Auswahl und Qualifizierung geeigneter Alternativpersonen zu Zeitverzögerungen des Projektes kommen. Daher sollte man sich hier die Frage stellen, ob das Problem wirklich an den einzelnen Mitgliedern liegt oder nicht sogar durch die Struktur der Organisation hervorgerufen wird.

Unabhängig von den Konfliktbeteiligten, versuchen sachbezogene Maßnahmen eine technische oder organisatorische Problemlösung zu finden. Es wird folgendermaßen vorgegangen:

- Suche nach Fehlern.
- Analyse von Fehlern.
- Erarbeitung von Regelungen, Richtlinien oder Vorgaben zur Verhinderung des Auftretens bereits entdeckter bzw. gleicher Konflikte.

Von herausragender Bedeutung für einen reibungslosen Ablauf, sind detaillierte Anweisungen, Strukturen und Geschäftsmodelle, die von allen Beteiligten verinnerlicht und umgesetzt werden müssen.[751]

Die sachbezogenen Maßnahmen sind in Bezug auf virtuelle Teams durchaus anwendbar. Bei der Erstellung von Regeln oder Standards ist es jedoch unabdingbar, die länderspezifischen Faktoren aller Teammitglieder mit einzubeziehen, um die in Kapitel 5.3.4.1 beschriebenen Konflikte zu vermeiden.

Weiterhin besteht die Möglichkeit, komplementäre Formen der Konfliktbehandlung anzuwenden und personenbezogene sowie integrierende Maßnahmen zu nutzen.

Zu den Inhalten der personenbezogenen Maßnahmen zählen unter anderem, persönliche Gespräche, wie auch Coachings. Es wird ersichtlich, dass hier die Lösung auf individueller Ebene gesucht wird und sich in erster Linie nach den vermeintlich oder tatsächlich betroffenen Teammitgliedern ausrichtet. Ein persönliches Gespräch kann dabei helfen, die eigene Meinung zu äußern, die Sichtweise des Gegenübers leichter zu verstehen und den Konflikt besser zu verarbeiten.[752] Dieser Meinungsaustausch steht im Gegensatz zum Coaching, das viel mehr auf den Aufbau von Problemlösungskompetenzen der Individuen abzielt. Die Aufgaben beim Coaching reichen von der Vereinbarung neuer Ziele, über die Erarbeitung von Strategien zur Erreichung dieser Ziele, Analyse von Widerständen und Hindernissen,

---

[751] Vgl. Proksch, S.: Konfliktmanagement im Unternehmen - Mediation und andere Methoden für Konflikt- und Kooperationsmanagement am Arbeitsplatz. Berlin 2014, S. 28.
[752] Vgl. ebd., S. 28–29.

Handlungsvereinbarungen, bis hin zu regelmäßigem Feedback des Coaches. Das Coaching kann helfen, Konflikte vorzubeugen und wertvolle Beiträge der Bewältigung zu liefern.[753]

Die komplementäre Form der Konfliktbehandlung beinhaltet zudem folgende integrierende Maßnahmen:

- **Mediation**

  Zweck der Mediation ist, dass die vom Konflikt beteiligten Personen eigenständig eine geeignete Lösung erarbeiten, die ihren individuellen Interessen Berücksichtigung schenkt. Die Durchführung wird dabei durch eine neutrale Person geleistet, die auf eine ordnungsgemäße Durchführung des Coachings achtet. Sie verpflichtet sich zur Verschwiegenheit nach außen.[754]

- **Teamentwicklung**

  Ziel der Teamentwicklung ist es, aus bisher unabhängigen Individuen eine Gruppe zu formen, die die Problematik der Teambildung (Machtkämpfe, etc.) überwindet und auf ein gemeinsames Ziel hinarbeitet. Dieser Prozess wird von einem professionellen Berater gesteuert, der versucht, eine positive Gruppendynamik zu erzeugen, um auf diesem Weg das Team schnell einsatz- und leistungsfähig zu machen. Teamentwicklungen finden oft bei der Zusammenstellung neuer Projektteams statt. Sie hilft die Kooperation, Kommunikation, wie auch die Arbeitsbeziehungen innerhalb des Teams zu verbessern.[755]

- **Supervision**

  Damit innerhalb eines Teams die Handlungskompetenzen weiter ausgebaut und eine kontinuierliche Weiterentwicklung der Gruppe gewährleistet wird, werden mitunter sogenannte Supervisor engagiert. Ihre Aufgabe ist es, die Dynamik des Teams aufrechtzuerhalten, indem sie Beziehungen der Mitglieder untereinander analysieren und diesbezüglich Hilfestellung geben. Besonders hohe Priorität haben dabei die Verbesserung der Kooperation, der Arbeitseffizienz, sowie die des Betriebsklimas. Weiter spielt auch die Bereicherung und die Professionalität des Einzelnen eine wichtige Rolle.[756]

---

[753] Vgl. Proksch, S.: Konfliktmanagement im Unternehmen - Mediation und andere Methoden für Konflikt- und Kooperationsmanagement am Arbeitsplatz. Berlin 2014, S. 28.
[754] Vgl. ebd., S. 37.
[755] Vgl. ebd., S. 39.
[756] Vgl. ebd., S. 38.

Die Anwendung der eben gezeigten personenbezogenen, sowie integrierenden Maßnahmen, sind zwar innerhalb virtueller Projektteams realisierbar, jedoch mit viel Aufwand und hohen Kosten verbunden. Alle diese Maßnahmen sind in der Regel außerdem nur effizient und sinnvoll, wenn sich je nach Methode die Betroffenen, wie auch die Vermittelnden persönlich an einen Tisch setzen, um den Konflikt aus der Welt zu schaffen. Demnach sollte der Kostenfaktor nicht die primäre Rolle spielen, da eine gute und partnerschaftliche Zusammenarbeit innerhalb des Teams, sowie das Vertrauen oberste Priorität haben. Um dennoch keine unnötig hohen Kosten zu verursachen, ist es ratsam im Vorfeld abzuwägen, wie schwerwiegend der Konflikt ist und ggf. nach einer Alternativlösung zu forschen.

5.3.5 Fazit

Ziel dieses Kapitels war es, einen Überblick über die unterschiedlichen Konfliktpotentiale innerhalb von virtuellen Projektteams zu schaffen, sowie mögliche Lösungsmaßnahmen zu ihrer Vermeidung aufzuzeigen. Diese werden in der nachstehenden Abbildung nochmals zusammengefasst dargestellt.

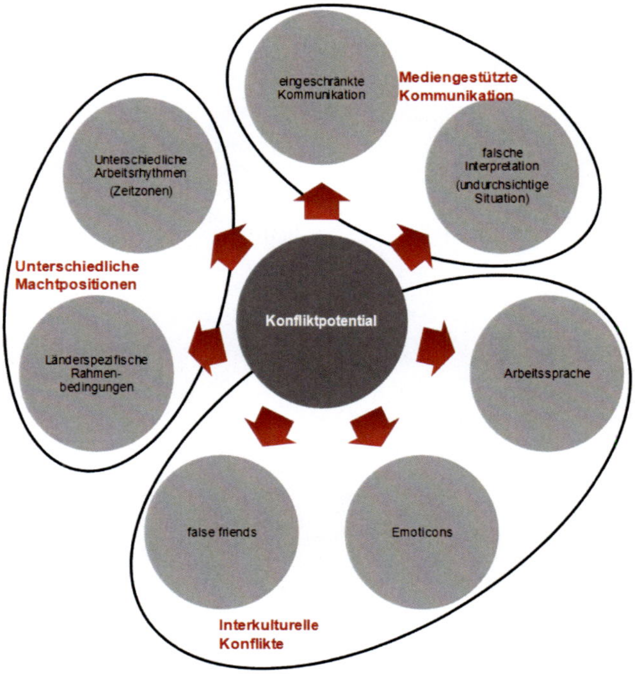

Abbildung 101: Konfliktpotentiale innerhalb virueller Projektteams[757]

[757] Eigene Darstellung in Anlehnung an App, S.: Virtuelle Teams. Freiburg 2013, S. 203–209.

Weiter wurde geprüft, ob die Formen des heute bekannten Konfliktmanagements in virtuellen Projektteams, grundsätzlich angewendet und umgesetzt werden können. Die Grundlagen der Analyse bildeten hierbei die vier Grundformen des Konfliktmanagements. Es wurde ersichtlich, dass die trennenden Maßnahmen nur teilweise oder begrenzt sinnvoll angewendet werden können. Demgegenüber sind die sachbezogenen Maßnahmen, die ebenfalls zu den herkömmlichen bzw. konfliktumgehenden Methoden zählen, ohne Einschränkungen durchführbar. Auf der Seite der komplementären Methoden, die die personenbezogenen, wie auch die integrierenden Maßnahmen abbilden, können alle Konfliktbearbeitungsmaßnahmen angewendet werden. Die Durchführung ist hier jedoch immer mit einem zusätzlichen Kostenaufwand verbunden. Daher muss ein Konfliktmanagement für virtuelle Projektteams nicht neu erfunden werden, sondern es ist ausreichend, wenn die bereits entwickelten und bekannten Werkzeuge, Methoden oder Prinzipien optimiert und sinnvoll angepasst werden.

5.4 Interkulturelle Zusammenarbeit am Beispiel virtueller Teams

Tobias Erne

Zusammenfassung

Dieses Kapitel wird sich mit interkulturellen virtuellen Teams beschäftigen. Zunächst werden Grundlagen zu Kommunikation und virtuellen Teams herausgearbeitet. Im Anschluss werden die Herausforderungen interkultureller Zusammenarbeit in virtuellen Teams aufgezeigt. Darüber hinaus werden aktuelle Möglichkeiten der virtuellen Kommunikation und Kollaboration von Google und Facebook erläutert sowie deren Einsatz anhand von Praxisbeispielen.

Schlüsselbegriffe

Kommunikation – virtuelles Team – kulturelle Herausforderung – Google for Work – Facebook at Work

"Online communication – E-Mail, instant messaging, chat rooms, etc. – does not replace more traditional offline forms of contact – face-to-face and telephone. Instead, it adds on to them, increasing the overall volume of contact."

Barry Wellman[758]

5.4.1 Einleitung

„Wenn der Arbeitsgegenstand digitalisierbar ist, werden die weltweiten Informationsnetze zur Infrastruktur eines neuen, eigenständigen Raums der Produktion [..., der ...] eine Kooperation in bestimmten Arbeitsprozessen über räumliche Distanzen und ohne zeitliche Verzögerungen ermöglicht."[759] Im Zuge der Digitalisierung lässt sich Arbeit also über Landesgrenzen oder Kontinenten hinweg verlagern und lässt somit eine neue Form von Zusammenarbeit entstehen. Vorreiter der digitalen Auslagerung ist die IT-Branche. Bei sogenannten „Offshore"-IT-Projekten wurden teure Softwareentwicklungen an „günstige" Arbeitskräfte im Ausland verlagert, um dadurch Entwicklungskosten zu sparen. Geleitet wurden diese Teams vom Inland aus. Somit entstanden die ersten virtuellen Entwicklungsteams mit Mitarbeitern an verschiedenen Standorten, die gemeinsam an Projekten zusammengearbeitet haben.[760] Heutzutage beschränkt sich die digitale Auslagerung nicht nur auf die Entwicklung in der IT-Branche, sondern umfasst sämtliche Bereiche zahlreicher Branchen.[761]

5.4.2 Kommunikation

5.4.2.1 Definition

Kommunikation stammt von dem lateinischen Wort „communicatio" und bedeutet Unterredung oder Mitteilung.[762] Beim Kommunikationsprozess (siehe Abbildung 102) tauschen Sender und Empfänger Informationen aus. Die Informationen werden vom

---

758 Wellmann, B.: Connecting Community: On- and Offline. In: http://groups.chass.utoronto.ca/netlab/wp-content/uploads/2012/05/Connecting-Community-On-and-Off-line.pdf (Abrufdatum 15.06.16).
759 Boes, A.; Kämpf, T.: Global verteilte Kopfarbeit. Offshoring und der Wandel der Arbeitsbeziehungen, Berlin, 2011, S. 62.
760 Vgl. Mönkemeier: Aufwandsschätzung von Offshore-IT-Entwicklungsprojekten. Risikomanagement durch systemdynamische Modelle globaler virtueller Teams. Tübingen, 2013, S. 1 f.
761 Vgl. Schwemmle, M.; Wedde, P.: Digitale Arbeit in Deutschland. Potenziale und Problemlagen. Bonn, 2012, S. 64.
762 Vgl. Röhner J.; Schütz A.: Psychologie der Kommunikation. Wiesbaden, 2. Auflage, 2016, S. 2.

Sender codiert, über ein Medium übermittelt und im Anschluss vom Empfänger wieder decodiert. Die Übermittlung der Informationen kann gestört werden, wodurch die Bedeutung der Nachricht abgeschwächt, verstärkt oder verfälscht werden kann.[763]

Falls die Information vom Empfänger als unklar eingestuft wird oder eine Antwort notwendig ist, wird ein Feedback gesendet und der umgekehrte Prozess wird eingeleitet. Somit wird der Empfänger zum Sender.

Die Codierung und Decodierung der Information verursacht im Alltag eine große Anzahl an Problemen, da Inhalte oft nicht korrekt interpretiert werden.[764] Entscheidend beim Kommunikationsprozess ist, dass sowohl Sender als auch Empfänger, den gleichen Vorrat an Zeichen besitzen, um die versendeten Informationen entsprechend entschlüsseln zu können. Dies ist häufig nicht der Fall, wenn Empfänger und Sender aus unterschiedlichen Kulturen kommen oder unterschiedliche Sprachen sprechen.[765]

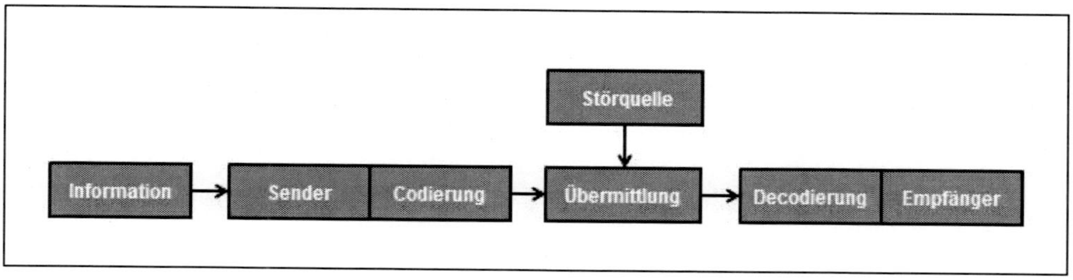

Abbildung 102: Der Kommunikationsprozess[766]

5.4.2.2 Ebenen der Kommunikation

Die Kommunikation lässt sich in vier Ebenen unterteilen, welche im Folgenden näher beschrieben werden:

- **Verbale Kommunikation**

Nach Rothlauf ist die häufigste Form der Kommunikation die verbale Kommunikation. Hierbei wird die Information anhand der Sprache bzw. des gesprochenen oder geschriebenen Wortes vermittelt. Somit ist eine wichtige Voraussetzung im

---

[763] Vgl. Mönkemeier: Aufwandsschätzung von Offshore-IT-Entwicklungsprojekten. Risikomanagement durch systemdynamische Modelle globaler virtueller Teams. Tübingen 2013, S. 63 f.
[764] Vgl. Rothlauf, J: Interkulturelles Management. 2. Auflage, München, 2006, S. 139 f.
[765] Vgl. Unger, K. R: Erfolgreich in internationalen Geschäften. Fallstricke und Fehler vermeiden – Kompetenz auf Auslandsmärkten, Wien, 1997, S. 299.
[766] Vgl. Mönkemeier: Aufwandsschätzung von Offshore-IT-Entwicklungsprojekten. Risikomanagement durch systemdynamische Modelle globaler virtueller Teams. Tübingen 2013, S. 64.

internationalen Geschäftsalltag, dass Sender und Empfänger dieselbe Sprache sprechen und verstehen.[767]

- **Nonverbale Kommunikation**

Bei der nonverbalen Kommunikation handelt es sich um die nichtsprachliche zwischenmenschliche Kommunikation. Darunter wird beispielsweise die Körpersprache mit Mimik und Gestik verstanden.[768] Hall bezeichnet diese Art der Kommunikation auch als "silent language".[769] Nonverbale Kommunikation wird meist unbewusst ausgesendet und wird von verschiedenen Kulturen oft auch sehr unterschiedlich aufgefasst.[770]

- **Paraverbale Kommunikation**

Bei der paraverbalen Kommunikation geht es vor allem um die Art des Sprechens, wie die Stimme Worte hervorbringt oder ergänzt.[771] Sprachverhalten und Stimmeigenschaften sind sehr stark durch die Kultur geprägt.[772] Wahrgenommen werden kann dies z. B. durch die Lautstärke der Stimme, Tonfall und Stimmlage, Artikulation, Sprachtempo und -melodie oder auch durch Sprechpausen, Lachen und Seufzen.[773]

- **Extraverbale Kommunikation**

Verbale Kommunikation kann gelesen und gehört werden, nonverbale Kommunikation kann hauptsächlich gesehen werden und paraverbale Kommunikation kann hauptsächlich gehört werden.[774] Bei der extraverbalen Kommunikation hingegen geht es weder um das Gesehene, Gehörte oder Gesagte, sondern um die Rahmenbedingungen der Kommunikation, wie beispielsweise den Zeitpunkt der Kommunikation, den Ort, die Kleidung der Gesprächspartner oder um fühl- oder riechbare Aspekte.[775]

---

[767] Vgl. Rothlauf, J: Interkulturelles Management. 2. Auflage, München, 2006, S. 141 f.
[768] Vgl. ebd. S. 154 ff.
[769] Vgl. Hall, E.T.: The silent language in overseas business. In: Havard Business Review, May-June 1960, S.120.
[770] Vgl. Rothlauf, J: Interkulturelles Management. 2. Auflage, München, 2006, S. 154.
[771] Vgl. Köppel, P.: Konflikte und Synergien in multikulturellen Teams. Potsdam, 2007, S. 57.
[772] Vgl. Maletzke, G.: Interkulturelle Kommunikation. Zur Interaktion zwischen Menschen verschiedener Kulturen. Opladen. 1996, S. 78.
[773] Vgl. Treichel, D.; Mayer, C.: Lehrbuch Kultur. Lehr- und Lernmaterialien zur Vermittlung kultureller Kompetenzen. Münster, 2011, S. 166.
[774] Vgl. Treichel, D.; Mayer, C.: Lehrbuch Kultur. Lehr- und Lernmaterialien zur Vermittlung kultureller Kompetenzen. Münster, 2011, S. 166.
[775] Vgl. Bolten, Jürgen (1997): Interkulturelle Wirtschaftskommunikation. In: Walter, Rolf (Hg.): Wirtschaftswissenschaften. Eine Einführung. Paderborn: Schöningh. S. 480.

5.4.2.3 Interkulturelle Kommunikation

Wie eben aufgezeigt, ist Kommunikation stark von der Interpretation der jeweiligen Personen abhängig. Es wird nicht nur verbal kommuniziert, sondern auch non- und paraverbal. Gerade wenn Personen unterschiedlicher kultureller Hintergründe aufeinandertreffen und miteinander kommunizieren, werden Informationen oft falsch interpretiert.[776]

Hall veröffentlichte 1976 einen eindimensionalen Kulturansatz, bei dem es um „low context" und „high context" Kulturen in Bezug auf die Kommunikation geht. Bei „high context" Kulturen werden Informationen oder Dinge nicht direkt angesprochen, sondern nur unpräzise formuliert. Die Information muss aus allen Ebenen der Kommunikation interpretiert werden. Gesichtsausdruck, Körpersprache, Umstände der Begegnung, etc. spielen hier eine wichtige Rolle. „High Context" Kulturen stellen beispielsweise die japanische oder die chinesische Kultur dar.[777]

„Low Context" Kulturen hingegen, sprechen alle Dinge sehr direkt und präzise an. Informationen werden hier generell verbal vermittelt und müssen nicht aus dem Gesichtsausdruck des Gegenübers interpretiert werden. Beispiele hierfür sind USA oder Deutschland.[778]

Eine falsche Interpretation der Kommunikation kann aber nicht nur zwischen Personen unterschiedlicher Nationen entstehen, sondern auch in einem Gespräch zwischen Personen derselben Nation, in Gruppen oder auch zwischen Gruppen.[779]

5.4.3 Virtuelle Teams

5.4.3.1 Definition

In der Theorie gibt es zahlreiche Definitionen für ein virtuelles Team. Herczeg et al. definieren virtuelle Teams als „[...] Arbeitsgruppen, in denen Personen zusammenarbeiten, ohne persönlich am selben Ort anwesend zu sein. Die Zusammenarbeit geht dabei über räumliche, zeitliche und organisationale Grenzen hinaus, wobei ein weites Spektrum von Kommunikationstechnologien genutzt wird."[780]

---

[776] Vgl. Köppel, P.: Konflikte und Synergien in multikulturellen Teams. Potsdam, 2007, S. 24.
[777] Vgl. Hall, E., T.: Beyond Cultures. New York, 1976, S.91.
[778] Vgl. ebd., S. 91.
[779] Vgl. Köppel, P.: Konflikte und Synergien in multikulturellen Teams. Potsdam, 2007, S. 24.
[780] Herczeg, M.; Janfeld, B.; Kleinen, B.; Kritzenberger, H.; Paul, H.; Wittstock, M.: Virtuelle Teams. Erkenntnisse über die Nutzung von Video Conferencing und Application Sharing bei der Unterstützung virtueller Teams. Gelsenkirchen, 2000, S. 11.

Bei dieser Definition setzt sich ein virtuelles Team aus Personen zusammen, die alle ortsunabhängig, also aus unterschiedlichen geographischen, zeitlichen und organisatorischen Bereichen stammen. Kommuniziert wird mit Hilfe zahlreicher Kommunikationstechnologien. Bühlmann hingegen spricht von Personengruppen, die organisatorisch und geografisch voneinander getrennt sind, aber für ein gemeinsames Ziel arbeiten. Der Schwerpunkt der Kommunikation basiert auf elektronischen Hilfsmitteln.[781] Bei Konradt und Hertel gibt es noch weitere Differenzierungsgrade, wie Kernkompetenzen oder Grad der Hierarchie und Autonomie.[782] In dieser Arbeit wird jedoch lediglich von einer minimalen Definition ausgegangen. Das heißt, dass ein virtuelles Team aus Personen unterschiedlicher geografischer Regionen zusammensetzt und elektronische Hilfsmittel für die Kommunikation verwendet werden.

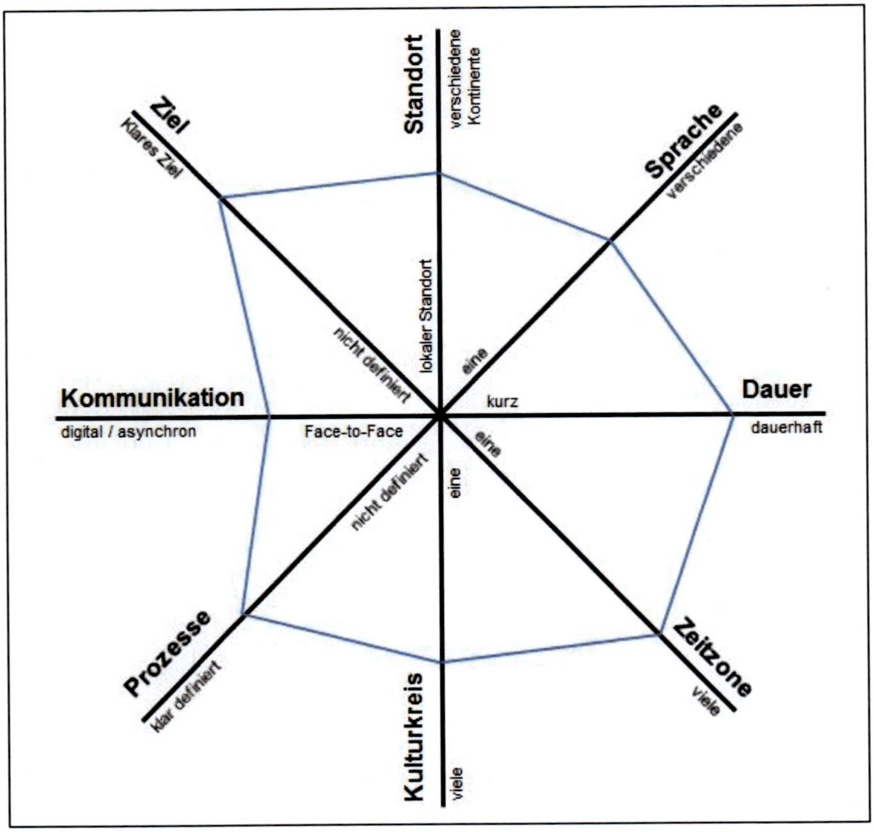

Abbildung 103: Dimensionen virtueller Teams[783]

[781] Vgl. Bühlmann, B.: Need to manage a virtual team? Theory and practice in a nutshell. Göttingen, 1. Aufl., 2006, S. 6 f.
[782] Vgl. Konradt, U. & Hertel, G. (2002). Management virtueller Teams. Weinheim, 2002, S. 18 ff.
[783] Vgl. ebd., S.11.

Wie stark ein Team virtuell arbeitet, lässt sich anhand der Abbildung 103 erkennen. Dort sind verschiedene Dimensionen zusammengetragen. Die Größe der Fläche spiegelt den Virtualisierungsgrad wieder. Acht Dimensionen spielen laut Bühlmann dabei eine entscheidende Rolle. Die Skalierung der einzelnen Dimensionen erfolgt von wenig ausgeprägt bis sehr ausgeprägt. Die Skalierung der Dimension „Standort" reicht von lokal bis hin zu Standorten auf verschiedenen Kontinenten. Neben der Dimension Standort, gibt es noch die Dimensionen Sprache, Kulturkreis, Prozesse, Ziel, Kommunikation, Zeitzonen und Dauer. All diese Dimensionen beeinflussen den Grad der Virtualität.[784]

5.4.3.2 Kommunikation in virtuellen Teams

Die Kommunikation und Wahl der Kommunikationsmittel wird von folgenden Faktoren beeinflusst:

- **Kommunikationsmittelbezogene Faktoren**

Welches Medium für die Kommunikation verwendet wird, hängt von der Art der Kommunikation ab. Hierbei wird zwischen synchroner und asynchroner sowie einkanaliger und mehrkanaliger Kommunikation unterschieden. Bei synchronen Kommunikationsmitteln können Personen gleichzeitig miteinander interagieren, bei asynchronen Kommunikationsmitteln hingegen findet die Kommunikation zeitlich versetzt statt. Auch können Medien unterschiedlich viele Kanäle haben (z. B. Bild, Ton, etc.). Ein einkanaliges Kommunikationsmittel ist beispielsweise die E-Mail. Diese transportiert die Information lediglich durch einen Kanal, der Schrift. Eine Videokonferenz hingegen nutzt mehrere Kanäle. Hier wird die Information durch Bild und Ton übermittelt. Folglich ist die Anzahl der Kanäle maßgebend dafür, wie viel Information überbracht wird.[785] Draft und Lengel sprechen dabei von der sog. „Media Richness" (siehe Abbildung 104). Je reichhaltiger ein Kommunikationsmittel ist, desto mehr Information kann transportiert werden und umso schneller kann Feedback gegeben werden.[786] In einem Modell nach Rice ist die Kommunikationsmittelwahl

[784] Vgl. Bühlmann, B.: Need to manage a virtual team? Theory and practice in a nutshell. Göttingen, 1. Aufl., 2006, S. 11.
[785] Vgl. Spörri, S. M.; Springall, L.; Grote, G.: Führung und Kommunikation in virtuellen Teams der IT-Branche. Abschlussbericht. Projekt Telemanagement. Zürich, S. 14.
[786] Vgl. Daft, R. L.; Lengel, R. H.: Organizational information requirement, media richness and structural design. In: Management Science, 32. Jg., Nr. 5 *1986, S.* 560.

abhängig von der „Media Richness" sowie der Komplexität und Strukturiertheit der zu kommunizierenden Aufgabe.[787]

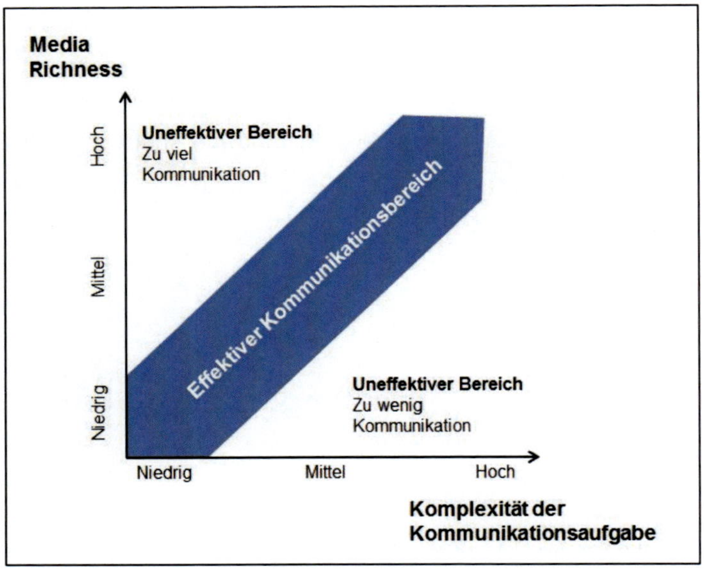

Abbildung 104: Media Richness[788]

- **Personenbezogene Faktoren**

Bei der Kommunikationsmittelauswahl spielt auch die Person eine wichtige Rolle. Grund hierfür ist, dass die Wahl der Kommunikationsmittel von ihrer Medienpräferenz sowie ihrer Kompetenz abhängt. Das bedeutet, dass eine Person zum einen jenes Medium bevorzugen wird, für welches sie eine bestimmte Vorliebe hat und zum anderen, mit welchen sie am besten umgehen kann.

Jedoch werden heutzutage oft Medien ausgewählt, mit welchen die Personen nicht effizient arbeiten können, weil sie beispielsweise nicht versiert genug sind im Umgang mit einer bestimmten Technologie oder sich schriftlich nicht gut ausdrücken können.[789]

---

[787] Vgl. Rice, R. E.: Task Analyzability. Use Of New Media And Effectiveness: A Multi-Site Exploration Of Media Richness. Organization Science, Vol. 3, No. 4, November 1992, S. 476.
[788] Vgl. Möslein, K.: Medientheorie: Perspektiven der Medienwahl und Medienwirkung im Überblick. München, Arbeitsbericht Nr. 10, 1999 nach Rice, R.E.: Task Analysability, Use of New Media, and Effectiveness: A Multi-Site Exploration of Media Richness, in: Organization Science, 1992, S. 475–500.
[789] Vgl. Spörri, S. M.; Springall, L.; Grote, G.: Führung und Kommunikation in virtuellen Teams der IT-Branche. Abschlussbericht. Projekt Telemanagement. Zürich, S. 14.

- **Interpersonale Faktoren**

Teamarbeit geschieht nicht nur auf der Arbeitsebene, sondern basiert auch auf zwischenmenschlichen Beziehungen. Hierbei spielen Vertrauen, Bekanntheit und Abhängigkeit des Kommunikationspartners eine wichtige Rolle. Dies bedeutet, dass bei der Wahl des Kommunikationsmittels, auch der Gesprächspartner gegenüber berücksichtigt wird. So wird darauf geachtet, welche Kommunikationsgewohnheiten der Gesprächspartner hat oder über welche technische Ausstattung er verfügt.

Generell ist anzumerken, dass die Dauer des Aufbaus einer zwischenmenschlichen Beziehung beim Einsatz von technischen Kommunikationsmitteln, länger dauert, als bei einer Face-to-Face-Kommunikation.[790]

5.4.3.3 Interkulturelle Zusammenarbeit in virtuellen Teams

Virtuelle Teams setzen sich oft aus Mitgliedern unterschiedlicher kultureller Herkunft zusammen, wodurch es häufig zu Konflikten kommen kann.[791]

Im Nachfolgenden werden die Herausforderungen erläutert, welche innerhalb eines interkulturellen virtuellen Teams entstehen können und welche bewältigt werden müssen, um ein solches Team erfolgreich zu führen.[792]

Eine Herausforderung stellt die Kommunikation dar. In virtuellen Teams ist die Projektsprache meist Englisch. Das bedeutet, dass einige Teammitglieder in einer fremden Sprache kommunizieren müssen. Auch unterscheiden sich Kulturen stark von ihrer Kommunikationsart, was das Verständigungsproblem verstärkt. Beispielsweise drücken sich Deutsche eher direkt aus, Chinesen hingegen eher indirekt.[793] Durch die unterschiedlichen Führungsstile ergibt sich weiteres Konfliktpotenzial. In manchen Kulturen sind Mitarbeiter es gewohnt, dass sie von einem autoritären Führungsstil geleitet werden. Die Mitarbeiter erwarten explizite Befehle. Werden diese Mitarbeiter nun unter einem kooperativeren Führungsstil geführt, kann dies zu einigen Irritationen führen.[794] Weitere Informationen zu virtueller Führung werden im Kapitel 3.1.3 erläutert.

---

[790] Vgl. Parks, M. R.; Floyd, K. (1996). Making Friends In Cyberspace. Journal Of Communication, 1996, 46 (1), S. 80–97.
[791] Vgl. App, S.: Virtuelle Teams. 2013, S.216.
[792] Vgl. Spörri, S. M.; Springall, L.; Grote, G.: Führung und Kommunikation in virtuellen Teams der IT-Branche. Abschlussbericht. Projekt Telemanagement. Zürich, S. 8 f.
[793] Vgl. ebd. S. 216 f.
[794] Vgl. ebd., S. 217.

Nicht nur die verschiedenen Zeitzonen, Ferien- oder Feiertage, stellen eine Herausforderungen dar, sondern auch der Arbeitsrhythmus. Die Deutschen sind es z. B. gewohnt zwischen 12 und 13 Uhr eine Mittagspause zu machen, wohingegen die Mittagspause in Spanien erst gegen 14:30 Uhr beginnt. Darüber hinaus besitzen verschiedene Kulturen auch ein anderes Zeitverständnis. Je nach kultureller Prägung der einzelnen Teammitglieder kann es vorkommen, dass einige Kulturen verspätet zu Telefon- oder Videokonferenzen erscheinen. Hall unterscheidet beim Zeitverständnis zwischen monochronen und polychronen Kulturen.

Bei monochronen Kulturen unterliegen alle Aktivitäten einem festen Zeitplan, welcher auch genau eingehalten wird.[795] Eine Aufgabe wird nach der anderen abgearbeitet. Zwischenmenschliche Beziehungen sind weniger wichtig. Ein typisches Beispiel hierfür ist Deutschland.[796] In polychronen Kulturen hingegen ist die Zeit von geringfügiger Bedeutung. Personen aus einer polychronen Kultur beschäftigen sich mit vielen Aufgaben gleichzeitig und Termine werden nicht genau eingehalten. Es wird viel Wert auf zwischenmenschliche Beziehungen gelegt.[797]

Zu guter Letzt können auch die unterschiedlichen kulturellen Wertesysteme zu Missverständnissen führen. Hofstede hat dazu 5 Kulturdimensionen herausgefunden, mit denen sich die Wertesysteme einer Kultur unterscheiden lassen. Hierzu zählen: Distanz zur Macht, Unsicherheitsvermeidung, Individualismus, Maskulinität sowie Lang- und Kurzzeitorientierung.[798] Besonders in Konfliktsituationen wird sich herausstellen, wie stark sich die Wertesysteme von den einzelnen Teammitgliedern unterscheiden.[799]

5.4.4 Beispiele virtueller Zusammenarbeit

In diesem Kapitel werden aktuelle Lösungen für die Zusammenarbeit virtueller Teams näher erläutert. Es ist zu betonen, dass es heutzutage zahlreiche Lösungen im Bereich Kollaborations-Software gibt, wie die von Facebook, Google, IBM, Salesforce,

---

[795] Vgl. Hall, E. T.; Hall, M. R.: Hidden Differences - Doing Business with the Japanese. New York, 1987, S. 16ff.
[796] Vgl. Hall, E. T.; Hall, M. R.: Understanding Cultural Differences. Yarmouth, 1990, S. 35.
[797] Vgl. Hall, E. T.; Hall, M. R.: Hidden Differences - Doing Business with the Japanese. New York, 1987, S. 17ff.
[798] Vgl. Hofstede, G.: Culture's Consequences - International Differences in Work-Related Values, 18th ed., Vol. 5, Newbury Park, CA, 2001, S. 41.
[799] Vgl. ebd., S. 218 ff.

Microsoft oder auch Atlassian.[800] Dieses Kapitel beschränkt sich jedoch nur auf die Lösungen von Facebook und Google.

5.4.4.1 Facebook at Work

„Facebook at Work's mission is simple: to enable secure global collaboration across different time zones and languages for business critical matters, and to create a more productive workplace." Zitat von Julien Codorniou, Facebook Director of Global Platform Partnerships.[801]

Seit einem guten Jahr testet Facebook ein Netzwerk für Unternehmen, welches die Kommunikation und Zusammenarbeit von Teams innerhalb eines Unternehmen erleichtern soll. Das Netzwerk ist nur auf das Unternehmen begrenzt und nicht öffentlich. Jeder Mitarbeiter des Unternehmens kann sich anmelden und den Dienst entsprechend nutzen. Über einen Webbrowser können sich die Mitarbeiter einloggen. Um jedoch den vollständigen Dienst nutzen zu können, müssen diese auch die Facebook-at-Work-App auf dem Smartphone installieren. Dies hat den Vorteil, dass jeder Nutzer Facebook at Work (FAW) nicht nur an seinem Arbeitsplatz bedienen kann, sondern weltweit an jedem Computer mit Internetzugang.[802]

Das soziale Netzwerk Facebook ist mit 1,55 Milliarden Nutzern das größte Netzwerk weltweit.[803] FAW ist ähnlich aufgebaut wie Facebook. Somit fällt es Usern, die bereits Facebook nutzen, leicht sich in FAW einzuarbeiten. Auch können damit Kosten für Trainings reduziert werden. Dennoch hat FAW nichts mit dem privaten Facebook-Account zu tun.[804] Lars Rasmussen, Facebook Director of Engineering, sagt, dass der größte Unterschied das Erscheinungsbild ist, da das charakteristische Facebook-Blau wegfällt und es durch ein helleres Grau ersetzt wurde.[805]

---

[800] Vgl. Captera. Top Collaboration Software Products. In: http://www.capterra.com/collaboration-software/ (Aufrufdatum: 15.05.16).

[801] Julien Codorniou, Facebook director of global platform partnerships. In: http://www.appstechnews.com/news/2016/mar/01/financial-times-launch-facebook-work-greater-collaboration/ (Aufrufdatum: 02.05.16).

[802] Vgl. Spiegel: Facebook at Work: Soziales Netzwerk für Firmen gestartet. In: http://www.spiegel.de/netzwelt/web/facebook-at-work-soziales-netzwerk-fuer-firmen-a-1012946.html (Aufrufdatum: 04.05.16).

[803] Vgl. We Are Social. Ranking der größten Social Networks und Messenger nach der Anzahl der monatlich aktiven Nutzer (MAU) im Januar 2016 (in Millionen). Zitiert nach: Statista. In: http://de.statista.com/statistik/daten/studie/181086/umfrage/die-weltweit-groessten-social-networks-nach-anzahl-der-user/ (Aufrufdatum: 04.05.16).

[804] Vgl. Venturebeat: Facebook at Work's pitch to enterprises is unmatched: 'There's no training required'. In: http://venturebeat.com/2015/12/09/facebook-for-works-pitch-to-enterprises-is-unmatched-theres-no-training-required/ (Aufrufdatum: 05.05.16).

[805] Vgl. Hootsuite: Alles was Sie über Facebook At Work und Social Networks für Unternehmen wissen müssen. In: https://blog.hootsuite.com/de/was-sie-ueber-facebook-at-work-und-social-networks-fuer-unternehmen-wissen-muessen/ (Aufrufdatum: 05.05.16).

FAW besitzt zahlreiche Facebook-Funktionen, wie dem Newsfeed, über den jeder Mitarbeiter aktuelle Unternehmensnachrichten erhalten kann. Mitarbeiter können sich zu Gruppen zusammenschließen und in der Gruppe Nachrichten, Dokumente oder Fotos teilen sowie diese kommentieren. Daneben gibt es einen Chat, in welchem Nachrichten oder Dokumente ausgetauscht werden können. Mit dem Chat können auch Telefon- und Videoanrufe getätigt werden. Außerdem wird eine Suchfunktion angeboten. Durch die Eingabe eines Stichwortes können dadurch bestimmte Gruppen-Nachrichten oder sonstige Dokumente schnell gefunden werden.[806]

- **Facebook at Work am Beispiel der Royal Bank of Scotland**

Wie bereits erwähnt befindet sich FAW noch in der Testphase und wird bisher von einigen Pilotkunden getestet, wie der Royal Bank of Scotland (RBS).[807] Seit Juli 2015 testet RBS FAW und hat mittlerweile 30.000 von den knapp 100.000 RBS-Mitarbeitern an das Netzwerk angebunden. Die Mitarbeiter arbeiten an verschiedenen Projekten virtuell miteinander – bei Markt- und Wettbewerbsanalysen oder im Kundenservice. Gerade im RBS Kundenservice hat sich FAW als sehr hilfreich erwiesen, da Kundenfragen schneller beantwortet werden können. Dank FAW werden die Mitarbeiter schneller benachrichtigt und es kann gemeinsam ein breites Spektrum an Ideen entwickelt werden, wodurch auch die Zusammenarbeit gefördert wird.[808]

- **Facebook at Work am Beispiel Club Méditerranée**

Club Méditerranée, kurz Club Med genannt, testet als globales Tourismusunternehmen das Netzwerk FAW. Club Med beschäftigt rund 13.000 Mitarbeitern in über 40 verschiedenen Ländern. Es ist ein multikulturelles Unternehmen, das weltweit 66 Club-Resorts besitzt und Mitarbeiter aus mehr als 110 Nationen beschäftigt.

Club Med gilt als Vorreiter und Erfinder des Premium All-Inclusive Cluburlaubs. FAW wird hier genutzt, um die Mitarbeiterkommunikation und -kooperation zu erhöhen, damit der Gästeservice und die Kundenzufriedenheit gesteigert werden. Durch Funktionen wie den „Like-Button", den Chat oder den Übersetzer und der Nutzung von FAW auf mobilen Endgeräten, werden der Ideen- und Innovationaustausch stark gefördert. So können Mitarbeiter über FAW relativ einfach miteinander kommunizieren,

---

[806] Vgl. Facebook at Work: Features. In: https://work.fb.com/ (Aufrufdatum: 05.05.16).
[807] Vgl. Facebook at Work: Customers. In: https://work.fb.com/ (Aufrufdatum: 05.05.16).
[808] Vgl. Royal Bank of Scotland: RBS becomes first bank in the world to launch Facebook At Work. In: http://www.rbs.com/news/2015/october/rbs-becomes-first-bank-in-the-world-to-launch-facebook-at-work.html (Aufrufdatum: 06.05.16).

ohne sich große Gedanken über Zeitverschiebung oder Sprachunterschiede zu machen.[809]

5.4.4.2 Google Apps for Work

Alphabete Inc. bietet mit Google Apps for Work (GAW) auch eine Alternative, um im digitalen Zeitalter in Teams virtuell zusammenzuarbeiten. GAW ist ein Bereich von Google for Work, welcher sich auf Teamarbeit konzentriert. Neben GAW existieren u. a. die Bereiche Google Maps for Work, Google Search for Work, Google Chrome for Work und Google Android for Work.[810]

Auch Google verwendet im Bereich der Zusammenarbeit im Team Produkte, die dem Endverbraucher teilweise schon bekannt sind.[811] Alle angebotenen Apps können unabhängig vom Arbeitsplatz bedient werden, da diese über das Internet abgerufen werden können. Somit ist auch eine Nutzung von GAW auf mobilen Endgeräten möglich. Auch sind alle Apps miteinander verknüpft.[812]

Zur Kommunikation stehen bei GAW folgende Programme zur Verfügung: die E-Mail-App Gmail, die Video-, Sprach- und Chat-App Hangouts, ein Kalender um Termine abzustimmen und das Unternehmensnetzwerk Google+.[813]

Dateien können zentral in Google Drive gespeichert werden. Somit wird ein weltweiter Zugriff auf die eigenen Dateien gewährleistet, unabhängig davon, welches Gerät gerade verwendet wird. Weiterhin können dort alle darin befindlichen Dateien, in einem vordefinierten Ordner auf dem eigenen Computer, automatisch synchronisiert werden. Darüber hinaus können bestimmte Dateien auch für andere zugänglich gemacht werden.[814]

Für die Zusammenarbeit stehen folgende Apps bereit: Docs, Tabellen, Formulare, Präsentationen oder Sites.[815] Mit Docs lassen sich beispielsweise Textdokumente erstellen, an welchen mehrere Personen gleichzeitig arbeiten können. Änderungen anderer Teammitglieder können in Echtzeit verfolgt werden und mit Hilfe eines Chats

---

[809] Vgl. Club Méditerranée: Club Med startet als erstes globales Unternehmen in der Touristik das neue Business-Netzwerk "Facebook at Work". In: http://presse.clubmed.de/pressreleases/club-med-startet-als-erstes-globales-unternehmen-in-der-touristik-das-neue-business-netzwerk-facebook-at-work-1272309 (Aufrufdatum: 06.05.16).

[810] Vgl. Google: Google for Work: Solutions. In: https://www.google.com/intx/de_de/work/solutions.html (Aufrufdatum: 06.05.16).

[811] Vgl. Google Apps for Work: Häufig gestellte Fragen zu Google Apps. In: https://apps.google.com/intx/de/faq/ (Aufrufdatum: 06.05.16).

[812] Vgl. Google Apps for Work: Aufeinander abgestimmte Businesstools helfen Ihnen dabei, Ihre Ziele zu erreichen. In: https://apps.google.com/intx/de_de/products/ (Aufrufdatum: 06.05.16).

[813] Vgl. Google Apps for Work. Startseite. In: https://apps.google.com/ (Aufrufdatum: 06.05.16).

[814] Vgl. Google Apps for Work: Produkte: Drive. In: https://apps.google.com/intx/de_de/products/drive/ (Aufrufdatum: 06.05.16).

[815] Vgl. Google Apps for Work: Produkte. In: https://apps.google.com/intx/de_de/products/ (Aufrufdatum: 06.05.16).

kann auch kommuniziert werden. Ähnliches gibt es bei Tabellen und Präsentationen.[816] Mit der App Formulare lassen sich Umfragen erstellen und auswerten.[817] Zu guter Letzt lassen sich mit der App Sites Websites im Team durch ein Baukastenprinzip erstellen.

- **Google Apps for Work am Beispiel von Westaflex**

Westaflex ist ein B2B-Unternehmen, welches im Bereich Haustechnik tätig ist. Es bietet komplette Heizungs- und Lüftungssysteme an. Für die Kommunikation mit den Außendienstmitarbeitern oder externen Mitarbeitern, werden ausschließlich die Dienste von GAW verwendet. Ferner wird GAW bei der Kommunikation mit Handwerkern angewandt. Fehlt ein Teil beim Einbau der Heizungs- oder Lüftungsanlage, können die Handwerker Vorort ein Foto oder eine Nachricht an einen Ansprechpartner senden. Das fehlende Teil wird dann schnellstmöglich geliefert. Weiterhin wird im Qualitätsmanagement Google Sites verwendet, damit alle Fortschrittsberichte und Zusammenhänge abgebildet werden können.[818]

- **Google Apps for Work am Beispiel von POSCO**

POSCO gehört mit zu den größten Stahlerzeugern der Welt und hat seinen Hauptsitz in Pohnag, Südkorea. Um in der sich schnell ändernden Stahlindustrie weiterhin unter den Marktführern zu bleiben, hat POSCO Ende 2012 einen Smart Worplace gegründet. Dort wurden aktuelle IT-Lösungen zur Mitarbeiterkollaboration eingeführt, um die Produktivität, Effizienz und Mobilität der Mitarbeiter zu erhöhen. [819] „We've seen increased synergy among our teams and this is valuable in today's fast-moving business landscape. Access to critical, real-time information is now possible anytime, anywhere and this has improved the speed of decision-making."[820]

Google Docs, Gmail und Hangouts werden eingesetzt, damit die Mitarbeiter möglichst in Echtzeit miteinander interagieren können. Zum Organisieren und Planen von Meetings wird die App Google Kalender benutzt. Die App Hangouts wird vor allem

---

[816] Vgl. Google Apps for Work: Produkte: Docs. In: https://apps.google.com/intx/de_de/products/docs/ (Aufrufdatum: 06.05.16).
[817] Vgl. Google Apps for Work: Produkte: Forms. In: https://apps.google.com/intx/de_de/products/forms/ (Aufrufdatum: 06.05.16).
[818] Vgl. Google: Google Apps for Business: Case Study: Social-Media-affines Haustechnik-Unternehmen Westaflex maximiert die Datensicherheit mit Google Apps for Business. 2012.
[819] Vgl. Google: Google Apps for Business and Google Search Appliance: Case Study: POSCO drives Smart Workplace with Google Apps for Business and Search Appliance. 2014.
[820] Hyun-soo Park, Team leader of POSPIA 3.0 Project Department. In: Google: Google Apps for Business and Google Search Appliance: Case Study: POSCO drives Smart Workplace with Google Apps for Business and Search Appliance. 2014.

dazu verwendet, um mit Mitarbeitern an unterschiedlichen Standorten in verschiedenen Ländern zu kommunizieren.[821]

5.4.5 Fazit

Im digitalen Zeitalter sind virtuelle Teams im geschäftlichen Alltag nicht mehr fremd. Eine der größten Herausforderungen von virtuellen Teams, stellt jedoch die Kommunikation dar. Teammitglieder müssen meist in einer Fremdsprache kommunizieren, in welcher sie sich nicht richtig ausdrücken können. Somit kann es schnell zu Missverständnissen kommen. Auch der kulturelle Hintergrund der einzelnen Mitglieder erschwert die Kommunikation. In „High Context" Kulturen werden Dinge nur indirekt angesprochen, in „Low Context" Kulturen hingegen direkt. Darüber hinaus beeinflusst die Medienwahl die Kommunikation. Je nach Wahl des Mediums werden bestimmte Ebenen der Kommunikation außer Acht gelassen, wie beispielsweise bei der E-Mail. Hier erfolgt die Kommunikation lediglich auf verbaler Ebene. Gestik oder Mimik sind nicht ersichtlich, wären aber für die Interpretation der Nachricht von großer Bedeutung.

In diesem Kapitel wurden weiterhin Lösungen von Facebook und Google vorgestellt, welche moderne und interessante Ansätze anbieten, um das Arbeiten in virtuellen Teams zu erleichtern. Das Problem der geografischen Trennung der Teammitglieder, wird weitestgehend durch den hohen Vernetzungsgrad untereinander gelöst. Dateien oder Informationen können weltweit und ohne zeitliche Verzögerung ausgetauscht werden. Es stehen zahlreiche digitale Kommunikationsmittel wie Instant Messaging oder Videotelefonie zur Verfügung. Allerdings helfen diese Lösungen nicht, die kulturellen Herausforderungen zu bewältigen. Probleme wie das Zeitverständnis, Arbeitsrhythmen oder die verschiedenen Wertesysteme bleiben bestehen. Um Missverständnisse zwischen den einzelnen Kulturen vorzubeugen, sollten die Mitarbeiter daher kulturelle Seminare und Schulungen belegen. Vor allem die Leiter von virtuellen Teams.

Zusammenfassend kann gesagt werden, dass die vorgestellten Lösungen zwar einen schnellen sowie zeitlich und räumlich unabhängigen Daten- und Kommunikationsaustausch ermöglichen, es aber dennoch zu Missverständnissen bei der Interpretation

---

[821] Vgl. Google: Google Apps for Business and Google Search Appliance: Case Study: POSCO drives Smart Workplace with Google Apps for Business and Search Appliance. 2014.

der Nachrichten kommen kann. Daneben wird durch den hohen Vernetzungsgrad die Kontakthäufigkeit gefördert. Oder um es nochmal mit den Worten von Berry Wellmann auszudrücken: die neuen Arten der Online-Kommunikation ersetzen keine Face-to-Face-Kommunikation, sondern ergänzen diese lediglich und steigern die Kontakthäufigkeit.

Literaturverzeichnis

Printmedien

Abolhassan, Ferri: *Was treibt die Digitalisierung? Warum an der Cloud kein Weg vorbeiführt*, Springer Gabler, Wiesbaden, 2016

App, Sonja: *Virtuelle Teams.* Haufe Lexware, Freiburg, 1. Auflage, 2013

Appelo, Jurgen: *Management 3.0 – Leading Agile Developers, Developing Agile Leaders.* (Hrsg.): Addison-Wesley. München, 1. Auflage, 2010

Avolio, Bruce; Kahai, Surinder; Dodge, George: *E-leadership: Implications for theory, research, and practice.* In: The Leadership Quarterly 11 (4), 2000

Back, Andrea; Gronau, Norbert; Tochtermann, Klaus: *Web 2.0 in der Unternehmenspraxis: Grundlagen, Fallstudien und Trends zum Einsatz von Social Software*, Oldenbourg, München 2012

Balderjahn, I.: *Nachhaltiges Management und Konsumentenverhalten*, Konstanz und München, 2013.

Bauer, Wilhelm; Schlund, Sebastian; Marrenbach, Dirk; Ganschar, Oliver: *Industrie 4.0 – Volkswirtschaftliches Potenzial* (Hrsg.): BITKOM, Berlin, 2014.

Becker, Thomas et al.: Digitales Neuland, Springer Gaber, Wiesbaden 2015

Becker, Thomas; Knop, Carsten: *Digitales Neuland – Warum Deutschlands Manager jetzt Revolutionäre werden*, Springer Gabler, Wiesbaden 2015

Beckmann, Dirk: Was würde Apple tun? – Wie man von Apple lernen kann, in der digitalen Welt Geld zu verdienen, Ullstein Buchverlage, Berlin, 2011

Berkel, Karl, Prof. Dr.: *Konflikttraining - Konflikte verstehen, analysieren, bewältigen.* Hrsg.: Prof. Dr. Crisand, Ekkehard; Prof. Dr. Raab, Gerhard. Windmühle, Hamburg, 11. Auflage, 2011

Blumenthal, Fred; Bock, Petra; Boße, André; Von Everfeldt, Felicitas; Wolf, Alexander Hanisch; Kirchner, Steffen; Roser, Brigitte; Schmitz, Michael, Stackelberg, Bettina: *Berufsziel – der mediale Mentor für Young Professionals. Volition: Wie man Ideen umsetzt und Ziele erreicht,* Süddeutsche Zeitung GmbH, 2012

Boes, Andreas; Kämpf, Tobias: *Global verteilte Kopfarbeit. Offshoring und der Wandel der Arbeitsbeziehungen*, Berlin, 2011.

Bornemann,Stefan: *Kooperation und Kollaboration*, Springer VS, Wiesbaden 2012

Brechtel, Christoph: *Führungsverantwortung – Psychologie und Unternehmenskultur.* (Hrsg.): treditron. Hamburg, 2015

Bruhn, Manfred: Kommunikationspolitik – *Systematischer Einsatz der Kommunikation für Unternehmen*, Vahlen, München 2013

Bühlmann, Beat: *Need to manage a virtual team? Theory and practice in a nutshell*, Cuvillier Verlag, Göttingen, 2006.

Buhse, Willms: *Management by Internet – Neue Führungsmodelle für Unternehmen in Zeiten der digitalen Transformation*, Plassen-Buchverlage, Kulmbach, 2014

Buhse, Willms; Grabmeier, Stephan: *Neues Denken für das digitale Zeitalter.* In: Personalwirtschaft, 03/2015.

Bundesministerium für Wirtschaft und Energie (BMWi): *Digitale Strategie 2025.* (Hrsg.): Hirschen Group GmbH, Berlin, 2016

Bundesministerium für Wirtschaft und Energie Öffentlichkeitsarbeit: *Industrie 4.0 und Digitale Wirtschaft - Impulse für Wachstum, Beschäftigung und Innovation*, Berlin 2015

Bundesverband Digitale Wirtschaft e.V.: *Enterprise 2.0 Social Software in Unternehmen*, Düsseldorf 2013

Ciesielski, Martin; Schutz, Thomas: *Digitale Führung – Wie die neuen Technologien unsere Zusammenarbeit wertvoller machen*, Springer, Berlin, 2016

Ciesinge, Kurt-Georg: *preaview – Zeitschrift für innovative Arbeitsgestaltung und Prävention. Arbeit und Kompetenzmanagement in der digitalen Welt,* Gaus GmbH – Medien Bildung Politikberatung, Dortmund, 2015

Clement, Reiner; Schreiber, Dirk: *Internet Ökonomie*, Springer Gabler, Berlin; Heidelberg, 2016

Clustermanagement IKT. NRW; Bergische Universität Wuppertal: *Industrie 4.0 - Cyber Physical Systems in der Produktion*, Wuppertal 2013

Cole, Tim: Digitale Transformation, Vahlen, München 2015

Daft, L., Richard; Lengel, H. Robert: *Organizational information requirement, media richness and structural desig,* Management Science, 32. Jg., Nr. 5,*1986.*

Delibašić, Boris: *Decision support systems V -- big data analytics for decision making.* First International Conference, ICDSST 2015, Belgrade, Serbia, May 27-29, 2015, proceedings. Cham: Springer (Lecture notes in business information processing, 216), 2015

Drucker, Peter Ferdinand: *Management,* Campus Verlag GmbH, 2009

Dünser, Beatrix: *Gezielte Erfolgsplanung in KMU.* Gabler Verlag, Wiesbaden, 2013

Eberhardt, Daniela; Majkovic, Anna-Lena: *Die Zukunft der Führung – Eine explorative Studie zu den Führungsherausforderungen von morgen,* Springer, Wiesbaden, 2015

Edelkraut, Frank, Balzer, Stephan: *Inspiring! Kommunizieren im TED Stil*, Springer, Wiesbaden, 2016

Eichenberg, Timm: *Distance Leadership – Modellentwicklung, empirische Überprüfung und Gestaltungsempfehlung*, Springer, Wiesbaden, 2007

Erpenbeck, John; Heyse, Volker; Max, Horst: *KODE®-System*. Vertrieb und Training über ACT GbR Regensburg, 2001.

Erpenbeck, John; Von Rosenstiel, Lutz; Grote, Sven: *Kompetenzmodelle von Unternehmen: Mit praktischen Hinweisen für ein erfolgreiches Management von Kompetenzen*, Schäffer-Poeschel Verlag, Stuttgart, 2013

Felfe, Jörg: *Transformationale und charismatische Führung - Stand der Forschung und aktuelle Entwicklungen*. In: Zeitschrift für Personalpsychologie, H. 5/2006

Fersch, Josef: *Leistungsbeurteilung und Zielvereinbarungen in Unternehmen: Praxiserprobte Instrumente zur systemorientierten Mitarbeiterführung*, Gabler Verlag, Wiesbaden, 2013

Fraunhofer IAO; Spath, Dieter: *Produktionsarbeit der Zukunft – Industrie 4.0*, Stuttgart 2013

Fraunhofer ISI: *Gesellschaftspolitische Fragestellungen der Elektromobilität*, Fraunhofer ISI, Karlsruhe, 2011

Gausemeier, Jürgen; Plass, Christoph; Wenzelmann, Christoph: *Zukunftsorientierte Unternehmensgestaltung. Strategien, Geschäftsprozesse und IT-Systeme für die Produktion von morgen*, Hanser, München, 2009

Glasl, Friedrich: *Konfliktmanagement - Ein Handbuch für Führungskräfte, Beraterinnen und Berater*. Freies Geistesleben, Stuttgart, 6. Auflage, 1999

Gloger, Boris: *Agile Leadership mit Scrum,* In: Petry, Thorsten (Hrsg.): *Digital Leadership*, Haufe, Freiburg 2016

Gloger, Boris; Rösner, Dieter: *Selbstorganisation braucht Führung – Die einfachen Geheimnisse agilen Managements*, Hanser, München, 2014

Gloger,Boris; Margetich, Jürgen: *Das Scrum-Prinzip*, Schäffer Poeschel, Stuttgart 2014

Godau, Miriam; Ripanti, Martin: *Online Communitys im Web 2.0- So funktionieren im Mitmachnetz Aufbau, Betrieb und Vermarktung*, BusinessVillage, Göttingen 2010

Gottwald, Franz-Theo; Sailer, Klaus; Sprinkart, Karl Peter: *Fair Business: Wie Social Entrepreneurs die Zukunft gestalten: Ein Begleitbuch für Zukunftsunternehmer und Zukunftsentscheider*, Walhalla Fachverlag, Regensburg 2013

Granig, Peter, Persuch, Sandra: *Innovationsrisikomanagement im Krankenhaus – Grundlagen des Innovationsmanagements*, Springer Gabler, Wiesbaden, 2012

Grant, Robert M.: *Moderne strategische Unternehmensführung. Konzepte, Analysen und Techniken*, Wiley-VCH, Weinheim, 2014

Grosse Klönne, Lukas: *Das perfekte Team,* In: Petry, *t3n*, Ausgabe 44 Q3 2016, yeebase media, Hannover 2016

Groth, Alexander: *Führungsstark im Wandel*, Campus Verlag, Frankfurt am Main, 2011

Gürtler, Detlef: *Die Zukunft der Führung. Eine Trendstudie.* (Hrsg.): SIB Schweizerisches Institut für Betriebsökonomie. Zürich, 2013

Habermann, Frank*: Hybrides Projektmanagement - agile und klassische Vorgehensmodelle im Zusammenspiel.* In: HMD - Praxis der Wirtschaftsinformatik, Nr. 293, 2013.

Halfmann, M.: *Zielgruppen im Konsumentenmarketing – Segmentierungsansätze – Trends – Umsetzung*. Kleve, 2014

Hall, Edward, T.: *Beyond Cultures*, Anchor, New York, 1976.

Hall, Edward, T.: *The silent language in overseas business,* Havard Business Review, May-June 1960.

Hall, Edward, T.; Hall, Mildred Reed.: *Understanding Cultural Differences*. Intercultural Press, Yarmouth, 1990.

Hall, Edward, T.; Hall, Mildred Reed: *Hidden Differences - Doing Business with the Japanese,* Anchor New York, 1987.

Hanisch, Ronald: *Das Ende des Projektmanagements: Wie die digital Natives die Führung übernehmen und Unternehmen verändern*, Linde, Wien, 2013

Heitger, Barbara; Doujak, Alexander: *Harte Schnitte – neues Wachstum. Wandel in volatilen Zeiten. Die Macht der Zahlen und die Logik der Gefühle im Change Management*, mi-Wirtschaftsbuch München, 2. Auflage, 2014

Herczeg, M.; Janfeld, B.; Kleinen, B.; Kritzenberger, H.; Paul, H.; Wittstock, M.: *Virtuelle Teams. Erkenntnisse über die Nutzung von Video Conferencing und Application Sharing bei der Unterstützung virtueller Teams*, Gelsenkirchen, 2000.

Herrmann, Dorothea; Hüneke, Knut; Rohrberg, Andrea: *Führung auf Distanz: Mit virtuellen Teams zum Erfolg*, Springer, Wiesbaden, 2006

Hertel, Guido.; Konradt, Ubo: *Telekooperation und virtuelle Teamarbeit*. Oldenburg Verlag, München, 2007

Hertel, Guido; Lauer, Laurens: *Führung auf Distanz und E-Leadership – die Zukunft der Führung?* In: Sven Grote (Hrsg.), *Die Zukunft der Führung*, Springer, Berlin-Heidelberg, 2012

Heyse, Volker; Erpenbeck, John: K*ompetenztraining – 64 Informations- und Trainingsprogramme*. Schäffer-Poeschel Verlag, Stuttgart, 2004

Hofstede, Geert: *Culture's Consequences - International Differences in Work-Related Values*, 18th ed., Vol. 5, Newbury Park, CA, 2001.

Hungenberg, Harald: *Strategisches Management in Unternehmen. Ziele - Prozesse – Verfahren*, Springer Gabler, Wiesbaden, 2012

Hyun-soo Park, Team leader of POSPIA 3.0 Project Department, online verfügbar unter: Google: Google Apps for Business and Google Search Appliance: Case Study: POSCO drives Smart Workplace with Google Apps for Business and Search Appliance. 2014.

Johnson, Gerry et al.: Exploring Strategy, 9th edition, Financial Times/ Prentice Hall 2011

Kaiblinger, Karl: *Ein Reiseführer für Führungskräfte – The Leadership Challenge*. In Lothar Seiwert (Hrsg.), *Die besten Ideen für erfolgreiche Führung*, Gabal Verlag, Offenbach, 2014

Kaumanns, Ralf; Siegenheim, Veit: *Die Google-Ökonomie. Wie der Gigant das Internet beherrschen will*, Books on Demand, Norderstedt, 2009

Kirchgässner, G.: *Homo Oeconomicus - The Economic Model of Behaviour and Its Applications in Economics and Other Social Sciences*. 6. Auflage, St. Gallen, 2008

Kirschenbauer, Annette: *Neuformierung von Arbeit und Leben durch Informatisierung?*, in: Wischermann, Ulla; Kirschenbauer, Annette (Hrsg.): Geschlechterarrangements in Bewegung, transcript Verlag, Bielefeld 2015

Klimmer, Matthias: *Unternehmensorganisation*, Verlag Neue Wirtschafts-Briefe, Mannheim 2007

Klotz, Ulrich: *Schöne neue Arbeitswelt 2.0?,* in: Eberspächer, Jörg; Holtel Stefan (Hrsg.): Enterprise 2.0. Springer, Berlin Heidelberg 2010

Koenzen, Ralf: Der Wandel der Informationstechnik macht digitale Souveränität unverzichtbar. In: Friedrichsen, Mike; Bisa, Peter -J. (Hrsg.): Digitale Souveränität – Vertrauen in der Netzwerkgesellschaft, Springer, Wiesbaden, 2016

Köhler-Schulte, Christina: *Industrie 4.0: Ein praxisorientierter Ansatz*, KS-Energy-Verlag, Berlin 2015

Konradt, Udo & Hertel, Guido (2002): *Management virtueller Teams,* Beltz, Weinheim, 2002.

Köppel, Petra: *Konflikte und Synergien in multikulturellen Teams,* Gabler, Potsdam, 2007.

Korn, Hans-Peter: *Agile Führung – Vom agilen Projekt zum agilen Unternehmen*. In: Scherber, Stefan; Lang, MIchael. (Hrsg.): Symposion Publishing. Düsseldorf, 1. Auflage 2015

Korn, Hans-Peter: *Umstellung auf agile SW-Entwicklung: Schaffen kultureller Voraussetzungen*. In: IT-Servicemanagement – Praxishandbuch für Compliance und Wirtschaftlichkeit in der IT. (Hrsg.): von Bartsch, Oliver; Lindinger, Markus. TÜV Media, Rheinland, 2013 und 2014

Kostka, Claudia; Mönch, Anette: *Change Management*, Carl Hanser, München, 4. Auflage, 2009

Krause, Ulrich H.: *Zielvereinbarungen und leistungsorientierte Vergütung*, Deutscher Universitätsverlag, Wiesbaden 2003

Kuhn, T. und Weibler, J. „*Ist Ethik ein Erfolgsfaktor? Unternehmensethik im Spannungsfeld von Oxymoron Case, Business Case und Integrity Case*." In: Zeitschrift für Betriebswirtschaft, 2011

Lashinsky, Adam: Inside Apple, Wiley-VCH Verlag, Weinheim, 1. Auflage, 2012

Lehky, Maren: *Leadership 2.0: Wie Führungskräfte die neuen Herausforderungen im Zeitalter von Smartphone, Burn-out & Co managen*, Campus Verlag, Frankfurt am Main, 2011

Leimeister, Jan Marco: *Collaboration Engineering*, Springer Gabler, Berlin Heidelberg 2014

Leimeister, Jan Marco; Klebe, Thomas, Zogaj, Shkodran: *Digital Working und Crowd Working: Neue Arbeits- und Beschäftigungsformen heute und für die Zukunft*, Campus Frankfurt/New York, Frankfurt am Main, 2015

Leimeister, Jan Marco; Klebe, Thomas; Zogaj, Shkodran: *Digital Working und Crowd Working: Neue Arbeits- und Beschäftigungsformen heute und für die Zukunft*, In: Schlick, Christopher, Arbeit in der digitalisierten Welt – Beiträge der Fachtagung des BMBF 2015, Campus Frankfurt/New York, Frankfurt am Main, 2015

Leopold Justus: Open Innovation und Crowdsourcing: *Neue Perspektiven des Innovationsmanagements*, Rainer Hampp Verlag, Mering, 2015

Levy, Steven: Google Inside – Wie Google denkt, arbeitet und unser Leben verändert, mitp, Heidelberg, 1. Auflage, 2012

Mack, Dagmar; Vilberger, Dominic: *Social Media in KMU – Der Leitfaden mit allen Grundlagen, Strategien und Instrumenten*, Springer, Wiesbaden 2016

Maletzke, Gerhard: *Interkulturelle Kommunikation. Zur Interaktion zwischen Menschen verschiedener Kulturen,* Westdeutscher Verlag, Opladen. 1996.

Mann, Rudolf: *Das visionäre Unternehmen. Der Weg zur Vision in 12 Stufen*, Gabler, Wiesbaden, 1990

Mathis, Christoph: *Agile Führung – Vom agilen Projekt zum agilen Unternehmen*. In: Scherber, S.; Lang, M. (Hrsg.): Symposion Publishing. Düsseldorf, 1. Auflage 2015

Mićić, Pero: *Die fünf Zukunftsbrillen. Chancen früher erkennen durch besseres Zukunftsmanagement*, Gabal, Offenbach, 2007

Mönkemeier, Eike: *Aufwandsschätzung von Offshore-IT-Entwicklungsprojekten. Risikomanagement durch systemdynamische Modelle globaler virtueller Teams,* Springer Gabler, Tübingen, 2013.

Möslein, K.: *Medientheorie: Perspektiven der Medienwahl und Medienwirkung im Überblick*, Technische Universität München, Arbeitsbericht Nr. 10, 1999.

Mourgue d'Algue, Hélène; Seibert, Siegfried: *Projektphasen.* In: Gessler, Michael (Hrsg.): Kompetenzbasiertes Projektmanagement (PM 3). GPM Deutsche Gesellschaft für Projektmanagement, 3. Aufl., Nürnberg, 2010.

Mühlbauer, Alexander: Gar nicht smart. In: Süddeutsche Zeitung, Nr. 92/2016

Nagler, Franz Josef: *Agile Führung – Vom agilen Projekt zum agilen Unternehmen.* In: Scherber, S.; Lang, M. (Hrsg.): Symposion Publishing. Düsseldorf, 1. Auflage 2015

o.V. *Change Management Studie 2014/2015: Agility – überlebensnotwendig für Unternehmen in unsicheren und dynamischen Zeiten*, 2015, (Hrsg.): Kienbaum Management Consultants

Osterwalder, Alexander et al.: Business Modell Generation, Campus Verlag, Frankfurt a.M. 2011

Osterwalder, Alexander, Pigneur, Yves: *Business Model Generation: Ein Handbuch für Visionäre, Spielveränderer und Herausforderer*, Campus Verlag, Frankfurt am Main, 2011

Parks, Malcom R. & Floyd, Kory: *Making Friends In Cyberspace,* Journal Of Communication, 1996, 46 (1).

Patzak, Gerold; Rattay, Günter: *Projektmanagement. Leitfaden zum Management von Projekten, Projektportfolios und projektorientierten Unternehmen.* Linde Verlag Ges.m.b.H, 6. überarb. Auflage, Wien, 2014.

Peterson, Brooks: *Cultural Intelligence. A Guide to Working with People from other Countries.* (Hrsg.): Nicholas Brealey Pub., London, 2004

Petry, Thorsten.: *Digital Leadership – Erfolgreiches Führen in Zeiten der Digital Economy*, Haufe, Freiburg 2016

Petry, Thorsten; Schreckenbach, Florian: *Enterprise 2.0 Transformation*: Social Media unternehmensintern nutzen, in: Zeitschrift Führung und Organisation (zfo) Nr. 4/2013, 82. Jg, 2013

Pfläging, Niels: *Führen mit flexiblen Zielen: Praxisbuch für mehr Erfolg im Wettbewerb*, Campus Verlag, Frankfurt am Main, 2. Auflage, 2011

Piller Frank: *Von Branche zu Branche*, in: Brandeins: Innovation, Heft 4, März-Mai 2016

Piller, F.: *Von Branche zu Branche.* In: Brandeins: Innovation, Heft 4, März-Mai 2016.

Porter, Michael: *Wettbewerbsvorteile – Spitzenleistungen erreichen und behaupten*, Campus-Verlag, Frankfurt 1996

Preußig, Jörg: *Agiles Projektmanagement. Scrum, Use Cases, Task Boards & Co.* Haufe-Lexware (TaschenGuide, 270), 1. Aufl., Freiburg, 2015.

Priddat, Birger P.; Kabalak, Alihan: *Netzwerk und Management*, In: Priddat, Birger P., Organisation als Kooperation, VS Verlag für Sozialwissenschaften, Wiesbaden, 2010

Pries, Ludger: *GLOBALISIERUNG UND WANDEL INTERNATIONALER UNTERNEHMEN - Konzeptionelle Überlegungen am Beispiel der deutschen Automobilkonzerne*, VS Verlag für Sozialwissenschaften, Wiesbaden, 2000

Proksch, Stephan: *Konfliktmanagement im Unternehmen - Mediation und andere Methoden für Konflikt- und Kooperationsmanagement am Arbeitsplatz.* Springer Gabler, Berlin, 2. Auflage, 2014

Rice, R. E.: *Task Analyzability. Use Of New Media And Effectiveness: A Multi-Site Exploration Of Media Richness,* Organization Science, Vol. 3, No. 4, November 1992.

Richter, Martin, Seidel, Uwe, Wangler, Leo: *SystemInnovationen-Handlungsoptionen für zukunftsfähige Spitzentechnologien*, Working Paper of the Institute for Innovation and Technology, Nr. 17, 2014

Röhner, Jessica; Schütz Astrid: *Psychologie der Kommunikation,* Springer, Wiesbaden, 2. Auflage, 2016.

Roland Berger Strategy Consultants GmbH: *Analysen zur Studie - Die digitale Transformation der Industrie*, München 2015

Rothauer, Doris: *Vision et Strategie. Strategisches Denken für kreative Köpfe*, Birkhäuser, Basel, 2014

Rothlauf, Jürgen: *Interkulturelles Management,* Oldenburg, 2. Auflage, München, 2006.

Rottwilm, C.: *Wertvollste Firmen der Welt - Warum Google demnächst Apple überholen könnte*. In: manager magazin, Heft 4/2012.

Saint-Exupéry, Antoine de; Nostitz, Oswalt von: *Die Stadt in der Wüste*, Rauch, Düsseldorf, 2009

Schein, Edgar: *Organisationskultur – „The Ed Schein Corporate Culture Survival Guide"*(3. Aufl), EHP, Bergisch Gladbach, 2010

Schmidt, Eric; Rosenberg, Jonathan: *Wie Google tickt*, Campus Verlag, 2015

Schmitt, Markus: *Skript Technologie und Innovationsmanagement*, Hochschule Landshut, 2015

Schneider, A und Schmidpeter, R: *Corporate Social Responsibility – Verantwortungsvolle Unternehmen in Theorie und Praxis*. Heidelberg, 2012

Schönbohm, Rüdiger: *Enterprise Social Networks (ESN): Keimzeller agiler Unternehmen*, in: Rossmann, Alexander; Stei, Gerald; Besch, Markus (Hrsg.): Enterprise Social Networks, Springer, Wiesbaden 2016

Schulz, Thomas: *Was Google wirklich will. Wie der einflussreichste Konzern der Welt unsere Zukunft verändert*, DVA, 2015

Schütt, Peter: *Der Weg zum Digitalen Unternehmen*, Springer Gabler, Berlin Heidelberg 2015

Schütt, Peter: *Der Weg zum Social Business: Mit Social Media Methoden erfolgreicher werden*, Springer, Berlin [u.a.], 2013

Schwaab, Markus; Bergmann, Günther; Gairing, Fritz; Kolb, Meinulf: *Führen mit Zielen*, Gabler Verlag, Wiesbaden, 2010

Schwemmle, Michael; Wedde, Peter: *Digitale Arbeit in Deutschland. Potenziale und Problemlagen*, Friedrich-Ebert-Stiftung, Bonn, 2012.

Spörri, S. M.; Springall, L.; Grote, G.: *Führung und Kommunikation in virtuellen Teams der IT-Branche. Abschlussbericht,* Projekt Telemanagement, Zürich, 2003.

Sprenger, Bernd; Novotny, Till: *Der Weg aus dem Leadership Dilemma – Team-Exzellenz an der Spitze*, Springer, Berlin; Heidelberg, 2016

Steimel, Berndhard; Wichmann, Kai S.; Azhari ,Peyman; Faraby, Nilufar; Rossmann, Alexander: *Digital Transformation Report 2014* (Hrsg.): neuland GmbH & Co.KG, Köln, 2014

Sutherland Jeff, Vortrag auf dem Management 3.0 Treffen, München, 08.02.2016

Thomas, Andreas: *Interkulturelle Kompetenz – Grundlagen, Probleme und Konzepte.* In: Erwägen, Wissen, Ethik, 14(1), 2003

Treichel, Dietmar.; Mayer, Claude-Hélène: *Lehrbuch Kultur. Lehr- und Lernmaterialien zur Vermittlung kultureller Kompetenzen,* Waxmann Verlag, Münster, 2011.

Unger, Karin R: *Erfolgreich in internationalen Geschäften. Fallstricke und Fehler vermeiden – Kompetenz auf Auslandsmärkten*, Springer, Wien, 1997.

Vahs, Dietmar.; Schäfer-Kunz, Jan.: *Einführung in die Betriebswirtschaftslehre*, Schäffer-Poeschel, Stuttgart 2005

VDI/VDE- Gesellschaft Mess-und Automatisierungstechnik: *Thesen und Handlungsfelder - Cyber-Physical Systems: Chancen und Nutzen aus Sicht der Automation,* Düsseldorf 2013

Vec, Milos; Hütt, Marc-Thorsten; Freund, Alexandra: *Selbstorganisation – Ein Denksystem für Natur und Gesellschaft*, Böhlau-Verlaug Köln, 2006

Waas, Albert: *Dynamic Capabilities, die Ressourcenbasis und die Veränderung in Unternehmen. Auswirkungen der Elektromobilität auf die deutsche Automobilindustrie bis ins Jahr 2020*, Logos Berlin, Berlin 2012

Wald, Peter: *Virtuelle Führung.* In Lang, Rainhart; Rybnikova, Irma (Hrsg.), *Aktuelle Führungstheorien und -konzepte* (S. 355–386), Springer, Heidelberg, 2014

Watzlawick, Paul; Bavelas, Janet H.; Jackson, Don D.: *Menschliche Kommunikation - Formen, Störungen, Paradoxien.* Hogrefe, Bern, 12. unveränderte Auflage, 2011

Weinert, Franz Emanuel (Hrsg.): *Leistungsmessung in Schulen. Vergleichende Leistungsmessung in Schulen – eine umstrittene Selbstverständlichkeit,* Beltz Verlag, Weinheim und Basel, 2001

Weisshaupt Bruno: *SystemInnovation, Die Welt neu entwerfen*, Orell Füssli Verlag AG, Zürich, 2006

Welge, Martin; Al-Laham, Andreas: *Strategisches Management*, Gabler, Wiesbaden 2008

Wenzel, Corinna: *Selbstorganisation und Public Value – Externe Regulierung des öffentlich-rechtlichen Rundfunks*, Springer-Gabler, Wiesbaden, 2012

Wiedmann, Klaus-Peter; Abel, Bodo; Raffée, Hans: *Management mit Vision und Verantwortung. Eine Herausforderung an Wissenschaft und Praxis*, Gabler, Wiesbaden 2004

Witt, E: *Digitale Spiegelbilder – Ethische Aspekte großer Datensammlungen*, Heidelberg, 2015, Bundesgesundheitsbl 2015 58:853–858, DOI 10.1007/s00103-015-2187-5. Online publiziert: 20. Juni 2015 © Springer-Verlag Berlin Heidelberg 2015

Yoong, Pak: *Leadership in the digital enterprise. Issues and challenges.* Hershey, PA: Business Science Reference, 2010

Yunus, Muhammad*: Social Business: Von der Vision zur Tat*, Hanser, München 2010

Links

3M: *Drei Mal Open Innovation: clever, praktisch und messbar*, online verfügbar unter: http://die-erfinder.3mdeutschland.de/best-practice/drei-mal-open-innovation-clever-praktisch-und-messbar, Abrufdatum: 14.05.2016

Abid, Zeeshan: *Technology, Disruptive Technology Biography*, online verfügbar unter: http://technologyscince.blogspot.de/2013/02/disruptive-technology.html, Abrufdatum: 28.05.2016

Absatzwirtschaft: *Durch Crowdsourcing kollektive Intelligenz einbeziehen*, online verfügbar unter: http://www.absatzwirtschaft.de/durch-crowdsourcing-kollektive-intelligenz-einbeziehen-35872/, Abrufdatum: 04.08.2016

Absatzwirtschaft: *Studie: Jedem zweiten Unternehmen fehlt effektive Digitalstrategie*, online verfügbar unter: http://www.absatzwirtschaft.de/scheitern-deutsche-unternehmen-an-der-digitalen-transformation-45265/, Abrufdatum: 14.06.2016

AES Corporation: *Overview.* online verfügbar unter: http://www.aes.com/about-us/about-us-overview/default.aspx, Abrufdatum: 27.05.2016

Agilemanifesto.org: *Manifest für Agile Softwareentwicklung*, online verfügbar unter: http://agilemanifesto.org/iso/de/manifesto.html, Abrufdatum: 4.05.16

Alzheimer Association: *About Us*, online verfügbar unter: http://www.alz.org/about_us_about_us_.asp, Abrufdatum: 28.04.2016.

Apel, Peter: *Customer Co-Creation: Wenn Kunden mit Unternehmen gemeinsam Produkte herstellen.,* online verfügbar unter: http://www.peter-apel.de/blog/customer-co-creation-wenn-kunden-mit-unternehmen-gemeinsam-produkte-herstellen/, Abrufdatum: 04.08.2016

Apple: *Umweltschutz - Unser Planet verdient unsere besten Ideen*, online verfügbar unter: http://www.apple.com/de/environment/, Abrufdatum: 18.06.16

Apple: *Say hello to iPod*, 2001, online verfügbar unter: http://www.giga.de/macnews/media/pools/1/news_0710/ipod_1G.jpg, Abrufdatum: 23.05.2016

Arnold, Frank: *Lernen von Bill Gates: Wie schaffe ich es ganz nach oben?*, online verfügbar unter: http://www.spiegel.de/wirtschaft/unternehmen/lernen-von-bill-gates-wie-schaffe-ich-es-ganz-nach-oben-a-701511.html, Abrufdatum: 28.04.2016

Asche, Christoph: *Der Untergang des Handy-Riesen - darum ist Nokia gescheitert*, online verfügbar unter: http://www.huffingtonpost.de/2014/04/29/nokia-gescheitert_n_5230806.html, Abrufdatum: 18.06.16

Auto, Motor und Sport: *Zehn Antworten zum MQB*, online verfügbar unter: http://www.auto-motor-und-sport.de/news/modularer-querbaukasten-von-vw-zehn-antworten-zum-mqb-4367514.html, Abrufdatum: 04.08.2016

Automotive IT: *Toyota zeigt es deutschen Autoherstellern, Innovationszyklen können viel kürzer werden*, online verfügbar unter: http://www.automotiveit.eu/toyota-zeigt-es-deutschen-autoherstellern-innovationszyklen-konnen-viel-kurzer-werden/news/id-0040072, Abrufdatum: 04.04.2016

Bastian, Matthias: *Kommunikationsstrategie – was ist das und wofür brauche ich das?*, online verfügbar unter: http://ebusiness-info.de/blog/e-business/kommunikationsstrategie-was-ist-das-und-wof%C3%BCr-brauche-ich-das, Abrufdatum: 01.06.2016

Baumgartner & Partner: *Zielvereinbarungssysteme*, online verfügbar unter: www.baumgartner.de/download-347.html, Abrufdatum: 27.05.2016

Baumhaus, Martin: *Das Gold der post-industriellen Gesellschaft. Risiken der Nicht-Digitalisierung*, online verfügbar unter: http://www.wiwo.de/unternehmen/it/daten-risiken-der-nicht-digitalisierung/12844090-6.html, Abrufdatum: 04.05.2016

Bax, Martin: *Was bedeutet Medienkompetenz,* online verfügbar unter: http://www.bildungsxperten.net/wissen/was-ist-medienkompetenz/, Abrufdatum: 19.5.2016

bdp aktuell: *Innovationszyklen*, online verfügbar unter: http://www.bdp-aktuell.de/112/images/innovationszyklen_XXL.png, Abrufdatum: 04.04.2016

Beck, Prof. Martin: *Structure follows Strategy*, online verfügbar unter: http://www.prof-beck.net/veroeffentlichungen/news_74.htm, Abrufdatum: 04.07.2016

Benefield, Gabrielle: *Rolling out Agile in a Large Enterprise,* online verfügbar unter: https://www. computer.org/csdl/proceedings/hicss/2008/3075/00/307 50461.pdf, Abrufdatum: 10.05.2016.

Bertelsmann-Stiftung: *Szenarien lernförderlicher IT-Infrastrukturen in Schulen,* online verfügbar unter: https://www.bertelsmann-stiftung.de/fileadmin/files/BSt/Publikationen/GrauePublikationen/Studie_IB_IT_Infrastruktur_2015.pdf, Abrufdatum: 09.06.2016

Big Data Blog: *Big Data und wir: über Nutzen und Möglichkeiten von Big Data*, online verfügbar unter: https://bigdatablog.de/2014/12/22/ueber-nutzen-und-moeglichkeiten-von-big-data/, Abrufdatum: 19.06.2016.

Big Data Blog: *Big-Data-Strategien: So werden Unternehmen erfolgreicher*, online verfügbar unter: https://bigdatablog.de/2015/02/07/big-data-strategien-werden-unternehmen-erfolgreicher/, Abrufdatum:19.06.2016.

Big Data Blog: *Deep Learning - Warum Big Data auf dem Weg zur künstlichen Intelligenz entscheidend sein wird*, online verfügbar unter: https://bigdatablog.de/2016/03/02/big-data-fuer-kuenstliche-intelligenz-entscheidend/, Abrufdatum: 19.06.2016.

Bildungsspiegel: *Forderung zur digitalen Weiterbildung an Schulen*, online verfügbar unter: http://www.bildungsspiegel.de/news/weiterbildung-bildungspolitik/379-jeder-zweite-lehrer-wuerde-gerne-haeufiger-digitale-medien-einsetzen, Abrufdatum: 14.06.2016

bitkom: *Digitalisierung verändert die gesamte Wirtschaft*, online verfügbar unter: https://www.bitkom.org/Presse/Presseinformation/Digitalisierung-veraendert-die-gesamte-Wirtschaft.html, Abrufdatum: 06.08.2016

Bitkom: *Einsatz und Potenziale von Social Business für ITK-Unternehmen*, online verfügbar unter: https://www.bitkom.org/Publikationen/2013/Studien/Einsatz-und-Potenziale-von-Social-Business-fuer-ITK-Unternehmen/Studie-SocialBusiness-Potenziale.pdf, Abrufdatum: 28.07.2016

Bitkom: *Trends im E-Commerce*, online verfügbar unter: https://www.bitkom.org/Publikationen/2013/Studien/Trends-im-ECommerce/BITKOM-E-Commerce-Studienbericht.pdf, Abrufdatum: 28.07.2016

Bollhöfer, Klaas Wilhelm: *Data Science im Zeitalter von Cognitive Computing*, online verfügbar unter: https://www.bitkom.org/Publikationen/2015/Leitfaden/Kognitive-Maschinen/150213-Kognitive-Maschinen-11Febr2015.pdf, Abrufdatum: 02.06.2016.

Bornemann, Stefan: *Auftauen, ändern, stabilisieren: Change Management nach Kurt Lewin*, 2014, online verfügbar unter: http://www.lead-conduct.de/2014/05/25/change-management-kurt-lewin/ Abrufdatum: 14.05.2016

Bornemann, Stefan: *Emotionen spielen eine große Rolle im Change Management*, 2014, online verfügbar unter: http://www.lead-conduct.de/2014/05/27/change-management-emotionen-lewin/, Abrufdatum: 14.05.2016

Bosch: *Bosch weltweit*, online verfügbar unter: http://www.bosch.com/de/com/bosch_group/boschgroup.html, Abrufdatum: 14.06.2016

Brower-Rabinowitsch, Grischa: *Die Stunde der Strategen*, online verfügbar unter: http://www.handelsblatt.com/my/unternehmen/management/konzernchefs-die-stunde-der-strategen/11779674.html, Abrufdatum: 04.05.2016

Bund, Kerstin; Heuser, Uwe: *Führungsfrauen – Verändern Sie die Welt?*, online verfügbar unter: http://www.zeit.de/2012/49/Frauen-Fuehrungsposition-Wirtschaft, Abrufdatum: 20.05.2016

Bundesministerium für Wirtschaft und Energie: *Industrie 4.0: Digitalisierung der Wirtschaft*, online verfügbar unter: https://www.bmwi.de/DE/Themen/Industrie/industrie-4-0.html, Abrufdatum: 15.06.2016

Bürgel, Ilona: *Lassen Sie sich nicht alles von sich selbst gefallen!*, 2016, online verfügbar unter: http://www.manager-magazin.de/unternehmen/karriere/Change Management-wie-wir-besser-mit-veraenderungen-umgehen-a-1092934-3.html, Abrufdatum: 06.06.2016

Bürgel, Ilona: *Stressfaktor Nummer 1 im Arbeitsleben*, online verfügbar unter: http://www.focus.de/gesundheit/experten/buergel/die-wahrheit-ueber-stress-teil-2-wieso-arbeitsstress-nicht-schlecht-sein-muss_id_4611994.html, Abrufdatum: 06.06.2016

Cachelin, Joël Luc: *Die Zukunft des Arbeitsmarktes – These 4: Der Arbeitsvertrag wird zum Projektvertrag*, online verfügbar unter: https://wissensfabrik.ch/pdfs/t4.pdf, Abrufdatum: 24.05.16.

Capgemini: *Capgemini-Big-Data-Decision-Making*, online verfügbar unter: http://www.bdvc.nl/images/Rapporten/Capgemini-Big-Data-Decision-Making.pdf, Abrufdatum: 19.06.2016.

Capgemini: *Digital Leadership Führungskräfteentwicklung im digitalen Zeitalter*, online verfügbar unter: https://www.de.capgemini-consulting.com/resource-file-access/resource/pdf/digital_leadership_fuhrungskrafteentwicklung_im_digitalen_zeitalter_26.1_0.pdf, Abrufdatum:19.06.2016.

Capgemini: *Digitale Revolution*, online verfügbar unter: https://www.de.capgemini-consulting.com/resource-file-access/resource/pdf/change_management_studie_2012_0.pdf, Abrufdatum: 09.05.2016

Captera: *Top Collaboration Software Products,* online verfügbar unter: http://www.capterra.com/collaboration-software/, Abrufdatum 06.05.2016.

Capurro, Rafael: *Digitale Ethik*, online verfügbar unter: http://www.capurro.de/businessimpact2015.pdf, Abrufdatum: 11.06.2016

Carta: *Flexibilität in der Digitalisierung auf Kosten der Freiheit*, online verfügbar unter: http://www.carta.info/78491/die-grosse-verfuehrung-flexibilitaet-auf-kosten-der-freiheit/, Abrufdatum: 07.06.2016

Cewe: *CEWE best in print*, online verfügbar unter: http://company.cewe.de/de/ueber-uns/cewe-unternehmensgruppe.html, Abrufdatum: 06.06.2016

Club Méditerranée: *Club Med startet als erstes globales Unternehmen in der Touristik das neue Business-Netzwerk "Facebook at Work"*, online verfügbar unter: http://presse.clubmed.de/pressreleases/club-med-startet-als-erstes-globales-unternehmen-in-der-touristik-das-neue-business-netzwerk-facebook-at-work-1272309, Abrufdatum 06.05.2016.

Codorniou, Julien: *Financial Times to launch on Facebook at Work for greater collaboration*, online verfügbar unter: http://www.appstechnews.com/news/2016/mar/01/financial-times-launch-facebook-work-greater-collaboration/, Abrufdatum 02.05.2016

Comet Group: *Über uns*, online verfügbar unter: http://www.comet-group.com/ueber-uns, Aufrufdatum: 02.08.2016

Comet Group: *Unsere Standorte weltweit*, online verfügbar unter: http://www.comet-group.com/standortuebersicht, Abrufdatum: 02.08.2016

Communardo: *IBM Connections – das Enterprise Social Network*, online verfügbar unter: http://www.communardo.de/home/ibm-connections/, Abrufdatum: 05.06.2016

Computerwoche: *Agilität als Unternehmenskultur – Schock oder Chance?,* online verfügbar unter: http://www.computerwoche.de/a/agilitaet-als-unternehmenskultur-schock-oder-chance,3099413, Abrufdatum: 04.05.2016

Computerwoche: *Big Data zunehmend wichtig für Entscheidungen*, online verfügbar unter: http://www.computerwoche.de/a/big-data-zunehmend-wichtig-fuer-entscheidungen,2515172, Abrufdatum: 15.06.2016

Computerwoche: *Big-Data-Trends im Überblick: Was ist was bei Predictive Analytics?* Online verfügbar unter: http://www.computerwoche.de/a/was-ist-was-bei-predictive-analytics,3098583,4, Abrufdatum: 19.06.2016.

Computerwoche: *Big-Data-Trends im Überblick: Was ist was bei Predictive Analytics?* Online verfügbar unter: http://www.computerwoche.de/a/was-ist-was-bei-predictive-analytics,3098583, Abrufdatum: 19.06.2016.

Computerwoche: *Capgemini-Studie: Big Data zunehmend wichtig für Entscheidungen*. Online verfügbar unter: http://www.computerwoche.de/a/big-data-zunehmend-wichtig-fuer-entscheidungen,2515172, Abrufdatum: 19.06.2016.

Computerwoche: *Home-Office als eine Lösung für Flexibilität*, online verfügbar unter: http://www.computerwoche.de/a/home-office-kann-nicht-die-alleinige-loesung-sein,3070553, Abrufdatum: 26.05.2016

Computerwoche: *Predictive und Prescriptive Analytics : Prognosen und automatisierte Entscheidungen auf Basis von Daten*, online verfügbar unter: http://www.computerwoche.de/a/prognosen-und-automatisierte-entscheidungen-auf-basis-von-daten,3219071, Abrufdatum: 19.06.2016.

Cooper, T; Sui, J; Wei, K: *Corporate digital responsibility: Doing well by doing good*, online verfügbar unter: https://www.accenture.com/us-en/insight-outlook-doing-well-doing-good, Abrufdatum: 04.06.2016

CrossLingua: *Worin unterscheiden sich britisches und amerikanisches Englisch?* online verfügbar unter: http://www.crosslingua.de/de/sprachenblog-beitrag/Unterschied-britisches-amerikanisches-Englisch, Abrufdatum: 25.05.2016

Dapp, M: *Was ist „digital nachhaltig?*, online verfügbar unter: http://digitale-nachhaltigkeit.net/index.html#intro, Abrufdatum: 16.05.2016

Data2day: *Predictive Analytics und Entscheidungsautomatisierung*, online verfügbar unter: http://www.data2day.de/veranstaltung-5335-keynote.html?id=5335, Abrufdatum: 19.06.2016.

Dell: *Die zehn Eigenschaften eines erfolgreichen Unternehmers,* online verfügbar unter: http://www.dell.com/learn/de/de/debsdt1/sb360/sep12-newsletter-1, Abrufdatum: 27.04.2016

Deloitte: *Digitalisierung im Mittelstand*. online verfügbar unter: http://www2.deloitte.com/content/dam/Deloitte/de/Documents/Mittelstand/Digitalisierung-im-Mittelstand.pdf, Abrufdatum: 24.05.2016

Deutsche Telekom: *Das Konzernprofil*, online verfügbar unter: http://www.telekom.com/konzern, Abrufdatum: 08.06.2016

Deutscher Startup Monitor: *Deutscher Startup Monitor*, online verfügbar unter: http://deutscherstartupmonitor.de/fileadmin/dsm/dsm-14/DSM_2014.pdf, Abrufdatum 16.06.2016

Die Ideeologen: *Innovationsmanagement*, online verfügbar unter: http://innovationsmanagement.ideeologen.de/innovationsmanagement/was-ist-innovation, Abrufdatum 02.04.2016

Die Ideeologen: *Das Erfolgsgeheimnis innovativer Produkte,* online verfügbar unter: http://innovationsmanagement.ideeologen.de/innovationsmanagement/innovative-produkte, Abrufdatum: 02.05.2016 digitaljournal: *Internationale Emoticons im Überblick*, online verfügbar unter: http://digitaljournal.zib21.com/internationale-emoticons/1084501/, Abrufdatum: 25.05.2016

DIN: *Was ist Industrie 4.0?,* online verfügbar unter: http://www.din.de/de/forschung-und-innovation/industrie4-0/was-ist-industrie-4-0, Abrufdatum: 03.05.2016

Discherl, Hans-Christian; Fogarty, Kevin: *Die spektakulärsten Fehlprognosen der IT-Geschichte*, online verfügbar unter: http://www.pcwelt.de/ratgeber/Die_spektakulaersten_Fehlprognosen_der_IT-Geschichte-6948150.html, Abrufdatum: 02.05.2016

Dörner, Karel; Edelman, David: *What 'digital' really means*, online verfügbar unter: http://www.mckinsey.com/industries/high-tech/our-insights/what-digital-really-means, Abrufdatum: 20.06.2016

Duden: *Konflikt, der,* online verfügbar unter: http://www.duden.de/rechtschreibung/Konflikt, Abrufdatum: 15.05.2016

Duden: *Management*. online verfügbar unter: http://www.duden.de/suchen/dudenonline/management, Abrufdatum: 24.05.2016

Duden: *Selbstorganisation, die*, online verfügbar unter: http://www.duden.de/rechtschreibung/Selbstorganisation, Abrufdatum: 1.06.2016

Duden: *Vision, die*, online verfügbar unter: http://www.duden.de/rechtschreibung/Vision, Abrufdatum: 29.04.2016.

Duden: *Ziel, das*, online verfügbar unter: http://www.duden.de/rechtschreibung/Ziel, Abrufdatum: 27.05.2016

Edcom: *IBM Connections*, online verfügbar unter: http://www.edcom.de/ttacms.nsf/id/ibm-connections-de, Abrufdatum: 30.07.2016

Elwer, Pat: *Agile Project Development at Intel: A Scrum Odyssey*, online verfügbar unter: http:// danube.com/docs/case_studies /Intel_case_study.pdf, Abrufdatum: 10.05.2016.

Englisch-Hilfen: *False Friends*, online verfügbar unter: http://www.englisch-hilfen.de/words/false_friends.htm, Abrufdatum: 27.05.2016

Facebook at work: *Customers,* online verfügbar unter: https://work.fb.com/, Abrufdatum: 05.05.2016.

Facebook at work: *Features*, online verfügbar unter: https://work.fb.com/, Abrufdatum: 05.05.2016.

Finanzen.net: *Netflix Aktie*, online verfügbar unter: http://www.finanzen.net/unternehmensprofil/Netflix, Abrufdatum: 12.05.2016.

Firstbrain: *Die 25 klügsten Dinge, die Steve Jobs je gesagt hat,* online verfügbar unter: https://tradingeconomics.net/10/artikel/die-25-klugsten-dinge-die-steve-jobs-je-gesagt-hat/, Abrufdatum: 01.05.2016

Förderland: *WIE UNTERNEHMEN HEUTE OPEN INNOVATION ERFOLGREICH UMSETZEN*, online verfügbar unter: http://www.foerderland.de/news/fachbeitraege/beitrag/wie-unternehmen-heute-open-innovation-erfolgeich-umsetzen/management-unternehmensfuehrung/, Abrufdatum 14.05.2016

Frag Caesar: *Agilis*, online verfügbar unter: http://www.frag-caesar.de/lateinwoerterbuch/agilis-uebersetzung.html, Abrufdatum: 04.08.2016

Führmann, Ulrike: *Cognitive Computing und die interne Kommunikation: „Watson, übernehmen Sie die interne Kommunikation!"*, online verfügbar unter: http://www.ik-blog.de/cognitive-computing-und-die-interne-kommunikation/, Abrufdatum: 27.05.16.

Gabler Wirtschaftslexikon: *Digitalisierung*, online verfügbar unter: http://wirtschaftslexikon.gabler.de/Definition/digitalisierung.html Aufrufdatum: 19.06.16

Gabler Wirtschaftslexikon: *Ethik*, online verfügbar unter: http://wirtschaftslexikon.gabler.de/Archiv/2794/ethik-v9.html, Abrufdatum: 09.05.2016

Gabler Wirtschaftslexikon: *Führung*, online verfügbar unter: http://wirtschaftslexikon.gabler.de/Definition/fuehrung.html, Abrufdatum: 16.6.2016

Gabler Wirtschaftslexikon: *Geschäftsprozess*, online verfügbar unter: wirtschaftslexikon.gabler.de/Archiv/5598/35/Archiv/5598/geschaeftsprozess-v11.html, Abrufdatum: 04.08.2016

Gabler Wirtschaftslexikon: *Homo oeconomicus*, online verfügbar unter: http://wirtschaftslexikon.gabler.de/Archiv/8004/homo-oeconomicus-v12.html, Abrufdatum: 02.05.2016

Gabler Wirtschaftslexikon: *Industrie 4.0*, online verfügbar unter: http://wirtschaftslexikon.gabler.de/Definition/industrie-4-0.html, Abrufdatum: 17.05.2016

Gabler Wirtschaftslexikon: *Innovationsmanagement*, online verfügbar unter: http://wirtschaftslexikon.gabler.de/Definition/innovationsmanagement.html, Abrufdatum: 04.04.2016

Gabler Wirtschaftslexikon: *Strategie*, online verfügbar unter: http://wirtschaftslexikon.gabler.de/Definition/strategie.html#definition, Abrufdatum: 14.06.2016

Giga: *Der Alltag bei Apple: Fortune bietet Einblick in Apples Unternehmenskultur,* online verfügbar unter: http://www.giga.de/unternehmen/apple/news/der-alltag-bei-apple-fortune-bietet-einblick-in-apples-unternehmenskultur/, Abrufdatum: 28.04.2016

Glass, Berthold: *Scrum im Marketing. Geht nicht? Doch, das geht!.*, online verfügbar unter: https://varosys.wordpress.com/2013/07/12/scrum-beyond-software-scrum-erfahrung-in-marketing-vertrieb/, Abrufdatum: 14.05.2016.

Global Peter Drucker Forum: *The Creative Economy Enabled by Technology?.* Speaker: Sidky, Ahmed, 2015, online verfügbar unter: https://www.youtube.com/watch?v=0CdXzYwC4sM, Abrufdatum: 05.06.2016.

Gonev, Martin: *Enterprise 2.0 mit JIVE Social Business Software*, online verfügbar unter: http://www.martingonev.de/enterprise-2-0-mit-jive-social-business-software/, Abrufdatum: 01.08.2016

Google Apps for Work, *Produkte: Drive*, online verfügbar unter: https://apps.google.com/intx/de_de/products/drive/, Abrufdatum 06.05.2016

Google Apps for Work: *Aufeinander abgestimmte Businesstools helfen Ihnen dabei, Ihre Ziele zu erreichen*, online verfügbar unter: https://apps.google.com/intx/de_de/products/, Abrufdatum: 06.05.2016

Google Apps for Work: *Häufig gestellte Fragen zu Google Apps*, online verfügbar unter: https://apps.google.com/intx/de/faq/, Abrufdatum 06.05.2016

Google Apps for Work: *Produkte*, *Forms*, online verfügbar unter: https://apps.google.com/intx/de_de/products/forms/, Abrufdatum 06.05.2016

Google Apps for Work: *Produkte*, online verfügbar unter: https://apps.google.com/intx/de_de/products/, Abrufdatum 06.05.2016

Google Apps for Work: *Produkte: Docs*, online verfügbar unter: https://apps.google.com/intx/de_de/products/docs/, Abrufdatum 06.05.2016

Google Apps for Work: *Startseite*, online verfügbar unter: https://apps.google.com/, Abrufdatum 06.05.2016

Google for Work: *Google for Work*: *Solutions*, online verfügbar unter: https://www.google.com/intx/de_de/work/solutions.html, Abrufdatum 06.05.2016

Google: Google Apps for Business and Google Search Appliance: Case Study: *POSCO drives Smart Workplace with Google Apps for Business and Search Appliance*, online verfügbar unter: https://services.google.com/fh/files/misc/posco-steel-korea-google-apps-gsa-english.pdf, Abrufdatum: 25.09.2016

Google: Google Apps for Business: Case Study: *Social-Media-affines Haustechnik-Unternehmen Westaflex maximiert die Datensicherheit mit Google Apps for Business.* 2012. Online verfügbar unter: https://www.google.de/url?sa=t&rct=j&q=&esrc=s&source=web&cd=1&cad=rja&uact=8&ved=0ahUKEwia1d6v2rPNAhUB7hoKHVsNCcAQFggeMAA&url=http%3A%2F%2Fpudu.ddns.net%3A808%2Ffiles%2F2200b87392f5d0e4-u-c2VydmljZXMUZ29vZ2xlLmNvbs9mAC9mAWxlcy9tAXNjL2RlX3dlc3RhZmxlEf9jYXNlLnBkZg.pdf&usg=AFQjCNGy0ndgGzSP-KD8ArxT6t8aPT6uYw&sig2=diAL_rc9I6VaYfuwhMuNhw, Abrufdatum: 25.09.2016

Google: *Unsere Kultur,* online verfügbar unter: https://www.google.com/intl/de_de/about/company/facts/culture/, Abrufdatum: 09.05.2016

Grammes, Franziska: *Change Management: Kurt Lewins 3-Phasen-Modell*, online verfügbar unter: http://www.mittelstand-die-macher.de/management/personal/kurt-lewins-Change Management-3-phasen-modell-6720, Abrufdatum: 15.05.2016

Grolman, Florian; Zelesniack, Elena: *Die besten Change Management-Modelle im Vergleich: Emotionale Reaktionen in Change Management-Prozessen*, online verfügbar unter: https://organisationsberatung.net/Change Management-modelle-im-vergleich/#Gemeinsamkeiten_und_Unterschiede, Abrufdatum: 15.05.2016

Grossniklaus, Pascal: *Fallstudie: Einführung von Yammer bei der COMET Group*, online verfügbar unter: http://www.isolutions.ch/Referenzen/Seiten/Einfuehrung-von-Yammer-bei-der-COMET-Group.aspx, Abrufdatum: 02.08.2016

gruenderszene.de, *Lean- Startup*, online verfügbar unter: http://www.gruenderszene.de/lexikon/begriffe/lean-startup, Abrufdatum: 06.06.2016

Hackmann, Joachim: *Die besten Social-Business-Tools*, online verfügbar unter: http://www.computerwoche.de/a/die-besten-social-business-tools,2505315, Abrufdatum: 01.08.2016

Handelsblatt: *Bunter, flexibler = kreativer?,* online verfügbar unter: http://www.handelsblatt.com/unternehmen/beruf-und-buero/buero-special/arbeitsplatz-der-zukunft-bunter-flexibler-kreativer/4343138.html, Abrufdatum: 15.06.2016

Handelsblatt: *Ideenbörse für Innovationen*, online verfügbar unter: http://www.handelsblatt.com/technik/forschung-innovation/internetportal-innocentive-ideenboerse-fuer-innovationen/2922412.html, Abrufdatum: 20.05.2016

Handelsblatt: *Welche Hierarchien braucht eine digitale Kultur?*, online verfügbar unter: http://www.handelsblatt.com/technik/hannovermesse/digitale-transformation-welche-hierarchien-braucht-eine-digitale-kultur/13468062-3.html, Abrufdatum: 02.04.2016

hannovermesse.de: *Industrie 4.0 ist weltweit in den Köpfen angekommen!*, online verfügbar unter: http://www.hannovermesse.de/de/news/industrie-4.0-ist-weltweit-in-den-koepfen-angekommen.xhtml, Abrufdatum: 06.06.2016

Harvard Business Manager: *Crowdsourcing?*, online verfügbar unter: http://www.harvardbusinessmanager.de/heft/artikel/a-658914.html, Abrufdatum: 04.08.2016

Hastings, Reed: *Netflix Culture: Freedom & Responsibility*, online verfügbar unter: http://de.slideshare.net/reed2001/culture-1798664, Abrufdatum: 12.05.2016

Haufe: *Ablauforganisation*, online verfügbar unter: https://www.haufe.de/unternehmensfuehrung/profirma-professional/ablauforganisation_idesk_PI11444_HI1954193.html, Abrufdatum: 04.08.2016

Haufe: *Bundesbürger befürchten Datenmissbrauch durch Unternehmen*, online verfügbar unter: https://www.haufe.de/marketing-vertrieb/e-commerce/datenschutz-buerger-befuerchten-datenmissbrauch_128_324928.html, Abrufdatum: 07.05.2016

Heeg, Thiemo: *Deutsche Firmen erleiden Millionenschaden -Vier von zehn Unternehmen waren 2014 von Internet-Angriffen betroffen – Finanzdienstleister stehen im Fokus der Kriminellen*, online verfügbar unter: http://www.faz.net/aktuell/wirtschaft/cebit/die-gefahren-der-cyberkriminalitaet-sind-gestiegen-13475164.html, Abrufdatum: 07.05.2016

Herget, Steffen: *Das alles treibt Google,* online verfügbar unter: http://www.areamobile.de/news/33761-google-abc-das-alles-treibt-google, Abrufdatum: 02.05.2016

Hirsch-Kreinsen, Hartmut: *Wandel von Produktionsarbeit – „Indutrie 4.0“*, online verfügbar unter: http://www.wiso.tu-dortmund.de/wiso/is/de/forschung/soz_arbeitspapiere/AP-SOZ-38.pdf, Abrufdatum: 25.05.2016.

Hofmann, Alexander: *Kritik an Arbeitsumfeld - Ex-Googler machen sich Luft*, online verfügbar unter: http://www.gruenderszene.de/allgemein/google-arbeitsumfeld-kritik, Abrufdatum: 20.04.2016.

Hofmann, Niklas: *Mehr Krupp als Silicon Valley,* online verfügbar unter: http://www.sueddeutsche.de/digital/apple-firmenkultur-mehr-krupp-als-silicon-valley-1.1273446, Abrufdatum: 03.05.2016

HolacracyOne: *HolacracyOne*, online verfügbar unter: http://www.holacracy.org, Abrufdatum: 31.05.2016

HolacracyOne: *How it Works*, online verfügbar unter: http://www.holacracy.org/how-it-works/, Abrufdatum: 31.05.2016

Holtel, Stefan: *Andere Denkmaschinen für andere Denkarbeiter: Wissensarbeit mit Cognitive Computing*, online verfügbar unter: https://www.bitkom.org/Publikationen/2015/Leitfaden/Kognitive-Maschinen/150213-Kognitive-Maschinen-11Febr2015.pdf, Abrufdatum: 02.06.2016.

Hootsuite: *Alles was Sie über Facebook At Work und Social Networks für Unternehmen wissen müssen,* online verfügbar unter: https://blog.hootsuite.com/de/was-sie-ueber-facebook-at-work-und-social-networks-fuer-unternehmen-wissen-muessen/, Abrufdatum 05.05.2016.

Horton, Graham: *Beispiele für disruptive Technologien*, online verfügbar unter: http://www.zephram.de/blog/innovation/beispiel-disruptive-technologien/, Abrufdatum: 22.04.2016

HPI: *Innovationsmanagement-Toolbox*, online verfügbar unter: http://image.slidesharecdn.com/hpiinnovationsmanagement-toolboxde-150614174221-lva1-app6891/95/hpi-innovationsmanagement-toolboxde-75-638.jpg?cb=1434304591, Abrufdatum: 04.04.2016

Hungerland, Fabian; et al.: *Strategie 2030 – Digitalökonomie*, 2015, online verfügbar unter: http://www.hwwi.org/fileadmin/hwwi/Publikationen/Partnerpublikationen/Berenberg/Berenberg_HWWI_Digitaloekonomie_ONLINE_De.pdf, Abrufdatum: 04.05.2016

IBM: *FAQ*, online verfügbar unter: https://www.ibm.com/social-business/us/en/ted/faq.html, Abrufdatum: 06.06.2016

IHK Berlin: *Die Wirtschaft wird digital*, online verfügbar unter: https://www.ihk-berlin.de/produktmarken/branchen/IT-Wirtschaft/Brancheninformationen/Digitalisierung, Abrufdatum: 02.04.2016

IHK München: *Corporate Social Responsibility (CSR) und der Ehrbare Kaufmann*, online verfügbar unter: https://www.muenchen.ihk.de/de/standortpolitik/CSR-Gesellschaftliche-Verantwortung/ehrbarer-kaufmann-gelebte-tradition-ihk/corporate-social-responsibility-csr-und-der-ehrbare-kaufmann, Abrufdatum: 11.06.2016

IKUD Seminare: *Was ist eigentlich Interkulturelle Kompetenz?*, online verfügbar unter: http://www.ikud-seminare.de/veroeffentlichungen/interkulturelle-kompetenz.html, Abrufdatum: 31.05.2016

Institut für Digitale Ethik: *Fortschreibung der Medienethik im digitalen Umfeld,* online verfügbar unter: http://www.digitale-ethik.de/institut/, Abrufdatum: 14.05.2015

Jaeger, Manuel: *Open Innovation: Erfolgsstrategie oder Hype in der App-Entwicklung?*, online verfügbar unter: http://www.mobile-zeitgeist.com/wp-content/uploads/2012/11/OpenInno-vs-ClosedInno.png, Abrufdatum: 29.04.2016

Jänig, Jens Rainer; Wefer, Dr. Matthias; Blaeser Markus: *Corporate Digital Responsibility Unternehmensverantwortung in der digitalen Gesellschaft – Grundidee und Hintergrund*, online verfügbar unter: http://corporate-digital-responsibility.de/, Abrufdatum: 06.06.2016

Jasperneite, Jürgen: *Was hinter Begriffen wie Industrie 4.0 steckt*. In: http://www.computer-automation.de/steuerungsebene/steuern-regeln/artikel/93559/0/ (Aufrufdatum: 7.06.2016)

Jeschke, Christoph: *Was ist TED?*, online verfügbar unter: http://www.tedxvienna.at/blog/was-ist-ted/, Abrufdatum: 08.06.2016

Judge, Timothy A. et al: *The relationship between pay and job satisfaction: A meta-analysis of the literature*, online verfügbar unter: http://www.timothy-judge.com/Judge,%20Piccolo,%20Podsakoff,%20et%20al.%20%28JVB%202010%29.pdf, Abrufdatum: 28.06.2016

Karrierebibel: *Shared Leadership: Geteilte Führung Steigert Leistung*, online verfügbar unter: http://karrierebibel.de/shared-leadership/, Abrufdatum: 19.06.2016.

Kieler Nachrichten: *Microsoft gewinnt neue Nutzer für Social-Media-Dienst-Yammer*, online verfügbar unter: http://www.kn-online.de/News/Nachrichten-Wirtschaft/Aktuelle-Nachrichten-Wirtschaft-aus-der-Welt/Microsoft-gewinnt-neue-Nutzer-fuer-Social-Media-Dienst-Yammer, Abrufdatum: 31.07.2016

Klein, Petra: *Führung mit Enterprise 2.0: Die Vorteile digitaler Kommunikationstools*, online verfügbar unter: http://www.unternehmer.de/management-people-skills/133435-fuehrung-mit-enterprise- 2-0-die-vorteile-digitaler-kommunikationstools, Abrufdatum: 18.05.2016

Kley, Thomas; Kriegesmann, Bernd: Arbeitswelt: *Ständiger Wandel schlaucht*, online verfügbar unter: http://www.boeckler.de/impuls_2015_01_6.pdf, Abrufdatum: 24.05.2016

Kling, Bernd: *Larry Page: Google ist von meiner Such-Vision noch Millionen Meilen entfernt*, online verfügbar unter: http://www.zdnet.de/88193455/larry-page-google-ist-von-meiner-vision-noch-weit-entfernt/, Abrufdatum: 25.04.2016.

Kling, Bernd: *Project Loon: Ballons sorgen für Internetzugang*, online verfügbar unter: http://www.zdnet.de/88158651/project-loon-ballons-sorgen-fur-internetzugang/, Abrufdatum: 25.05.2016

Komus, Prof. Dr. Ayelt: *Ergebnisbericht Status Quo Agile* 2014, online verfügbar unter: http://www.status-quo-agile.de/, Abrufdatum: 10.05.2016.

Kraft, Daniel: *7 Habits of Highly Effective Social Leaders*, online verfügbar unter: http://insights.wired.com/m/blogpost?id=6544125%3ABlogPost%3A32630, Abrufdatum: 28.07.2016

Kratel, Claudia: *Effektives Change Management in Zeiten von Globalisierung und Digitalisierung*, 2014, online verfügbar unter: http://www.strategy-transformation.com/Change Management/#sthash.pP93qMQC.dpuf, Abrufdatum: 05.05.2016

Kreutzfeldt Coaching: *Virtuelle Teams Vor- und Nachteile*. online verfügbar unter: http://www.kreutzfeldt-coaching.de/virtuelle-teams-vor-und-nachteile/, Abrufdatum: 25.05.2016

Kugler Maad Cie GmbH: *Agile in Automotive - State of Practice 2015,* online verfügbar unter: http://www.kuglermaag.de/fileadmin/05_CONTENT_PDF/2-22_agile-automotive_survey-2015.pdf, Abrufdatum: 05.06.2016.

LarnLab Note: Medienkompetenz – Was ist das, online verfügbar unter: http://groups.uni-paderborn.de/wipaed/learnlabmediendidaktik/Website/7_files/9_Medienkompetenz.pdf, Abrufdatum: 16.06.2016

LawMedia AG: *Konfliktmanagement.* online verfügbar unter: http://www.konflikt-management.ch/konflikt-merkmale-2, Abrufdatum: 15.05.2016

LawMedia AG: *Konfliktmanagement.* online verfügbar unter: http://www.konflikt-management.ch/konflikte-am-arbeitsplatz/konfliktarten, Abrufdatum: 15.05.2016

Leimeister, Jan Marco; Klebe, Thomas: *Digital Working und Crowd Working: Neue Arbeits- und Beschäftigungsformen jetzt und für die Zukunft* – BMBF-Fachtagung „Arbeit in der digitalisierten Welt", online verfügbar unter: http://www.hugo-sinzheimer-institut.de/fileadmin/user_data_hsi/Veroeffentlichungen/ Vortraege_des_HSI/ BMBF-Tagung_Session_3_Leimeister_Klebe.pdf, Abrufdatum: 26.05.16.

Leimeister, Jan Marco; Zogaj, Shkodran: *Arbeitspapier 287 – Neue Arbeitsorganisation durch Crowdsourcing*, online verfügbar unter: http://www.boeckler.de/pdf/p_arbp_287.pdf, Abrufdatum: 16.05.2016.

Leimeister, Jan Marco; Zogaj, Shkodran; Blohm Ivo: *Crowdsourcing und Crowd Work – ein Zukunftsmodell der IT-gestützten Arbeitsorganisation?*, online verfügbar unter: http://pubs.wi-kassel.de/wp-content/uploads/2014/07/JML_471.pdf, Abrufdatum: 13.05.2016.

Lexikon der Nachhaltigkeit: *Nachhaltiges Wirtschaften – Sustainable Business/Nachhaltige Geschäftsmodelle*, online verfügbar unter: https://www.nachhaltigkeit.info/artikel/nachhaltiges_wirtschaften_sustainable_business_n_1498.htm, Abrufdatum: 16.05.2016

LUKI e.V., 10 *Merkmale digitaler Nachhaltigkeit*, online verfügbar unter: http://digitale-nachhaltigkeit.net/tiefer-gehen.html#zehngrundsaetze, Abrufdatum: 16.05.2016

Mackie, Kurt*: Lessons from a Yahoo Scrum Rollout*, online verfügbar unter: https://campustechnology.com/articles/2008/02/lessons-from-a-yahoo-scrum-rollout.aspx, Abrufdatum: 12.05.2016.

MacLife*: So viel Gehalt zahlt Apple seinen Mitarbeitern,* online verfügbar unter: http://www.maclife.de/panorama/wirtschaft/so-viel-gehalt-zahlt-apple-seinen-mitarbeitern, Abrufdatum: 25.04.2016

Management-Innovation: *Schlüsselkompetenz Volition,* online verfügbar unter: http://www.management-innovation.com/download/Schluesselkompetenz-Volition.pdf, Abrufdatum: 10.05.2016

Manager Wiki: *Normatives Management: Vision, Mission und strategische Ziele*, online verfügbar unter: http://www.manager-wiki.com/strategie-grundlagen/5-normatives-management-vision-mission-und-strategische-ziele, Abrufdatum: 03.04.2016.

Mauerer, Jürgen: *Die turbulente Apple Story*, online verfügbar unter: http://www.computerwoche.de/a/die-turbulente-apple-story,2513314,2, Abrufdatum: 27.04.2016

Medienkompetenzportal: *Begriffsbestimmung Medienkompetenz*, online verfügbar unter: http://www.medienkompetenzportal-nrw.de/grundlagen/begriffsbestimmung.html, Abrufdatum: 26.06.2016

Melamedia*: Der Durchbruch mit dem Apple II,* online verfügbar unter: https://www.macprime.ch/applehistory/geschichte/der-durchbruch-mit-dem-apple-ii, Abrufdatum: 03.05.2016

Meyer, Jens-Uwe: *Forscher fordern neue Innovationskultur*, online verfügbar unter: http://www.harvardbusinessmanager.de/blogs/das-klassische-innovationsmanagement-hat-ausgedient-a-1039258.html, 2015, Abrufdatum: 02.04.2016

Microsoft: *Info über Yammer – Funktionen*, online verfügbar unter: https://products.office.com/de-de/yammer/yammer-features, Abrufdatum: 31.07.2016

mindsquare GmbH: *Warum ist das Führen mit Zielen wichtig?,* online verfügbar unter: http://rz10.de/2011/02/warum-ist-das-fuhren-mit-zielen-wichtig/, Abrufdatum: 07.06.2016

Mittelstand-bonn-rhein-sieg.de, *Digitale Produktinnovation*, online verfügbar unter: http://www.mittelstand-bonn-rhein-sieg.de/digital/detail/artikel/digitale-produktinnovationen/, Abrufdatum: 17.06.2016

Monagoo: *Mit 3 einfachen Fragen nachhaltige Geschenke kaufen*, https://utopia.de/0/blog/monagoo-einfach-richtig-gut/mit-3-einfachen-fragen-nachhaltige-geschenke, Aufrufdatum: 18.06.16

Morroy, Ben*: Leadership & Culture at Google Inc.,* online verfügbar unter: http://benm orrow.info/blog/leadership-culture-at-google-inc, Abrufdatum: 27.04.2016

MTS: *Digitalkameramarkt: Ende des Wachstums in Sicht, DSLRs weiter gefragt*, online verfügbar unter: http://www.photoscala.de/Artikel/Digitalkameramarkt-Ende-des-Wachstums-in-Sicht-DSLRs-weiter-gefragt, Abrufdatum: 06.08.2016

Müller, Dietmar: *Das genau ist Social Business*, online verfügbar unter: http://ibmexperts.computerwoche.de/a/das-genau-ist-social-business,3207046, Abrufdatum: 03.06.2016

MURAKAMY: *mymuesli Gründer Hubertus Bessau im Interview mit Marco Alberti über OKRs*, online verfügbar unter: https://youtu.be/hibb8NMg-4A, Abrufdatum: 01.06.2016

Mymuesli: *WIE WIR ARBEITEN: DAS OKR-MODELL VON GOOGLE BEI MYMUESLI*, online verfügbar unter: http://www.mymuesli.com/blog/2015/08/28/wie-wir-arbeiten-das-okr-modell-von-google-bei-mymuesli/, Abrufdatum: 01.06.2016

Nikou, S.: *How Nokia Failed to Nail the Smartphone Market*, https://www.researchgate.net/publication/265637998, Aufrufdatum: 18.06.16

o. V.: *Homo Oeconomicus*, online verfügbar unter: http://www.vorlesungen.info/sites/default/files/Homo%20Oeconomicus.jpg, Abrufdatum: 17.05.2016

Onpulson: *Agilität*, online verfügbar unter: http://www.onpulson.de/lexikon/agilitaet/, Aufrufdatum: 28.04.16

Onpulson: *Definition Vision*, online verfügbar unter: http://www.onpulson.de/lexikon/vision/, Abrufdatum: 01.04.2016.

Penning, Stephan: *Wie Manager "Change" bewältigen*, online verfügbar unter: http://www.manager-magazin.de/unternehmen/artikel/change-wie-manager-den-digitalen-wandel-richtig-managen-a-1069718.html, Abrufdatum: 28.05.2016

Peterjohann Consulting: *Projektmanagement (Konfliktmanagement)*. online verfügbar unter: http://www.peterjohann-consulting.de/_pdf/peco-pm-konfliktmanagement.pdf, Abrufdatum: 15.05.2016

Petry, Thomas: *Führungskräften mangelt es an Digitalkompetenz*, online verfügbar unter: http://www.humanresourcesmanager.de/ressorts/artikel/fuehrungskraeften-mangelt-es-digitalkompetenz-12118, Abrufdatum: 25.5.2016

Petry, Thorsten: *Web 2.0, Enterprise 2.0…Führung 2.0?*, online verfügbar unter: https://www.saatkorn.com/web-2-0-enterprise-2-0-fuhrung-2-0-eine-aktuelle-studie-zu-veranderten-erwartungen-an-fuhrung/, Abrufdatum: 20.05.2016

Peyman, Azhari; et al.: *Digital Transformation Report 2014*, 2014, online verfügbar unter: http://www.wiwo.de/downloads/10773004/1/dta_report_neu.pdf, Abrufdatum: 06.06.2016

Pharow, P., Brunner M.: *Zusammenwirken von Ethik, Moral, Schweigepflicht und Datenschutz in Zeiten zunehmender elektronischer Vernetzung,* online verfügbar unter: http://services.informatik.hs-mannheim.de/~kis/ehealth/pdf/Pharow%2019042007.pdf, Abrufdatum: 30.06.2016

Pluswerk: *Die Revolution der agilen Mitarbeiterführung – OKR (Objectives and Key Results),* online verfügbar unter: http://pluswerk.ag/blog/2016/03/31/die-revolution-der-agilen-mitarbeiterfuehrung-okr-objectives-and-key-results/, Abrufdatum: 01.06.2016

Pons: *conflictus.* online verfügbar unter: http://de.pons.com/%C3%BCbersetzung?q=conflictus&l=dela&in=&lf=la, Abrufdatum: 15.05.2016

Projektmagazin: *Virtuelles Projektteam.* online verfügbar unter: https://www.projektmagazin.de/glossarterm/virtuelles-projektteam, Abrufdatum: 25.05.2016

Projektmagazin: *Was macht ein gutes Projektteam aus?,* online verfügbar unter: https://www.projektmagazin.de/projektteam, Abrufdatum: 27.04.2016

Quantic Academy: *Digitales Innovationsmanagement: Aufbau und Funktionsweise*, online verfügbar unter: http://www.quantic-academy.de/insider-artikel/2015/12/9/digitales-innovationsmanagementaufbau-und-funktionsweise, Abrufdatum: 04.04.2016

Raitner, Markus: *Agiles Projektmanagement: Ein Glücksfall*, online verfügbar unter: http://fuehrung-erfahren.de/2013/07/agiles-projektmanagement-ein-gluecksfall/, Abrufdatum: 01.05.2016

Rasch, Michael: *Die Digitalisierung verändert Unternehmen weltweit und branchenübergreifend*, online verfügbar unter: http://www.pwc.de/de/digitale-transformation/die-digitalisierung-veraendert-unternehmen-weltweit-und-branchenuebergreifend.html, Abrufdatum: 02.05.2016

Rathje, Stefanie: *Interkulturelle Kompetenz – Zustand und Zukunft eines umstrittenen Konzepts*, online verfügbar unter: http://www2.uni-jena.de/philosophie/iwk/publikationen/interkulturelle_kompetenz_rathje.pdf, Abrufdatum: 19.06.2016

Rauner, Max; Schröder, Thorsten: *Künstliche Intelligenz – Die Cogs kommen*, online verfügbar unter: http://www.zeit.de/zeit-wissen/2015/02/kuenstliche-intelligenz-cognitive-computing-cogs/seite-4, Abrufdatum: 25.05.16

Rohleder, Bernhard: *Digitale Gewinner brauchen revolutionäre Ideen*, online verfügbar unter: https://www.de.capgemini-consulting.com/blog/digital-transformation-blog/2016/04/bitkom-industrie40, Abrufdatum: 20.05.2016

Roscoe, Alexa: *The Digital Future of Corporate Responsibility*, online verfügbar unter: http://ssir.org/articles/entry/the_digital_future_of_corporate_responsibility, Abrufdatum: 03.06.2016

Royal Bank of Scotland: *RBS becomes first bank in the world to launch Facebook At Work,* online verfügbar unter: http://www.rbs.com/news/2015/october/rbs-becomes-first-bank-in-the-world-to-launch-facebook-at-work.html, Abrufdatum 06.05.2016.

Saurugg, Herbert: *Resilienz und Anpassung*, online verfügbar unter: http://www.saurugg.net/wp/wp-content/uploads/2014/11/entwicklung-von-technologien-s-kurven.png, Abrufdatum: 15.06.2016

Schreckenbach, Florian: *Enterprise 2.0 – Interne Kommunikation und Zusammenarbeit im Wandel,* online verfügbar unter: http://de.slideshare.net/embrander/enterprise-20-interne-kommunikation-und-zusammenarbeit-im-wandel, Aufrufdatum: 18.06.2016

Schröder, Thorsten: *Facebook für Firmen*, online verfügbar unter: http://www.fr-online.de/wirtschaft/soziales-netzwerk-yammer-facebook-fuer-firmen,1472780,16477036.html, Abrufdatum: 31.07.2016

Scrumakademie: *Die Ursprünge von Scrum*, online verfügbar unter: http://scrumakademie.org/?q=grundlagen/die-urspruenge-von-scrum Aufrufdatum 2.05.16

SearchEnterpriseSoftware: *Capgemini, Gartner und IDC: Das sind die größten IT-Trends für 2016*. Online verfügbar unter http://www.searchenterprisesoftware.de/news/4500269158/Capgemini-Gartner-und-IDC-Das-sind-die-groessten-IT-Trends-fuer-2016, Abrufdatum:19.06.2016.

Security Insider: *Daten als strategische Entscheidungshilfe*, online verfügbar unter: http://www.security-insider.de/daten-als-strategische-entscheidungshilfe-a-519872/, Abrufdatum: 19.06.2016.

Sewecom: *Ethik und Datenschutz/Datensicherheit*, online verfügbar unter: http://www.sewecom.de/themen-datensicherheit/ethik/, Abrufdatum: 30.06.2016

Sidky, Ahmed: *12#: Introducing Value Teams.* Online verfügbar unter: http://dragile.com/videos.php#, Abrufdatum: 12.05.2016.

Siemens: *Industrie 4.0: Was Sie über die Produktion der Zukunft wissen müssen*, online verfügbar unter: http://www.siemens.com/innovation/de/home/pictures-of-the-future/industrie-und-automatisierung/digitale-fabrik-industrie-4-0.html, Abrufdatum: 04.08.2016

Slideshare: *Big Data - The 5 Vs Everyone Must Know*, online verfügbar unter: http://de.slideshare.net/BernardMarr/140228-big-data-volume-velocity-variety-varacity-value/5-VelocityRefers_to_the_speed_at, Abrufdatum: 04.07.2016.

Slideshare: *Big Data - The 5 Vs Everyone Must Know*, online verfügbar unter: http://de.slideshare.net/BernardMarr/140228-big-data-volume-velocity-variety-varacity-value/2-To_get_a_better_understanding, Abrufdatum: 19.06.2016.

Slideshare: *Big Data - The 5 Vs Everyone Must Know*, online verfügbar unter: http://de.slideshare.net/BernardMarr/140228-big-data-volume-velocity-variety-varacity-value/3-VolumeRefers_to_the_vast_amounts, Abrufdatum: 04.07.2016.

Slideshare: *Big Data - The 5 Vs Everyone Must Know*, online verfügbar unter: http://de.slideshare.net/BernardMarr/140228-big-data-volume-velocity-variety-varacity-value/7-ValueThen_there_is_another_V, Abrufdatum: 04.07.2016.

Spiegel Online: *Der Absturz der VW-Aktie*, online verfügbar unter: http://www.spiegel.de/wirtschaft/unternehmen/bild-1053918-899635.html, Abrufdatum: 20.06.16

Spiegel Online: *Ethischer Konsum: Nachhaltige Unternehmen sind Gewinner der Krise*, online verfügbar unter: http://www.spiegel.de/wirtschaft/service/ethischer-konsum-nachhaltige-unternehmen-sind-gewinner-der-krise-a-646976.html, Abrufdatum: 16.05.2016

Spiegel Online: *Facebook at work: Soziales Netzwerk für Firmen gestartet*, online verfügbar unter: http://www.spiegel.de/netzwelt/web/facebook-at-work-soziales-netzwerk-fuer-firmen-a-1012946.html, Abrufdatum 04.05.2016.

Statista, *Welche konkreten Cybercrime-Vorfälle fanden in Ihrem Unternehmen statt?*, online verfügbar unter: http://de.statista.com/statistik/daten/studie/186740/umfrage/datenklau-und-spionage-in-deutschen-unternehmen/, Abrufdatum: 11.06.2016

Statista: *Anzahl weltweit verkaufter Autos von Tesla bis 2015*, online verfügbar unter: http://de.statista.com/statistik/daten/studie/277932/umfrage/automobil-absatz-von-tesla, Abrufdatum: 20.06.16

Statista: *Apple hängt Nokia ab - Absatz von Smartphones in Mio.*, online verfügbar unter: https://de.statista.com/infografik/3627/weltweiter-smartphone-marktanteil-von-nokia-microsoft/ (Aufrufdatum: 19.06.16).

Statista: *Ausgaben von Apple Inc. für Forschung und Entwicklung in den Geschäftsjahren 2007 bis 2015 (in Milliarden US-Dollar)*, online verfügbar unter: http://de.statista.com/statistik/daten/studie/186168/umfrage/ausgaben-von-apple-fuer-forschung-und-entwicklung, Abrufdatum: 19.06.16

Statista: *Ausgaben von Nokia für Forschung und Entwicklung bis 2015, Weltweit, 2015*, online verfügbar unter: https://de.statista.com/infografik/3627/weltweiter-smartphone-marktanteil-von-nokia-microsoft/, Aufrufdatum: 19.06.16

Statista: *Marktanteile der meistgenutzten Suchmaschinen nach Page Views weltweit in ausgewählten Monaten von Januar 2013 bis Februar 2016*, online verfügbar unter: http://de.statista.com/statistik/daten/studie/225953/umfrage/die-weltweit-meistgenutzten-suchmaschinen/, Abrufdatum: 25.05.2016.

Statista: *Nettoumsatz von Nokia weltweit vom 1. Quartal 2009 bis zum 1. Quartal 2016 (in Milliarden Euro)*, online verfügbar unter: http://de.statista.com/statistik/daten/studie/190419/umfrage/entwicklung-des-nettoumsatzes-von-nokia-nach-quartalen, Aufrufdatum: 20.06.2016

Statista: *Nokia-Übernahme erweist sich als Flop*, online verfügbar unter: https://de.statista.com/infografik/3627/weltweiter-smartphone-marktanteil-von-nokia-microsoft/, Abrufdatum: 19.06.2016

Statista: *Prognose zu den Marktanteilen der Betriebssysteme am Absatz von Smartphones*, online verfügbar unter: http://de.statista.com/statistik/daten/studie/182363/umfrage/prognostizierte-marktanteile-bei-smartphone-betriebssystemen/, Abrufdatum: 28.04.2016

Statista: *Ranking der Amazon-Zukäufe mit den höchsten Kaufpreisen in den Jahren von 1999 bis August 2014 (in Millionen US-Dollar)*, online verfügbar unter: https://de.statista.com/statistik/daten/studie/292969/umfrage/ranking-der-amazon-zukaeufe-mit-den-hoechsten-kaufpreisen/, Abrufdatum: 31.05.2016

Statista: *Ranking der größten Social Networks und Messenger nach der Anzahl der monatlich aktiven Nutzer (MAU) im Januar 2016 (in Millionen)*, online verfügbar unter: http://de.statista.com/statistik/daten/studie/181086/umfrage/die-weltweit-groessten-social-networks-nach-anzahl-der-user/, Abrufdatum 04.05.2016

Statista: *Top 20 Webseiten in Deutschland nach der Anzahl der Unique Visitors im Oktober 2014 (in Millionen)*, online verfügbar unter: http://de.statista.com/statistik/daten/studie/180570/umfrage/meistbesuchte-websites-in-deutschland-nach-anzahl-der-besucher/, Abrufdatum: 25.04.2016.

Statista: *Umsatz der weltweit größten Online-Händler für Bekleidung und Schuhe in 2012 (in Millionen Euro), online verfügbar unter:* https://de.statista.com/statistik/daten/studie/233364/umfrage/umsatz-der-groessten-online-shops-fuer-bekleidung-und-schuhe/, Abrufdatum: 31.05.2016

Statista: *Was waren die zentralen Themen in ihren Coachings letztes Jahr (2015)?*, online verfügbar unter: http://de.statista.com/statistik/daten/studie/398769/umfrage/umfrage-zu-top-coaching-themen-in-deutschland/, Abrufdatum: 19.6.2016

Statista: *Welche generellen Megatrends sind für Ihr Unternehmen wichtig oder sehr wichtig?*, online verfügbar unter: http://de.statista.com/statistik/daten/studie/7088/umfrage/fuer-unternehmen-wichtige-megatrends/, Abrufdatum: 01.04.2016

Storbeck, Olaf: *Zu viel Wandel macht Mitarbeiter krank*, 2011, online verfügbar unter: http://www.handelsblatt.com/politik/konjunktur/oekonomie/wissenswert/depressionen-zu-viel-wandel-macht-mitarbeiter-krank/5750110.html, Abrufdatum: 05.06.16

Strategy+business: *The Haier Road to Growth*, online verfügbar unter: http://www.strategy-business.com/article/00323?gko=c8c2a, Abrufdatum: 04.08.2016

Süddeutsche Zeitung: *Google erobert die Wüste mit Kamelen und einer Kamera*, online verfügbar unter: http://www.sueddeutsche.de/panorama/google-street-view-google-erobert-die-wueste-mit-kamelen-1.2167004, Abrufdatum: 25.04.2016.

Süddeutsche Zeitung: *In Raum und Zeit flexibel*, online verfügbar unter: http://www.sueddeutsche.de/karriere/mobiles-arbeiten-bei-daimler-in-raum-und-zeit-flexibel-1.3100685?reduced=true, Abrufdatum: 04.08.2016

Swiss Re: *Financial Information*, online verfügbar unter: http://www.swissre.com/investors/financial_information/, Abrufdatum: 02.08.2016

Swiss Re: *Swiss RE – Über uns*, online verfügbar unter: https://www.xing.com/companies/swissre, Abrufdatum: 02.08.2016

T3n digital pioneers: *Alle für einen, einer für alle: 11 Faktoren erfolgreicher Teamarbeit,* online verfügbar unter: http://t3n.de/news/faktoren-erfolgreicher-teamarbeit-560392/, Abrufdatum: 27.04.2016

Technische Hochschule Mittelhessen: *Berufsziel – der mediale Mentor für Young Professionals. Volition: Wie man Ideen umsetzt und Ziele erreicht,* online verfügbar unter: https://www.w.thm.de/images/W_content/volition_umsetzungskompetenz_sz.pdf, Abrufdatum: 27.04.2016

TED*: Our organization*, online verfügbar unter: http://www.ted.com/about/our-organization, Abrufdatum: 08.06.2016

The New York Times Magazine, *What Google Learned From Its Quest to Build the Perfect Team*, online verfügbar unter: http://www.nytimes.com/2016/02/28/magazine/what-google-learned-from-its-quest-to-build-the-perfect-team.html?_r=0, Abrufdatum: 04.08.2016

Thielke, Sebastian: *Social Business, Enterprise 2.0 und Social Collaboration. Wortwelten und Abgrenzung*, online verfügbar unter: https://www.munich-digital.com/fachartikel/social-business/social-business-wortwelten-und-abgrenzung, Abrufdatum: 28.07.2016

Thieß, Dr. Petersen: *Globalisierung, Digitalisierung und Einkommensungleichheit*, online verfügbar unter: https://www.bertelsmann-stiftung.de/de/publikationen/publikation/did/policy-brief-201501brglobalisierung-digitalisierung-und-einkommensungleichheit/, Abrufdatum: 19.06.16

Thun, Hauke: *Von Innovationen getrieben. Hybrides Projektmanagement steigert die Effizienz.* 2014. Online verfügbar unter: http://www.computerwoche.de/a/hybrides-projektmanagement-steigert-effizienz,3068228, Abrufdatum: 28.05.2016.

Tietze, Nicolai: *Im Fokus Tesla Motors: Die leuchtende Zukunft einer gebeutelten Autobranche?*, online verfügbar unter: http://dieboersenblogger.de/60884/2015/11/im-fokus-tesla-motors-die-leuchtende-zukunft-einer-gebeutelten-autobranche/, Aufrufdatum: 20.06.16

TRIZ Akademie: *Vorteile von TRIZ*, online verfügbar unter: http://triz-akademie.de/innovationsmanagement-mit-triz/vorteile-von-triz/, Abrufdatum: 14.05.2016

TRIZ-Online: *best-practice*, online verfügbar unter: http://www.triz-online.de/index.php?id=5553, Abrufdatum: 14.05.2016

TRIZ-Online: *Geschichte*, online verfügbar unter: http://www.triz-online.de/index.php?id=5603, Abrufdatum: 14.05.2016

TRIZ-Online: *Home*, online verfügbar unter: http://www.triz-online.de/, Abrufdatum: 14.05.2016

TSR Consulting: *Holakratie™ – das Organisationskonzept des 21. Jahrhunderts!?*, online verfügbar unter: http://tsrconsulting.de/news-2/news-april-2014/holakratie-das-organisationskonzept-des-21-jahrhunderts/, Abrufdatum: 31.05.2016

T-Systems: *Mit Big Data bessere Entscheidungen treffen*, online verfügbar unter: https://www.t-systems.com/blob/51230/cf4d9ec6863d751e5dbd6370dc043f02/dlmf-thought-leadership-paper-mit-big-data-bessere-entscheidungen-treffen-data.pdf, Abrufdatum: 19.06.2016.

TWT: *KOOPERATION VS. KOLLABORATION: DAS SIND DIE ZENTRALEN UNTERSCHIEDE*, online verfügbar unter: https://www.twt.de/news/detail/kooperation-vs-kollaboration-das-sind-die-zentralen-unterschiede.html, Abrufdatum: 04.08.2016

Universität Lüneburg: *Managing Virtual Teams: The importance of distance leadership, Führung auf Distanz*, online verfügbar unter: www2.leuphana.de/distanceleadership/download/dl_praesentation-uni.pdf, Abrufdatum: 27.05.2016

Venturebeat: *Facebook at Work's pitch to enterprises is unmatched: 'There's no training required'*, online verfügbar unter: http://venturebeat.com/2015/12/09/facebook-for-works-pitch-to-enterprises-is-unmatched-theres-no-training-required/, Abrufdatum 05.05.2016.

Volkswagen: *Der Konzern*, online verfügbar unter: http://www.volkswagenag.com/content/vwcorp/content/de/the_group.html Aufrufdatum: 20.06.16

Vranken, Joachim: *Hybrides Projektmanagement als Erfolgsfaktor für die digitale Transformation,* online verfügbar unter: https://joachimvranken.de/2015/07/14/ hybrides-projektmanagement-als-erfolgsfaktor-fuer-die-digitale-transformation/, Abrufdatum: 30.05.2016.

Walg, Christopher; Kalvelage, Peter: *Produkt statt Projekt. Klassisches Projektmanagement scheitert.* 2015. Online verfügbar unter: http://www.cio.de/a/klassisches-projektmanagement-scheitert,3251258, Abrufdatum: 24.03.2016.

Weekdone. *OKR: Objectives and Key Results,* online verfügbar unter: https://weekdone.com/resources/objectives-key-results, Abrufdatum: 01.06. 2016

Wehner, Franziska: *Change-Prozess*, online verfügbar unter: http://hr-pioneers.com/wp-content/uploads/2013/07/Change-Prozess_Abbildung.001.jpg, Aufrufdatum:13.06.16

Wikipedia: *Mooresches Gesetz*, online verfügbar unter: https://de.wikipedia.org/wiki/Mooresches_Gesetz, Abrufdatum 17.05.2016

Wikipedia: *VW-Abgasskandal*, online verfügbar unter:
https://de.wikipedia.org/wiki/VW-Abgasskandal, Aufrufdatum: 20.06.16

Wilhelm, Martin: *Glaubenskrieg ums Homeoffice*, online verfügbar unter:
http://www.tagesanzeiger.ch/leben/gesellschaft/Glaubenskrieg-ums-Homeoffice/story/25452033, Abrufdatum: 20.04.2016

Willenskraft: *Zusammenfassung: Motivation, Volition und Umsetzungskompetenz,* online verfügbar unter: http://www.willenskraft.net/, Abrufdatum: 16.05.2016

Wirtschaftslexikon24: *Führungsphilosophie,* online verfügbar unter:
http://www.wirtschaftslexikon24.com/d/führungsphilosophie/führungsphilosophie.htm Aufrufdatum: 28.04.16

Wirtschaftslexikon24: *Konfliktmanagement*, online verfügbar unter:
http://www.wirtschaftslexikon24.com/d/konfliktmanagement/konfliktmanagement.htm Abrufdatum: 15.05.2016

WirtschaftsWoche: *Management: Der heroische Manager hat ausgedient*, online verfügbar unter: http://www.wiwo.de/erfolg/management/management-der-heroische-manager-hat-ausgedient/9037862.html, Abrufdatum: 19.06.2016.

WKO: *Digitalisierung der Wirtschaft*. online verfügbar unter:
https://www.wko.at/Content.Node/Interessenvertretung/ Standort-und-Innovation/2015-05-Dossier-Digitalisierung-der-Wirtschaft.pdf,
Abrufdatum: 24.05.2016

Wyllie, Diego: *Die besten Social Enterprise-Tools für KMU*, online verfügbar unter:
http://www.computerwoche.de/a/die-besten-social-enterprise-tools-fuer-kmu,2531516, Abrufdatum: 31.07.2016

Yitmen, Mehmet et al.: *Delighting Vodafone Turkey's Customers via Agile Transformation*, online verfügbar unter:
https://www.scrum.org/Portals/0/Documents/Community%20Work/AgileTransformationVodafoneTR.pdf#zoom=100, Abrufdatum: 14.05.2016

Zappos: *Zappos, The Zappos Family Story: In The Beginning - Let There Be Shoes*, online verfügbar unter: http://www.zappos.com/c/about-zappos/,
Abrufdatum: 31.05.2016

Zetsche, Dieter: *Bremst Erfolg den Erfolg?,* online verfügbar unter:
https://www.xing.com/news/klartext/bremst-erfolg-den-erfolg-713,
Abrufdatum: 15.06.2016

Zukunftsinstitut: *Holacracy : Die Hierarchie der Kreise*, online verfügbar unter:
https://www.zukunftsinstitut.de/artikel/tup-digital/03-from-strategy-to-culture/01-longreads/holacracy-die-hierarchie-der-kreise/, Abrufdatum: 31.05.2016

Abbildungsverzeichnis